BIANDIAN ERCI ANZHUANG GONG
SHIYONG JISHU

变电二次安装工
实用技术

国网福建省电力有限公司　编

中国电力出版社
CHINA ELECTRIC POWER PRESS

内 容 提 要

本书结合理论、实际和案例，对变电二次设备的基本原理、安装流程、调试方法、验收标准进行了系统的讲解。

全书共分 13 章，内容分别为：二次安装基础知识；电缆支（桥）架、保护管安装；变电站二次设备接地；变电站二次屏柜安装；变电站二次控制电缆安装；变电站通信线缆安装；变电站二次设备安装；站用电系统的安装及调试；蓄电池组的安装和调试；变电站防火阻燃；变电站典型二次回路；变电站一次设备的二次回路；二次施工方案编制。

本书内容丰富，实用性和针对性强，可作为变电二次安装人员的工具书，供其阅读查询；也可作为相关专业培训机构的实操教材和参考学习资料。

图书在版编目（CIP）数据

变电二次安装工实用技术/国网福建省电力有限公司编 . —北京：中国电力出版社，2023.11
ISBN 978-7-5198-8477-2

I. ①变… Ⅱ. ①国… Ⅲ. ①变电所－二次系统－设备安装 Ⅳ. ①TM645.2

中国国家版本馆 CIP 数据核字（2023）第 251855 号

出版发行：中国电力出版社
地　　址：北京市东城区北京站西街 19 号（邮政编码 100005）
网　　址：http://www.cepp.sgcc.com.cn
责任编辑：薛　红（010-63412346）
责任校对：黄　蓓　常燕昆
装帧设计：郝晓燕
责任印制：石　雷

印　　刷：三河市百盛印装有限公司
版　　次：2023 年 11 月第一版
印　　次：2023 年 11 月北京第一次印刷
开　　本：787 毫米×1092 毫米　16 开本
印　　张：26.5
字　　数：561 千字
定　　价：128.00 元

《变电二次安装工实用技术》 编写组

主　编　李炜元　　徐　斐

副主编　邱碧丹　　李　超　　彭斌祥

参　编（按姓氏拼音排名）

陈佑健　　陈忠纤　　池上杰　　高建依

龚季锋　　李　捷　　林成镇　　刘建聪

罗　贺　　翁其彩　　谢传真　　张健辉

郑亚榜

前　言

电力系统由一次设备和二次设备构成，二次设备的稳定可靠运行为电力系统的安全稳定运行提供了坚强支撑，其中变电二次设备安装扮演着重要的角色。变电二次设备安装的质量是保证二次设备正确运行的重要因素。随着电力系统的快速发展，对变电二次设备安装的质量和工艺提出了更高的要求。为了提高安装质量和技术水平，确保电力系统的安全稳定运行，我们组织了变电二次安装方面的技能专家，编写了这本《变电二次安装工实用技术》。本书旨在为读者提供全面、系统的变电二次安装知识和技能，为电力行业的发展作出贡献。

本书主要涵盖了变电二次设备的基本原理、安装流程、调试方法、验收标准等方面的内容。通过学习本书，读者可以了解变电二次设备的基本构成、工作原理和安装调试方法，并掌握变电二次设备安装过程中的关键技术和注意事项，提高安装质量和安全意识。

本书注重理论与实践相结合，通过大量的案例和实际操作，帮助读者更好地理解和掌握变电二次安装的知识和技能。

本书适用于发、供电企业变电二次安装的工程技术人员、管理人员阅读和参考，同时也可作为高校电力系统相关专业的实操教材和参考书。希望通过本书的学习，读者能够提高自身的专业素质和技术水平，为电力行业的发展作出更大的贡献。

全书共分 13 章。第一章概述变电二次安装的基础知识，主要介绍电网基础知识、二次回路图纸简介及二次安装常用仪表的使用方法；第二章介绍电缆支（桥）架、保护管制作及安装；第三章概述了变电站二次接地的相关理论、技术标准及安装方法；第四章讲述变电站二次屏柜安装相关的基础知识和安装方法；第五章讲述变电站二次控制电缆的敷设、二次电缆接线的方法；第六章讲述变电站通信线缆的专业知识、通信线缆的敷设及终端头的安装方法；第七章主要讲述变电站屏柜内新增二次设备的安装方法；第八章概述了站用电系统的原理知识及其安装调试及故障处理的方法；第九章介绍蓄电池的基本结构、安装及调试方法；第十章对变电站防火封堵原理及在变电站的应用安装进行了讲解；第十一、十二章主要针对变电站典型二次回路、站内一次设备的二次回路及在实际中的运用技术做了详细的讲解；第十三章主要对于二次施工的相关安全措施进行讲解，如施工方案的编制、现场勘察、工作票的编制。

本书第一章由陈佑健、池上杰编写，第二章、第十章由高建依编写，第三章由谢传真、徐斐编写，第四章、第五章由郑亚榜编写，第六章由徐斐编写，第七章由李捷编写，第八章由龚季锋、翁其彩编写，第九章由罗贺编写，第十一章由陈佑健编写，第十二章由张健辉、陈忠纤、刘建聪编写，第十三章由李捷、林成镇编写，全书由徐斐统稿。李炜元、邱碧丹、李超、彭斌祥等分别对各章节进行了审核。

本书在编写的过程中，得到了许多行业内专家和同行的支持和帮助，在此表示衷心的感谢。同时，由于编者能力有限，书中难免有疏漏之处，希望读者提出宝贵的意见和建议，共同促进电力行业的发展。

编者

2024 年 6 月

目 录

第一章 二次安装基础知识

第一节 电网基础知识

一、一次设备与二次设备

（一）一次设备

一次设备是指直接生产、传输、分配电能的电气设备，如发电机、变压器、断路器、隔离开关、互感器、母线、输电线路、电力电缆、电容器、电抗器等。发电厂、变电站中生产、输送和分配电能的一次设备按照一定的顺序连接而成的电路，称为一次接线，即电气主接线。

一次设备实物图举例：图 1-1-1 为变压器，图 1-1-2 为断路器，图 1-1-3 为隔离开关。

图 1-1-1　变压器　　　　图 1-1-2　断路器　　　　图 1-1-3　隔离开关

（二）二次设备

二次设备是指对电力系统一次设备进行控制、监视、测量、调节和保护的辅助设备，不直接和电能主回路产生联系的设备，包括测量表计、绝缘监测装置、自动化监控装置、继电保护装置、安全自动装置、直流电源装置等。测量表计如电能表、电流表、电压表、有功功率表、无功功率表、温度表，继电保护装置如变压器保护、线路保护、母线保护、分段保护、断路器保护、电容器保护等，安全自动装置如减载装置、解列装置、重合闸装置、备用电源自动投入装置等，自动化监控装置如测控装置、远动装置、对时装置、监控后台等。

（三）一、二次设备的区别

一、二次设备的区别：一次设备直接参与电力系统的电能生产、传输与分配，而二次设备不直接与电力系统的电能主回路产生联系，仅对一次设备进行监控、控制。图 1-1-4 所示为两者的区别。

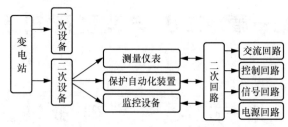

图 1-1-4 一、二次设备及二次回路

（四）主要电气设备的图形符号和文字符号

电力系统中主要电气设备的图形符号和文字符号如表 1-1-1 所示。

表 1-1-1　　　　　　　　　　主要电气设备的图形符号和文字符号

序号	设备名称	图形符号	文字符号	序号	设备名称	图形符号	文字符号
1	交流发电机		G	9	输电线路		WL
2	双绕组变压器		T	10	母线		WB
3	三绕组变压器		T	11	电缆终端头		W
4	电抗器		L	12	隔离开关		QS
5	避雷器		F	13	断路器		QF
6	三绕组电压互感器		TV	14	接触器		KM
7	电流互感器		TA	15	熔断器		FU
8	接地		PE	16	跌落式熔断器		FU

二、二次回路概述

二次设备按一定的功能要求经导线、电缆相互连接而构成的电气电路，称为二次回路或二次接线，包括二次电缆、二次接线端子、二次线等。二次回路的特点是与一次设备比较而言不直观，接线端子成百上千、回路纵横交错；施工工艺复杂、电缆敷设量大；电缆受分布电容及电磁影响很大。常见的二次回路有交流回路、控制回路、信号回路、电源回路等。交流回路负责采集二次设备需要的电流、电压等交流量；控制回路由控制开关与控制对象（如断路器、隔离开关）的传递机构、执行（或操动）机构组成，其作用是对一次设备进行"合""分"操作；信号回路是由信号发送机构和信号继电器等构成，其作用是反映一、二次设备的工作状态。电源回路由电源设备和供电网络组成，包括直流电源和交流电源，其作用是给电气设备提供工作电源与操作电源。

二次回路实物图举例：图 1-1-5 为二次接线端子，图 1-1-6 为二次电缆，图 1-1-7 为二次线。

图 1-1-5　二次接线端子　　　图 1-1-6　二次电缆　　　图 1-1-7　二次线

第二节　二次回路图纸简介

一、电气设备的工作状态

电气设备的工作状态有检修状态、冷备用状态、热备用状态和运行状态。

检修状态是指电气设备的断路器和隔离开关均已断开，并布置好了与检修有关的安全措施，如合上接地开关或装设接地线、悬挂标示牌、装设临时遮栏等。保护全部退出，操作电源全部在断开位置。

冷备用状态是指电气设备的断路器和隔离开关均已断开，与检修有关的安全措施（如合上接地开关或装设接地线、悬挂标示牌、装设临时遮栏等）已经拆除。设备与其他设备之间有明显的断点，所有操作电源均在断开位置。

热备用状态指电气设备一经合闸便带电运行的状态。断路器在断开位置，隔离开关在合闸位置，所有操作电源已经投入，继电保护按要求全部投入。

运行状态指相关的一、二次回路全部接通带电的状态。

电气设备的工作状态举例：图 1-2-1 为检修状态，图 1-2-2 为冷备用状态，图 1-2-3 为热备用状态，图 1-2-4 为运行状态。

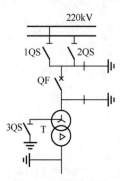

图 1-2-1 检修状态

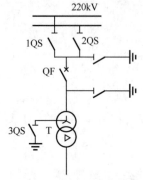

图 1-2-2 冷备用状态

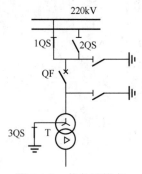

图 1-2-3 热备用状态

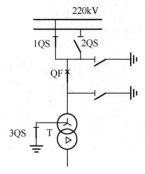

图 1-2-4 运行状态

二、常用电气主接线图

电气主接线是由多种电气设备通过连接线，按其功能要求组成的接受和分配电能的电路，也称电气一次接线。

用规定的设备文字和图形符号将各电气设备，按连接顺序排列，详细表示电气设备的组成和连接关系的接线图，称为电气主接线图。

（一）电气主接线的基本要求

（1）满足供电的可靠性。在保证电能质量的前提下，满足供电的连续性。

1）断路器检修时是否影响供电。

2）设备和线路故障或检修时，停电影响的范围大小及停电时间的长短。

3）考虑是否存在全部停电的可能性。

（2）具有一定的灵活性。

1）正常情况下，运行方式调整方便。

2）故障情况下快速退出。

（3）操作简单，巡视、检修方便。

（4）投资少，运行费用低，损耗小。

（5）具有扩建的可能性。

（二）单母线和单母线分段接线

单母线接线方式如图 1-2-5 所示，单母线分段接线方式如图 1-2-6 所示。

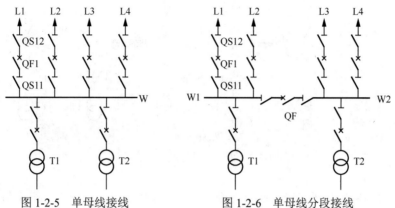

图 1-2-5　单母线接线　　　　　图 1-2-6　单母线分段接线

当母线电压为 35～66kV、出线较少时，可采用单母线接线方式；出线较多时，可采用单母线分段接线方式。对于 110kV 母线，当出线数不大于 4 回时，可采用单母线分段接线方式。

单母线接线方式的主要优点是接线简单、清晰，所用电气设备少，操作方便，投资不大，便于扩建。主要缺点是只能提供一种单母线运行方式，对运行状况变化的适应能力差；母线和任一母线隔离开关故障或检修时，全部回路必须在检修和故障处理期间均需要停运（有条件进行带电检修的除外）；任一断路器检修时，其所在回路需要停运。因此单母线无分段接线可靠性和灵活性均较差，只能用于某些回路数较少、对供电可靠性要求不高的小容量发电厂与变电站中。

单母线分段接线方式与单母线接线方式相比，可靠性和灵活性都明显提高，其主要优缺点如下：

（1）可以分段检修母线而缩小停电的范围，降低了全部停电的可能性。当母线发生故障时，保护动作使分段断路器跳闸，保证正常段母线继续运行，仅故障段母线停止工作。

（2）对于重要用户，当采用双回路供电法，将双回路分别接于不同母线段上，以保证对重要用户的供电的可靠性。

（3）当任一段母线故障或检修时，必须断开在该段母线上的全部电源和引出线，这样减少了系统的发电量，并使该段单回线路供电的用户停电。

（4）任一回路断路器检修时，该回路也将停电。

（5）当出线为双回线时，架空线路会出现交叉跨越。

（三）桥形接线

桥形接线是由单母线分段接线方式转变而来，根据桥断路器的位置，可分为内桥和外桥，如图 1-2-7 所示。

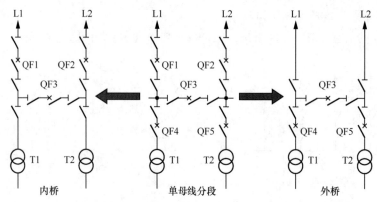

图 1-2-7　内桥、单母线分段、外桥

桥形接线的适用范围：当有两台主变压器、两条出线时，应首先考虑采用桥形接线。

内桥：线路长，主变压器操作次数少。

外桥：线路较短，变压器投切次数多。

桥形接线的优点是优点投资小（无母线，四条回路用三台断路器），占地面积小；缺点是可靠性差，不利于扩建。内桥接线方式变压器故障需停线路，外桥接线方式线路故障需停变压器。

（四）双母线接线

为了解决母线检修时所接回路需要停电的问题，进一步提高供电可靠性，可采用双母线接线。在大型发电厂或枢纽变电站，当母线电压为 110kV 及以上，出线在 4 回以上时，一般采用双母接线方式。双母线接线如图 1-2-8 所示。

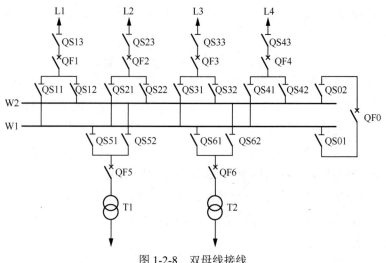

图 1-2-8　双母线接线

双母线接线的运行方式有：

（1）一组母线工作、一组母线备用的单母线运行方式。假定 W1 组母线工作，W2 组母线备用。正常运行时，接在工作母线 W1 上的母线隔离开关接通，接在备用母线 W2 上的母线隔离开关断开，母联断路器 QF0 断开，备用母线不带电。此运行方式为单母线接线运行，需要时工作母线和备用母线的工作状态可以进行互换。

（2）两组母线并列运行。正常运行时，两条母线同时运行，母联断路器 QF0 闭合，电源和出线均匀接在两组母线上，两组母线功率分配尽可能均匀，使母联断路器 QF0 通过的电流尽可能小。两组母线并列运行具有单母线分段接线的特点，若任一组母线发生故障，只会引起接至故障母线上的部分电源和引出线停电，但经倒闸操作后可迅速将停电回路转移至另一组母线上而恢复供电。

双母线接线的主要特点如下：

（1）轮流检修母线不停止向用户供电。

（2）检修任意回路的母线隔离开关时，只需停该回路及与该隔离开关相连的母线，而不影响其他回路的继续供电。

（3）母线故障时，能迅速恢复供电。

（4）便于扩建。双母线接线可以任意向两侧延伸扩展，不影响两组母线的电源和负荷均匀分配，扩建施工不会引起原有回路停电。

（5）双母线接线运行中需用隔离开关切换电路（倒母线）容易引起误操作；双母线接线的设备较多，配电装置复杂，投资和占地面积较大。

（五）双母线分段接线

为减少正常检修和故障时的倒闸操作以及减小母线故障时的停电范围，进一步提高供电可靠性，在双母线接线的工作母线上增加分段断路器，转变为双母线分段接线。双母线分段接线常见有双母线单分段和双母线双分段。双母线单分段接线如图 1-2-9 所示。双母线双分段接线如图 1-2-10 所示。

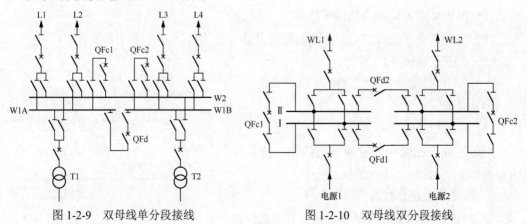

图 1-2-9　双母线单分段接线　　　　图 1-2-10　双母线双分段接线

双母线双分段接线正常运行时，电源和负荷出线大致均匀分配在四段母线上，母联

7

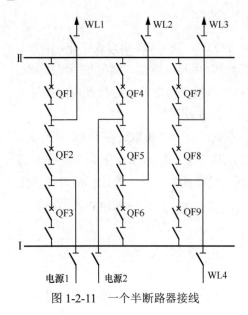

图 1-2-11　一个半断路器接线

断路器 QFc1、QFc2 和分段断路器 QFd1、QFd2 均在合位，四段母线同时并列运行。当任意一段母线故障时，只有 1/4 电源和负荷停电，故障影响范围更为缩小。当母联断路器或分段断路器故障时，只有 1/2 电源和负荷停电。

（六）一个半断路器接线

所谓一个半断路器接线是指两个回路共用三台断路器，即每个回路所用的断路器数目为一个半，也称 3/2 接线。一个半断路器接线适用于 220kV 及以上的超高压、大容量发电厂和变电站，如图 1-2-11 所示，其优点是：

（1）可靠性高。任一台断路器检修，都不停电；任一母线检修或故障都不停电；即使两条母线都故障或一条母线检修，另一条母线故障，电厂的电力基本上都能送出。

（2）操作方便。检修任一台断路器或母线不需倒负荷。

（3）运行调度灵活。正常时可多方式运行；事故时可合环、解环。

（4）扩建方便。

一个半断路器接线也有缺点：使用设备较多，投资较大；二次接线和继电保护复杂。

三、二次回路图纸

（一）二次回路图纸分类

纸质或电子版的二次回路图纸一般以卷册的形式出现，根据工程规模和电压等级的高低，根据设备或者功能分为以下部分：

（1）总的部分（公用部分）或者监控部分。

（2）主变压器部分。

（3）各电压等级的线路部分。

（4）直流部分。

（5）厂家原理图（白图）。

上述各卷册图纸中均有原理接线图、安装接线图。图 1-2-12 为二次回路图的详细分类。

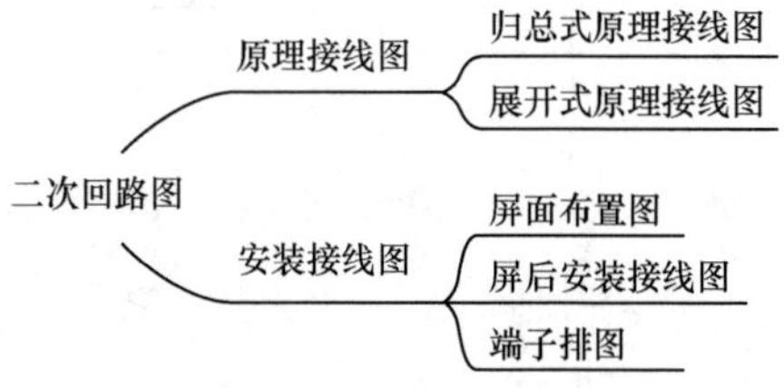

1. 归总式原理接线图

各继电器及相互联系的电流、电压和直流回路都展示在同一张图上，如图 1-2-13 所示。其特点是：二次接线与一次系统接线的相关部

图 1-2-12　二次回路图分类

分画在一张图上，直观、形象，使读者对整个二
次回路的构成以及动作过程都有一个明确的整体
概念；缺点是对二次回路的细节表示不够，不能
表明各元件之间接线的实际位置，未反映各元件
的内部接线及端子标号、回路标号等，不便于现
场的维护与调试。

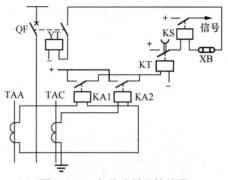

图 1-2-13　归总式原理接线图

2. 展开式原理接线图（展开图）

归总式原理接线图对于较复杂的二次回路
读图比较困难，故在实际使用中广泛采用展开式
原理图。电流、电压和直流回路都分开展示，如图 1-2-14 所示。其特点是：展开图按供
给二次回路的独立电源划分，将交流电流回路、交流电压回路、直流操作回路、信号回
路分开表示；同一电气元件的电流线圈、电压线圈、触点分别画在不同的回路中，采用
相同的文字符号；各导线、端子有统一规定的回路编号和标号。

展开图按电气元件的实际连接顺序排列，接线清晰，易于阅读和分析，便于分类查
线，但需要一定的识图基础。

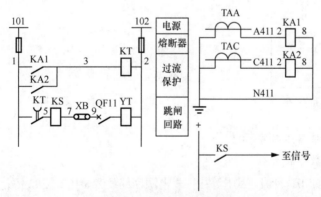

图 1-2-14　展开式原理接线图

3. 安装接线图

安装接线图是二次回路设计的最后的安装阶段，是制造、施工、运行、调试、检修
等的主要参考图纸，包括屏面布置图、屏后安装接线图、端子排图。安装接线图中的各
种电气设备和连接线，按照实际图形、位置和连接关系依照一定比例绘制。

屏面布置图：将各安装设备的实际安装位置按比例画出的正视图，如图 1-2-15
所示。

屏后安装接线图：表明屏内安装设备在背面引出端子之间的连接关系，以及与端子
排之间的连接关系的图纸。

　　端子排图：各类端子排列图，表明屏内设备之间以及与屏顶设备、屏外设备连接关系的图纸，如图 1-2-16 所示。

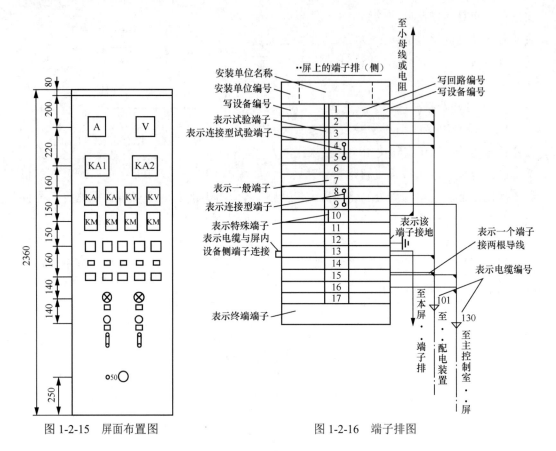

图 1-2-15　屏面布置图　　　　　　　图 1-2-16　端子排图

（二）二次图纸常用数字标号

1. 直流回路数字标号

"+"电源回路：01、101、201 等；"-"电源回路：02、102、202 等；合闸回路：103、203、107 等；跳闸回路：133、233、137 等；信号及其他回路：801～899。

2. 交流电流回路数字标号

1TA（1LH）：A411、B411、C411、N411、L411；2TA（2LH）：A421、B421、C421、N421、L421；3TA（3LH）：A431、B431、C431、N431、L431 等。

A4××、B4××、C4××、N4××：电流互感器（TA）二次电流回路的 A、B、C、N 相。特点为标号以 4 开头。

3. 交流电压回路数字标号

A630、B630、C630、N600；A640、B640、C640、N600 等。

A6××、B6××、C6××、N6××：电压互感器（TV）二次电压回路的 A、B、C、N 相。特点为标号以 6 开头。

其中 A630、B630、C630 为Ⅰ母电压，A640、B640、C640 为Ⅱ母电压。

（三）二次图纸基本图形符号的介绍

二次图纸基本图形符号如表 1-2-1 所示。需要说明的是二次图纸中断路器、隔离开关、接触器的辅助触点以及继电器的触点所表示的位置是这些设备在正常状态的位置。正常状态是指断路器、隔离开关、接触器及继电器处于断路和失电状态；动合触点是指设备在正常状态下，其辅助触点和触点是断开的；动断触点与动合触点相反，是指设备在正常状态下，其辅助触点和触点是闭合的。看图的方法："先交流、后直流；交流看电源，直流找线圈；抓住触点不放松，一个一个全查清"；"先上后下，先左后右，屏外设备一个也不漏"。

表 1-2-1　　　　　　　　　　二次图纸基本符号

序号	名称	图形符号	序号	名称	图形符号
1	继电器		14	延时断开的动断触点	
2	过电流继电器	$I>$	15	接通的连接片	
3	欠电压继电器	$U<$	16	断开的连接片	
4	气体继电器		17	切换片	
5	电铃		18	指示灯	
6	电喇叭		19	蜂鸣器	
7	按钮开关（动合）		20	熔断器	
8	按钮开关（动断）		21	位置开关动合	
9	动合触点		22	位置开关动断	
10	动断触点		23	非电量动合触点	
11	延时闭合的动合触点		24	非电量动断触点	
12	延时闭合的动断触点		25	接触器动合触点	
13	延时断开的动合触点		26	接触器动断触点	

第三节　二次安装常用仪表

一、数字万用表

（一）简介

数字万用表是最常用的一种数字测量仪表，因其准确度高、测试功能完善、测量速度快、显示直观、耗电省、便于携带等优点，已成为现代电子测量与维修工作的必备仪表。

数字万用表外观及结构如图 1-3-1 所示，一般使用两根测试表笔进行测试，通过切换不同的输入端和功能旋钮的组合方式，能实现对交直流电压、电流、电阻、电容量、通断性、频率等电气量的测量，测试结果通过仪表自带的液晶显示（LCD）屏进行显示。

数字万用表的测试量输入孔的功能如图 1-3-2 所示。

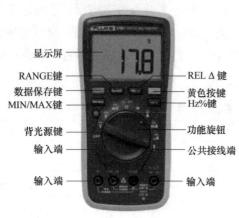

图 1-3-1　数字万用表外观及结构

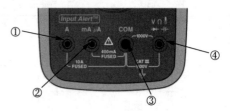

图 1-3-2　数字万用表测试量输入孔

①—用于交直流电流测量（A 档）的输入插孔；
②—用于交直流电流测量（mA、μA 档）的输入插孔；
③—用于所有测量的公共（COM）输入插孔；
④—用于交直流电压电阻、电容、通断性、频率、二极管测量的输入插孔

（二）使用方法

1. 交流电压测量

（1）将黑色表笔插入"COM（公共）"输入插孔，红色表笔插入"$\tilde{V}\Omega$"输入插孔。

（2）将旋转开关转至"$\tilde{V}$"位置，选择交流电压测量功能。

（3）将测量表笔接到待测交流电源（测开路电压）或负载上（测负载电压降），红色表笔宜接相线，黑色表笔宜接地，如图 1-3-3（a）所示，并读取显示屏的测出电压值。

2. 直流电压测量

（1）将黑色表笔插入"COM（公共）"输入插孔，红色表笔插入"$V\Omega$"输入插孔。

（2）将旋转开关转至"$\overline{V}$"位置，选择直流电压测量功能。

（3）将测量表笔接到待测直流电源（测开路电压）或负载上（测负载电压降），红色表笔宜接"+"端，黑色表笔宜接"−"端，如图 1-3-3（b）所示，并读取显示屏的测出电压值。

3. 交直流电压（mV）测试

（1）将黑色表笔插入"COM（公共）"输入插孔，红色表笔插入"$V\Omega$"输入插孔。

（2）将旋转开关转至"$\overline{mV}$"位置，选择交直流电压（mV）测试功能。

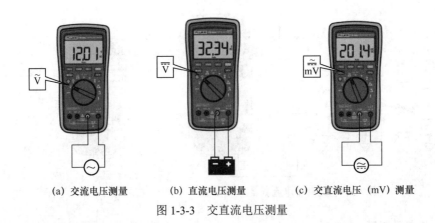

　(a) 交流电压测量　　　(b) 直流电压测量　　　(c) 交直流电压（mV）测量

图 1-3-3　交直流电压测量

（3）将测量表笔连接到待测交直流电源（测开路电压）或负载上（测负载电压降），如图 1-3-3（c）所示。根据被测回路的性质，按黄色按键可以在交流和直流电压测量之间切换所需的测试功能，并读取显示屏的测出电压值。

4．交直流电流测量

（1）将黑色表笔插入"COM（公共）"输入插孔，红色表笔根据被测回路的电流插入"A"或"mA/μA"输入插孔。

（2）根据被测回路的电流将旋转开关转至"$\tilde{\overline{A}}$"或"$\tilde{\overline{mA}}$"位置，选择交直流电流测试功能。

（3）根据被测回路的性质，按黄色按键在交流和直流电流测量之间切换所需的测试功能。

（4）断开被测电路电源后在测量点处断开被测电路，使用测量表笔衔接断开点，确认衔接牢固后，投入被测电路的电源，如图 1-3-4 所示。

（5）读取显示屏上的电流值。

5．电阻测量

（1）将黑色表笔插入"COM（公共）"输入插孔，红色表笔插入"$V\Omega$"输入插孔。

（2）将旋转开关转至"Ω"位置，选择电阻测量功能。

（3）断开被测电路的电源，使用测量表笔接触被测点，并读取显示屏上的电阻值。

6．通断性测量

（1）将黑色表笔插入"COM（公共）"输入插孔，红色表笔插入"$V\Omega$"输入插孔。

（2）将旋转开关转至"Ω"位置，选择通断性测量功能。

（3）按黄色按键一次可以启动通断性蜂鸣器，使用测量表笔接触被测电路测量点，如果电阻小于 70Ω，蜂鸣器持续响起，代表被测电路接通良好，否则显示屏显示实际的电阻值，如图 1-3-5 所示。

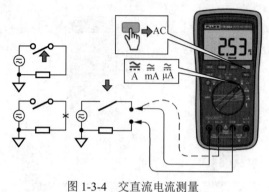

图 1-3-4 交直流电流测量

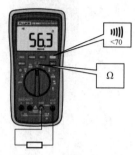

图 1-3-5 通断性测量

7. 电容量测量

（1）将黑色表笔插入"COM（公共）"输入插孔，红色表笔插入" V Ω ⊣⊢ "输入插孔。

（2）将旋转开关转至" ⊣⊢ "位置，选择通断性测量功能。

（3）使用测量表笔接触电容器引脚，并读取显示屏上的电容值。

（三）注意事项

（1）不要测量过高的交直流电压，万用表虽然可以显示更高的电压值，但有损坏内部电路的危险，另外测量过高的电压可能会危害人身安全。

（2）为了避免仪表损坏，在测试电阻、电容、通断性、二极管前，应先确认被测电路已被切断电源，电容已放完电。

（3）严禁使用电阻挡测量在运行回路的各类出口触点。测量回路电阻、通断性时，应确认回路电源已断开。

（4）如果不知被测电压、电流、电容等电气量的范围，应使用功能开关将万用表置于最大量程才能开始测量。

（5）使用过程中不要用手触测量表针的金属部分，防止人身伤害。

（6）长期不使用仪表时应定期对电池充电（两个月一次）。勤检查电池是否漏液，若漏液应及时更换，否则会腐蚀损坏仪表。

二、绝缘电阻表

（一）简介

绝缘电阻是设备安全要求测试中的一项重要指标，它可以判断绝缘体是否完整以及绝缘体表面是否被污染，通过测量设备的绝缘电阻可以及时发现设备普遍受潮、绝缘劣化和绝缘击穿等缺陷。

绝缘电阻表又称兆欧表，是电工常用的一种测量仪表，主要用来检查电气设备或电力电缆对地及相间的绝缘电阻，以保证这些设备、电缆工作在正常状态，避免发生触电伤亡及设备损坏等事故。绝缘电阻表一般有手摇式和数字式两种，如图 1-3-6 所示。

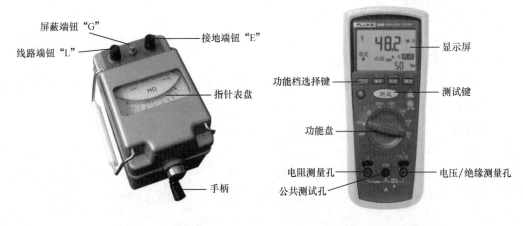

（a）手摇式绝缘电阻表　　　　　　　　　　（b）数字式绝缘电阻表

图 1-3-6　绝缘电阻表的种类及结构

手摇式绝缘电阻表又称摇表，其表盘刻度以兆欧（MΩ）为单位，一般接两根测试线进行测试；数字式绝缘电阻表是最常用的一种绝缘电阻表，由集成电路组成。由机内电池作为电源经 DC/DC 变换产生的直流高压输出，通过计算得出绝缘电阻值并由 LCD 屏幕显示出来。

（二）手摇式绝缘电阻表使用方法和注意事项

1. 使用方法

（1）在使用之前应检查手摇式绝缘电阻表测试线的绝缘层是否完好，有无破损，固定接线柱有无滑丝。

（2）开路试验：在手摇式绝缘电阻表未接通被测绝缘电阻之前，摇动手柄使发电机达到 120r/min 的额定转速，观察表盘指针是否指在标度尺"∞"的位置。

（3）短路试验：将线路端钮"L"和接地端钮"E"用测试线短接，缓慢摇动手柄，观察表盘指针是否指在标度尺的"0"位置。

（4）手摇式绝缘电阻表一般测试，可使用两根测试导线，分别接线路端钮"L"和接地端钮"E"，手摇式绝缘电阻表由线路端钮"L"输出高压，接被测电路一端，接地端钮"E"接好被测电路另一端或接地。摇动手柄，由慢到快均匀加速到 120r/min，转速稳定后读取表盘读数。

2. 注意事项

（1）应根据被测设备电压等级和测试要求选用合适输出电压的手摇式绝缘电阻表。

（2）测试用的导线，应使用绝缘导线，其端部应有绝缘套。测量导线与被测电路的连接应牢固，防止在摇测过程中带高压的测试导线脱离被试品，误碰其他二次回路或伤及人身。

（3）摇测绝缘电阻时，必须将被测电路的电源断开，并确实证明设备无人工作后，方可进行。

（4）摇测绝缘电阻时，将手摇式绝缘电阻表置于水平位置，摇把转动时其端钮间不允许短路。摇测电容器、电缆时，必须在摇把转动的情况下才能将接线拆开，否则反充电将会损坏手摇式绝缘电阻表。

（5）摇动手柄时，应由慢渐快，均匀加速到 120r/min，并注意防止触电。摇动过程中，当指针已指零时，就不能再继续摇动，以防表内线圈发热损坏。

（三）数字式绝缘电阻表使用方法和注意事项

1. 使用方法

（1）将测试表笔一端插入"V"和"COM（公共）"输入端子。黑色表笔插"COM（公共）"输入孔，红色表笔"V"输入孔。数字式绝缘电阻表输入孔如图 1-3-7 所示。

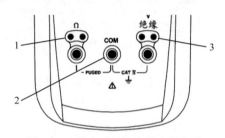

图 1-3-7 数字式绝缘电阻表输入孔

1—用于电阻测试的输入孔；2—用于所有测试的公用输入孔；3—用于电压或绝缘测试的输入孔

（2）开路试验：选择 1000V 挡位，将测试表笔悬空，按"测试"按键，显示屏显示的阻值为随机无穷大值，即绝缘电阻表合格。

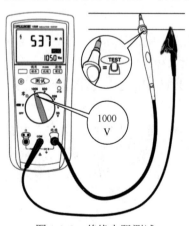

图 1-3-8 绝缘电阻测试

（3）短路试验：选择 1000V 挡位，将表笔对搭，按"测试"按键，显示屏显示为 0MΩ，即绝缘电阻表合格。

（4）根据被测电路电压等级和测试要求将功能盘旋转至所需要的测试电压。

（5）如图 1-3-8 所示，将黑色表笔良好接地或良好连接被测电路的一端。红表表笔良好接触被测电路的测试部位或的另一端。按下并保持"测试"按键或红色表笔上的"TEST"按键，测试信号灯"⚡"点亮，显示屏会显示被测电路中施加的测试电压，开始测试。显示屏将显示以 MΩ 或 GΩ 为单位的绝缘电阻值。

（6）将红色表笔保持在测试点上并松开"测试"按键或红色表笔上的"TEST"按键。被测电路即开始通过测试仪放电。电阻读数出现在主显示区中，直到测试信号灯"⚡"熄灭，才可开始新的测试开始。

2. 注意事项

（1）在绝缘电阻表的使用过程中需要使用不同的挡位来检测不同的设备或不同的回路，在使用绝缘电阻表检测设备、电缆前，应先将被检测设备、电缆的保护接地解除以防止测试结果出现偏差。

（2）应根据被测电路电压等级和测试要求选用合适的输出电压。在使用绝缘电阻表检测变电站内设备时，对于二次设备内部二次回路使用 500V 挡位。对于弱电源的信号回路宜采用 500V 挡位，对二次回路的绝缘检测均采用 1000V 挡位进行检测，对电压二次回路中金属氧化物避雷器测试时使用 2500V 挡位输出时应击穿，1000V 挡位输出时不应击穿。

（3）确认接线无误后开机测试，"⚡"灯亮表示有表笔有高压输出，此时严禁碰触表笔及待测试品裸露部分。测试过程中严禁拔插测试线，以免危及人身安全和损坏仪器。

（4）使用仪表内部电池测量时显示屏暗淡或开机不显示，欠电压显示灯亮，表示电池电量不足，应及时关闭仪器并充电。

（5）长期不使用仪表时应定期对电池充电（两个月一次）。勤检查电池是否漏液，若漏液应及时更换，否则会腐蚀损坏仪表。

（6）测试绝缘时，必须将被测设备的电源断开，并确实证明设备无人工作后，方可进行。

（7）各回路（除信号回路）对地绝缘电阻应大于 10MΩ；信号回路对地绝缘电阻应大于 1MΩ；二次设备内部各回路对地绝缘电阻应大于 20MΩ。

三、相序表

（一）简介

通常工业用交流电源为三相电源，分别为 A 相、B 相、C 相。假如按 ABC 相序电源接入电动机，电动机是正转；若按 ACB 相序电源接入电动机，电动机就是反转。

相序表可检测工业用电中出现的缺相、逆相、三相电压不平衡、过电压、欠电压五种电压不正确现象，并及时将用电设备断开，起到保护设备的作用。

在电力系统中，相序表常被用来测量站用 380V 交流电源、隔离开关电动机电源、主变压器冷却器风扇电源、母线电流互感器二次回路等交流电压回路相序，其外观及结构如图 1-3-9 所示。

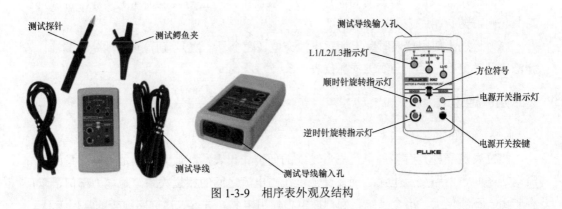

图 1-3-9　相序表外观及结构

（二）使用方法

（1）将测试导线 L1、L2、L3 的一端插入到相序表的输入插孔内，并确认测试导线已插紧。

（2）根据被测回路线接线的方式选择测试导线的测试附件，例如使用端子连接的可以使用探针，使用螺栓连接的可以使用鳄鱼夹，将测试导线插入选好的测试附件插孔内。

（3）按下"开关"按钮，绿色"on"指示灯表示相序表准备就绪，可以开始测量相序。

（4）将测试导线分别连接到对应的三个相别中，L1 对应 A 相，L2 对应 B 相，L3 对应 C 相。此时"顺时针旋转"或"逆时针旋转"指示灯会有一个点亮，显示被测电源的相序是正相序还是反相序。同时仪表上部的 L1、L2、L3 电源指示灯也会根据电源的实际情况亮起。表 1-3-1 是相序表指示灯在各种情况下的指示情况。

表 1-3-1　　　　　　　　　　　　相序表指示灯的指示表

指示灯	↺	↻	L1	L2	L3
正相序	×	√	√	√	√
反相序	√	×	√	√	√
L1 断线	×	×	×	√	√
L1 断线	×	×	√	×	√
L1 断线	×	×	√	√	×

注　"√"代表指示灯亮，"×"代表指示灯不亮。

（三）注意事项

（1）使用前注意观察待测电源电压等级，被测电源电压不应超过该电压等级，以防仪表损坏及伤及人身安全。

（2）使用探针测试过程中务必让探针与测试点充分接触。

（3）使用过程中不要用手触碰探针或鳄鱼夹的金属部分，防止造成人身伤害。

（4）单人使用相序表时，尽量使用鳄鱼夹接触测试点。

（5）使用完成后，应及时将相序表放回表盒中，不宜与其他金属工具等混合放置在工具包中，防止相序表及附件的损坏。

（6）长期不使用仪表时应定期对电池充电（两个月一次）。勤检查电池是否漏液，若漏液应及时更换，否则会腐蚀损坏仪表。

四、相位表

（一）简介

相位表是一种具有多种电量测量功能的便携式仪表，其最大特点是可以测量两路交流电压之间、两路交流电流之间及交流电压与电流之间的相位关系，是电力部门、工厂和矿山、石油化工、冶金系统正确把握电力使用情况，进行二次回路检查的常用工具。

现场使用的相位表一般是数字式相位表，图 1-3-10 是一种常用的双钳数字式相位表。它采用电磁感应原理的电流卡钳获取电流数据，与万用表相同的测量表笔获取电压数据，通过计算得出被测电气量的相位关系，并显示在 LCD 屏；数字式相位表除了能够直接测量交流电压值、交流电流值、两电压之间、两电流之间及电压、电流之间的相位和工频外，还具有其他测量判断功能。

图 1-3-10 中电压输入插孔中黄色与白色插孔为一个电压测量通道，称为 U1 测量通道；黑色与红色插孔为另一个电压测量通道，称为 U2 测量通道；I1 和 I2 为两个电流测量通道。

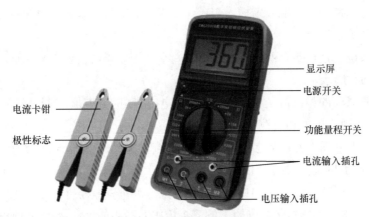

图 1-3-10   数字式相位表

（二）使用方法

1. 测量电压

（1）将红色表笔插入 U1 通道的"U1"输入插孔，黑色表笔插入 U1 通道的"±"插孔内。

（2）根据被测回路的电压大小，将功能量程开关拨至挡位"U1"对应的量限，读取显示屏上的电压值。

（3）两个电压测量通道具有完全相同的测试特性，故也可将功能量程开关拨至挡位"U2"对应的量限，将被测电压从 U2 通道的插孔输入进行测量。

2. 测量电流

（1）将电流卡钳引出线插头插入 I1 电流输入插孔，根据被测回路的电压大小，将功能量程开关拨至"I1"对应的量程。

（2）将电流钳口卡在被测单相电流回路线上，待钳口完全闭合后，读取显示屏上的电流值。

（3）两个电流测量通道具有完全相同的测试特性，故也可将功能量程开关拨至挡位"I1"对应的量程，将被测电流从 I2 通道的插孔输入进行测量。

3. 测量相位

（1）电流之间的相位测量。

1）将两个电流卡钳引出线插头分别插入 I1、I2 电流输入插孔，将功能量程开关拨至

"I1I2" 挡位。

2）将两个电流卡钳口分别卡在被测两相电流回路线上，注意应卡钳上的箭头标志的箭头或"*"标志面向电流互感器二次绕组极性端的方向，应待钳口完全闭合后，读取显示屏上的相位值，如图 1-3-11（a）所示。

3）此时测量出的相位值是电流 I2 滞后于电流 I1 的角度值。

（2）电压之间的相位测量。

1）将四根测量表笔一端分别插入 U1、U2 两个电压测量通道的输入插孔，将功能量程开关拨至"U1U2"挡位。

2）四根表笔分别连接至两个被测电压的两端，连接牢固后读取显示屏上的相位值，如图 1-3-11（b）所示。

3）此时测量出的相位值是电压 U2 滞后于电压 U1 的角度值。

（3）电压电流之间的相位测量。

1）将红色表笔插入 U1 通道的"U1"输入插孔，黑色表笔插入 U1 通道的"±"插孔内；将电流卡钳引出线插头插入 I2 电流输入插孔。

2）将功能量程开关拨至"U1I2"挡位；将电压测量表笔连接被测电压回路，电流卡钳卡在被测单相电流回路线上，卡钳上的箭头标志的箭头或"*"标志面向电流互感器二次绕组极性端的方向。应待钳口完全闭合、测量表笔连接牢固后，读取显示屏上的相位值，如图 1-3-11（c）所示。

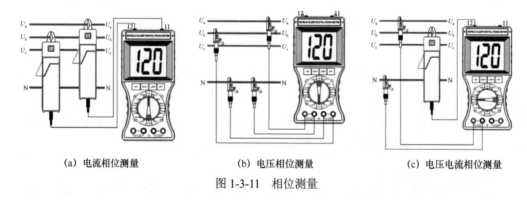

（a）电流相位测量　　　（b）电压相位测量　　　（c）电压电流相位测量

图 1-3-11　相位测量

3）测相位时电压输入插孔旁边符号 U1、U2 及钳形电流互感器红色"*"符号为相位同名端。此时测量出的相位值是电流 I2 滞后于电压 U1 的角度值。

4）也可将电压从 U2 输入，用电流从 I1 输入，功能量程开关拨至"I1U2"，此时测量出的相位值是电流 I1 滞后于电压 U2 的角度值。

（三）注意事项

（1）不要测量过高交直流电压，防止过高的电压损坏仪表内部电路及伤害自身安全。

（2）避免在强电磁环境下使用相位表测量相位，防止磁场影响仪表的测量结果。

（3）确定导线的连接线插头紧密插入插孔内，测试线必须撤离被测导线后才能从仪表上拔出，不能用手接触插孔及测量表笔的金属部分，防止人身伤害。

（4）如果不知被测电压、电流等电气量的范围，应使用功能开关将相位表置于最大量程才能开始测量。

（5）使用过程中，尤其是使用电流卡钳测量电流回路时，注意不要用力扳动导线，防止电流回路开路造成人身或设备伤害。

（6）电流卡钳闭合良好后方能读取电流或相位值，在测试过程中卡钳不应移动或晃动。测量相位时电压回路应连接牢固，必要的时候可以用带鳄鱼夹的测量导线代替测量表笔。

（7）应避免撞击、跌落仪表及电流卡钳，使仪表和电流卡钳受冲击造成损坏，尤其是电流卡钳口接合面。电流卡钳表面应保持清洁和干燥，不能用腐蚀剂或粗糙物清洁，必须用软布沾上清洁、防锈、除湿类的润滑剂，轻轻擦拭电流钳即可。

（8）长期不使用仪表时应定期对电池充电（两个月一次）。勤检查电池是否漏液，若漏液应及时更换，否则会腐蚀损坏仪表。

第二章 电缆支（桥）架、保护管安装

第一节 所需仪器和设备简介

电缆支（桥）架、保护管安装所需仪器和设备简介如表 2-1-1 所示。

表 2-1-1　　　　　　电缆支（桥）架、保护管安装所需仪器和设备简介

设备名称	简介	图例
切割机	切割机是一种功能强大的切割机械，应用于金属或非金属行业，可有效地提高各类拆料切割的效率、切割质量，减轻操作者的劳动强度。切割机从切割材料来区分，分为金属材料切割机和非金属材料切割机。非金属材料切割机分为火焰切割机、等离子切割机、激光切割机、水刀切割机等；金属材料切割机主要是刀具切割机	
电焊机	电焊机利用正负两极在瞬间短路时产生的高温电弧来熔化电焊条上的焊料和被焊材料，使被接触物相结合。其结构十分简单，就是一个大功率的变压器。 电焊机一般按输出电源种类可分为两种，一种是交流电源、一种是直流电源。它们利用电感的原理，电感量在接通和断开时会产生巨大的电压变化，利用正负两极在瞬间短路时产生的高压电弧来熔化电焊条上的焊料，来使它们达到原子结合的目的	
液压弯管机	液压弯管机一种新型的具有弯管功能及起顶功能的弯管工具，具有结构合理、使用安全、操作方便、价格合理、装卸快速、便于携带、一机多用等众多优点，主要用于电力施工、公铁路建设、锅炉、桥梁、船舶、家具、装潢等方面的管道铺设及修造	
角向磨光机	角向磨光机是指一种用于修磨焊道、清除焊接缺陷、清理焊根等的电动（或风动）工具。角向磨光机具有转速高、清除缺陷速度快、打磨焊缝美观清洁等优点	
电锤	电锤是附有气动锤击机构的一种带安全离合器的电动式旋转锤钻。电锤是利用活塞运动的原理，压缩气体冲击钻头，不需要手使多大的力气，即可以在混凝土、砖、石头等硬性材料上开 6～100mm 的孔，电锤在上述材料上开孔效率较高，但它不能在金属上开孔	

设备名称	简介	图例
电动扳手	电动扳手是指拧紧和旋松螺栓及螺母的电动工具，是一种拧紧高强度螺栓的工具。用于钢结构桥梁、厂房建筑、化工、发电设备安装大六角头高强度螺栓施工的初拧、终拧和扭剪型高强度螺栓的初拧，以及对螺栓紧固件的扭矩或轴向力有严格要求的场合	
镀锌层测厚仪	镀锌层测厚仪采用磁性和涡流两种测厚方法，可无损测量磁性金属基体（如铁、合金和硬磁性钢等）上非磁性覆层的厚度（如铜、铝、铬、珐琅、橡胶、油漆等）及非磁性金属基体（如铜、铝、锌、锡等）上的非导电覆层的厚度（如珐琅、橡胶、油漆、塑料等）	
水平尺	水平尺是利用液面水平的原理，以水准泡直接显示角位移，测量被测表面相对水平位置、铅垂位置、倾斜位置偏离程度的一种计量器具。水平尺常被用来检测物体是否水平，常见的是水准泡式水平尺。它是靠玻璃管内水准泡的移动来判断物体是否水平的，当水平尺发生倾斜时，气泡就会向升高的一端移动，从而判断物体表面哪一端高，哪一端低	
水平仪	水平仪是一种测量小角度的常用量具。在机械行业和仪表制造中，用于测量相对于水平位置的倾斜角、机床类设备导轨的平面度和直线度、设备安装的水平位置和垂直位置等。按水平仪的外形不同可分为万向水平仪、圆柱水平仪、一体化水平仪、迷你水平仪、相机水平仪、框式水平仪、尺式水平仪；按水准器的固定方式又可分为可调式水平仪和不可调式水平仪	

第二节 电缆支架安装

一、基础知识

电缆支架是用于支持和固定电缆，通常由整体浇注、型材经焊接或紧固件连接拼装而成的装置。

电缆支架根据其组成材质不同常见有热镀锌角钢支架、复合支架等，如图 2-2-1 和图 2-2-2 所示。热镀锌角钢支架是电力系统中运用历史最长最普遍的电缆支架，优点是强度高、应用广、制作简单；缺点是钢材消耗大、恶劣环境下易锈蚀、设施维护费用高、使用寿命较短。复合支架造价相对较高，抗腐蚀性较好，多应用于恶劣环境下。

电缆支架主要应用于室内、外电缆沟及电缆夹层。电缆支架除支持工作电流大于1500A 的交流系统单芯电缆外，宜选用钢制。在强腐蚀环境，可选用满足现行行业标准NB/T 42037—2014《防腐电缆桥架》规定的防腐电缆桥架。热镀锌角钢支架在变电站中应用最为普遍。

图 2-2-1　热镀锌角钢电缆支架

图 2-2-2　复合电缆支架

电缆支架型式的选择，应符合下列规定：明敷的电缆数量较多、电缆跨越距离较大或采用高压电缆蛇形安置方式时，宜选用电缆桥架。除上述情况外，可选用普通支架、吊架。

二、电缆支架安装

（一）施工准备

（1）材料准备：统计安装位置、安装方式，确定所需的材料数量、种类，进行材料的准备工作。

（2）技术准备：核对施工图，确认各类支架型号、数量满足现场电缆敷设现场需求。

（3）人员组织：技术人员，安全、质量负责人，施工人员。

（4）机具准备：切割机、电焊机、电锤、电动扳手等安装所需的工器具等。

（二）电缆支架加工

因热镀锌角钢支架在变电站中应用最为普遍，以下主要以热镀锌角钢电缆支架为例进行说明。

热镀锌角钢电缆支架可由工厂制作或现场加工，考虑到施工现场加工设备的数量、制作精度、生产效率以及防腐工艺要求，批量生产的电缆支架均采用工厂制作的方式。

施工现场仅对一些特殊部位如竖井口、电缆沟交叉口等处加工制作异形支架。

1．电缆支架的加工要求

电缆支架的加工应符合下列要求：

（1）钢材应平直，无明显扭曲。下料误差应在 5mm 范围内，切口应无卷边、毛刺，靠通道侧应有钝化处理。

（2）支架应焊接牢固，无显著变形。各托臂间的垂直净距与设计偏差不应大于 5mm。

（3）金属电缆支架必须进行防腐处理，普遍采用热镀锌方式防腐。位于湿热、盐雾以及有化学腐蚀地区时，应根据设计做特殊的防腐处理。

（4）铝合金制托架与钢制支吊架直接接触时会产生电化学腐蚀，为避免铝合金托架的腐蚀，较为简便的方法是在铝合金托架和钢制支吊架间加绝缘衬垫，绝缘衬垫可利用电缆上剥下来的塑料护套切割而成。

2. 电缆支架的层间允许最小距离

当设计无要求时，电缆支架的层间允许最小距离可采用表 2-2-1 的规定，但层间净距不应小于 $2D+10mm$（D 为电缆外径），35kV 及以上高压电缆不应小于 $2D+50mm$。

表 2-2-1　　　　　　　　　　电力电缆支架的层间允许最小距离值

电缆电压等级和类型、敷设特征		普通支架、吊架（mm）	桥架（mm）
控制电缆明敷		120	200
电力电缆明敷	6kV 以下	150	250
	6～10kV 交联聚乙烯	200	300
	20～30kV 单芯	250	300
	20～30kV 三芯 66～220kV，每层一根及以上	300	350
	330、500kV	350	400
电缆敷设于槽盒中		$h+80$	$h+100$

注　h 表示盒槽外壳高度。

电缆支架、梯架或托盘的最上层、最下层布置尺寸应符合下列规定：最上层支架距盖板的净距允许最小值应满足电缆引接至上侧柜盘时的允许弯曲半径要求，且不宜小于表 2-2-1 规定；采用梯架或托盘时，不宜小于表 2-2-1 的规定再加 50～80mm；最下层支架、梯架或托盘距沟底垂直净距不宜小于 100mm。

3. 电缆支架、吊架布置尺寸

当设计无要求时，电缆支架的允许跨距可采用表 2-2-2 的规定。

表 2-2-2　　　　　　　　普通支架（臂式支架）、吊架的允许跨距

电缆特征	允许跨距（mm）	
	水平敷设	垂直敷设
未含金属套、铠装的全塑小截面电缆	400*	1000
除上述情况外的中、低压电缆	800	1500
35kV 以上高压电缆	1500	3000

* 维持电缆较平直时，该值可增加 1 倍。

4. 电缆支架的到货检查

施工现场应对经工厂成批加工后的电缆支架进行到货检查，检查内容包括支架外形尺寸、型钢的厚度、镀锌外表质量、支架变形程度、镀锌层厚度等，如图 2-2-3～图 2-2-6 所示。

图 2-2-3　检查支架外形尺寸

图 2-2-4　检查型钢厚度

图 2-2-5　检查支架变形程度

图 2-2-6　检查镀锌层厚度

5. 电缆支架安装

电缆支架的安装方式有预埋螺栓固定、预埋扁钢焊接、膨胀螺栓固定等，三种安装方式各有优缺点，对比见表 2-2-3。

表 2-2-3　　　　　　　　　　电缆支架安装方式对比

电缆支架安装方式	预埋工作	后期安装工作	图样
膨胀螺栓固定	土建阶段无需配合预埋	防腐处理速度较快，不破坏镀锌层，安装位置可灵活调整	
预埋螺栓或开孔角钢	土建阶段要配合预埋，预埋精度要求高	速度最快，不破坏镀锌层	

续表

电缆支架安装方式	预埋工作	后期安装工作	图样
预埋扁钢焊接	土建阶段要配合预埋，预埋精确度要求较高	速度一般，焊接破坏镀锌层，焊接处需重新防腐处理	

在电缆夹层和电缆沟中，电缆支架的安装固定主要有图 2-2-7 所示 4 种类型，其中膨胀螺栓固定在电缆沟中应用最为普遍，预埋扁钢焊接安装方式已被逐步淘汰。

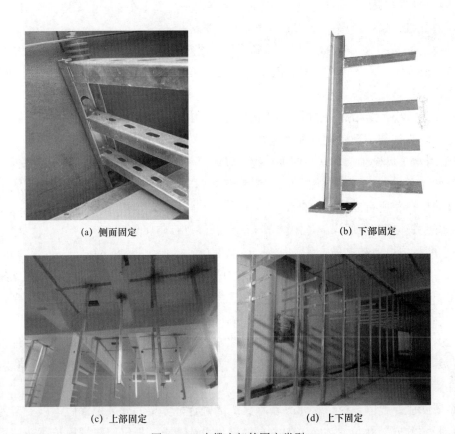

(a) 侧面固定　　　　　　　　　　　　　(b) 下部固定

(c) 上部固定　　　　　　　　　　　　　(d) 上下固定

图 2-2-7　电缆支架的固定类型

承重式支架用于承重较重、电缆数量较多的场所，安装相对复杂，下文以承重式支架为例说明安装方法。

6. 电缆夹层电缆支架安装

（1）测量定位。

1）根据设计图纸，测量出电缆支架边缘距轴线、中心线、墙边的尺寸，在同一直线段的两端分别取一点。用墨斗在电缆夹层顶板上弹出一条直线，作为支架距轴中心或墙边的边缘线。

2）以顶板的墨线为基准线，用线锤定出立柱在地板的相应位置，用墨斗在地面弹一直线。按照设计图纸的要求在直线上标出底板的位置。

（2）底板安装。

1）按标注的位置，将底板紧贴住夹层地面或夹层顶板，根据底板上的孔位，用记号笔在地面和夹层顶板作出对应标记（结构有预埋铁时，将上下底直接焊接到预埋铁上）。

2）取下底板，在记号位置用电锤将孔打好。将膨胀螺栓敲入眼孔，装好底板，紧固膨胀螺栓将底板固定牢固。

（3）立柱焊接、防腐。

1）测量夹层上、下底板之间的准确距离，根据此距离切割出相应长度的立柱槽钢长度，槽钢长度比上、下底板之间的距离小 2～3mm。采用可拆卸托臂时，切割槽钢时必须保证槽钢各托臂安装位置在同一高度。

2）将直线段两端的槽钢立柱放在电缆支架的上、下底板之间，确认立柱位置无误后，采用电焊将立柱与下部底板点焊固定。

3）用水平尺检验槽钢立柱的垂直度，确认无误后，将槽钢立柱与上、下底板焊接牢固。用两条尼龙线在两根立柱之间绷紧两条直线，顶部与下部各一条。以此直线为依据安装其他柱，使所有立柱成为直线。

4）除去焊接部位的焊渣，用防锈漆和银粉漆进行防腐处理。

7. 电缆沟内电缆支架安装

（1）测量定位。安装时在同一直线段的两端分别固定一个支架，注意电缆支架最上层及最下层至沟顶、楼板或沟底、地面距离需满足要求，再在两支架间拉通长直线，按设计间距依次安装中间支架。

（2）安装固定。固定方式可采用膨胀螺栓直接固定在电缆沟壁上，对于预埋铁件的情况，采用焊接；对于预埋螺栓的情况，只要预埋件位置准确，可直接安装，速度最快，但应注意预埋螺栓时其螺纹部位应作保护。

金属膨胀螺栓固定时，按水平及垂直距离确定好支架的安装位置后，以支架为磨具确认膨胀螺栓安装孔位，注意支架垂直度满足设计要求，根据膨胀螺栓长度在钻头上标出深度的标记，严格控制打孔的直径和深度，以防固定不牢、吃墙过深或出墙过多。钻孔时应避开钢筋，如遇钻机突然停止或钻头不前进，应立即停止钻孔，检查是否碰到内部钢筋。对于失败孔，应填满高一个强度的水泥砂浆，另重新选择位置钻孔。

安装支架时利用水平尺确认立柱垂直，且保证立柱的底板与地面充分接触。接触面如不平整，可在底板下加垫片使其垂直后紧固螺栓将支架予以固定，电缆支架安装成品如图 2-2-8 所示。

(a) 螺栓固定支架　　　　　　(b) 预埋扁钢焊接固定支架

图 2-2-8　电缆沟内支架安装成品图

8. 电缆竖井内电缆支架安装

电缆竖井应设电缆支架，且应符合下列规定：

（1）电缆竖井内支架宜利用建构筑物的柱、梁、地面、楼板预留埋件进行固定。

（2）电缆竖井如采用空心砖制作，电缆支架应固定于通长扁钢上，扁钢两端固定于建筑物的柱、梁、地面、楼板上，确保支架安装后不下垂。

9. 电缆支架安装质量标准

（1）在有坡度的电缆沟内或建筑物上安装电缆支架，应有与电缆沟或建筑物相同的坡度。电支架应安装牢固，横平竖直，各支架同层横档应在同一水平面上，其高度偏差不应大于 5mm，垂直左右偏差不应大于 5mm。

（2）组装后的钢结构竖井，其垂直偏差不应大于其长度的 0.2%，支架横撑的水平误差不应大于其宽度的 0.2%；竖井对角线的偏差不应大于其对角线长度的 0.5%。钢结构竖井全长应具有良好的电气导通性，全长不少于两点与接地网可靠连接，全长大于 30m 时，应每隔 20～30m 增设明显接地点。

（3）电缆支架最上层至沟顶、楼板或最下层至沟底、地面距离，设计无规定时不宜小于表 2-2-4 中数值。

表 2-2-4　　电缆支架最上层及最下层至沟顶、楼板或沟底、地面距离

电缆敷设场所及其特征		垂直净距（mm）
电缆沟		50
隧道		100
电缆夹层	非通道处	200
	至少在一侧不小于 800mm 宽通道处	1400
公共廊道中电缆支架无围栏防护		1500
厂房内		2000
厂房外	无车辆通过	2500
	有车辆通过	4500

（4）在金属电缆支架的立柱内侧或外侧，或在支架的托上敷设接地扁钢作接地线。接地线与电缆支架之间采用焊接或螺栓连接方式。当接地线与支架采用焊接方式时，电缆支架及其接地线焊接部位必须进行防腐处理，接地扁钢在转弯处应采用机械冷弯，如图 2-2-9 所示。

（5）电缆支架与接地网应有不少于 2 个连接可靠的接地点。电缆沟内接地扁钢跨越伸缩缝处应设伸缩弯，如图 2-2-10 所示，为避免电缆支架末端尖角伤人，可加装塑料护套。从美观角度出发，电缆沟两侧的电缆支架应做到镜像对称，即电缆沟两侧支架的角铁应朝同一方向，此细节常被忽略，见图 2-2-11 与图 2-2-12 对比。在电缆沟 T 形或十字交叉口，为避免电缆交叉或下垂，可加工制作异形支架，如图 2-2-13 所示。

图 2-2-9　电缆支架接地线

图 2-2-10　电缆沟伸缩缝处接地扁钢伸缩弯

图 2-2-11　支架角钢朝向一致

图 2-2-12　支架角钢朝向不一致

图 2-2-13　电缆沟异形支架

第三节　电缆桥架安装

一、基础知识

电缆桥架：由托盘（托槽）或梯架的直线段、非直线段、附件及支吊架等组合构成，用以支撑电缆具有连续的刚性结构系统。

电缆桥架根据材质可分为钢质桥架、铝合金桥架、不锈钢桥架、复合桥架等类型，如图 2-3-1 所示。电缆桥架组成的梯架、托盘，可选用满足工程条件阻燃性的玻璃钢制，技术经济综合较优时，可选用铝合金制电缆桥架。

桥架由立柱、托盘、梯架、支吊架等组成。

(a) 铝合金电缆桥架

(b) 热镀锌电缆桥架

(c) 不锈钢电缆桥架

(d) 复合电缆桥架

图 2-3-1　电缆桥架类型

电缆桥架类型的选择，应符合下列规定：

（1）需屏蔽外部的电气干扰时，应选用无孔金属托盘或实体盖板。

（2）在有易燃粉尘场所，宜选用梯架，最上一层桥架应设置实体盖板。

（3）高温、腐蚀性液体或油的溅落等需防护场所，宜选用托盘，最上一层桥架应设置实体盖板。

（4）需因地制宜组装时，可选用组装式托盘。

（5）除上述情况外，宜选用梯架。

二、电缆桥架的安装

（一）施工准备

（1）材料准备：统计安装位置、安装方式，确定所需的材料数量，进行材料的准备工作。

（2）技术准备：核对施工图，确认各类支架设计符合规范要求。

（3）人员组织：技术人员，安全、质量负责人，施工人员。

（4）机具准备：切割机、电焊机、电锤等安装所需的工器具等。

（二）电缆桥架安装

1. 电缆桥架的到货检查

施工现场应对经工厂成批加工后的电缆桥架进行到货检查，检查内容包括型钢的厚度、镀锌外表质量、支架变形程度、镀锌层厚度。

2. 电缆桥架安装流程

（1）固定地点施工。根据设计图纸确定桥架的安装位置和标高，以土建结构轴线为基准，确定每一直线段的始端和终端吊架或预埋铁件的准确位置，在两点间拉上一根尼龙线，然后根据施工规范的规定分别在直线上确定每个吊架或预埋铁件的具体位置。

根据设计图标注的轴线部位，将预制加工好的木质或铁制框架，固定在标出的位置上，并进行调直找正。在混凝土浇筑时，设专人看护防止移位或变形，待现浇混凝土凝固、模板拆除后，拆下框架，并抹平孔洞。

预埋铁件的加工尺寸一般不应小于 120mm×60mm×6mm，其锚固圆钢的直径不应小于 8mm。将预埋铁件的平面放在钢筋网片下面，紧贴模板，采用绑扎或焊接的方法将锚固圆钢固定在钢筋网上。模板拆除后，及时清理，使预埋铁平面明露。

金属膨胀螺栓安装适用于 C10 以上混凝土构件及实心砖墙上，不适用于空心砖墙。首先沿着墙壁或顶板根据设计图进行弹线定位，标出固定点的位置。再根据支架或吊架承受的荷载，选择相应的金属膨胀螺栓及钻头，所选钻头长度应大于套管长度。打孔的深度应以将套管全部埋入墙内或顶板内后，表面平齐为宜。打孔后应先清除干净孔洞内的碎屑，然后再用布槌或垫上木块后用铁锤将膨胀螺栓敲进洞内，应保证套管与建筑物表面平齐，螺栓端部外露，敲击时不得损伤螺栓的螺纹。埋好螺栓后，可用螺母配上相应的垫圈将支架或吊架直接固定在金属膨胀螺栓上。

（2）吊（支）架安装。钢吊（支）架应焊接牢固，无显著变形，焊缝均匀平整，焊缝长度应符合要求，不得出现裂纹、咬边、气孔、凹陷、漏焊等缺陷。吊（支）架应安装牢固，保证横平竖直，在有坡度的建筑物上安装吊（支）架应与建筑物有相同坡度。

（3）桥架（槽盒）安装。

1）直线段电缆桥架安装时，桥架应用专用的连接板进行连接，在电缆桥架外侧用螺母进行固定，连接处电缆桥架、槽盒的接口应紧密、无错位，并加平垫、弹簧垫。

2）电缆桥架在十字交叉、丁字交叉处，应采用水平四通、水平三通、垂直四通、垂直三通进行连接，并在连接处两端增加吊架或支架进行加固处理。

3）电缆桥架在转弯处，应采用相应弯通进行连接，转弯半径不应小于该桥架上的电缆最小允许弯曲半径的最大者，并增加吊架或支架进行加固处理。建筑物的表面有坡度时，桥架应随其变化坡度敷设。在倾斜调节时可采用倾斜底座进行调节，或采用调角片进行调节。

4）电缆桥架与盒、箱、柜、设备进行接口时，应采用抱脚方式进行连接，连接处应平齐，缝隙均匀严密。严禁将桥架直接插入设备内。电缆桥架过变形缝时，应做补偿处理。

5）电缆桥架整体与吊（支）架的垂直度与横向的水平度，应调整到符合规范要求，电缆桥架上、下各层都对齐后，再将吊（支）架固定牢固。电缆桥架穿过防火分区时，应用防火堵料密实封堵。

在吊架、支架的下部，用扁钢或圆钢将吊（支）架焊接成一体，并与接地干线相连接。镀锌电缆桥架的相互连接处，用专用的金属连接板连接；非镀锌电缆桥架的相互连接处，连接部位打磨后用截面积不小于 $6mm^2$ 的铜线可靠连接，如图 2-3-2 所示。电缆桥架全长与接地干线连接不少于 2 处，具体位置视设计图纸及实际情况确定，起始端和终点端均应可靠接地，如图 2-3-3 所示。

图 2-3-2 桥架跨接接地

图 2-3-3 桥架接地

（三）桥架安装质量标准

（1）主控项目。金属电缆桥架及其支架和引入或引出的金属电缆导管必须接地可靠，且必须符合下列规定：

1）金属电缆桥架及其支架全长应不少于 2 处与接地干线相连接。

2）非镀锌电缆桥架间连接板的两端跨接铜芯接地线，接地线最小允许截面积不小于 $6mm^2$。

3）金属电缆桥架、槽盒接头部位应跨接良好，当连接板每端不少于 2 个带有防松螺母或防松垫圈的螺栓固定时，可不进行跨接。连接板的螺母应位于电缆桥架、槽盒的外侧。

金属制桥架系统，应设置可靠的电气连接并接地。采用玻璃钢桥架时，应沿桥架全长另敷设专用接地线。

（2）一般项目。直线段钢制电缆桥架长度超过 30m、铝合金或玻钢制电缆桥架长度超过 15m 设有伸缩节；电缆桥架跨越建筑物变形缝处设置补偿装置。

1）电缆桥架转弯处的弯曲半径，不小于桥架内电缆最小允许弯曲半径。

2）当设计无要求时，电缆桥架水平安装的支架间距为 1.5～3m；垂直安装的支架间距不小于 2m。

3）桥架与支架间螺栓、桥架连接板螺栓固定紧固无遗漏，螺母位于桥架外侧；当铝合金桥架与钢支架固定时，有相互间绝缘的防电化腐蚀措施。

4）敷设在竖井内和穿越不同防火区的桥架，按设计要求位置，有防火封堵措施。

5）支架与预埋件焊接固定时，焊缝应饱满；膨胀螺栓固定时，选用螺栓应适配，连接应紧固，防松零件应齐全。

6）电缆桥架的水平间距应一致，层间距离不应小于 2 倍电缆外径加 10mm，35kV 及以上高压电缆不应小于 2 倍电缆外径加 50mm。

随着智能变电站的推广及普及，电缆桥架在变电站中也得到广泛应用，智能变电站的电缆桥架一般布置在电缆支架的最上层，桥架内主要敷设光缆、网络线缆等。

第四节　电缆护管安装

一、基础知识

电缆本体敷设于其内部受到保护和在电缆发生故障后便于将电缆拉出更换用的管子，有单管和排管等结构形式，也称为电缆管。

电缆护管根据不同使用部位宜采用热镀锌钢管、金属软管或硬质塑料管等。变电工程中埋设的电缆管较多采用热镀锌钢管。

热镀锌钢管到达现场后，应检查其外观镀锌层完好，无穿孔、裂缝和显著的凹凸不平，内壁光滑，合格证齐全。

二、电缆护管安装流程

（一）施工准备

（1）材料准备：统计安装位置、安装方式，确定所需的材料数量，进行材料的准备工作。

（2）技术准备：核对施工图，确认各类电缆管型号是否满足现场要求。

（3）人员组织：技术人员，安全、质量负责人，施工人员。

（4）机具准备：切割机、电焊机等安装所需的工器具等。

（二）电缆管加工

1. 电缆管的到货检查

（1）电缆管不应有穿孔、裂缝和显著的凹凸不平，内壁应光滑；金属电缆管不应有严重锈蚀；塑料电缆管的性能应满足设计要求。

（2）热镀锌电缆管制作前应根据敷设路径精确测量各设备所需保护管的长度，根据需敷设的电缆型号，选择相应规格的保护管。

2. 电缆管弯制

电缆管在弯制时应遵循的原则：弯曲时应采用机械冷弯，如图 2-4-1 和图 2-4-2 所示，电缆管在弯制后，不应有裂缝和显著的凹瘪现象，其弯扁度不宜大于电缆管外径的 10%：电缆管的弯曲半径不应小于所穿入电缆的最小允许弯曲半径；所弯制的保护管的角度应大于 90°。

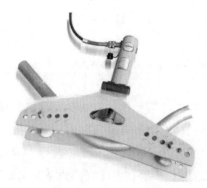
图 2-4-1　弯管机弯管

图 2-4-2　电缆管弯制后的成品

（三）电缆管套管焊接

电缆管安装金属电缆管应采用套管焊接方式，连接时两管口应对准、连接牢固、密封良好，套接的短套管或带螺纹的管接头的长度不应小于电缆管外径的 2.2 倍，两端应封焊，如图 2-4-3 所示。采用金属软管及合金接头做电缆保护接续管时，其两端应固定牢靠、密封良好。

硬质塑料管在套接或插接时，其插入深度宜为管子内径的 1.1～1.8 倍，在插接面上应涂以胶合剂粘牢密封。采用套接时，套管两端应采取密封措施。

螺纹连接（将两个管道或者管件连接在一起，通常是通过一个内部或外部的螺纹连接，在两端加上螺纹连接器，使其具有连接功能）的金属管管端套丝长度应大于 1/2 管接头长度。保护管敷设采取明敷和直埋两种方式，在易受机械损伤的地方和在受力较大处直埋时，应采用足够强度的管材。电缆管敷设时应有防下沉措施。保护钢管接地时，应先焊好接地线，再敷设电缆，如图 2-4-4 所示。

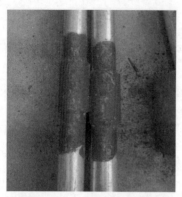 

图 2-4-3　电缆管套管焊接　　　　　　图 2-4-4　电缆沟内电缆管口接地

　　保护管的内径与电缆外径之比不得小于 1.5。每根电缆管的弯头不应超过 3 个，直角弯不应超过 2 个。明敷电缆管应安装牢固，横平竖直，管口高度、弯曲弧度一致。支点间距离不宜超过 3m。当塑料管的直线长度超过 30m 时，宜加装伸缩节；非金属类电缆管宜采用预制的支架固定，支架间距不宜超过 2m。直埋保护管埋设深度应大于 700mm。在排水沟下方通过时，距排水沟底不宜小于 0.3m，电缆管应有不小于 0.2% 的排水坡度。

　　敷设进入端子箱、机构箱及汇控箱的电缆管时，应根据保护管实际尺寸对箱底板进行开孔，不应过大或拆除箱底板，保护管与操动机构箱交接处应有相对活动裕度。二次电缆敷设时电缆不应外露。金属软管两端的固定卡具（管箍、短接头、胶圈、衬管、外貌）应齐全。引至设备的电缆管管口位置，应便于与设备连接并不妨碍设备拆装和进出。并列的电缆管管口应排列整齐，高度一致，如图 2-4-5 和图 2-4-6 所示。

图 2-4-5　电缆管进机构箱　　　　　图 2-4-6　断路器操动机构箱电缆排管

　　电流、电压互感器等设备的金属管从一次设备的接线盒（箱）引至电缆沟，如图 2-4-7 所示，应将金属管的上端与设备的底座和金属外壳良好焊接。

图 2-4-7　电缆管引至一次设备接线盒

（四）电缆管加工工艺标准

（1）电缆管宜采用热镀锌钢管、金属软管或硬质塑料管。热镀锌钢管镀锌层完好，无穿孔、裂缝和显著的凹凸不平，内壁光滑。金属电缆管不应有严重锈蚀。金属软管两端的固定卡具应齐全。

（2）电缆管敷设应排列整齐，走向合理，管径选择合适。并列敷设的电缆管管口应排列整齐，高度和弯曲弧度一致。

（3）电缆管的内径与穿入电缆外径之比不得小于 1.5。

（4）每根电缆管的弯头不应超过 3 个，直角弯不应超过 2 个。

（5）电流、电压互感器等设备的金属管从一次设备的接线盒引至电缆沟，电缆管应两端接地，一端将金属管的上端与设备的支架封顶板可靠焊接，另一端在地面以下就近与主接地网可靠焊接。钢管与金属软管、金属软管与设备间宜使用金属管接头连接，并保证可靠电气连接。

（6）敷设混凝土类电缆管时，其地基应坚实、平整，不应有沉陷。敷设低碱玻璃钢管等抗压不抗拉的电缆管材时，宜在其下部设置钢筋混凝土垫层。

（7）电缆管与桥架连接时，宜由桥架的侧壁引出，连接部位宜采用管接头固定。

（8）引至设备的电缆管管口位置，应便于与设备连接且不妨碍设备拆装和进出。并列敷设的电缆管管口应排列整齐。

（9）利用电缆保护钢管作接地线时，应先安装好接地线，再敷设电缆。有螺纹连接的电缆管，管接头处应焊接跳线，跳线截面积应不小于 $30mm^2$。

第三章 变电站二次设备接地

第一节 二次设备抗干扰

一、基础知识

（一）变电站的二次回路干扰

1. 二次回路干扰来源

变电站二次回路在运行时经常会受到各种类型的干扰，干扰信号主要来源于一次回路、二次回路本身、雷电行波及无线电信号，主要有高压电路开/合操作放电或绝缘击穿、闪络引起的高频暂态过程、各类型短路故障电流进入地网引起的地电位升高和高频暂态过程、雷击时产生的高频行波进入地网引起的地电位升高和高频暂态过程、工频磁场对二次设备的干扰、二次回路自身电路开/合操作开断电感元件而引起的暂态干扰、静电干扰、无线电发射装置产生的干扰等，如图 3-1-1 所示。

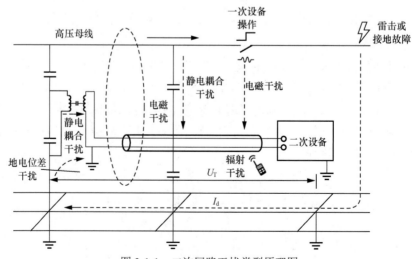

图 3-1-1 二次回路干扰类型原理图

这些干扰均会产生暂态干扰电压，干扰电压会通过各种传播途径进入二次设备，这些暂态干扰被称为电磁干扰❶（electromagnetic interference，EMI）信号。

对于这些干扰信号，如果不采取有效措施防御，会造成继电保护及安全自动装置的误动或拒动以及监控系统的数据混乱及死机等现象，严重时会损坏二次回路的绝缘及二次设备中的电子元器件，对电网的安全构成严重威胁。

2. 干扰信号的分类

干扰信号的分类方式很多，不同的干扰信号会对二次回路造成不同的影响。

按干扰信号的频率来分，可以分为低频干扰与高频干扰两类。低频干扰包括工频与其谐波，以及频率在几千赫兹的振荡。高频干扰则有高于低频的振荡、无线电信号，还包括频谱含量丰富的快速瞬变干扰，如雷电冲击波等。

按干扰信号的发源地来分，可以分为内部干扰与外部干扰。

按干扰信号的形态或信号源组成的等值电路来分，有共模干扰和差模干扰两种，共模干扰是发生在回路中一点与接地点之间的干扰，会引起回路对地电位发生变化。差模干扰是指发生在回路两线之间的干扰，它的传递途径与有用信号的传递途径相同，是串联在信号源之中的干扰。

按干扰信号造成的不同后果来划分，可以分为引起设备或元器件损坏的干扰与造成保护或断路器异常动作的干扰。它会引起回路对地电位发生变化，一般来说，高频干扰或共模干扰容易损坏元器件；低频或差模信号则常引起保护装置的不正确动作。

（二）干扰信号传播和抑制

如图 3-1-1 所示，二次回路受到的干扰信号来源多种多样，可通过对各类型干扰信号进入二次回路的途径，以及二次回路自身中产生干扰电压的主要因素进行分析，来找到抑制干扰信号的方法。

一般来说，一次回路中的干扰电压主要通过静电耦合❷、电磁耦合、地电位差、辐射耦合等途径作用于二次回路。

1. 静电耦合

（1）静电耦合干扰的原理。静电耦合也叫做电容耦合，由于电气设备、导线及电缆间均存在大小不等的分布电容，所以一次设备对二次设备之间的静电耦合，包括一次母线对二次电缆间的静电耦合及互感器一、二次绕组间的静电耦合。由于一次的电压幅值很高，在二次回路产生的干扰也很可观。

一次的强电通过静电耦合到二次回路的干扰电压，实质上是经由耦合电容加到二次回路的。如图 3-1-2 所示为静电耦合产生干扰的原理及简化回路。

假设导线 1 上的电压 U_S 为干扰电压，导线 2 为被干扰控制电缆芯线，耦合阻抗 Z_1

---

❶ 电磁干扰（electromagnetic interference，EMI）：干扰电缆信号并降低信号完好性的电子噪声，通常由电磁辐射发生源产生，会对正常传输的电子信号造成破坏。

❷ 耦合（coupling）：耦合两个或两个以上的电路构成一个网络时，若其中某一电路中电流或电压发生变化，会影响其他电路也发生类似的变化，这种网络叫做耦合电路。耦合的作用就是把某一电路的能量输送（或转换）到其他的电路中去。

是一次母线和电缆芯线之间的耦合阻抗。大部分为两者之间的耦合电容 C_2，Z_2 为电缆芯线的对地阻抗，包括电缆芯线的对地绝缘电阻 R 和对地电容 C_3，则二次回路产生的干扰电压 U_T 可由式（3-1-1）表达：

$$U_T = \frac{Z_2}{Z_1 + Z_2} U_S \qquad (3\text{-}1\text{-}1)$$

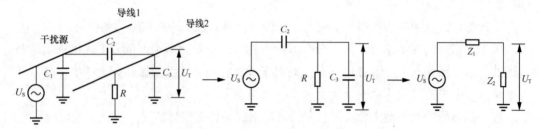

图 3-1-2　静电耦合原理及简化回路图

在不对称的二次回路中，静电耦合的简化电路如图 3-1-3 所示，因二次回路的对地绝缘远大于负载阻抗 Z_3，接近于开路，故二次回路对地阻抗近似等于负载阻抗，在这种情况下干扰电压能在二次回路负载上产生一个附加的电压，此电压大到一定程度会引起二次设备的不正确动作，这种干扰类似于加到电流、电压互感器二次回路的干扰电压。

在对称的二次回路中，静电耦合的简化电路如图 3-1-4 所示，其二次回路对地的阻抗为二次设备和控制电缆的对地电容。因为在理想情况下二根电缆芯和设备的二次绕组对地分布电容是基本相等的，即 $Z_2 = Z_2'$，所以，在对称电路的两部分上产生相等的干扰电压 $U_T = U_T'$，而加在负载上的干扰电压 U_L 接近为零，但当干扰电压 U_T 达到一定幅值时会造成二次设备或电缆芯的绝缘击穿。

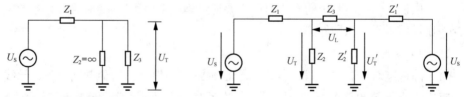

图 3-1-3　不对称二次回路静电耦合简化电路图　　图 3-1-4　对称二次回路静电耦合简化电路图

（2）静电耦合干扰的抑制。由式（3-1-1）可以看出，如果想要抑制静电耦合产生的干扰电压 U_T，在干扰源电压 U_S 不变的情况下，可以采用增大耦合阻抗 Z_1 或减小回路对地阻抗 Z_2 的方法进行抑制。

耦合阻抗 Z_1 主要是干扰源与被干扰回路间的分布电容 C_1 的容抗。可以通过适当合理的布置干扰源与被干扰回路的相对位置，减小两者间分布电容 C_1，从而增加耦合阻抗 Z_1，降低干扰电压 U_T。

减小回路对地阻抗 Z_2，可以通过在二次回路适当地点增加抗干扰电容，例如在保护装置的电源入口处及电流、电压互感器二次回路接入保护装置前。

图 3-1-5 是采用抗干扰电容后的静电干扰的简化电路图，图中 C_1 为漏电容，对应为式（3-1-1）中的 Z_1；C_3 为增加的抗干扰电容，其容量一般为几分之一微法至几十微法，等效阻抗为 Z_3；C_2 为二次回路与大地间的分布电容。此时加到二次回路上的耦合电压由式（3-1-2）表达：

$$Z_2' = \frac{Z_2 Z_3}{Z_2 + Z_3} \tag{3-1-2}$$

式中：Z_2' 为考虑抗干扰电容后的阻抗，由于一般 C_3 比 C_2 大很多，所以 C_4 比 C_2 小很多，对照式（3-1-1），干扰电压 U_T 也将下降很多。

采用抗干扰电容不但可以防止静电感应的干扰，对无线电干扰及二次回路产生的高频干扰也有很好的抑制作用。但是该抗干扰电容对二次回路也会带来一些副作用，如果电容量太大，可能会造成不良后果。图 3-1-6 可以从一个方面说明抗干扰电容对控制回路的影响。

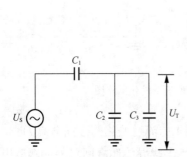

图 3-1-5　抗干扰电容简化电路图

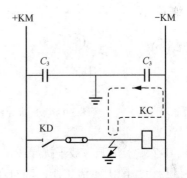

图 3-1-6　抗干扰电容对控制回路的影响

在图 3-1-6 电路中，由于直流绝缘监测系统的存在，并假定控制母线的额定电压为 U_e，正负控制母线对地的绝缘电阻相等，则正常运行时+KM 对地的电压为+50%U_e，−KM 对地的电压为−50%U_e。可以看出，这时在抗干扰电容上的充电电压为 50%U_e，如果出口继电器 KC 的正电源侧接地，接于负电源侧的抗干扰电容 C_3 将通过两个接地点沿着虚线对 KC 放电，当 C_3 的容量足够大且 KC 的动作电压小于 50%U_e 时，KC 将动作跳闸。这也是规程中要求直接用于跳闸的出口继电器其动作电压不能低于 50%U_e 的原因。

除了改变各类参数的方法抑制静电干扰外，为受干扰的二次回路提供静电屏蔽，使静电干扰信号通过接地的屏蔽传入地网，达到抑制静电干扰的目的。

提供屏蔽最常用的是二次回路使用屏蔽电缆连接，屏蔽电缆除了对静电干扰有较好的抑制作用外，对电磁干扰和高频干扰也有很好的抑制作用，在变电站二次回路中得到广泛的应用。屏蔽电缆抑制各类干扰的原理在后面章节介绍。

变电站内控制电缆敷设的路径上或二次设备的安装现场，有很多自然的屏蔽物，例如，电缆隧道和电缆沟盖板中的钢筋、各种金属构件、建筑物中的钢筋、金属的电缆槽盒等都是良好的屏蔽物。对于其他屏蔽物，只要在施工中注意将它们与变电站的接地网连接起来就能形成良好的静电屏蔽，也可以进一步提高抗静电干扰的效果。

2. 电磁耦合

（1）电磁耦合干扰的原理。由于导体周围都存在磁场，与其他导体间存在互感，所以导体间还存在电磁耦合，包括一次母线和二次电缆之间、互感器一/二次绕组之间、二次强电回路与弱电回路之间、交流回路与直流回路之间的电磁耦合。

当一次回路中出现扰动或暂态过程时，会通过电磁耦合传递给二次回路，对二次回路形成干扰；电磁耦合产生的干扰电压，其大小与各回路之间的互感阻抗、干扰源的电流大小、电流的频率以及各回路的相对位置有关。

从图 3-1-7 可以看出平行导线间电磁耦合的原理。

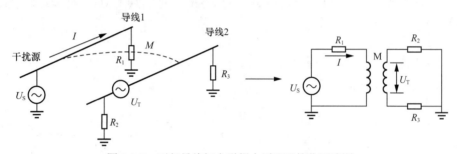

图 3-1-7　平行导线间电磁耦合原理及简化回路图

图 3-1-7 中干扰源与被干扰导线平行，当导线 1 中流过变化的干扰电流 I 时，会产生磁通 Φ，与电流的大小成正比，同时在磁场中的被干扰导线闭合回路中会感应出感应电动势，并形成感应电流。

当被干扰源为对称的二次回路，其电磁干扰如图 3-1-8 所示。

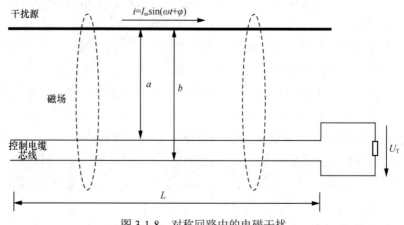

图 3-1-8　对称回路中的电磁干扰

当干扰源流过的电流大小为 $i = I_m \sin(\omega t + \varphi)$ 时，两者之间的互感可按式（3-1-3）计算：

$$M = \frac{\mu_0 L}{2\pi} \ln\left(\frac{b}{a}\right) \cos\varphi \qquad (3\text{-}1\text{-}3)$$

式中：μ_0 为空气的导磁系数（$4\pi \times 10^{-7}$H/m）；L 为平行的电缆芯长度；a、b 为两根导线与干扰源之间的距离；φ 为干扰源与导线间的夹角。

此时负载上产生的干扰电压可按式（3-1-4）计算：

$$U_T = M\frac{di}{dt} = \frac{\mu_0 L I_m \omega}{2\pi} \ln\left(\frac{b}{a}\right) \sin\left(\omega t + \varphi\right) \cos\varphi \qquad (3\text{-}1\text{-}4)$$

从式（3-1-3）可以看出，干扰源通过电磁干扰加到负载上的干扰电压大小，与导线长度及通过的干扰源电流成正比，与干扰源的频率成正比，还与两者之间的平行度有关，两者平行时，干扰电压最大，当两根导线与干扰源的距离相等时，干扰电压最小，反之则增大。

（2）抑制电磁耦合干扰的原理。通过分析式（3-1-4），可以得到影响电磁干扰电压 U_T 大小的因素，包括控制电缆与干扰源导线的平行长度 L、干扰源与导线间的夹角 φ、同一回路的两根电缆芯线与一次导线的距离之比 b/a。通过对各因素采取对应的措施，降低电磁干扰。

通过在电缆沟道的布置时应尽可能与一次设备导体成直角，改变 φ 的同时减小平行段的长度 L。

在理想状态下，当 $a=b$ 时，二次负载上的干扰电压为零，所以在设计时就需要将同一回路的电缆芯安排在一根电缆内，避免同一回路的"+""−"极电缆芯或电流、电压互感器二次回路中的 ABCN 四芯不在同一电缆。这是降低感应电压最为有效的措施，并且对任何频率的干扰电压都是有效的。

特别强调中性线也应置于同一电缆内，若中性线中因干扰出现零序分量，很可能使保护感受的各相电气量均产生偏移，从而引起保护不正确动作。

（3）电磁干扰需要磁性材料来进行屏蔽。在干扰源与二次环路之间设置电磁屏蔽物，使感应磁通不能进入二次环路，即可消除二次回路的感应电压。工程中常用的措施就是使用带电磁屏蔽的控制电缆，其屏蔽效果与屏蔽层材料的导磁系数、高频时的集肤效应、屏蔽层的电阻等因素有关。屏蔽层采用高导磁材料时，外部磁力线大部分偏移到屏蔽层中，而不与屏蔽层内导线相关联。因而不会在导线上产生感应电动势。高导磁材料的屏蔽层对各种频率的外磁场都有屏蔽作用。常用的钢带铠装电缆，钢板做成的保护柜，就具有较好的磁屏蔽作用。

（4）非磁性材料的屏蔽层，其导磁率与空气的导磁率相近，故干扰磁通仍可达到电缆芯线。但在高频干扰磁场的情况下，干扰磁场会在屏蔽层上感应出涡流❶，建立起反磁

---

❶ 涡流（eddy current）：又称为傅科电流现象，在 1851 年被法国物理学家莱昂·傅科所发现。是由于一个移动的磁场与金属导体相交，或是由移动的金属导体与磁场垂直交会所产生的在导体内沿闭合回路流动的感应电流。简而言之，就是电磁感应效应所造成的在导体内循环的电流。

通与干扰磁场相抵消，使芯线不受影响。此种屏蔽的有效频率与屏蔽层的电导率、厚度和电缆外径成反比，有效频率一般为 10～100kHz。

（5）在较低频率时，涡流产生反磁通的效应小，因而对外面干扰磁通场的抵御作用也小。为增强对低频干扰磁场的屏蔽，电缆的屏蔽层两端或多点接地，使电缆的屏蔽层与接地网构成闭合回路。干扰磁通在这一闭合回路中感应出的电流可产生反向磁通，减弱干扰磁通对芯线的影响。减小屏蔽层和地环路的阻抗，可增强屏蔽效果。所以，在变电站要敷设 100mm^2 铜排，该铜排最好连接所有屏蔽电缆的两端接地点，这样可以提高屏蔽电缆的抗电磁干扰能力。

3. 地电位差引起的干扰

（1）地电位差干扰的原理。在发电厂、变电站内，为了保障电气设备及人员的安全，建设了相对完善的接地网，但由于接地体本身存在一定的阻抗，要做到完全等电位是不可能的，当发生雷击或系统接地故障时，变电站的接地网中会流过很大的故障电流，在流经的接地体上产生电压降，从而改变发电厂、变电站内各点的地电位分布，形成较大的接地网电位差。

当同一个二次回路连接到变电站的不同区域并且有多点接地时，各接地点间的电位差就会在连接的电缆芯线产生电流。例如，在主变压器差动回路中，如果各侧电流互感器二次回路的中性点各自单独在端子箱中接地，而各侧电流回路又在保护屏处有电气连接，如图 3-1-9 所示，这是在有地电位差时将在差动回路中流过干扰电流 I'_T，影响差动保护动作准确性。

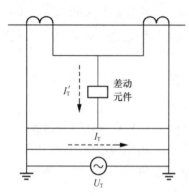

图 3-1-9 地电位差在两点接地回路中引起的干扰

另外，在电缆屏蔽层两端接地的情况下，由于地电位差的存在，屏蔽层流过的电流将对电缆芯线产生干扰，尤其是雷击或接地故障的电流注入地网后，一部分故障电流会流经电缆屏蔽层，如果窜入的地网故障电流过大有可能烧毁屏蔽层。

（2）地电位差干扰的抑制。地电位差干扰对二次回路的影响，首先要确保变电站有一个完善的地网，有条件时可以补充铜排连接，将各点可能产生的电位差降到最低。其次要保证各二次回路对地绝缘良好，确保在地网产生较大电位差时，不致损坏二次回路绝缘，影响二次回路的正常运行。对于电流、电压互感器的二次回路，要求严格按照一个电气连接中只能有一个接地点。如果一个电气回路存在两个接地点，电位差产生的地网电流会窜入该回路，影响保护的正确动作。

4. 辐射耦合

（1）辐射干扰的原理。电磁辐射干扰是指干扰源通过空间传播耦合到被干扰设备的干扰，如高压电气设备的电晕放电及电弧放电产生的无线电波❶干扰，以及通信设备发射的高频无线电干扰信号等。干扰源以电磁辐射的形式向空间发射电磁波，把干扰能量隐藏在电磁场中。

任一带有交变电流的导体都会在周围产生电磁场并向外辐射一定强度的电磁波，相当于一段发射天线。处于交变电磁场中的任一导体则相当于一段接收天线，会产生一定的感应电动势。导体的这种天线效应是导致电子设备相互产生电磁辐射干扰的根本原因。

当天线向外辐射电磁波时，在天线周围形成的电场的特性随着与天线的距离而变化，它们大致分为两个区域，即近场区域和远场区域，如图 3-1-10 所示。

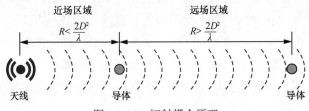

图 3-1-10 辐射耦合原理

近场区域是紧靠天线的区域，它的范围可由式（3-1-5）表示：

$$R_1 < \frac{2D^2}{\lambda} \tag{3-1-5}$$

式中：R_1 为导体到天线的距离；D 为天线孔径；λ 为电磁波的波长。

在近场区域，干扰表现为电容耦合干扰和电感耦合干扰，远场区域就是近场区域之后的区域，在远场区域主要是通过辐射电磁波造成干扰。

（2）辐射干扰的抑制。在无线电通信如此发达的今天，无线电信号可谓无所不在。在变电站中对来自一次设备的无线电干扰，通常可通过对设备发射的无线电干扰水平的限制或通过电磁屏蔽措施有效预防。无线电干扰对二次设备构成威胁的主要来自无线电对讲机及手机等通信设备，由于对讲机的发射功率较大，所以威胁更大，在运行现场曾经多次发生使用无线通信设备而造成集成电路型保护动作的情况。

5. 二次回路自身产生的干扰

变电站的二次回路本身也是一个干扰源，当它们通过各种变化的控制信号及通过电压、电流时，与一次设备一样，同样会通过静电耦合和电磁耦合对其他的二次回路产生干扰电压，但其中最为严重的干扰来源于二次回路开断继电器及断路器分、合闸线圈等电感元件。电感元件在接通或断开电源时将产生暂态干扰电压，其幅值与电感元件的工作电压、工作电流、电感量大小及相应的回路参数有关。在直流系统中接有中间继电器时，如果没有采取相应的抗干扰措施，切断该继电器的电感电流将产生数千伏的干扰电

---

❶ 无线电波（airwave）：在自由空间（包括空气和真空）传播的射频频段的电磁波。

压，如果二次回路及保护装置不采取相应的抗干扰措施，这一干扰电压足以使保护装置启动甚至误动。对于防止切断继电器线圈感性电流产生的干扰电压。一般采用的措施是在感性元件两端并联串有电阻的反向二极管，而不能在继电器触点上并联电容。

如果在二次回路设计施工中不注意按规程要求合理布置电缆等二次线，不将强弱电、动力电缆与控制电缆、直流电缆与交流电缆分开，则它们相互之间将产生干扰，这一干扰也有可能造成保护装置的不正确动作。

因此在二次施工中，交流回路与直流回路不使用同一根电缆，可以防止交直流间的相互干扰。强电回路与弱电回路不使用同一根电缆，屏内连线不捆扎在一起可以防止强电回路对弱电回路的干扰。

变电站的继电保护等二次设备均由直流电源提供工作电源，如果直流电源的品质不高，将对保护装置与二次回路产生干扰。如由于直流电源滤波不良产生的纹波，也可能是在相邻回路上发生故障与切除故障，或因其他人为原因产生的短时电源中断与恢复。在大型高压变电站，直流回路对地电容很大，控制回路的操作将引起直流回路的暂态变化，这种变化将在保护装置等微电子设备内部逻辑回路的电位发生畸变，从而造成逻辑功能紊乱，严重时可以造成误发信号或误跳闸。

6. 微机保护装置的抗干扰

微机保护装置的抗干扰应保证具有一定的抗扰度，在选型时应当尽量选择抗扰度高的微机保护装置。

微机保护的抗扰度主要指装置的各端口❶能承受的干扰级别，这些端口包括电源端口、输入端口、输出端口、通信端口、外壳端口和功能接地端口等。一般考虑端口的传导干扰、快速瞬变、1MHz脉冲群、浪涌、静电放电、直流中断和工频干扰等的抗扰度要求，这些抗扰度要求均是对应前述各种干扰类型的。具体的抗扰度标准可参考相关国家标准。

为了抑制各种类型的干扰信号，首先保护屏本身必须可靠接地，保护屏出厂时整个屏身都喷有油漆，油漆本身不导电。因此，必须将屏体本身可靠接地，使其处于地网同一电位。其次是保护装置的箱体金属机壳，必须可靠接地。良好的接地才可以避免干扰信号进入保护装置，充分保护人身和保护装置的安全。

保护装置采用的所有隔离变压器（电压、电流、直流逆变电源等）的一、二次线圈间必须有良好的屏蔽层，屏蔽层应在保护屏可靠接地。隔离变压器主要有两个作用：一是隔离直流，二是隔离工频高电压。隔离变压器的一、二次线圈间有良好的屏蔽层并且可靠接地后，能够保护线圈不受外界电场的影响，另外，也能防止线圈产生的电力线向外泄漏，成为新的干扰源。

外部引入至集成电路型或微机型保护装置的空触点，进入保护后应经光电隔离。由

---

❶ 端口（port）：端口可以认为是设备与外界交流的出口，可分为虚拟端口和物理端口。

于光电耦合芯片的两个互相隔离部分间的分布电容很小，因此可大大削弱干扰。

同时，微机型保护装置只能以空触点或光耦输出，采用空触点或光耦输出可以从物理上隔离保护装置与外部回路，避免产生寄生回路，也提高了装置的抗干扰能力。

二、屏蔽电缆的抗干扰原理

屏蔽电缆是变电站内应用最普遍，也是二次安装人员最经常接触的二次回路抗干扰措施。它除了对静电干扰有较好的抑制作用外，对电磁干扰和辐射干扰也有很好的抑制作用，所以屏蔽电缆在变电站二次回路中得到广泛的应用。

对于静电干扰来说，屏蔽层未接地对静电耦合的影响如图 3-1-11 所示，图中导线 2 的屏蔽层上通过耦合电容 C_2 传导的干扰电压 U_S 的大小可由式（3-1-6）来表示：

$$U_{SG} = \frac{C_3}{C_2 + C_3} U_S \tag{3-1-6}$$

屏蔽层与电缆纤芯之间也存在分布电容 C_4，由于没有电流流过电容 C_4，所以此时导线感受到干扰电压 $U_T = U_{SG}$。

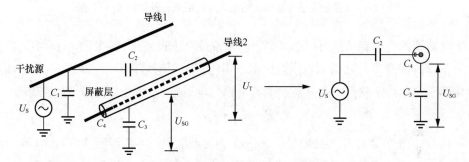

图 3-1-11　屏蔽层未接地对静电耦合的影响及简化回路

当屏蔽层接地后，如图 3-1-12 所示，$U_{SG}=0$，这时候导线感受到的干扰电压也相应减小到 0。

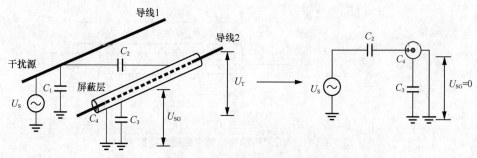

图 3-1-12　屏蔽层接地对静电耦合的影响及简化回路

对于电磁耦合产生的干扰，屏蔽层接地的方式对电磁干扰电压的大小影响很大，从图 3-1-13 可以看出，当导线 2 周围放置一个非磁性的屏蔽层，当屏蔽层未接地时，由于屏蔽层对导线之间的磁特性没有影响，所以屏蔽层对导线感应的干扰电压 U_T 也没有影响，这时导线 2 感应的干扰电压 U_T 只取决于干扰源的电流大小。

即便是屏蔽层一端接地，除了屏蔽层的感应电压 $U_{SG}=0$ 外，导线感应的干扰电压 U_T 也不会变化。

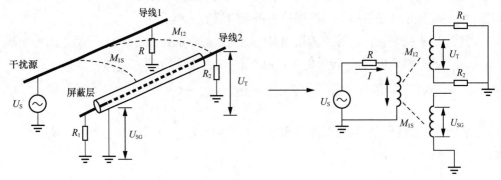

图 3-1-13　屏蔽层不接地或单端接地对电磁耦合的影响及简化回路

当屏蔽层的两端都接地时，电磁耦合的情况就会出现变化。在图 3-1-14 中，当控制电缆为干扰导线产生的磁通所包围时，由于电缆屏蔽层两端接地，所以在电缆芯和屏蔽层中将感应电动势，从而产生屏蔽层电流，感生电动势 E_S 可由式（3-1-7）表达：

$$E_S = U_g + I_S Z_S \tag{3-1-7}$$

式中：U_g 为地电位差；I_S 为屏蔽层电流；Z_S 为屏蔽层阻抗，由屏蔽层电阻 R_S 和自感抗 X_S 组成。

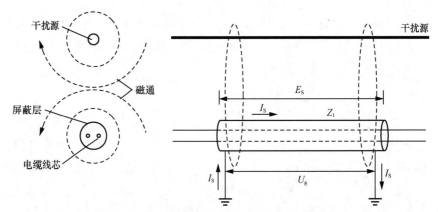

图 3-1-14　屏蔽层两端接地对电磁耦合的影响

屏蔽层电流所产生的磁通包围着屏蔽层，也全部包围着电缆芯，这些磁通和干扰导线的干扰磁通方向相反，故称为反向磁通。理想情况下，屏蔽层阻抗 Z_S 和地电位差 U_g 都为零，反向磁通会与干扰磁通全部抵消，使芯线不受影响。

屏蔽层两端接地的情况下，由于地电位差的存在，屏蔽层流过的电流将对电缆芯线产生干扰，当一次系统的雷击或接地短路电流注入地网后，部分电流会窜入屏蔽层，这部分电流过大有可能烧毁屏蔽层。此时屏蔽层流过的电流 I_0，一部分为外部磁场感应的电流，作用是抵消外部磁场的干扰，另一部分是由于地网电流流过屏蔽层而产生的电流 I_d，可由式（3-1-8）表示：

$$I_0 = \frac{I_d R_1 + \mathrm{d}\varPhi / \mathrm{d}t}{R_1 + R} \tag{3-1-8}$$

式中：I_d 为地电流；R_1 为屏蔽层两端的地电阻；R 为屏蔽层电阻；$\varPhi$ 为屏蔽层与地网的磁通。

由于电缆芯线和屏蔽层之间存在分布电容，系统接地故障时，屏蔽层中可能会流过的大电流在电缆芯线上感应出干扰信号。这就需要想办法抑制这部分窜入的地网电流，就必须降低地网的电阻，使地网电流大部分经过地网入地，屏蔽层中的电流就会较小，因此现行《国家电网有限公司十八项电网重大反事故措施（修订版）》中要求沿电缆敷设方向装设 100mm^2 铜排（缆），作为电缆屏蔽层的两点接地的配套措施，其作用是均衡地电位及对地网电流进行分流。

对于传输特别敏感信号的二次电缆，一点接地或两点接地可能都无法满足抗干扰的要求，这时需要使用双层屏蔽电缆，对于双屏蔽层的二次电缆，由于外屏蔽层本身为导体，外界电磁干扰一般在该层产生感应电动势，应两端接地隔离电磁干扰影响；对于内屏蔽层，经外屏蔽层屏蔽后，可能因为地电位的不平衡产生差模干扰，为保证屏蔽效果，宜在户内端一点接地，如此，由于内屏蔽层一点接地不存在电流流过屏蔽层的问题，外层屏蔽中流过的噪声电流对内屏蔽产生的干扰电压较低，由于电容效应，对内屏蔽层包裹中的电缆芯线几乎没有影响。

需要注意的是二次安装工作中关于屏蔽接地的一些误区。

首先铠装电缆中的钢带不能视为屏蔽层，只能一点接地。电缆加上铠装层的目的除了增强抗拉强度、抗压强度等机械保护延长使用寿命外，还可以提高电缆抗干扰性能。常用的电缆铠装层材料有钢带、铝带等，其中钢带铠装层具有高磁导率，有很好的磁屏蔽效果，可以用于抗低频干扰。由于钢带与电缆的屏蔽层之间仍存在分布电容，如果钢带没有接地，钢带感应的干扰电压就会通过静电耦合传输到电缆屏蔽层，屏蔽层与钢带就会产生电位差，会影响电缆的绝缘。另外，如果钢带不接地，电缆通过的电流够大，就会在铠装钢带里产生涡流，钢带会发热，类似于电磁炉的原理，可能会造成电缆的绝缘层损坏，导致电缆短路或烧毁。但如果钢带两端接地，和屏蔽层一样会在外部干扰源的作用下形成电流环路，两个不同的环路都会产生磁场，在无法与外部干扰磁场抵消的情况下，会影响到内部芯线；钢的电阻率❶是远大于屏蔽层铜带的电阻率，在两端接地的情况下，当雷击或接地故障电流窜入钢带，其发热量较铜带更高，容易烧毁绝缘层及控制电缆本身。

其次不应采用电缆备用芯两端同时接地方法作为抗干扰措施。因为，当接地的电缆芯线在地电位差的作用下，会在接地的电缆芯中产生电流，芯线之间存在分布电容，而且没有屏蔽材料来抑制相互之间的耦合干扰，所以两端接地的电缆芯线会在地电位差的作用下对不接地的电缆芯线产生干扰。

试验表明，采用屏蔽电缆能将干扰电压降低 95%以上，是一种非常有效抗干扰措施。

采用屏蔽电缆的抗干扰效果与屏蔽层使用的材料、制作工艺、接地方式等有关，表 3-1-1 是在现场试验中测得的各种电缆在操作 500kV 隔离开关时的干扰电压，试验中采用的平行于 500kV 母线的电缆长度为 80m，母线长度为 250m。

表 3-1-1　　　　　　　　　　　屏蔽电缆抗干扰效果试验数据

操作方式	最高暂态电压幅值（V）				
	塑料无屏蔽电缆	铅包铠装屏蔽	铜丝编织屏蔽	钢带绕包屏蔽	铜钢铝组合屏蔽
单相合闸	5060	170	190	175	163
单相分闸	7800	275	250	280	210
三相合闸	4500	320	490	—	—
三相分闸	9000	340	480	—	—

从表 3-1-1 中可以看出，在隔离开关操作过程中产生的干扰电压很大，当使用无屏蔽的塑料电缆时，其干扰电压最大达 9000V；当使用屏蔽电缆时，对干扰电压的抑制效果很好，其干扰电压的幅值被抑制到 5%以下；不同的屏蔽层材料抑制干扰效果很接近。

第二节　变电站二次等电位地网

一、基础知识

（一）二次设备接地

为了保障人身和设备的安全以及满足继电保护和控制设备对电磁兼容的要求，通常将二次设备的外壳以及二次回路电缆的屏蔽层接地。

二次设备接地从功能上来说，大致可分为安全接地、端口防护接地、屏蔽接地、信号参考接地四种。

设备安全接地是指为了人身安全，从二次设备的外壳接地点使用专用接地线接至屏柜的专用接地铜排。例如屏体、柜体、端子箱外壳等部位接地。

---

❶ 电阻率（resistivity）：用来表示各种物质电阻特性的物理量。某种材料制成的长 1m、横截面积是 $1mm^2$ 的在常温下（20 ℃时）导线的电阻，叫做这种材料的电阻率。在国际单位制中，电阻率的单位是欧姆/米（Ω/m）。

端口防护接地是电源、信号输入/输出等端口为了提高电路的抗干扰能力而设计的接地点，一般情况下会接至距离端口最近的金属外壳部分，最终与安全接地在同一个接地点通过同一根专用接地线汇入接地铜排；如果设备是非金属外壳或端口距离外壳接地点较远的情况，端口防护接地也可以单独用接地线接入接地铜排，原则上还是就近，尽量确保路径最短、阻抗最小。

屏蔽接地又分为外壳屏蔽接地和电缆屏蔽接地，外壳屏蔽接地就是对电路或模块的外壳进行接地，提高抗电磁干扰的能力；电缆屏蔽接地就是设备对外的电缆为了提高抗干扰能力而采用屏蔽电缆时，电缆屏蔽层所需要的接地。

信号参考接地就是以大地作为参考电位的信号传输所需要的接地，是信号测量、信号处理、信号传输中的参考点。部分装置信号的阈值❶以安装位置的地电位做参考点，当利用同轴电缆传递信号时，由于屏蔽层两端接地，以设备安装处的地电位做参考点。

（二）等电位地网

随着电力系统的发展，电网之间的联系越来越紧密，系统的短路容量也随之增大，虽然发电厂、变电站已经建立了相对完善的地网，但由于短路电流的增大，如果二次系统直接接入变电站的一次系统地网，地电位差对二次设备及控制电缆的影响就会越加明显。因此敷设与一次系统紧密联系的二次系统专用的等电位地网，抑制这种电位差对二次设备来说非常必要。

各类规程及《国家电网有限公司十八项电网重大反事故措施（修订版）》中均要求在发电厂、变电站控制室内建立起等电位地网，以便很好地与厂、站公共接地网直接连接，有效降低干扰。

各类规程及《国家电网有限公司十八项电网重大反事故措施（修订版）》要求的典型等电位地网，如图 3-2-1 所示，实际上由两部分组成：保护室、控制室、分散布置小室、通信机房等室内二次等电位地网部分；沿电缆沟道敷设的 $100mm^2$ 的铜排（缆）部分。两者结构不同、作用各异。

1. 室内的等电位地网

保护室、控制室、分散布置小室、通信机房及开关室等室内等电位地网主要由在室内二次屏（柜）下层的电缆室（或电缆沟道）内，沿屏（柜）布置的方向逐排敷设、首尾相连、截面积不小于 $100mm^2$ 的铜排；与二次屏（柜）内下部安装的截面积不小于 $100mm^2$ 的铜排（不要求与保护屏绝缘），以及连接两者之间的用截面积不小于 $50mm^2$ 的铜缆组成保护室内二次等电位地网。

室内的等电位地网与主地网使用 4 根及以上，每根截面积不小于 $50mm^2$ 的铜缆一点相连。需要注意的是，用 4 根及以上铜缆是为了保证与主地网的可靠连接，不是在室内等电位地网的四个角分别与主地网接地。室内等电位地网接地点一般会选在进入小室的电缆沟道入口处。

---

❶ 阈值（threshold）：阈值又叫临界值，是指一个效应能够产生的最低值或最高值，被广泛用于建筑学、生物学、飞行、化学、电信、电学、心理学等领域。

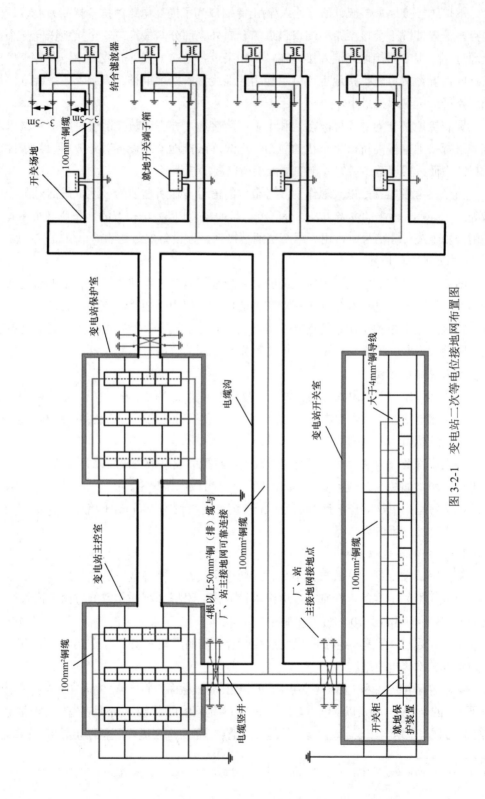

图 3-2-1　变电站二次等电位接地网布置图

由于室内的等电位地网是首尾相连，且接地点只有一点，所以室内等电位地网各点的电位均相同，从而构成安装在室内二次设备的等电位面，以避免由于参考地电位的不同造成对二次设备之间的通信产生的干扰，因此，该等电位地网必须且只能有一个接地点，否则，便不可称之为等电位地网，从而保证安装在等电位地网不同位置上的各类二次装置的信号参考电平相同，减小由于参考电平❶各异所带来的信号误差带来的干扰。室内等电位地网的接地点所谓等电位地网的一点接地，是指等电位地网只能在一点与主地网紧密相连，但铜的电阻率（$1.7×10^{-8}\Omega \cdot m/20℃$）远低于铁的电阻率（$1.0×10^{-7}\Omega \cdot m/20℃$），所以安装在室内的等电位地网可以不与电缆支架等绝缘。

由于等电位地网的要求是地网只能在一点与主地网紧密相连，所以需要注意的是如果一个主控室、保护室有几个电缆沟道入口，只能在其中一个电缆沟道处接地，不应在每个电缆沟道入口接地，造成雷击或接地故障电流流经室内的等电位地网，对室内二次设备及控制电缆产生干扰。

2. 沿电缆沟敷设的$100mm^2$铜排（缆）

由于当雷击或故障电流进入地网，由于地电位差的影响，一部分故障电流会流过双端接地的电缆屏蔽层，如果屏蔽层流过电流过大时就可能烧损电缆，所以，需要沿电缆沟道敷设$100mm^2$铜排（缆）。

沿电缆沟道敷设$100mm^2$铜排（缆）有两个好处：一是可以在雷击或故障时对电缆屏蔽层中的窜入电流进行分流，减小窜入电流带来的干扰及对电缆本身的损坏；二是该铜排（缆）要求敷设在电缆沟内最上层的电缆支架上，因此对沟内二次电缆客观上起到了对外部空间干扰的屏蔽作用。

这里需要注意的是沿电缆沟敷设的$100mm^2$铜排（缆）在电缆沟入口处（保护室等电位地网与主地网的连接点）、接有二次电缆的端子箱处分别接地，所以实际这部分铜排（缆）算不上是等电位地网。

沿电缆沟敷设的$100mm^2$铜排（缆）到达控制室、保护小室时，应与主接地网在电缆沟道入口处一点连接。此接地点应与室内等电位接地网的接地点布置在一处。当主控室、保护室有多个电缆入口时，各二次电缆沟道内敷设的铜排（缆）应将各电缆沟接地铜排先连接在一起，然后汇集到室内等电位接地网的接地点所处的电缆入口处，与主接地网在一点连通。绝对不能将各电缆沟道内的接地铜排均在其电缆沟道入口处就近接地，然后在各自的接地点与室内等电位地网相连，如果这样施工将会在某一电压等级发生接地故障时将室内地网直接串入地电流回路，严重破坏其在室内构成一个"等电位面"要求。

户外端子箱、配电箱处，由于邻近一次设备，附近发生一次系统接地故障的可能比较大。为保证端子箱、配电箱内安装的设备不会因为雷击或接地电流流过形成的高电位

---

❶ 参考电平：0dB，又叫零分贝电平，是一个标准参考量，这个量是在600Ω上得到1mW，对应的标准参考电压是0.775V，标准参考电流是1.29mA。大于参考电平的为正电平，小于参考电平的为负电平，正负电平由此而来。

差造成损伤。所以沿电缆沟内敷设的 $100mm^2$ 铜排（缆）需要在端子箱、配电箱处与主地网相连。

对于接有二次电缆的一次设备（变压器、电抗器、隔离开关、互感器等），沿电缆沟内敷设的 $100mm^2$ 铜排（缆）并不延伸至一次设备附近，二次电缆屏蔽层在一次设备接线盒处不接地，只在端子箱、配电箱处将屏蔽层一点接地，屏蔽层的抗干扰作用是用两端接地的金属管来替代。

沿电缆沟内敷设的 $100mm^2$ 铜排（缆），由于铜的电阻率远低于铁的电阻率，一般可不考虑与沿途主地网绝缘的问题。

如发电厂、变电站有载波通道，则沿高频电缆敷设 $100mm^2$ 铜排（缆），一端接保护室等电位地网接地处，一端在与结合滤波器变换器二次"接地端"及高频电缆屏蔽层连接后，在距离结合滤波器一次接地扁钢 $3\sim5m$ 处与主地网相连。减少高频电缆中工频环流，防止结合滤波器中的变送器、收发信机输出滤波器饱和，防止高频电缆屏蔽层烧损。

二、二次等电位地网的安装方法

（一）室内部分的标准

（1）在保护室、主控室屏柜下层的电缆层（或电缆沟道）内，沿屏柜布置的方向逐排敷设截面积不小于 $100mm^2$ 的铜排（缆），不要求与支架绝缘，宜敷设在支架顶层，将铜排（缆）的首端、末端分别连接，形成"目"字形结构的室内等电位地网。

（2）保护室、主控室内等电位地网应与变电站主地网一点相连，连接点设置在保护室的电缆沟道或电缆竖井入口处。为保证连接可靠，室内等电位地网与主地网的连接应使用 4 根及以上，每根截面积不小 $50mm^2$ 的铜排（缆）。图 3-2-2（a）、（b）表示的分别是电缆层和电缆夹层结构的保护室、主控室应如何安装等电位地网。

（3）分散布置保护小室（含集装箱式保护小室）的变电站，每个小室均应参照保护室下电缆室（沟道）的要求设置与主地网一点相连的等电位地网。小室之间若存在相互连接的二次电缆，则小室的等电位地网之间应使用截面积不小于 $100mm^2$ 的铜排（缆）可靠连接，连接点应设在小室等电位地网与变电站主接地网连接处。

（4）微机保护和控制装置的屏柜下部应设有截面积不小于 $100mm^2$ 的铜排（不要求与保护屏绝缘），并由厂家制作接地标识。接地铜排的接线端子布设合理，间隔一致，螺栓配置齐全，螺栓穿过铜排的方向一般是螺母在铜排外侧，如图 3-2-3 所示。铜排应用截面积不小于 $50mm^2$ 的铜缆接至保护室内的等电位接地网。

二次屏柜生产厂家一般会在屏柜中安装两根 $100mm^2$ 铜排，一根作为安全接地，直接与柜体连接；另一根通过支撑绝缘子安装在屏内构架上，不直接与柜体连接，二次安装时通常将两根铜排先连在一起，并通过 $50mm^2$ 铜电缆接至室内等电位地网。

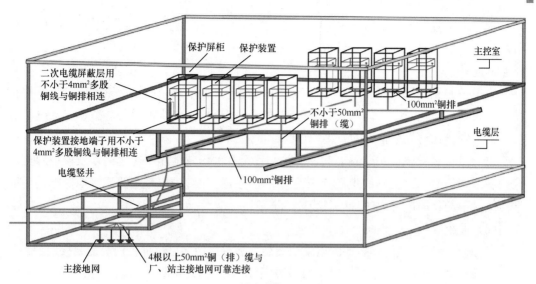

(a) 电缆层

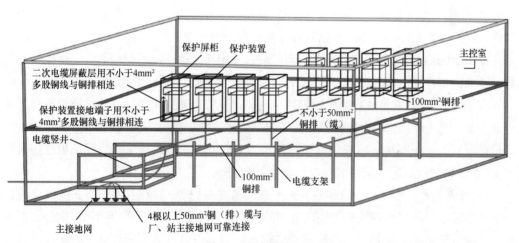

(b) 电缆夹层

图 3-2-2　电缆层、电缆夹层二次等电位地网安装图

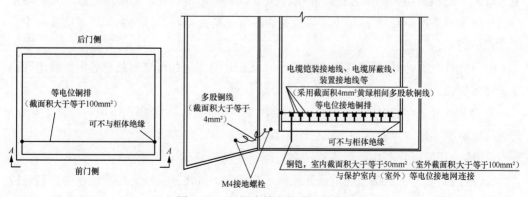

图 3-2-3　屏柜内等电位地网安装图

当全站所有保护均采用开关量信号或光纤与其他保护装置、站内二次设备交互信息，且保护装置只引出安全地，对装置内部或外部信号参考点没有独立接地要求时，两根铜排基本无差异。

当保护装置采用低电平电信号与其他二次设备交互信息，或二次设备对参考电位有特殊要求时，应注意区分，保护装置及保护屏的安全地、二次电缆的屏蔽层、互感器的接地点不宜接在与等电位地网直接相连的铜排上。

（5）微机型继电保护装置之间、保护装置至开关场就地端子箱之间以及保护屏至监控设备之间所有二次回路的电缆均应使用屏蔽电缆，电缆的屏蔽层两端接地，铠装层单端接地，不应使用电缆内的备用芯线替代屏蔽层接地。

（6）屏柜（箱）内设备接地的要求：

1）所有装置、电缆屏蔽层、电缆铠装层、装置接地端子、屏柜门等需要接地部件，其接地端应用截面积不小于 $4mm^2$ 的多股铜线与柜内接地铜排相连，接地线不得串联接地。

2）电流、电压互感器二次回路接地线应用截面积不小于 $4mm^2$ 的多股铜线接至接地铜排的单独螺孔上，不得与其他回路接地线压在同一管型接线端子内。

3）接地铜排上每个管型接线端子不应超过 6 根接地线。接地铜排的一个螺栓上连接不应超过 2 个管型接线端子。接地线应压接牢固，绑扎整齐，走线合理、美观。

4）保护装置其本体应设有专用的接地端子，装置机箱应构成良好的电磁屏蔽体，并使用截面积不小于 $4mm^2$ 的多股铜质软导线可靠连接至屏柜内的接地铜排上。继电保护接口装置电源的抗干扰接地应采用截面积不小于 $2.5mm^2$ 的多股铜质软导线单独连接接地铜排，2M 同轴线屏蔽地应在装置内可靠连接外壳。

5）当保护室、控制室内有采用复用通道的纵联保护时，应沿线路纵联保护光电转换设备至光通信设备光电转换接口装置之间的 2M 同轴电缆敷设截面积不小于 $100mm^2$ 铜电缆。该铜电缆两端分别接至光电转换接口柜和光通信设备（数字配线架）的接地铜排。该接地铜排应与 2M 同轴电缆的屏蔽层可靠相连。为保证光电转换设备和光通信设备（数字配线架）的接地电位的一致性，光电转换接口柜和光通信设备的接地铜排应同点与主地网相连。重点检查 2M 同轴电缆接地是否良好，防止电网故障时由于屏蔽层接触不良影响保护通信信号。

6）互感器二次回路应使用截面积不小于 $4mm^2$ 的接地线可靠连接至等电位接地网，并符合下列要求：

a．公用电压互感器的二次回路应在控制室内一点接地，宜选择在电压并列屏处接地，接地线应单独接地、单独标识，以便于识别。

b．各电压互感器的中性线不应接有可能断开的开关或熔断器等。

c．在控制室内一点接地的电压互感器二次线圈，宜在开关场将二次线圈中性点经放电间隙或氧化锌阀片接地，其击穿电压峰值应大于 $30I_{max}$ （V），验收时可用绝缘电阻表检验放电间隙或氧化锌阀片的工作状态是否正常，采用 1000V 绝缘电阻表测试不应击穿，采用 2500V 绝缘电阻表测试时则应可靠击穿。

d. 公用电流互感器二次回路应在相关保护屏柜内一点接地。

e. 独立的电流互感器二次回路，应在配电装置端子箱处一点接地。

f. 独立的电压互感器二次回路宜在配电装置端子箱处一点接地，其中性线的名称应与公用回路中性线的名称相区别。

7）同一电压互感器各绕组电压（保护、计量、开口三角等）的 N600，应使用各自独立的电缆，分别引入控制室或保护室后再一点接地。独立的、与其他电压互感器的二次回路没有电气联系的电压回路应在开关场一点接地。各保护小室之间 N600 联络电缆截面选择应保证可靠性。

8）直流电源系统绝缘监测装置的平衡桥和检测桥的接地端不应接入保护专用的等电位接地网。这是因为平衡桥和检测桥的接地端应该与地网保持绝缘，以保证绝缘监测装置的测量精度和系统的安全性。

（二）室外部分

为防止地网中的大电流流经电缆屏蔽层，应在开关场二次电缆沟道内沿二次电缆敷设截面积不小于 $100mm^2$ 的专用铜排（缆）；专用铜排（缆）的一端在开关场的每个就地端子箱处与主地网相连，另一端在保护室的电缆沟道入口处与主地网相连，铜排不要求与电缆支架绝缘。专用铜排（缆）宜敷设在支架顶层，如图 3-2-4 所示。

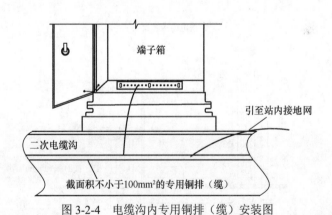

图 3-2-4 电缆沟内专用铜排（缆）安装图

接有二次电缆的开关场就地端子箱、配电箱内（包括汇控柜、智能控制柜）应设有铜排（不要求与端子箱外壳绝缘），该铜排截面积应不小于 $100mm^2$，一般设置在端子箱下部二次电缆屏蔽层、二次装置及辅助装置接地端子、屏柜本体接地端应用截面积不小于 $4mm^2$ 的多股铜线与柜内接地铜排相连。通过截面积不小于 $100mm^2$ 的铜缆与电缆沟内截面积不小于 $100mm^2$ 的专用铜排（缆）及变电站主地网相连，连接螺栓大小应适宜，如图 3-2-5 所示。

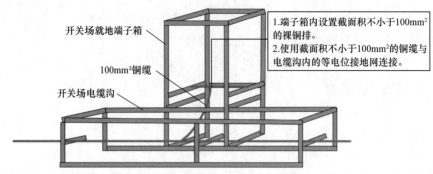

图 3-2-5　端子箱、配电箱二次地网安装图

由一次设备（如变压器、断路器、隔离开关、电流互感器、电压互感器等）直接引出的二次电缆的屏蔽层应使用截面积不小于 $4mm^2$ 多股铜质软导线仅在就地端子箱处一点接地，在一次设备的接线盒（箱）处不接地，二次电缆经金属管从一次设备的接线盒（箱）引至电缆沟，并将金属管的上端与一次设备的底座或金属外壳良好焊接，金属管另一端应在距一次设备 3～5m 之外与主接地网焊接，如图 3-2-6 所示。

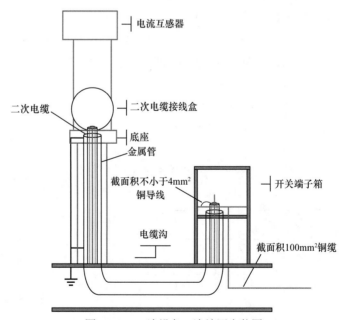

图 3-2-6　一次设备二次地网安装图

由纵联保护用高频结合滤波器至电缆主沟施放 1 根截面积不小于 $100mm^2$ 的分支铜导线，该铜导线在电缆沟处焊至沿电缆沟敷设的截面积不小于 $100mm^2$ 专用铜排（缆）上；另一侧在距耦合电容器接地点约 3～5m 处与变电站主地网连通，接地后将延伸至保护用结合滤波器处，如图 3-2-7 所示。

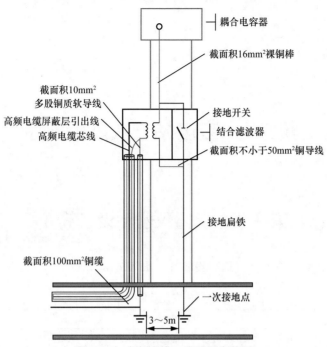

耦合电容器

截面积16mm²裸铜棒

接地开关

结合滤波器

截面积不小于50mm²铜导线

截面积10mm²
多股铜质软导线
高频电缆屏蔽层引出线
高频电缆芯线

接地扁铁

截面积100mm²铜缆

一次接地点

3～5m

图 3-2-7　高频电缆二次地网安装图

　　结合滤波器中与高频电缆相连的变送器的一、二次线圈间应无直接连线，一次线圈接地端与结合滤波器外壳及主地网直接相连；二次线圈与高频电缆屏蔽层在变送器端子处相连后用不小于 10mm² 的绝缘导线引出结合滤波器，再与上述与主沟截面积不小于 100mm² 的专用铜排（缆）焊接的 100mm² 分支铜导线相连；变送器二次线圈、高频电缆屏蔽层以及 100mm² 分支铜导线在结合滤波器处不接地。

第四章　变电站二次屏柜安装

第一节　所需仪器和设备简介

变电站二次屏柜安装所需仪器和设备简介如表 4-1-1 所示。

表 4-1-1　　　　　　　　变电站二次屏柜安装所需仪器和设备简介

设备名称	简介	图例
水平尺	水平尺是利用液面水平的原理，以水准泡直接显示角位移，测量被测表面相对水平位置、铅垂位置、倾斜位置偏离程度的一种计量器具。人们常常使用水平尺来检测物体是否水平，常见的是水准泡式水平尺。它是靠玻璃管内水准泡的移动来判断物体是否水平的，当水平尺发生倾斜时，气泡就会向升高的一端移动，从而判断物体表面哪一端高、哪一端低	
线锤	线锤是一种常见的工具，主要用于建筑、木工和金属加工等行业。它具有固定线的作用，可以帮助工人快速准确地进行测量和定位。线锤通常由两部分组成：锤头和线盒。锤头通常由金属制成，有一定的重量和硬度，以便产生足够的力量和稳定性。线盒则用来盛放线轴和拉线，通常由塑料或金属制成，具有一定的耐磨性和耐腐蚀性	
水平仪	水平仪是一种测量小角度的常用量具。在机械行业和仪表制造中，用于测量相对于水平位置的倾斜角、机床类设备导轨的平面度和直线度、设备安装的水平位置和垂直位置等。按水平仪的外形不同可分为万向水平仪、圆柱水平仪、一体化水平仪、迷你水平仪、相机水平仪、框式水平仪、尺式水平仪；按水准器的固定方式又可分为可调式水平仪和不可调式水平仪	
手动叉车	手动叉车是一种高起升装卸和短距离运输两用车，由于不产生火花和电磁场，特别适用于汽车装卸及车间、仓库、码头、车站、货场等地的易燃、易爆和禁火物品的装卸运输。该产品具有升降平衡、转动灵活、操作方便等特点	
电钻	电钻是利用电作动力的钻孔机具，是电动工具中的常规产品。电钻的工作原理是电磁旋转式或电磁往复式小容量电动机的转子做磁场切割做功运转，通过传动机构驱动作业装置，带动齿轮加大钻头的动力，从而使钻头刮削物体表面，更好地穿透物体	

续表

设备名称	简介	图例
撬棍	一种劳动工具，利用杠杆原理将重物从平面掀起并发生位移。电气工程中常用于重物的搬运和位移，也可用于设备外包装的拆除，撬棍分为六棱棍，圆棍和扁撬。六棱棍和圆棍可以加工为两头圆、两头扁或者一头圆一头扁，作为建筑工具或五金工具，后者可以作为汽车的随车工具使用。扁撬就是长短厚度之分，大部分作为补胎工具使用	

第二节　基础型钢复测

一、基础知识

型钢是一种有一定截面形状和尺寸的条型钢材，是钢材四大品种（板、管、型、丝）之一。根据断面形状，型钢分简单断面型钢和复杂断面型钢（异型钢）。前者指方钢、圆钢、扁钢、角钢、六角钢等；后者指工字钢、槽钢、钢轨、窗框钢、弯曲型钢等。表 4-2-1 是变电工程中常用的几种型钢介绍。

表 4-2-1　　　　　　　　　　　变电工程常用型钢介绍

类型	简介	图例
角钢	俗称角铁，是两边互相垂直成角形的长条钢材。有等边角钢和不等边角钢之分。等边角钢的两个边宽相等，其规格以边宽×边宽×边厚的毫米数表示，如"∠30×30×3"，即表示边宽为 30mm、边厚为 3mm 的等边角钢；也可用型号表示，型号是边宽的厘米数，如∠3#。角钢可按结构的不同需要组成各种不同的受力构件，也可作为构件之间的连接件。广泛地用于各种建筑结构和工程结构，如房梁、桥梁、输电塔、起重运输机械、船舶、工业炉、反应塔、容器架及仓库货架等	
槽钢	槽钢是截面为凹槽形的长条钢材。其规格表示方法，如"120×53×5"，即表示腰高为 120mm、腿宽为 53mm，腰厚为 5mm 的槽钢，或称 12# 槽钢。腰高相同的槽钢，如有几种不同的腿宽和腰厚也需在型号右边加 a、b、c 予以区别，如 25a#、25b#、25c# 等。槽钢分普通槽钢和轻型槽钢。槽钢主要用于建筑结构、车辆制造和其他工业结构，槽钢还常常和工字钢配合使用	
工字钢	工字钢也称钢梁，是截面为工字形的长条钢材。其规格以腰高(h)×腿宽(b)×腰厚(d)的毫米数表示，如"工 160×88×6"，即表示腰高为 160mm、腿宽为 88mm、腰厚为 6mm 的工字钢。工字钢的规格也可用型号表示，型号表示腰高的厘米数，如工 16#。腰高相同的工字钢，如有几种不同的腿宽和腰厚，需在型号右边加 a、b、c 予以区别，如 32a#、32b#、32c# 等。工字钢分普通工字钢和轻型工字钢，工字钢广泛用于各种建筑结构、桥梁、车辆、支架、机械等	

二、基础型钢的制作

在变电工程施工中，当设计未作特殊要求的情况下，二次设备的基础的型钢一般采用的是槽钢制作。

（一）基础型钢的制作

（1）室内二次屏柜基础首先制作时按施工图纸将基础型钢框架放在预留位置上，使用水平尺先将槽钢矫直整平，然后按施工图纸将基础型钢框架和预埋铁件用电焊焊牢。底漆刷防锈漆、面漆刷银漆。

（2）室外二次端子箱、汇控柜基础制作时也是将基础型钢放在图纸上预留位置，矫直整平后与基础中的预制铁件焊牢，然后浇筑混凝土将槽钢预埋进基础内。室外二次端子箱、汇控柜也可以直接使用混凝土基础，安装端子箱、汇控柜采用时膨胀螺栓固定。

（3）一般基础型钢框架顶部宜高于地面最终地坪 10～20mm，如图 4-2-1 所示，开关柜基础型钢框架顶面与地面完成面相平（铺绝缘橡胶垫时）。

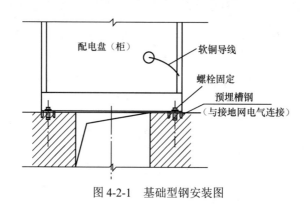

图 4-2-1　基础型钢安装图

（二）基础型钢的接地

二次设备的基础型钢在安装完毕后，应使用截面积不小于 $100mm^2$ 的镀锌扁铁与一次地网焊接。接地点不少于两处，焊接长度为扁钢宽度的两倍，应三面焊接❶。

基础型钢与镀锌扁钢或型钢与接地螺栓采用焊接时，焊接处应涂刷防锈漆。

（三）基础型钢的安装要求

（1）型钢材料根据图纸和设备随机资料核实后预制。下料尺寸应精确，宜采用无齿锯切割，防止在组对、焊接时出现应力变形。

（2）在型钢框架组对成型的过程中，要保证基础的平行度。要反复随机测量外框型钢的外沿尺寸、基础对角线的尺寸是否相等，保证成型后的基础为严格的矩形。

（3）每个基础型钢的四角必测水平，其他测量点相隔不得超过 1m。水平仪使用时注意水平仪固定必须稳妥，标杆必须垂直，标杆要选择毫米级刻度的板尺。

（4）基础型钢固定前，首先找出实测标高的最高点固定。在同一房间的设备基础，

---

❶ 三面焊接：扁钢三面焊接是指在扁钢的两侧和底部进行焊接，形成三个面的焊接。这种焊接方式通常用于连接扁钢和横梁，具有连接牢固、稳定性好、承载力强等特点。

无论分为多少组，必须使用同一标高为基准点。以此标高为基准，测量、调整、固定每一个预埋件或支撑点，固定过程中必须不断确认基础型钢的直线度、平行度。

基础型钢的安装允许偏差应符合表 4-2-2 的要求。

表 4-2-2 基础型钢的安装允许偏差

允许偏差	不直度	不直度（全长）	不平度	不平度（全长）	位置偏差及不平度全长
基础型钢安装误差	<1mm/m	<5mm	1mm/m	<5mm	<5mm

三、基础型钢的复测流程及规范

屏柜基础型钢的复测规范：屏柜安装前使用高精度水准仪对基础型钢复测，复测数据应与设计图纸一致，其尺寸应与设计盘、柜安装要求相符，不直度、不平度、位置偏差及不平度允许偏差与基础型钢的安装允许偏差一致。

基础型钢的复测流程：

（1）对比设计图纸，确认基础型钢位置、尺寸、型号、间距及固定方式是否符合设计要求。

（2）检查型钢表面是否平整、光滑，有无明显凹凸不平、波浪形变形等现象，如局部有麻点、结疤和刮痕应清除使其圆滑无棱角，清除后的型钢尺寸不应超出原尺寸的允许偏差。

（3）基础型钢与接地构件的焊接等连接方式是否符合设计要求，连接位置是否正确，焊接位置是否已做防腐处理。

（4）使用高精度水平仪先对基础标高点进行标高校验，然后再对整列、整排基础型钢多点进行复测，找出最高点和最低点是否在设计允许偏差内。

第三节 二次屏柜安装

一、基础知识

变电站的屏柜安装作为变电站二次设备安装工作的基础部分，是一项较为复杂的工作，在安装过程中必须控制好顺序、质量，掌握好施工方法及搞好文明施工。

一般情况下，变电二次安装专业中所提到的二次屏柜，包括室内的交流配电系统屏柜、直流系统屏柜、保护屏柜、综合自动化与控制屏柜，以及其他一些辅助设备屏柜；室外的各电气间隔的端子箱、汇控柜及一些辅助设备箱柜。

二、二次屏柜安装前准备工作

二次屏柜安装流程如图 4-3-1 所示。

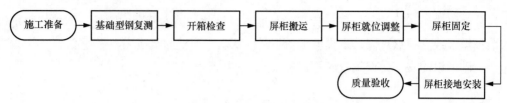

图 4-3-1　二次屏柜安装流程图

（一）人工机具准备工作

（1）机械、工器具的准备：小型手动液压叉车、电钻、冲击钻、丝锥、线锤、水平尺、十字螺钉旋具、一字螺钉旋具、绝缘尺、木榔头、内六角扳手、锤子、扳手、撬棍、水平仪等。

（2）施工材料的准备：铁垫片、镀锌螺栓、螺母、膨胀螺栓、50mm^{2}多股接地线。

（3）施工车辆准备：如果安装重量较重的汇控柜时，还需要准备与汇控柜重量相匹配的吊车及吊装机具。

（4）人员准备：技术负责人，安装负责人，安全、质量负责人，以及足够数量的二次屏柜搬运人员，如需使用吊车还需要具备相关资质的吊车驾驶员和吊装指挥人员。

（二）二次屏柜的开箱检查

屏柜的开箱检查方法及规范：

（1）室内二次屏柜到达现场后，应立即开箱并将其转运到主控室，不允许存放在室外，防止潮气进入二次屏柜内造成二次设备损坏。

（2）端子箱或汇控柜到达现场后宜放置于安装基础旁，或尽量就近摆放，以免二次搬运可能造成的外观损伤。

（3）屏柜开箱前应提早报请监理单位审核同意，同意后方可开箱。开箱时需有监理单位人员现场见证，并做好开箱记录。

（4）屏柜在开箱时施工技术负责人、安装负责人、质量负责人、技能人员及施工现场监理一同检查屏柜外包装是否有破损，如有破损应要求监理和施工方一起拍照取证，并检查破损地方有无伤到包装内部设备，如伤到内部设备需要及时通知厂家说明原因。

（5）开箱时应使用起钉器，先起钉子，后撬开箱板。如使用撬棍，不得以盘面为支点，并严禁将撬棍伸入木箱内乱撬。开箱时应小心仔细，避免有较大震动。

（6）开箱时应首先检查设备包装的完好情况，是否有严重碰撞的痕迹及可能使箱内设备受损的现象。根据装箱清单，检查设备及其备品等是否齐全。对照设计图纸，核对设备的规格、型号、回路布置等是否符合要求。厂家资料及备品备件应交专人负责保管并做好登记。

（三）屏柜、端子箱的搬运及就位

二次屏柜的搬运方法及规范：

（1）二次屏柜搬运前应对参与本项工作的全体人员做好安全技术交底，做好人员分工并告知搬运过程中的路线。搬运路线在前期勘察中应确认无影响屏柜搬运的障碍物。

（2）屏柜在搬运和安装时，应采取防震、防潮、防止框架变形和漆面受损保护措施，必要时可将易损元件拆下单独包装搬运。屏柜搬运前可将易破损的玻璃门、内部未固定的设备拆除，待屏柜搬运至主控室后再安装恢复。

（3）二次屏柜搬运可采用吊车搬运和人工搬运两种方式。

1）吊车搬运：吊车搬运一般用于户外端子箱、汇控柜等较重的二次屏柜搬运就位，对于室内二次屏柜，宜在屏柜安装地点附近有装卸平台或安装地点是一层的保护小室的情况下使用。采用吊车搬运应有起重工专门指挥，配备足够的施工人员。屏柜起吊绑扎时，不得用钢丝绳直接绑扎屏柜，防止刮伤屏架漆面。应将钢丝绳装在二次屏柜的专用吊环上，应在起吊前检查吊环是否松动，如图 4-3-2 所示。

端子箱或汇控柜到达现场后应放置于安装基础旁，或尽量就近摆放，以免二次搬运可能造成的外观损伤。

2）人工搬运：二次采用人工搬运，搬运时委派一名有经验的人员做现场指挥，并设专职监护人员进行现场监护。同时配备足够的施工人员，必要时拆除二次屏柜边门及前后门，使搬运人员有更好的着力点，保证人身和设备的安全。

人工搬运时专职监护人员宜走在屏柜的前方，在搬运过程沿事先规定的路线行进，并在路径出现转弯和需要上下调整时发出明确的指令，保证搬运人员用力方向的一致性，如图 4-3-3 所示。

图 4-3-2　二次屏柜吊车搬运

图 4-3-3　二次屏柜人工搬运

（4）屏柜进入室内应采用适当防护措施对门、窗和地面成品进行保护。屏柜运输可将橡胶垫铺在手动液压叉车上，将屏柜放倒平放在橡胶垫上避免屏柜外表油漆刮伤，到达屏柜安装位置附近应缓慢把屏柜扶立起，避免用力过猛屏柜倾倒伤人，如图 4-3-4 所示。

（5）屏柜搬运至主控室后，应按照平面布置图使屏柜靠近指定位置附近放置，以避免下一步屏柜安装时的重复搬运。如果安装地点是新增或空的屏柜基础，可以将保护屏柜根据安装位置逐一移到基础型钢上并做好临时固定，以防倾倒，如图4-3-5所示。

图4-3-4　扶起二次屏柜

图4-3-5　二次屏柜就近放置

（四）二次屏柜就位固定

1. 二次屏柜就位

（1）室内屏柜就位固定流程及规范：

1）室内二次屏柜就位时，应先清除基础型钢上的灰渣。

2）按照设计图纸先将二次屏柜置于槽钢基础上，并在基础槽钢上把屏柜调到大致合适位置，再用油性笔在二次屏柜底部的安装孔内描出孔样，然后将二次屏柜移开。

3）将基础型钢上描孔的位置使用电钻逐一钻孔攻丝❶后，然后将屏柜移回安装位置，对齐钻孔与屏柜底部的安装孔，拧上固定螺栓，但暂时不拧紧，方便调整屏柜的水平度、垂直度。

（2）室外屏柜就位固定流程及规范：

在正式安装前对端子箱、汇控柜进行外观和内部附件的检查。确保交付安装的端子箱或汇控柜外观无破损，内部附件无移位和损伤。

1）对于有预埋型钢的端子箱、汇控柜基础，其安装方式与室内屏柜的安装方式基本一致，都是在基础型钢上钻孔攻丝后，用螺栓固定，暂时不拧紧。

2）对于无预埋型钢的端子箱、汇控柜基础，安装时需要采用膨胀螺栓固定，首先在基础上把端子箱或汇控柜调到大致合适位置，用油性笔在底部的安装孔内描出孔样，然

❶ 攻丝：用一定的扭矩将丝锥旋入要钻的底孔中加工出内螺纹。

后将二端子箱或汇控柜移开，使用冲击钻在描出孔的位置钻孔。

3）将钻好的孔洞清理干净，将螺母旋至螺栓末端以保护螺纹，再将膨胀螺栓敲入孔内并旋紧，随后卸下螺母，取出平垫片、弹簧垫片。

4）将端子箱或汇控柜移回安装位置，对齐膨胀螺栓与底部安装孔并套入，装入平垫、弹垫及螺母，暂不拧紧，方便调整端子箱或汇控柜的水平度、垂直度。

（3）二次屏柜就位时应注意：

1）二次屏柜就位时应小心谨慎，以防损坏屏柜面上的电气元件及漆层。

2）使用冲击钻在基础钻孔时应注意控制力度，防止钻裂混凝土基础，造成基础报废。

3）二次屏柜的固定螺栓规格应与攻出的内螺纹规格一致，防止固定时无法起出螺栓，使用的膨胀螺栓规格也应与钻出的孔径一致。

4）就位后的室内二次屏柜前后门朝向应与设计图纸一致，就位后的成列端子箱或汇控柜前后门朝向应一致，并且带设备操作按钮、把手的部分应面向巡视道路，方便运维人员就地操作时观察设备。

5）在已投运变电站二次屏柜就位及钻孔时应有防止振动影响相邻运行屏柜的措施。

2．二次屏柜调整

（1）二次屏柜允许偏差标准。二次屏柜单独或成列安装时，其垂直度、水平误差以及柜面误差和屏柜间接缝的允许误差应符合表 4-3-1 中的规定。

表 4-3-1　　　　　　　　　　二次屏柜的安装允许偏差

允许偏差	相邻屏柜顶部误差	成列屏柜顶部误差	相邻屏柜面误差	成列屏柜面误差	屏柜间接缝
二次安装误差	<2mm	<5mm	<1mm	<5mm	<2mm

（2）二次屏柜测量和调整方法：

1）二次屏柜（开关柜）的水平度可用水平仪测量。在二次屏柜（开关柜）左右两侧的顶部和底部位置使用水平仪测量，通过比对各位置的水平仪读数计算出高度差，通过高度差的大小判断来二次屏柜的水平度。

2）二次屏柜垂直度的测量，可在盘顶放木棒，沿盘向悬挂线锤，测量盘面上下端与吊线的距离，也可以使用带磁铁的线锤进行测量，如图 4-3-6 所示，也可采用激光墨线仪进行水平度及垂直度的测量。

3）二次屏柜水平度和垂直度一般用增加铁垫片的厚度进行调整，使用锤子将厚度 0.5mm 左右的铁片轻轻敲入需调整的屏柜底部与基础型钢之间，然后观察水平尺的状态，直到调整水平度和垂直度满足要求，但铁垫片不能超过 3 块。调整工作可以首先按图纸布置位置由第一列从第一面屏柜调整好，再以第一块为标准调整以后各块。

（3）室内屏柜调整：

1）室内二次屏柜调整时，可先精确地调整第一面屏柜为标准将其他屏柜逐个调整。

调整顺序，可以从左到右，或从右到左也可先调中间一块，然后两边分开调整。

2）标准屏柜调整完毕后，检查屏间螺栓孔是否相互对正，装上屏间内六角螺栓（屏间螺栓一般由二次屏柜厂家提供，随屏柜送达现场），暂不拧紧。

3）调整屏间螺栓（前后、上下、松紧）和垫铁厚度，使相邻盘面无参差不齐的现象。相邻两盘的盘面可用直尺贴靠检查。合适后，拧紧盘间螺栓，调整屏间偏差，使之符合要求。

4）同列屏柜全部调整完毕后，可由首末两块屏柜处边拉线、绳检查调整情况，全部盘面应在同一直线上（弧形布置除外），如图4-3-7所示。

图4-3-6 屏柜垂直度测量　　　　　　　　图4-3-7　二次屏柜调整后

（4）室外屏柜调整。室外端子箱、汇控柜调整同样也是和室内二次屏柜一样方法调整水平度和垂直度，由于室外的端子箱、汇控柜多数不是成列安装，所以对之间的误差没有明确的规定，调整时可先从施工场地的第一个间隔开始，以第一个间隔的端子箱或汇控柜作为标准，调整以后各间隔面端子箱、汇控柜。要求整个施工场地端子箱、汇控柜应在同一轴线上。

3. 二次屏柜固定

反复调整二次屏柜使全部达标后，即可进行屏柜的固定。

需要注意的是，二次屏柜的固定不应使用直接焊接的方式。

固定屏柜的紧固件（包括紧固螺栓、屏间螺栓、螺母、膨胀螺栓及垫片等）规格、数量应配置完好，并应经热镀锌防腐处理。

使用内六角扳手将屏间螺栓上紧，使用扳手将二次屏柜底部紧固螺栓或膨胀螺栓上紧，上紧时应注意四角螺栓应依次、分阶段紧固。

上紧膨胀螺栓时使用扳手拧动螺母，直到弹簧垫片和固定物表面齐平，如果没有特殊的要求，一般用手拧紧后再用扳手拧3～5圈即可将端子线或汇控柜固定好。

4. 安装及工艺标准

（1）屏柜漆层完好、排列整齐，屏体、内部装置及附件固定可靠、外表清洁，装置及附件无损坏、操作灵活，安装工艺应满足 GB 50171—2012《电气装置安装工程　盘、柜及二次回路接线施工及验收规范》的要求。

（2）保护装置屏正面宽度应满足 DL/T 5136—2012《火力发电厂、变电站二次接线设计技术规程》的要求，不应少于 1400mm。

（3）智能控制柜应具备温度湿度调节功能，柜内湿度应保持在 90%以下，柜内温度应保持在 5～55℃。

（4）屏柜门应开关灵活、上锁方便，前后门及边门应采用截面积不小于 4mm^2 的多股铜线与屏体可靠连接，保护屏的两个边门不应拆除。

（5）屏上各压板、把手、按钮、空气断路器等附件应安装端正、牢固，并应符合下列要求：

1）穿过保护屏的压板导电杆应有绝缘套，并与屏孔保持足够的安全距离，压板在拧紧后不应接地。

2）压板紧固螺栓和紧线螺栓应紧固。

3）压板应接触良好，相邻压板间应有足够的安全距离，切换时不应碰及相邻的压板。

4）对于一端带电的切换压板，在压板断开的情况下，应使活动端不带电。

5）保护跳闸出口及与失灵回路相关出口压板采用红色，功能压板采用黄色，压板底座及其他压板采用浅驼色。

6）屏柜内加热器与元器件、电缆应保持大于 80mm 的距离，加热器的接线端子应在加热器下方。

7）端子排、连接片、切换部件离地面不宜低于 300mm。

8）屏柜内回路电缆、光缆、网线等接线在柜门关闭状态下无受力挤压等影响安全的情况。

9）屏柜内屏顶引下线穿孔应具备绝缘措施。

（五）二次屏柜接地

（1）室内二次屏柜内接地：室内的二次屏柜没有直接接到变电站主地网，屏柜内安装有 100mm^2 铜排，用于各类保护接地、电缆屏蔽层接地，铜排有两种不同形式，一种是与柜体绝缘的接地铜排，另外一种是与柜体不绝缘的接地铜排，无论是哪种形式，每根均须通过两根截面积不小于 50mm^2 铜导线与变电站主地网可靠连接。如图 4-3-8 所示。

（2）室外端子箱或汇控柜除了内部的铜排使用截面积不小于 50mm^2 铜导线与变电站二次等电位地网可靠连接外，其外壳还应使用两根不小于 100mm^2 的镀锌扁铁与变电站主地网可靠连接，连接点位于端子箱或汇控柜两侧，使用螺栓固定，并应有清晰标识。如图 4-3-9 所示。

（3）二次屏柜、端子箱、汇控柜可开启门，边板和金属框架的接地端子间应选用截面积不小于 4mm^2 的黄绿色绝缘铜芯软导线连接，并应有清晰标识。如图 4-3-10 所示。

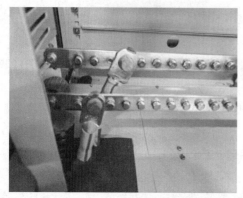

图 4-3-8　室内二次屏柜接地方式

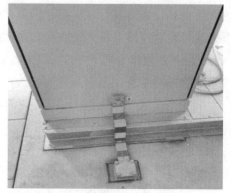

图 4-3-9　室外端子箱接地方式

图 4-3-10　二次屏柜门接地线

（六）屏顶小母线安装

（1）屏顶小母线按设计要求：安装前应对到货的小母线用木槌进行校直，要求平直不能有死弯，然后在屏顶按施工图的位置装好屏柜小母线的固定端子。

（2）实测小母线的长度，并剪切好小母线，注意要适量预留长度。在小母线与固定端子的接触面进行搪锡。

（3）小母线不同相或不同极的裸露载流部分之间，裸露载流部分与未经绝缘的金属体之间，电气间隙不得小于 12mm，爬电距离不得小于 20mm。安装完毕的小母线其两侧应标明小母线符号或名称的绝缘标识牌，字迹应清晰、工整，不易脱色。

第五章　变电站二次控制电缆安装

第一节　所需仪器和设备简介

变电站二次控制电缆安装所需仪器和设备简介如表 5-1-1 所示。

表 5-1-1　　　　　　变电站二次控制电缆安装所需仪器和设备简介

设备名称	简介	图例
电缆放线盘	电缆敷设时常用的放线工具，通常结构有两层，底层是用于承载线缆的圆形底盘，上层是承托电缆盘的承重架，承重架为圆形，底部设有滚轮，用中心圆洞与底盘中心的圆轴套接，滚轮用于保证上下两层之间的相对转动。敷设电缆时将电缆置于承重架上，固定好后由人员拉动电缆进行敷设	
电缆放线架	电缆放线架根据用途又被称为电缆线盘支架、导线轴盘架、电缆放线支架等。主要用于大型电缆盘的放线工作。根据提升形式可以分为液压式电缆放线架、机械式电缆放线支架。根据用途及结构形式又分为可调式液压放线架、立柱式放线支架、顶杆式电缆放线架、卧式电缆线盘架、脚制动电缆放线架、拆卸式电缆放线架、张力放线架。根据负载能力分为 3T 电缆放线架、5T 电缆放线架、10T 电缆放线架、15T 电缆盘轴支架、20T 电缆线盘支架及更大吨位的线缆盘放线支架	
标牌打印机	标牌打印机是一种通过计算机软件编辑内容，直接打印在 PVC、ABS、金属板、亚银贴纸等材料的热转印机器，广泛应用在电力通信行业。标牌打印机更无需制版、晒版、重复套色的步骤，无需丝网印刷和热转印方式所需要的各式型号的工具、材料。一个操作人员就可以完全独立进行印刷操作，直接降低了人工成本	
线号印字机	线号印字机又称线号打印机，简称线号机、打号机，全称线缆标志打印机，又称线号印字机、打号机，采用热转印打印技术，可在 PVC 套管、热缩管、不干胶标签等材料上打印字符，一般用于电控、配电设备二次线标识，是电控、配电设备及综合布线工程配线标识的专用设备，可满足电厂、电气设备厂、变电站、电力行业电线区分标志标识的需要	
手持式标签机	采用手持便携式设计，基于热转印原理的标签打印机，内置模板符号，自动切割完成不干胶标签打印，标签耐候性强，多用于电厂、电网、通信机房、楼宇布线、智能交通等线路线缆接头标识，以及面板开关标记等	

续表

设备名称	简介	图例
千斤顶	千斤顶是指用刚性顶举件作为工作装置，通过顶部托座或底部托爪的小行程内顶开重物的轻小起重设备。千斤顶主要用于厂矿、交通运输等部门，用于车辆修理及其他起重、支撑等工作。其结构轻巧坚固、灵活可靠，一人即可携带和操作	

第二节 二次控制电缆安装

一、基础知识

电缆是用来传输电力、传输信息和实现电磁能转换的一大类电工产品，通常是由几根或几组导线（每组至少两根）绞合而成的类似绳索的电缆，每组导线之间相互绝缘，并常围绕着一根中心扭成，整个外面包有高度绝缘的覆盖层。电缆具有内通电、外绝缘的特征。

其实，"电线"和"电缆"并没有严格的界限。通常将芯数少、产品直径小、结构简单的产品称为电线，电线一般由一根或几根柔软的导线组成，外面包以轻软的单层绝缘护层，没有绝缘的称为裸电线，导体截面积较大的（大于 $6mm^2$）称为大电线，较小的（小于或等于 $6mm^2$）称为小电线。

电缆结构通常比较复杂，一般由一根或几根绝缘包裹导线组成，外面再包以金属或橡胶制的坚韧外层，电缆一般有 2 层以上的绝缘，多数是多芯结构，出厂时绕在电缆盘上，长度一般大于 100m。

电线电缆广泛应用于各个领域，被誉为国民经济的"血管"和"神经"，在国民经济体系中占重要地位。

（一）电线、电缆的发展历史

1729 年，英国人格雷发现"电"可以沿金属线传输，人类有了"导体"的概念。

1740 年，法国的德札古利埃规定了导体与绝缘的定义。

1744 年，德国人温克勒用电线把放电火花传送到远距离，宣告了电线的诞生。

1752 年，美国人富兰克林发明了避雷针，并用电线接地，这是电线的首次实用化。

1831 年，英国科学家法拉第发现了"电磁感应规律"，为电线、电缆的使用进展奠定了根基。

1875 年，美国人亨利取得了第一个绝缘漆和纤维专利。美国、日本等国家的公司开发出醋酸纤维漆包线、聚乙烯醇缩甲醛线、聚氨酯漆包线、玻璃漆包线等各种漆包线，从此电磁线遍地开花。

1876 年，美国的贝尔发明了有线电话机，美国制造市内通信电缆。各国相继开始研发各类通信电缆，从此通信电缆联通全世界。

1879 年，爱迪生发明了白炽灯后，电力有了辽阔的前景。

1881 年，美国的哥尔屯，发明了交流发电机。

1889 年，美国的佛朗第创造了油浸纸绝缘电力电缆，此为眼前所用的基本型高压电力电缆。从此各种输电、供电用电力电缆得到了广泛的研发和使用。

19 世纪初，丹麦的奥斯特、英国的法拉第、德国的欧姆、美国的亨利等大批欧美物理学家不断发现和创立了现代电学、电磁学等许多基础理论，为今后的电力、信息传输打开了闸门。

1917 年，意大利发明了自容式充油电缆。

1937 年，德国首次研制出聚氯乙烯❶绝缘电线，很快在各国得到发展。

1946 年，美国首次制成 15kV 聚乙烯❷绝缘电缆。

1959 年，中国研制出 66/110kV 和 220kV 自容式铅包电缆试样；1973 年，制成 330kV 充油电缆用于刘家峡电站二期工程。

1967 年，美国康宁公司发明硅烷交联❸法，使各种交联型线缆产品得到迅速发展。

20 世纪 90 年代以来，电线电缆行业被誉为城市的"神经"和"血管"，肩负着为各行各业国民经济支柱行业配套的职能，成长为中国机械行业中位置仅次于汽车的第二大产业。

（二）电线、电缆的种类

电线电缆产品的种类有成千上万，应用在各行各业中。总的来说，它们的用途有两种，一种是传输电流，另一种是传输信号。传输电流类的电缆最主要控制的技术性能指标是导体电阻、耐压性能；传输信号类的电缆主要控制的技术性能指标是传输性能——特性阻抗、衰减及串音等。当然，传输信号主要也靠电流（电磁波）作载体，现在随着科技发展可以用光波作载体来传输。

电线、电缆的分类如图 5-2-1 所示。

其中电气装备用电线电缆使用面最广，品种最多的一类产品。这类产品习惯上按用途分为八类：

（1）低压配电电线、电缆：主要指固定敷设和移动的供电电线电缆。

（2）信号及控制电缆：主要指控制中心与系统间传递信号或控制操作用的电线电缆。

（3）仪器和设备连接线：主要指仪器、设备内部安装线和外部引接线。

（4）交通运输工具电线电缆：主要指汽车、机车、船舶、飞机等配套用电线电缆。

---

❶ 聚氯乙烯：英文简称 PVC，是氯乙烯的聚合物。化学稳定性好，耐酸、碱和有些化学药品的侵蚀。耐潮湿、耐老化、难燃。使用时温度不能超过 60℃，在低温下会变硬。聚氯乙烯分软质塑料和硬质塑料。

❷ 聚乙烯：英文简称 PE，它是乙烯的聚合物，无毒。容易着色，化学稳定性好，耐寒，耐辐射，电绝缘性好。

❸ 交联：一种分子结构，不同聚合物绝缘材料的分子链相结合，形成三维网状。与此相对照的是分子链的缠结，但不结合。交联可提高（绝缘）机械和物理性能。

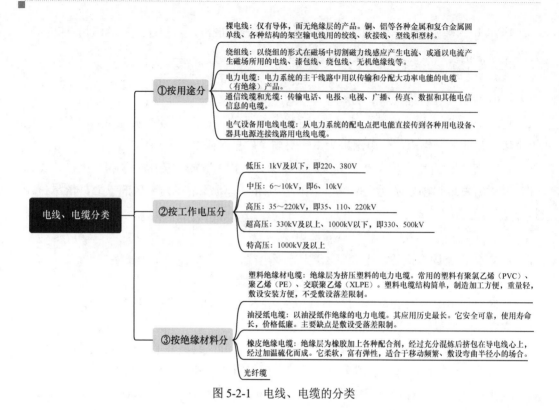

图 5-2-1 电线、电缆的分类

（5）地质资源勘探和开采用电线电缆：主要指煤、矿石、油田的探测和开采用电线电缆。

（6）直流高压电缆：主要指 X 射线机、静电设备等配套用的电线电缆。

（7）加热电缆：主要指生活取暖、植物栽培、管道保温等用电线电缆。

（8）特种电线电缆：主要指耐高温、耐低温、阻燃、耐火、低烟无卤、核电站等用的电线电缆。

（三）电力电缆和控制电缆的区别

电力电缆在电力系统主干线中用以传输和分配大功能电能，控制电缆从电力系统的配电点把电能直接传输到各种用电设备器具的电源连接线路。电力电缆的额定电压一般为 0.6/1kV 及以上，控制电缆主要为 450/750V。同样规格的电力电缆和控制电缆在生产时，电力电缆的绝缘和护套厚度比控制电缆厚。控制电缆属于电气设备用电缆。控制电缆的标准是 GB/T 9330—2020《塑料绝缘控制电缆》，电力电缆的标准是 GB/T 12706《额定电压 1kV（$U_m = 1.2$kV）到 35kV（$U_m = 40.5$kV）挤包绝缘电力电缆及附件》。

控制电缆的绝缘线芯的颜色一般都是黑色印白字，还有电力电缆低压一般都是分色的。

控制电缆的截面积一般都不会超过 10mm²，电力电缆主要是输送电力的，一般都是大截面积。

由于以上原因，电力电缆的规格一般可以较大，大到 500mm²（常规厂家能生产的范围），再大的截面积一般能做的厂家就相对少了，而控制电缆的截面积一般较小，最大一般不超过 10mm²。

从电缆芯数上讲，电力电缆根据电网要求，最多一般为 5 芯，而控制电缆传输控制信号用，芯数较多，根据标准来讲多的有 61 芯，但也可以根据用户要求生产。

变电二次安装专业人员日常接触的主要是第 1、2 类，第 1 类通常称为动力电缆，第 2 类通常称为二次控制电缆。

本章主要介绍的是二次控制电缆安装方法。

（四）电线、电缆的型号

电缆的型号一般由 10 位的代号构成，如图 5-2-2 所示。

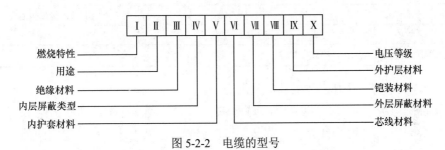

图 5-2-2　电缆的型号

电缆型号代号的含义如表 5-2-1 所示。

表 5-2-1　　　　　　　　　　　　　　　电缆型号代号的含义

Ⅰ：燃烧特性					
Z（ZR）	阻燃	ZA	阻燃 A 类	ZB	阻燃 B 类
ZC	阻燃 C 类	ZD	阻燃 D 类	N（NH）	耐火
W	无卤	D	低烟		
Ⅱ：用途					
无符号	电力电缆	K	控制电缆	P	信号电缆
DJ	计算机电缆	Y	移动电缆	S	射频电缆
Ⅲ：绝缘材料					
YJ	交联聚乙烯、聚烯烃	V	聚氯乙烯	Y	聚乙烯或聚烯烃
X	橡胶	E	乙丙橡胶	G	硅橡胶
F	氟塑料				
Ⅳ：内层屏蔽类型					
P	编织屏蔽	P1	镀锡铜丝编织	P2	铜带或铜塑复合带
P3	铝带或铝塑复合带				
Ⅴ：内护套材料					
Y	聚乙烯	V	聚氯乙烯	H	橡胶套
F	弹性体	LW	皱纹铝护套	Q	铅套
U	聚氨酯	N	尼龙		
Ⅵ：芯线材料					
无符号	铜芯	L	铝芯		

Ⅶ：外层屏蔽类型					
P	编织屏蔽	P1	镀锡铜丝编织	P2	铜带或铜塑复合带
P3	铝带或铝塑复合带				
Ⅷ：铠装类型					
1	联锁钢带	2	双钢带	3	圆细钢丝
4	粗钢丝	6	非磁性金属带铠装	7	非磁性金属丝
8	铜丝编织	9	钢丝编织		
Ⅸ：外护层材料					
1	纤维外被	2	聚氯乙烯	3	聚乙烯或聚乙烃
4	弹性体				
Ⅹ：电压等级（相电压/线电压，单位为 kV）					

（五）二次控制电缆的基本结构

二次控制电缆一般主要由四部分结构组成：导体、绝缘、屏蔽和保护层（分为内护套和外护套）。通常根据电缆是否有屏蔽层可以分为非屏蔽电缆和屏蔽电缆两种，二次控制电缆结构如图 5-2-3 所示。

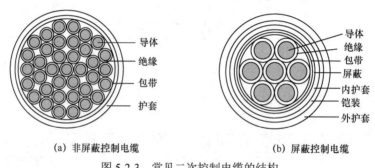

(a) 非屏蔽控制电缆   (b) 屏蔽控制电缆

图 5-2-3　常见二次控制电缆的结构

1. 导体

主要是用来传导电流或信号，导体可分为单根导体与绞合导体两种结构类型，也就是常说的硬线和软线。材料主要用的是铜与铝，铜的导电性能比铝要好得多，铜导体的电阻率国家标准要求不大于 $0.017241\Omega \cdot mm^2/m$（20℃时），铝导体的电阻率要求不大于 $0.028264\Omega \cdot mm^2/m$（20℃时）。

2. 绝缘

包覆在导体外，其作用是电气绝缘（电介质）使导体与其他通路或界面基本隔开，阻止电流沿这些可能的旁路流动。绝缘材料多种多样，如聚氯乙烯（PVC）、聚乙烯（PE）、交联聚乙烯（XLPE）、橡胶等。这些材料最主要的性能就是绝缘性能好，其他的性能要求根据电缆使用要求各有不同。

3. 屏蔽层

屏蔽层位于绝缘层和外护层中间，起到了限制电场和电磁干扰的作用。对于不同类型的电缆，屏蔽材料也不一样，主要有铜丝编织、铝丝（铝镁合金丝）编织、铜带、钢带等。

屏蔽变电站内应用最普遍，也是二次安装人员最经常接触的二次回路抗干扰措施。它除了对静电干扰有较好的抑制作用外，对电磁干扰和辐射干扰也有很好的抑制作用。

4. 内护套

内护套作用是保护绝缘线芯不被铠装层或屏蔽层损伤。内护层有挤包、绕包和纵包等几种形式。

5. 铠装层

铠装层是绕包在内护套外的一层金属结构。最常见的是钢带铠装与钢丝铠装，还有铝带铠装、不锈钢带铠装等。

电缆加上铠装层的主要作用有以下4点：

（1）增强电缆的抗拉强度、抗压强度，还有一定的抗外力性能，增强了电缆的机械强度，延长电缆使用寿命。

（2）铠装层还可以提防蛇虫老鼠撕咬，不至于透过铠装造成电力传输故障，同时铠装的弯曲半径要大，铠装层可以接地保护电缆。

（3）钢带、钢丝铠装层具有高导磁率，有很好的磁屏蔽效果，可以用于抗低频干扰。

（4）钢带接地后，可以防止外部干扰在屏蔽层与钢带产生的电位差，保护电缆的绝缘。

6. 外护套

在电缆最外层起保护作用的部件，主要是保护电缆内部铠装层和屏蔽层免于物理损坏以及日照、液体侵入、化学侵蚀等外部环境的影响。

外护套主要有三类：塑料类、橡胶类及金属类。

其中塑料类最常用的是聚氯乙烯塑料、聚乙烯塑料，根据电缆防火特性还有阻燃型、低烟低卤型、低烟无卤❶型等。

二、电缆敷设前准备工作

（一）电缆敷设路径的复核

电缆敷设前，应组织安装人员，对电缆敷设的路径进行复核或复勘，勘察的依据是正式的施工图纸及电缆清册，主要需要复核以下3个方面：

（1）需敷设的电缆的规格、路由应符合施工图纸的要求；电缆的目标屏柜及端子箱已安装结束。

---

❶ 无卤：卤是指卤族元素，包括氟 F、氯 Cl、溴 Br、碘 I、砹 At 等元素。无卤化电线电缆中卤素指标为：所有卤素的体积分数小于等于 50ppm；燃烧后产生卤化氢气体的含量体积分数小于 100ppm；燃烧后产生的卤化氢气体溶于水后的 pH 值大于等于 4.3（弱酸性）；产品在密闭容器中燃烧后透过一束光线其透光率大于等于 60%。

（2）电缆沟道内应通道畅通，排水良好，核查电缆敷设路径中可能损伤电缆或影响工作人员正常敷设的因素。确认进入室内的保护管位置并做好标识。

（3）电缆支架、桥架的防腐层应完整，间距应符合设计规定。

（二）电缆敷设路径的设计

电缆敷设路径的设计主要的内容如下：

（1）编制电缆敷设顺序表（或排列布置图），作为电缆敷设和布置的依据。电缆敷设顺序表应包含：电缆的敷设顺序号，电缆的设计编号，电缆敷设的起点、终点，电缆的型号规格，电缆的长度。

（2）编制电缆敷设顺序应按设计和实际路径计算每根电缆的长度，合理安排每盘电缆，减少换盘次数。

除了通过人工编制的方法外，施工人员也可以通过使用电缆敷设设计软件来设计电缆敷设的路径，优化电缆敷设路径，自动精准统计电缆长度，实现设计的高效率和成果的精细化。

（三）电缆的存放

一般情况下，电缆由物流公司运至仓库或现场，在未立即进行安装的情况下，仓库或施工现场需要设置存放场地。

图 5-2-4　电缆的存放

（1）电缆存放在工地时，首先要做的是避免电缆在露天暴晒，可以把电缆存放在库房，如图 5-2-4 所示。存放时应注意电缆盘不允许平放。

（2）电缆存放的时候，要避免与酸、碱及矿物油类接触，要与这些有腐蚀性的物质隔离存放。另外，贮存电缆的库房内要定时安排固定的人进行检查，一定要避免库房里有破坏绝缘及腐蚀金属的有害气体存在。

（3）电缆在保管期间，应定期滚动（夏季每三个月一次，其他季节可酌情延期）。滚动时，将向下存放盘边滚翻朝上，以免底面受潮腐烂。存放时要注意电缆封头是否完好无损。

（4）电缆贮存期限以产品出厂期为限，一般不宜超过一年半，最长不超过两年。

（5）如果现场不具备库房的条件，实在无法避免要放置在户外，也要用遮盖物进行遮挡，一定要避免电缆在露天暴晒，户外的堆放场地面应平整，不得有积水。同样地，户外堆放的电缆盘也不得平放。

（四）电缆的开盘检验

电缆开盘检查是在安装电缆前对电缆进行的一项重要测试。其目的是检查电缆是否符合设计要求，是否存在故障和缺陷。

（1）首先需要检查电缆的外观，控制电缆到达施工现场时尽可能地放在比较空旷的位置，检查时需要用目测、手摸对电缆进行综合检查，检查外包装是否有破损，电缆是否受到外力挤压破坏绝缘层。其次是检查到场的电缆铭牌上的规格是否与设计一致，是否具备电缆出厂合格证、出厂试验报告及木质电缆盘的环境检测报告。

（2）现场对所到电缆的各种型号都需第三方送检，待送检合格后方可进行电缆敷设。

（五）其他准备项目

（1）机械、工器具的准备：电缆放线盘、电缆专用断线钳、手电、头灯、扳手、撬棍、大螺钉旋具等。如果敷设任务有较重的电缆盘，还需要准备放线架、与电缆盘重量和宽度相配合的钢轴、滚轮支架、千斤顶等。

（2）施工材料的准备：各色相电工胶布、各型号尼龙扎带、电缆捆扎材料、打印好的电缆挂牌等。

（3）施工车辆准备：如果敷设任务中有较重的电缆盘时，还需要准备与电缆盘重量相匹配的吊车或液压叉车及吊装机具。

（4）人员准备：技术负责人，安装负责人，安全、质量负责人，以及足够数量的电缆安装人员，如需使用吊车还需要具备相关资质的吊车驾驶员和吊装指挥人员。

三、二次电缆敷设

（一）电缆敷设布置要点

电缆在电缆沟道内的布置如图 5-2-5 所示，在敷设电缆时需要注意以下要点。

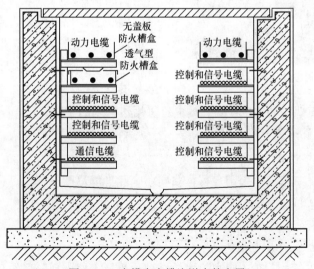

图 5-2-5　电缆在电缆沟道内的布置

（1）电力电缆和控制电缆不应配置在同一层支架上。

（2）高低压电力电缆，强电、弱电控制电缆应按顺序分层配置，一般情况宜由上而下配置。

（3）并列敷设的电力电缆，其相互间的静距应符合设计要求。电力电缆的相互间宜有 1 倍电缆外径的空隙。

（4）控制和信号电缆可紧靠或多层叠置。控制电缆在普通支吊架上不宜超过 2 层，在桥架上不宜超过 3 层。

（5）低压电力电缆，在普通支吊架上不宜超过 1 层，在桥架上不宜超过 2 层。

表 5-2-2 是电力工程设计手册中当位置受限时电缆允许布置层数和占积率❶的规定，此时电缆的载流量应做校正。

表 5-2-2 电缆允许布置层数与占积率

电缆类型	布置层数	占积率（%）
6kV 电力电缆	1	40～50
380V 电力电缆	2	50～70
控制电缆	3	50～70
弱电电缆	3	50～70

图 5-2-6 动力电缆使用防火槽盒敷设

对于低压动力电缆，多根并行敷设的载流量系数取 0.8，托盘上两层敷设的载流量系数取 0.55，合计载流量系数为 0.44。2 层紧靠敷设的电缆载流量很低，还不足原载流量的一半。

如图 5-2-6 所示，动力电缆宜敷设于防火电缆槽盒内，也可敷设于同一侧支架的不同层或同一通道的两侧，但层间和两侧间应设置防火封堵板材，其耐火极限不应低于 1h。最上层支架的动力电缆防火槽盒宜采用无盖板的，非最上层支架的动力电缆防火槽盒宜采用透气型的。

（二）电缆敷设方法与规程要求

1. 电缆的二次搬运

电缆的二次搬运是指将集中存放在仓库、临时堆放点的电缆通过机械或人力运送到指定电缆敷设地点的运输方式。在电缆二次搬运时应注意以下几点：

（1）当电缆需从仓库进行二次运输时，施工人员首先应根据电缆领用清单核对需装车的电缆盘，防止遗漏或领错型号。

（2）在电缆装车时，在车厢内要摆放合理，尽量不要出现随意错乱放置的现象。还要对摆放合理的电缆盘进行一些保护措施，比如用其他工具进行加固，这样可以防止在

---

❶ 占积率：占积率（fill-in ratio）是 1998 年公布的电气工程名词，出自《电气工程名词》，是指组成导体的单线截面积总和与导体轮廓截面积之比。

运输过程中，电缆盘之间相互碰撞或翻倒，从而造成电缆的损伤。

（3）到达卸车地点后，严禁将电缆盘直接由车上推下。特别是在较低温度时（一般为5℃左右及以下），扔、摔电缆盘将有可能导致电缆绝缘、护套开裂。

（4）电缆盘不应平放运输、平放贮存。

（5）如果是短距离搬运电缆，一般采用滚动电缆盘的方法。滚动时应按电缆盘上箭头指示方向滚动。如无箭头，可按电缆缠绕方向滚动，切不可反缠绕方向滚运，以免电缆松弛。

2．电缆放线盘、放线架的使用

电缆由人工或机械二次搬运至敷设场地后，需要将电缆放置于电缆放线盘或放线架上，才能进行电缆敷设的工作。在使用放线盘或放线架时，需要做以下工作：

（1）需要选定敷设电缆的位置，清理好敷设区域，确保没有杂物和障碍物。

（2）根据需要敷设的电缆型号和规格，选择合适的放线盘或放线架，对于直径和重量较小的电缆盘尽量使用移动方便的放线盘，对于直径和重量较大的电缆盘使用放线架。电缆架使用的钢轴长度和强度要与敷设电缆盘的宽度和重量相匹配。

（3）确保放线盘、放线架的安装地点平整度较好，地面牢固可靠，防止在敷设过程中出现晃动或倾斜。

（4）将放线盘、放线架进行组装，并固定在敷设位置。

（5）将电缆放置在放线盘、放线架上，电缆放置于放线盘上时应注意电缆引出头一面应朝上，放置于放线架上时注意电缆引出头应朝向电缆敷设方向，不要扭曲或过度拉伸电缆，以免对电缆造成损伤。

3．电缆敷设

电缆置于放线盘或放线架上后，施工人员即可根据设计图纸进行电缆敷设，敷设时按照电缆的敷设路径，合理地安排敷设人员的工作位置，在途经的转弯、竖井处宜安排专人进行敷设、固定电缆的工作。放线盘、架处应有专人负责电缆敷设的速度控制。

电缆敷设前，应准备好临时粘贴的电缆去向标识。标识打印两份，一份由放线盘、架处控制人员收存，另一份由电缆目的地敷设人员携带或由安装负责人携带。当一根电缆敷设完毕后，电缆一头由放线盘、架处控制人员剪断后通过通信工具确认或按事先约定顺序贴上临时标识，另一头确认长度足够后贴上标识。贴好标识后应包裹透明胶布，防止标识浸水后变模糊无法辨认，影响正式挂电缆标识牌。

电缆敷设时还应注意以下的要点和规程要求：

（1）按照电缆敷设顺序表或排列布置图逐根施放电缆。电缆敷设时，电缆应从盘的上端引出，不应使电缆在支架上及地面摩擦拖拉。电缆上不得有压扁、绞拧、护层折裂等机械损伤。

（2）电缆敷设时排列整齐，走向合理，不宜交叉，在确保走向合理的前提下，同一层面应尽可能考虑连续施放同一种型号、规格或外径接近的电缆，如图 5-2-7 所示。

图 5-2-7 电缆沟直线段处电缆

（3）电缆线路路径上有可能使电缆受到机械性损伤、化学作用、地下电流、震动、热影响、腐质物质、虫鼠等危害的地段，应采取保护措施。

（4）所有电缆敷设时，电缆沟转弯、电缆层、竖井口处的电缆弯曲弧度一致、过渡自然，如图 5-2-8 所示，敷设时人员应站在拐弯口外侧。所有直线电缆沟的电缆必须拉直，不允许直线沟内支架上有电缆弯曲或下垂现象。

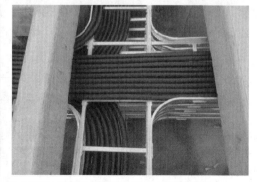

图 5-2-8 电缆在电缆沟转弯、电缆层、竖井口处电缆弯曲弧度一致、过渡自然

电缆的最小弯曲半径应符合表 5-2-3 的规定。

表 5-2-3　　　　　　　　　　　电 缆 最 小 弯 曲 半 径

电缆型式	多芯	单芯
控制电缆	10*D*	—
聚氯乙烯绝缘电力电缆	10*D*	
交联聚氯乙烯绝缘电力电缆	15*D*	20*D*

（5）当电缆通过墙、楼板或室外敷设穿导管保护时，穿入导管中的电缆的数量应符合设计要求，如图 5-2-9 所示。

（6）电力电缆与控制电缆不得穿入同一保护管。交流单芯电缆不得穿入闭合的钢管内。

（7）通信电缆、光缆的敷设应在电力电缆、控制电缆敷设结束后进行。对于非金属加强型进所光缆，应按照有关规定全线穿设 PVC 保护管，对于厂家提供的尾纤光缆，应穿设 PVC 软管，有条件时可在电缆层中安装弱电线缆专用金属屏

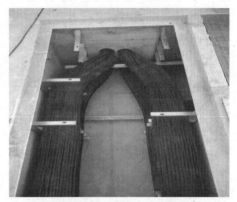

图 5-2-9　电缆穿入导管

蔽槽，所有通信网络线、光纤等弱电线路全部进入该屏蔽槽中，以保证电缆层中电缆敷设工艺。通信线缆的安装在第六章有详细的介绍。

（8）二次电缆路径应合理，尽可能离开高压母线、避雷器和避雷针，并联电容器、电容式电压互感器、结合电容及电容式套管等设备的接地点。电缆沟内电缆排列应整齐，在电缆支架上固定良好。保护用电缆与电力电缆不应同层敷设。

（9）双重化的继电保护装置、合并单元、智能终端应采用各自独立的二次电缆，两套保护应确保与其他装置的联络关系（如通道、失灵保护等）应一一对应，防止因交叉停用导致保护功能缺失。

（10）电缆敷设完毕后，应及时清除杂物，盖好盖板，必要时应将盖板缝隙密封。

（三）电缆的固定和就位

电缆敷设到位后就需要对电缆的全路径进行固定，电缆固定应符合下列要求：

（1）电缆绑扎带间距与带头长度统一。垂直敷设或超过 30°倾斜的电缆在每个支架上应牢固固定；水平敷设的电缆，在电缆首末两端及转弯处、电缆接头处应固定牢固，当对电缆间距有要求时，每隔 5～10m 进行固定。

（2）端子箱内电缆就位的顺序应按该电缆在端子箱内端子接线序号进行排列，穿入的电缆在端子箱底部留有适当的弧度。电缆从支架穿入端子箱时，在穿入口处应整齐一致。

（3）户外短电缆就位：电缆排管在敷设电缆前，应进行疏通，清除杂物。管道内部

应无积水，且无杂物堵塞。穿入管中电缆的数量应符合设计的要求；交流单芯电缆不得单独穿入钢管内。穿电缆时不得损伤护层，可采用无腐蚀性的润滑剂。

（4）户外引入设备接线箱的电缆应有保护和固定措施。

（5）户外电缆沟道内、电缆层、竖井口处的电缆的固定，宜使用细 PV 铜芯线，在屏柜、端子箱、汇控柜内可采用细 PV 铜芯线、扎带、尼龙线等材料。

（四）电缆敷设时标识牌的制作

电缆敷设时应排列整齐，不宜交叉，及时加以固定，并装设电缆标识牌。

在电缆头制作和芯线整理过程中可能会破坏电缆就位时的原有固定，在电缆接线时应按照电缆的接线顺序再次进行固定，然后挂设电缆标识牌。

电缆标识牌的型号、打印的样式、挂设的方式应根据实际情况和策划的要求进行。

标识牌的装设应符合下列要求：

（1）各电缆应装设规格统一的标识牌，标识牌的字迹应清晰不易脱落，悬挂应符合 GB 50168—2018《电气装置安装工程　电缆线路施工及验收标准》的规定。

（2）在电缆终端头、隧道及竖井的上端等地方，电缆上应装设标识牌，如图 5-2-10 所示。

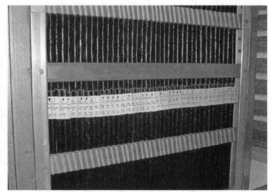

图 5-2-10　电缆竖井处装设标识牌

编号	5EGPS-131	21m	23/05/24
型号	ZR-KVVP2/22-450/750	4*2.5	
起点	(2J) 220kV保护小室GPS主时钟屏		
终点	(37J) 220kVXX线路RCS-931微机保护屏		

图 5-2-11　二次控制电缆标识牌样式

（3）标识牌上应注明电缆编号、电缆型号、规格及起点、终点。如图 5-2-11 所示，标识牌应使用专用的打印机进行打印，字迹应清晰不易脱落，挂装应牢固，并与电缆一一对应。

（4）电缆牌的固定可以采取前后交叠或并排，上下高低错位等方式进行挂设，但要求高低一致，间距一致，保证电缆牌挂设整齐、牢固，如图 5-2-12 所示。

（5）电缆牌的绑扎可以采用扎带、尼龙线、细 PV 铜芯线等材料。

图 5-2-12　电缆牌挂设前后交叠或并排，上下高低错位

（五）废弃物的处理

对于二次电缆敷设工作结束后，对于遗留在现场的废弃物，例如拆除的电缆包装膜、包装袋、放光电缆后遗留的电缆盘，以及放电缆过程中废弃的电线、电缆及绝缘材料等，应采取相应的处理措施，避免给环境造成污染和安全隐患。

（六）电缆敷设的安全控制

电缆敷设时，施工人员应注意采取以下安全控制措施：

（1）参加电缆敷设的施工人员，应听从现场指挥的调度指挥，各就各位，作业期间不能擅自离开岗位。

（2）敷设人员戴好安全帽、手套，严禁穿塑料底鞋，必须听从统一口令，用力均匀协调。

（3）在高处电缆桥架上或电缆竖井内作业时，应穿防滑鞋，设置专人并系好安全带，在有坠落危险的地点要装设围栏，避免高空坠落。

（4）电缆敷设时，拐角处作业人员应站在电缆外侧，并站稳用力，避免电缆突然带紧将作业人员绊倒。

（5）电缆通过孔洞时，出口侧的人员不得在正面接引，避免电缆伤及面部。

（6）操作电缆盘人员要时刻注意电缆盘有无倾斜现象，特别是电缆盘上剩卜几圈时，应防止电缆突然蹦出伤人。

（7）临时打开的沟盖、孔洞应设立警示牌、围栏，每天完工后应立即封闭，防止人员坠落伤害。

（8）采用电动机械设备配合作业时，电动机械设备的供电应可靠，电源应加装漏电保护装置，并应有良好的接地，安排熟悉设备的人员专人操作，附近其他人员应与电动机械设备保持足够的安全距离。

四、二次电缆接线

二次控制电缆接线流程如图 5-2-13 所示。

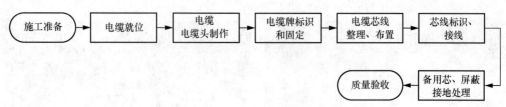

图 5-2-13 二次控制电缆接线流程

（一）施工准备

（1）技术准备：接线人员应熟悉二次接线图和原理图，核对接线图的准确性；熟悉二次接线的有关规范；根据电缆清册统计各类二次设备的电缆根数，根据电缆的根数电缆型号、设备接线空间的大小等因素进行二次接线工艺的策划。

（2）材料准备：各型号的扎带、线号管、电缆牌等二次接线的消耗性材料的准备。

（3）人员组织：技术负责人，安全、质量负责人，二次接线人员。

（4）机具准备：线号印字机、电缆牌打印机、计算机及二次接线用工具。

（二）二次电缆就位

施工人员需按照二次接线图纸及二次工艺策划要求将电缆分层，设计好电缆分层排布的顺序后，将电缆逐根穿入二次设备。

电缆分层布置的规则（非强制）：

（1）电缆布置的宽度（即一层电缆的根数）应适合芯线固定及与端子排的连接。

（2）直径相近的电缆应尽可能布置在同一层。

（3）在考虑电缆的穿入顺序、位置的时候，要尽可能使电缆在支架（层架）的引入部位、设备的引入口尽量避免出现交叉和麻花状现象，同时应避免电缆芯线左右交叉的现象发生。

（4）布置时宜按接线位置由高到低的顺序，由外向内布置电缆。

（三）二次电缆头制作

电缆接线工具：各型号"一"字形螺钉旋具、各型号"十"字形螺钉旋具、斜口钳、断线钳、剥线钳、壁纸刀、电工刀或电缆用剥皮工具、热风枪、手动式油压钳、各色相电工胶布、各型号尼龙扎带、手套、校线器、头灯、手电筒、线盘、配电箱、照明灯、扶梯、活扳手。

二次电缆头制作过程及规范如下。

1. 电缆外护套剥除

首先使用断线钳将电缆剪至所需要的长度，使用电工刀或壁纸刀沿二次电缆头预计的高度处，在电缆外护套上先环切出一道切口。然后沿电缆方向按直线用刀一直划开外皮至电缆的断口处，然后用手在断口处分别抓住外护套和剩铠装层的电缆，用力分开至原先环切的切口处，完成剥除外护套，如图 5-2-14 所示。

划切外护套的过程中需注意用力适当，如果用力过轻容易造成刀口过浅无法剥除外皮，或刀口脱出对人身造成伤害；用力过重则由于刀口与铠装层的过度摩擦造成刀口磨损过快及划切吃力。

2. 铠装层的剥除

（1）外护套被剥除完毕后，在外护套切口的高度作为铠装层的剥除点，使用较为锋利的斜口钳刃口插入铠装钢带与内护套之间，沿钢带包绕的反方向夹紧钢带旋转撕开钢带，撕开后继续旋转斜口钳直至钢带彻底断开；同理，对于使用双钢带的电缆，内外层钢带均可使用相同方法剥除，如图 5-2-15 所示。

（2）在使用斜口钳切断钢带时应注意斜口钳与电缆保持合适的角度旋转，这样钢带撕开的方向就会朝向电缆外护套内部，钢带的断口就被隐藏于外护套内不会因过分外露割伤施工人员。

（3）钢带切断后施工人员应用手旋转并向外拉出被切断的钢带，旋转时注意手部不要握住钢带的断口处，防止割伤自己。一手抓住钢带断口附近，一手抓电缆尾段方向的钢带同时沿钢带包绕方向反向旋转钢带。待钢带包绕变松后拉出钢带。

图 5-2-14　剥除外护套

图 5-2-15　剥除铠装层

3. 内护套的剥除

剥除内护套的方法与剥除外护套的方法基本一致，如图 5-2-16 所示，需要注意的是内护层需要保留大约 10mm 长度，方便以后制作电缆头。另外，由于内护套的里面是屏蔽层，主要是薄铜带或编制铜网，所以划切外护套的过程中需注意用力比划切外护套时要轻，需防止用力过重直接划断屏蔽层，甚至划开内部线芯的绝缘。

4. 屏蔽层的剥除

（1）屏蔽层剥除时需较内护套剥除位置再预留 30mm 左右，作为焊接或铰接屏蔽层接地线的位置，如图 5-2-17 所示。

（2）屏蔽层为薄铜带，剥除时可使用与剥除钢带的类似方法，使用刀具切开或撬开铜带的切口后，同样旋转拉出铜带，注意使用刀具的力度要控制好，防止甚至划开内部线芯的绝缘。

（3）屏蔽层为编织铜网，剥除时可先将铜网向内护套切口处撸松，并在预留好的高度处用剪刀环切方式剪断铜网。

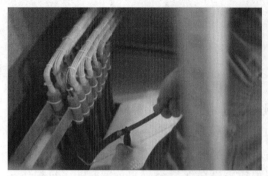

图 5-2-16　剥除内护套

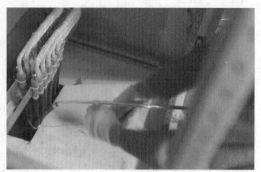

图 5-2-17　剥除屏蔽层

5.　屏蔽接地的安装

（1）剥除完屏蔽层后，需要将预先准备好的 4mm^2 的黄绿色接地线焊接或铰接在预留的屏蔽层铜带或铜网上，如图 5-2-18 所示。

图 5-2-18　焊接屏蔽接地

（2）需要注意的是，焊接的接地线接触面积大，接触电阻小，但需控制温度，防止对内部芯线造成损伤，这对施工人员的技术要求较高，在没有相关技术人员的情况下，屏蔽层接地线建议使用铰接方式，铰接时应接地线与屏蔽层接触应紧密，铰接牢固，铰接处应尽量压平，使后期缠绕绝缘带及热缩电缆头时不会有明显的凸起。

（3）预先准备好的 4mm^2 的黄绿色线长度应合适，确保能在电缆固定在屏柜内后有足够的长度接至接地铜排。

6.　缠绕填充带

屏蔽层接地线安装完后，需要使用聚氯乙烯（PVC）相色带作为电缆头的填充物，如图 5-2-19 所示，相色带使用缠绕方式包裹电缆头处，长度大约为 50mm，缠绕的厚度稍微超过电缆的外护套。

缠绕相色带时注意抽紧相色带，保证电缆头填充紧密，避免出现空隙，减少芯线受力及减少外部环境对电缆头的影响。

7.　热缩电缆头

电缆头绕包完相色带后，用预先准备好的与电缆外径相匹配的热缩管，热缩管上沿超出相色带约 2mm。套好后使用热风枪热缩管加热，如图 5-2-20 所示，热缩完毕后电缆头制作流程即结束。

图 5-2-19　缠绕相色带

图 5-2-20　电缆头热缩

8. 二次电缆头及屏蔽接地制作规范

（1）单层布置的电缆头的制作高度要求一致；分层布置的电缆头高度可以一致，或者从里往外逐层降低，降低的高度要求统一。同时尽可能使某一区域或每类设备的电缆头的制作高度统一、制作样式统一。

（2）电缆头制作时缠绕的聚氯乙烯带要求颜色统一，缠绕密实，牢固；热缩管电缆头应采用统一长度热缩管加热收缩而成，电缆的直径应在所需热缩管的热缩范围之内。

（3）电缆的屏蔽层接地方式应满足设计和规范要求，端子箱侧采用 4mm^2 黄绿相间多股软铜线一端接地，经金属保护管至设备侧不需接地，在剥除电缆外层护套时，屏蔽层应留一定的长度（或屏蔽线），以便与屏蔽接地线进行连接。屏蔽接地线与屏蔽层的连接采用焊接或铰接的方式（推荐铰接方式，焊接方式要控制温度，防止损伤内部芯线绝缘），但都应确保连接可靠。

（4）铠装电缆的钢带应在电缆进入端子箱（汇控柜）后进行剥除并接地。钢带接地应采用单独的接地线引出，其引出位置宜在电缆头下部的某一统一高度，不宜和电缆的屏蔽层在同一位置引出，如图 5-2-21 所示。

（5）户外电缆一般均为铠装电缆，铠装电缆的钢带应一点接地，接地点可选在端子箱或汇控柜专用接地铜牌上，如图 5-2-22 所示。

图 5-2-21　钢带接地单独引出

图 5-2-22　钢带一点接地

（6）在钢带接地处，剥除一定长度的电缆外层护套（2～5cm），将屏蔽接地线与钢带用焊接或铰接的方式连接，同时采用聚乙烯带进行缠绕，确保连接可靠。用热缩管烘缩钢带露出部位。

（7）电缆头屏蔽线、钢带屏蔽线应从电缆的统一方向引出。

（四）电缆牌标识和固定

制作完电缆头后应挂设标识牌，挂设标识牌的要求与电缆敷设时一致。

二次电缆的固定要求如下：

（1）制作完电缆头后应将电缆分别绑扎固定在屏柜支架上，绑扎应牢固，在接线后不应使端子排受机械应力。在引入二次设备的过程中应进行相应的绑扎，在进入二次设备时应在最底部的支架上进行绑扎，然后根据电缆头的制作高度决定是否进行再次绑扎。

（2）电缆头的绑扎宜采用细PV铜芯线，也可以使用扎带。电缆芯线的绑扎使用扎带，绑扎的高度一致、方向一致。

（五）电缆芯线整理、布置

（1）在电缆头制作结束后，接线前必须进行芯线的整理工作。

（2）将每根电缆的芯线单独分开，使用工具将每根芯线拉直，如图5-2-23所示。为了防止电缆头部填充的PVC相色带在芯线拉直时被带出，也可以考虑在电缆屏蔽层被剥除后，将芯线直接拉直。

图5-2-23　电缆芯线拉直

（3）从电缆头上部开始，按照一定的间距将每根电缆的芯线单独绑扎成一束。在接线位置的同一高度从芯线束中将芯线向端子排侧折90°弯分出线束引至接线位置。

（4）电缆芯线的扎带绑扎间距一致，且间距要求适中（15～20cm）。固定的扎带应视为电缆芯线的绑扎带。

（5）每根电缆的芯线宜单独成束绑扎，以便于查找。

（6）电缆的芯线可以与电缆保持上下垂直进行固定，也可以以某根电缆为基准，其余电缆在电缆芯线根部进行两次折弯后紧靠前一根电缆，以节省接线空间。经绑扎后的线束及分线束应做到横平竖直、走向合理、整齐美观，如图5-2-24所示。

图5-2-24　绑扎后的线束横平竖直

（六）芯线的标识和接线

1. 芯线的标识

（1）电缆芯线整理、布置完毕后，应逐根核对电缆芯线的正确性，每核对完一根应将其电缆两端的芯线端部套上线号管。线号管应在电缆接线前根据设计图纸预先打完，分别由待核对电缆两端的接线人员收存。

（2）芯线的标识要求如下：

1）线号管的大小与所套芯线的直径相匹配，长度上应一致。

2）线号管上的内容应包括但不限于电缆编号、本侧端子号、芯线回路编号；内部配线端部应至少标明芯线回路编号、所在端子位置和对端端子位置。

3）线号管内容应正确，字迹清晰且不易脱色，不得采用手写。

4）套线号管时应注意不同回路的芯线应套不同颜色的线号管，例如，交流回路使用黄色线号管，直流回路使用白色线号管。

5）芯线的标识如图 5-2-25 所示。

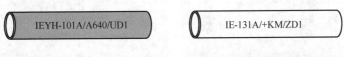

(a) 交流回路线号管　　　　　　(b) 直流回路线号管

图 5-2-25　电缆芯线线号管标识

2. 电缆芯线的接线

（1）套完线号管后，施工人员可以开始接电缆芯线，接线的依据是设计图纸，接线人员应在接线时认真核对图纸，防止漏接芯线或芯线接错位置。

（2）接线时将电缆芯线对准需接入的端子排，折成指向端子排的直角，向外折成"S"形状，使用剥线钳剥除芯线的绝缘后，将裸露的线芯接入端子排。

（3）电缆芯线接线有以下要求：

1）屏柜内电缆芯线，应垂直或水平有规律地配置，不得任意歪斜、交叉连接，如图 5-2-26 所示。

图 5-2-26　电缆芯线无歪斜交叉

2）电缆的芯线接入端子排应按照自下而上的原则，当芯线引至接入端子的对应位置时，将芯线向端子排折弯90°，以保证芯线的水平。

3）在靠近端子排附近向外折成"S"弯，在端子排接入位置剪断芯线、接入端子，"S"弯要求弧度自然、大小一致，如图5-2-27所示。

图 5-2-27 "S"弯要求弧度自然、大小一致

4）用剥线钳剥除芯线护套，长度和接入端子排所需要的长度一致，不宜过长，剥线钳的规格要和芯线截面一致，不得损伤芯线。

5）对于螺栓式端子，需要将剥除护套的芯线弯卷，弯圈的方向为顺时针，弯圈的大小和螺栓的大小相符，不宜过大，否则会导致螺栓的平垫不能压住弯圈的芯线。

6）对于插入式接线端子，可直接将剥除护套的芯线插入端子，并紧固螺栓。

7）对于多股芯的芯线，应采用管型接线端子进行压接方可接入端子，采用的管型接线端子应与芯线的规格、端子的接线方式及端子螺栓规格一致。不得剪除芯线的铜芯，接线孔不得比螺栓规格大。多股芯剥除外层护套时，其长度要和管型接线端子相符，不宜将线芯线露出。

8）每个接线端子不得超过两根接线，不同截面芯线不容许接在同一个接线端子上。

（七）备用芯及电缆屏蔽处理

1. 备用芯处理

（1）按照图纸接完全部芯线后，需要对电缆备用芯线进行统一处理，每根备用芯需剪齐后套入备用芯线的线号管。然后包上绝缘胶布或套上专门的备用芯帽，遮挡备用芯的导体部分，如图 5-2-28 所示。

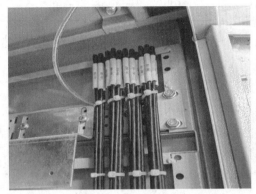

图 5-2-28　备用芯的处理

（2）备用芯线号管颜色与本电缆其他芯线线号管一致。线号管上的内容包括电缆编号、芯线号，如图 5-2-29 所示。

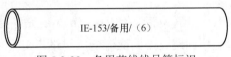

IE-153/备用/（6）

图 5-2-29　备用芯线线号管标识

（3）电缆的备用芯应留有适当的余量，可以剪成统一长度，每根电缆单独垂直布置，备用芯必须可以接到本柜本侧最高的端子位置布置，可以单层或多层布置。

2. 电缆屏蔽接地的制作

（1）电缆的屏蔽接地线需接入屏柜、端子箱、汇控柜下部的二次等电位地网 100mm^2 的接地铜排上，如图 5-2-30 所示。

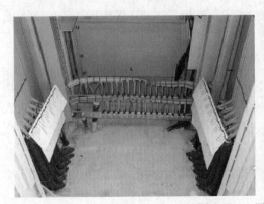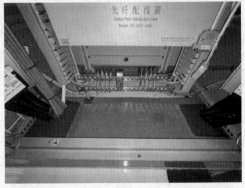

图 5-2-30　屏蔽接地制作

（2）电缆屏蔽接地有以下要求：

1）电缆的屏蔽线宜在电缆背面成束引出，编织在一起引至接地排。引至接地排时应排列自然美观。

2）单束的电缆屏蔽线根数不宜过多，按照一颗螺栓接两个接管型接线端子，一个圆（OT）形接线端子接两根接地线。圆（OT）形接线端子应选用带绝缘套的或使用绝缘热缩管对其根部进行热缩。

（八）验收、现场整理

电缆屏蔽接地结束后，电缆的接线工作即结束，验收人员或施工人员需依据设计图纸对接入的二次线进行核对，做到图实相符，为后期提供竣工图纸提供依据。

同时，对于二次电缆安装工作结束后，遗留在现场的废弃物，例如剪下的绝缘导线及制作电缆头过程中废弃的电缆外皮、钢带、屏蔽层铜带、绝缘材料等，应采取相应的处理措施，避免给环境造成污染和安全隐患，为后期二次设备调试工作提供一个整洁的环境。

（九）二次电缆接线要求

（1）继电保护和控制回路的二次电缆应采用阻燃铠装屏蔽铜芯电缆，二次电缆端头应可靠封装。

（2）所有电缆及芯线应无机械损伤，绝缘层及铠装应完好无破损。

（3）交流电流和交流电压回路、不同交流电压回路、交流和直流回路、强电和弱电回路、来自电压互感器二次的四根引入线和电压互感器开口三角绕组的两根引入线均应使用各自独立的电缆。

（4）保护装置的跳闸回路和启动失灵回路均应使用各自独立的电缆。

（5）双重化配置保护的电流回路、电压回路、直流电源回路、双跳闸线圈的控制回路等，不应合用一根多芯电缆，电流互感器、电压互感器至端子箱电缆除外。

（6）同一回路应在同一根电缆内走线，应避免同一回路通过两根电缆构成环路，每组电流线或电压线与其中性线应置于同一电缆内。

（7）二次电缆芯线截面积不大于 $4mm^2$ 时应留有备用芯，备用芯比例不低于 20%或不少于 2 芯。

（8）电缆固定应牢靠并固定良好，防止脱落及拉坏接线端子排。

（9）接线端子应与导线截面匹配，应符合 GB/T 14048.7—2016《低压开关设备和控制设备　第 7-1 部分：辅助器件　铜导体的接线端子排》、GB 50171—2012《电气装置安装工程　盘、柜及二次回路接线施工及验收规范》、DL/T 579—1995《开关设备用接线座订货技术条件》的相关规定。

（10）屏（柜）内接线应工艺美观，线芯排列整齐，留有裕度，不宜在保护屏端子排内侧接入二次电缆芯线。

（11）交流电压回路应采用从电压并列屏敷设电缆至保护屏的方式。

（12）屏柜、箱体内导线的布置与接线应符合下列要求：

1）导线芯线应无损伤，配线应整齐、清晰。

2）应安装于固定线束的支架或线夹，捆扎线束不应损伤导线的外绝缘。

3）导线束不宜直接紧贴金属结构件敷设，穿越金属构件时应有保护导线绝缘不受损伤的措施。

4）可动部位的导线应采用多股软导线，并留有一定长度裕量，线束应有外套塑料管等加强绝缘层，避免导线产生任何机械损伤，同时还应有固定线束的措施。

5）连接导线的中间不应有接头。

6）使用多股导线时，应采用冷压接端头，冷压连接应牢靠、接触良好。

7）导线接入接线端子应牢固可靠，不外露导电部分，每个端子接入的导线应在两侧均匀分布。

8）每根电缆应分别成束，分开排列。

9）大电流的电源线不应与低频的信号线捆扎在一起。

10）打印机的电源线不应与保护装置信号线布置在同一电缆束中。

11）高频的信号输入线不应与输出线捆扎在一起，也不应与其他导线捆扎在一起。

12）电缆备用芯应满足端子排最远端子接线要求，备用芯束末端有电缆号，备用芯戴专用帽（线芯不裸露）。

13）端子排金属连片宜选用具有绝缘措施的预制短接片，条件不具备时应对金属连片进行裁剪后方可使用。

14）端子排满足要求时，可在相邻的两个金属连片之间设置绝缘防护隔板。

15）双层端子排，单根接线应接入第二层，外层端子备用。

16）与一次设备配合的交流回路、控制回路，在一次设备区宜只经过一次端子排，不宜多次转接。

（13）组合电气（GIS）厂家配套二次回路电缆应满足下列要求：

1）控制电缆或绝缘导线的芯线截面积不应小于 $1.5mm^2$；对于弱电回路，芯线截面积不应小于 $0.5mm^2$。

2）电流回路的电缆芯线，其截面积不应小于 $2.5mm^2$，宜采用 $4mm^2$ 电缆，并满足电流互感器对负载的要求。

3）屏柜及箱体间控制电缆应采用阻燃、铠装、屏蔽铜芯电缆，电缆终端头应可靠封装。

4）控制电缆应选用多芯电缆，尽量减少电缆根数。芯线截面积不大于 $4mm^2$ 或 7 根芯以上的电缆应留有备用芯。

5）严禁交直流回路共用一根电缆。

6）严禁强弱电回路共用一根电缆。

7）严禁电动机动力电源、电动机控制回路与保护及自动化配套的二次回路共用一根电缆。

8）严禁源头上来自不同蓄电池组的二次回路共用一根电缆。

9）电缆选择及敷设的设计应符合 GB 50217—2018《电力工程电缆设计标准》和 Q/GDW 11154—2014《智能变电站预制电缆技术规范》的要求。

第六章　变电站通信线缆安装

第一节　所需工器具、仪表简介

变电站通信线缆安装所需工器具、仪表简介如表 6-1-1 所示。

表 6-1-1　　　　　　　　　变电站通信线缆安装所需工器具、仪表简介

设备名称	简介	图例
网线钳	网线钳是用来压接网络线或电话线的工具，常用网线钳有 8P 单用压线钳、8P/6P 双用压线钳、8P/6P/4P 三用压线钳，能分别压接 RJ45 网络线接头、RJ12 语音通信接头、RJ11 电话线接头等，能方便对网络线进行切断、压线、剥线等操作	
多功能剥线刀	多功能剥线刀是专门用来剥除各类通信电缆外皮的专用工具，可剥双绞线（RJ45 圆线&扁线）、同轴电缆（RG59/6/11/7）、RJ11 电话线的外皮，内含多个刀片，多种功能合一，方便使用	
同轴电缆压线钳	同轴电缆压线钳用于制作铜轴电缆接头；一钳多用，能制作 F/BNC/RCA 接头，可调节的压制距离方便工程师压不同长度的连接头。齿轮省力装置减少压接接头时耗费的力量	
网线测线仪	网线测线仪是一种能检测通信双绞线电缆链路通断的测试工具。现在的测线仪一般都有网络和电话两个连接口；测线仪一般分为信号发射端和接收端两部分，测线仪的使用方法是将压接好水晶头的双绞线插到对应的接口，观察测线仪上对应的线序灯闪灭结果。如果一一对应的灯闪亮，说明被测通信链路能通；如果对应的灯不亮，说明存在断点，标志测试结果没过	
光纤熔接机	光纤熔接机是结合了光学、电子技术和精密机械的高科技仪器设备。主要用于光通信中光缆的施工和维护，所以又叫光缆熔接机。一般工作原理是利用高压电弧将两光纤断面熔化的同时用高精度运动机构平缓推进让两根光纤融合成一根，熔接后的光纤具备低损耗、高机械强度的特性，从而得以实现光纤模场的耦合，实现信号有效传输	

续表

设备名称	简介	图例
光时域反射仪（OTDR）	光时域反射仪（OTDR）根据光的后向散射与菲涅耳反向原理制作，利用光在光纤中传播时产生的后向散射光来获取衰减的信息，可用于测量单模或多模光纤衰减、接头损耗、光纤故障点定位以及了解光纤沿长度的损耗分布情况等，是光缆施工、维护及监测中必不可少的工具	
稳定光源	稳定光源是指输出的光功率、波长及光谱宽度等特性都稳定不变的光源。稳定光源是对光系统发射已知功率和波长的光，其与光功率计结合在一起，可以测量光纤系统的光损耗。稳定光源的波长应与光纤系统端机的波长尽可能一致。在光纤系统安装完毕后，经常需要测量端到端损耗，以便确定连接损耗是否满足设计要求	
光功率计	光纤系统中，光功率计是最基本的常用表计，类似于万用表在电子学中的功能，是用来测量光功率大小的仪器，它既可用于光功率的直接测量，也可用于光衰减量的相对测量。通过测量发射端或光网络的绝对功率，就能够评价光端设备的性能。光功率计与稳定光源组合使用，则能够测量连接损耗、检验连续性，并帮助评估光纤链路传输质量	
光衰耗计	光衰减计是用于对光功率进行衰减的仪器，它通过用户的控制将接入的光信号能量进行线性的衰减，调节测试系统所传输的光信号的功率，用以检测光接收机的灵敏度和动态范围	
光纤切割器	光纤切割刀用于切割石英玻璃光纤，切好的光纤末端经数百倍放大后观察仍是平整的，才可以用于器件封装、冷接和放电熔接	
剥纤钳	剥纤钳也叫米勒钳，是在光纤熔接中剥离光纤涂覆层的时候应使用专业的工具，它可以剥离尾纤外的塑料外层，同时也可以剥离光纤的涂覆层，是光纤熔接过程中必不可少的工具之一	
红光笔	红光笔又叫做通光笔、笔式红光源、可见光检测笔、光纤故障检测器、光纤故障定位仪等，多用于检测光纤断点，通过恒流源驱动发射出稳定的红光，通过光接口连接进入光纤，从而实现光纤故障检测功能	

第二节　双 绞 线 线 缆

一、基础知识

（一）双绞线定义

双绞线（twisted pair）是一种综合布线工程中最常用的线材，用于传输数据、话音等通信业务，被广泛应用于以太网、宽带等接入工程中。

双绞线是一对相互绝缘的导线，按照一定的规律（一般顺时针方向）互相缠绕绞合在一起，作用是使外部干扰在两根导线上产生的噪声相同。双绞线特别适合差分信号❶传输场合，与平行线相比，可以更有效地抑制干扰。

标准双绞线电缆中的双绞线对之间也要按逆时针方向进行扭绕。否则将会引起电缆电阻的不匹配，限制了传输距离。

实际工程应用中，通常将一对或多对双绞线一起包在一个绝缘电缆套管里形成的双绞线电缆，直接称为"双绞线"。

（二）双绞线的抗干扰原理

1. 干扰的耦合机制

要了解双绞线的抗干扰的原理，需要先了解干扰（噪声❷）是如何影响到有用信号的。干扰一般通过耦合的方式对信号进行影响，常见的机制有 4 种，分别是传导耦合、电容耦合、电感（感应）耦合以及辐射耦合。

（1）传导耦合：传导耦合是指干扰源与受干扰电路具有电气连接，如共地等，干扰源在公共部分形成电流并产生干扰电压，从而对受干扰电路的信号造成影响。如图 6-2-1 所示，E_1 是信号源，Z_1 是信号源内阻，Z_2 是公共部分阻抗，Z_f 是负载阻抗，E_2 为干扰源，V_f 为负载侧的信号电压。干扰源 E_2 产生的电流流过公共部分阻抗 Z_2，在 Z_2 上产生压降，导致 V_1 电压变化，从而影响负载侧的信号。

（2）电容耦合：电容耦合是指两个邻近导体存在耦合电容时，干扰电流通过导体间的耦合电容流入受干扰电路。由于耦合电容很小，其阻抗很大，故干扰源对于受干扰电路可看作一个恒定电流源。如图 6-2-2 所示，图中 E_1 是信号源，Z_1 是信号源内阻，C_m 是耦合电容，Z_f 是负载阻抗，E_2 为干扰源，V_f 为负载侧的信号电压。干扰源 E_2 产生的电流通过 C_m 流入 Z_f，对负载侧的信号 V_f 造成影响。

---

❶ 差分信号（differential signal）：差分传输是一种信号传输的技术，区别于传统的一根信号线一根地线的做法，差分传输在这两根线上都传输信号，这两个信号的振幅相同，相位相反。在这两根线上的传输的信号就是差分信号。信号接收端比较这两个电压的差值来判断发送端发送的逻辑状态。

❷ 噪声（noise）：在任何通信系统中，在传输信号期间或在接收信号的同时，一些不需要的信号被引入到通信中，使接收机接收到的正常信号的质量下降。这种干扰称为噪声。

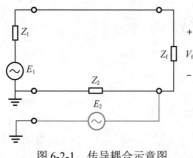

图 6-2-1　传导耦合示意图

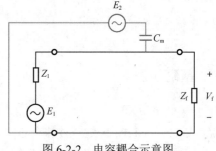

图 6-2-2　电容耦合示意图

（3）电感（感应）耦合：当两个平行导体之间存在变化的磁场时，干扰源电流流过导体产生磁通，磁通在受干扰电路导体中形成感应电动势，从而影响受干扰信号。在这种情况下，噪声可以看作一个恒定电压源。如图 6-2-3 所示，E_1 是信号源，Z_1 是信号源内阻，L_m 是互感，Z_1 是负载阻抗，E_2 为干扰源，V_f 为负载电压。干扰源 E_2 电流流过互感 L_m，在受干扰电路形成电压，对负载侧的信号 V_f 造成影响。

（4）辐射耦合：辐射耦合出现在干扰源与受干扰器件距离较远的情况，干扰源及受干扰器件均可视作无线天线，干扰源发送出干扰电磁波，被受干扰器件接收，从而影响负载侧的信号。

2. 差分信号传输的原理

差分信号传输是一种信号传输的技术，普遍应用于高速数据传输网络中，它是一种使用两个互补电信号进行信息传递的方法。在差分信号回路中，在发送端（sender）不同的逻辑状态通过两根信号线进行传输，两根信号线中的信号幅度相等，方向相反，接收端（receiver）只对两根信号线的信号差值进行识别，如图 6-2-4 所示。

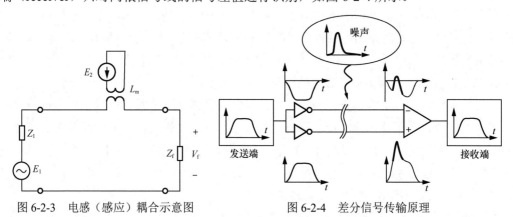

图 6-2-3　电感（感应）耦合示意图　　　图 6-2-4　差分信号传输原理

当外部的噪声（noise）作用于这两根信号传输线时，两根线会同时受影响，其传输的电平也会发生同样的畸变，但由于接收端对比的是两者之间的差值，其输出电压并不会受影响。

差分信号传输时抗干扰的关键就是使外部干扰在两根导线上产生的噪声大致相同。

3. 双绞线的抗干扰原理

（1）消除电容耦合。对于平行对线，每根单线对干扰源或地的耦合电容值由于距离的原因各自不同，如图 6-2-5 所示。

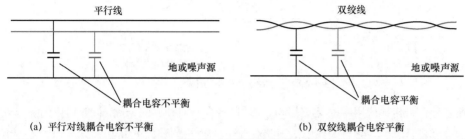

（a）平行对线耦合电容不平衡　　　　　　　（b）双绞线耦合电容平衡

图 6-2-5　电线对干扰源或地的耦合电容分布

相较于平行对线，双绞线紧密缠绕在一起，每根单线与干扰源或地的距离交替变化，总体上两根线与噪声源或地之间的耦合电容基本相等、阻抗基本一致。噪声源流入到两根信号线的干扰电流基本相同，接收端接收的两根信号线的差值不变，耦合电容的电流转化为共模干扰。

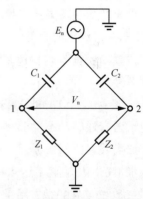

如图 6-2-6 所示，由于双绞线干扰源或地的耦合电容基本相等，所以 $C_1=C_2$，$Z_1=Z_2$，干扰源 E_n 流入 C_1、C_2 的电流相等，即 1、2 两个根线产生的电压相等，$V_n=0$。由于差分信号传输方式本身具有良好的共模干扰抑制能力，因此可以消除电容耦合的影响。

图 6-2-6　双绞线电容耦合等效电路

（2）消除电感（感应）耦合。如图 6-2-7 所示，平行线受到外界磁场干扰时，两根信号线会形成一个环路，感应电流无法抵消，会产生较大的感应电压，影响信号传输。

双绞线的结构是以固定的间距扭转传输线的两个导体，使得由磁场引起的电动势方向在每个相邻的"小环路"处反转，因此可以顺序地抵消。从电路上看，每个相邻"小环路"处的互感对噪声源来说是一正一负的，感应电流相互抵消，不会产生感应电压。导线整体互感变为零。

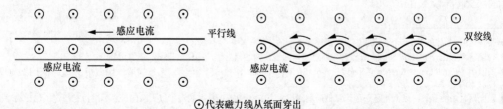

⊙代表磁力线从纸面穿出

图 6-2-7　消除外部电感（感应）原理

（3）减少对外干扰。用于差分信号传输时，双绞线两根线的电流大小相等，方向相反。如图 6-2-8 所示，理想状态下，双绞线两线组成的每两个相邻的"小环路"所形成的磁场方向相反，大小相等，可以相互抵消，故双绞线对外的电磁干扰比平行线要小。

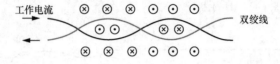

⊙代表磁力线从纸面穿出
⊗代表磁力线从纸面穿入

图 6-2-8 双绞线对外部的电磁干扰原理

在差分信号传输应用中，双绞线不仅可以降低自身对外界的干扰，同时可以消除与外界干扰源的电容耦合和感应耦合的作用，因此双绞线在差分信号传输的应用中得到了广泛使用。

由于双绞线的结构并不能消除传导耦合以及辐射耦合的干扰，在一些干扰严重的场合，仍需要配合隔离技术和屏蔽技术以提高系统的抗干扰性能。

（三）双绞线的种类

按频率带宽❶、传输速率❷、信噪比❸可以将双绞线缆分为一类（Cat.1）至七类线（Cat.7）多种型号。

一类线（Cat.1）是 ANSI/EIA/TIA-568A 标准中最原始的非屏蔽双绞线电缆，主要用于电话语音通信，不用于网络数据通信传输。

二类线（Cat.2）是第一个可用于计算机网络数据传输的非屏蔽双绞线电缆，传输频率为 1MHz，传输速率达 4Mbit/s，主要用于旧的令牌网。

三类线（Cat.3）是专用于 10Base-T 以太网❹的非屏蔽双绞线电缆，传输频率为 16MHz，传输速率达 10Mbit/s。

四类线（Cat.4）是主要用于基于令牌的局域网和 10base-T/100base-T 以太网中的非屏蔽双绞线电缆，传输频率为 20MHz，传输速率达 16Mbit/s。

五类线（Cat.5）是目前最常用于连接快速以太网的双绞线电缆，使用 4 组绞合铜导线，每组导线包含 2 股，传输频率为 100MHz，传输速率达 100Mbit/s。

超五类线（Cat.5e）是对五类屏蔽双绞线的部分性能加以改善后出现的双绞线电缆，传输频率、速率也与五类线相同，但在近端串扰❺、串扰总和、衰减❻和信噪比 4 个主要指标上都有较大的改进。

---

❶ 带宽（band width）：一个通信通道上下限频率之间的差值，单位为赫兹（Hz）。

❷ 传输速率（transmission rate）：每秒钟内通过通信通道传输的信息量，简称波特率，单位是 bit/s。

❸ 信噪比（signal to interference plus noise ratio，SINR）：接收到的有用信号的强度与接收到的干扰信号（噪声和干扰）的强度的比值。

❹ 以太网（Ethernet）：以太网是一种计算机局域网技术。IEEE 802.3 标准制定了以太网的技术标准，它规定了包括物理层的连线、电子信号和介质访问层协议的内容。以太网是应用最普遍的局域网技术。

❺ 近端串扰（near end cross talk）：近端串扰也叫近端串音，是指在双绞线内部中一对线中的一条线与另一条线之间的因信号耦合效应而产生的串音。

❻ 衰减（attenuation）：信号在传输介质中传播时，将会有一部分能量转化为热能或者被传输介质吸收，从而造成信号强度的不断减弱，这种现象称为衰减。

六类线（Cat.6）是主要应用于百兆位快速以太网和千兆位以太网一种双绞线电缆。传输频率可达 250MHz，是超五类线带宽的 2 倍，传输速率可达到 1000Mbit/s，能满足千兆位以太网需求。

七类线（Cat.7）是 ISO 7 类/F 级标准中最新的一种双绞线电缆，它主要为了适应万兆位以太网技术的应用和发展。它的传输频率至少可达 500MHz，传输速率可达 10Gbit/s。

双绞线还可以按是否外加金属网丝套的屏蔽层而区分为屏蔽双绞线（STP）和非屏蔽双绞线（UTP）；非屏蔽双绞线分为一、二、三、四、五、超五、六类，屏蔽双绞线分为三、五、六、七类。

以太网在使用双绞线作为传输介质时只需要 2 对（4 芯）线就可以完成信号的发送和接收。在使用双绞线作为传输介质的快速以太网中存在着三种标准：100Base-TX、100Base-T2 和 100Base-T4。其中，100Base-T4 标准要求使用全部的 4 对线进行信号传输，另外两个标准只要求 2 对线。而在快速以太网中最普及的是 100Base-TX 标准。美国线缆标准（AWG）中对三类、四类、五类和超五类双绞线都定义为 4 对，在千兆位以太网中更是要求使用全部的 4 对（8 芯）线进行通信。所以，标准以太网线缆中应该是 4 对双绞线组成的。

电力系统中使用的网络布线基本采用五类线、超五类、六类双绞线缆，所以工程中通常将这几类双绞线缆统称为网络线。

（四）网络线的结构

常用的网络线（五类或六类双绞线缆）其结构如图 6-2-9 所示，由采用 PVC 材料的外护层、包裹双绞芯线的金属薄膜或金属网、抗拉线、十字骨架、4 对分别绞合在一起的双绞线线芯构成。

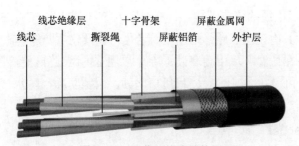

图 6-2-9 屏蔽双绞线结构图

1. 线芯

线芯是通信数据传输的通道，其线径越粗、铜质越优秀，传输速率越快，传输也越稳定，线径标注一般沿用的是美国标准，即 AWG（美国导线规格）标注，其中，常用的五类及超五类美规标注为 24AWG，换算为国标为直径 0.511mm，折算为平方数约为

$0.2mm^2$；六类及超六类美规标注为 23AWG，换算为国标为直径 0.574mm，折算为平方数约为 $0.26mm^2$。

2. 线芯绝缘层

除提供对线芯的绝缘保护外，4 对双绞线绝缘层分别涂有不同的颜色，分别为橙、橙白、蓝、蓝白、绿、绿白、棕、棕白，用于区别线芯属于哪对双绞线，方便制作网线头时按标准排列顺序。

3. 撕拉绳

撕拉绳也叫抗拉线，它的作用是增强双绞线外护层的抗拉能力，保护内部的双绞线。

4. 十字骨架

与五类或超五类双绞线不同的是，六类线增加了绝缘的十字骨架，将双绞线的 4 对线分别置于十字骨架的 4 个凹槽内，电缆中央的十字骨架随长度的变化而旋转角度，将 4 对双绞线卡在骨架的凹槽内，保持 4 对双绞线的相对位置，保证在安装过程中电缆的平衡结构不遭到破坏，同时提高电缆的平衡特性和抗串扰能力。

5. 屏蔽铝箔

每对双绞线都被铝箔屏蔽层包裹，作用是保护双绞线免受电磁干扰和串扰。

6. 屏蔽金属网

在分别裹有铝箔屏蔽层基础上，4 对双绞线在外部再共同包裹一层金属编织网屏蔽层，金属编织网的材质通常为镀锡铜。在铝箔屏蔽层与金属编织网屏蔽层的双重加持下，这种线缆也叫双屏蔽双绞线（secure file transfer protocol，SFTP），SFTP 线缆的抗干扰能力更强，同时有效减少了内部信号的衰减，是屏蔽性能级别最高的双绞线线缆。

7. 外护层

外护层即双绞线电缆的表皮结构，材料通常为 PVC 表皮结构，通常国标网线的表皮会采用 PVC 材质，具有耐酸、碱，耐潮湿、老化，以及化学防腐、阻燃作用。PVC 最高可承受 60℃高温，在低温环境中会变硬。除了常规室内网线外，室外网线的外皮是一种阻水皮，其材质为 PE 料，相比 PVC 材质更坚硬，耐寒防冻，防水，防鼠咬，能够应对严苛的室外环境。

（五）双绞线连接器

RJ45 接头（俗称水晶头），是布线系统中信息插座（即通信引出端）连接器的一种，连接器由插头（接头、RJ45 接头）和插座（模块）组成，RJ 是 Registered Jack 的缩写，意思是"注册的插座"。在 FCC（美国联邦通信委员会标准和规章）中 RJ 是描述公用电信网络的接口，计算机网络的 RJ45 是标准 8 位模块化接口的俗称；RJ45 接头可分为非屏蔽与屏蔽两类，如图 6-2-10 所示。

RJ45 接头的结构如图 6-2-11 所示。

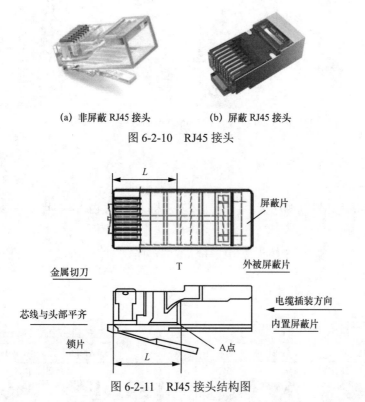

(a) 非屏蔽 RJ45 接头　　　(b) 屏蔽 RJ45 接头

图 6-2-10　RJ45 接头

图 6-2-11　RJ45 接头结构图

　　RJ45 接头前端切刀有 8 个凹槽，简称"8P"（position，位置）。凹槽内的金属切刀共有 8 个，简称"8C"（contact，触点）。

　　RJ45 接头 8 个凹槽的背面带有一条具有弹性的锁片，用来固定在 RJ45 插槽上。将"8P8C"面向自己，RJ45 接头头部朝上，从左到右依次为 1、2、3、4、5、6、7、8 脚。

　　A 点为电缆外护层插入 RJ45 水晶接头内最深的地方（此处有略高于网线进口的台阶将电缆外护层挡住），L 为 RJ45 接头 A 点到 RJ45 接头顶部的长度，应为网线露出的芯线长度，为 12～15mm。

　　屏蔽 RJ45 接头，在靠近锁片的一侧，屏蔽接头有内置屏蔽片与网线的 8 根芯线相连。在另一侧，屏蔽接头有外被屏蔽片与网线的外屏蔽层相连，而非屏蔽接头则没有。

　　剥开网络线的外皮，可以看到其中线芯绝缘外皮的颜色分为 8 种，分别为橙、橙白、蓝、蓝白、绿、绿白、棕、棕白。网络线在与 RJ45 网络连接器连接时需按标准排列芯线的顺序。

　　网络线在与 RJ45 网络连接器连接时需按标准排列芯线的顺序，TIA/EIA 568[1] 布线标准中规定了两种双绞线的线序 568A 与 568B，如图 6-2-12 所示。

---

[1] TIA/EIA 568A/568B：TIA/EIA 568 是 ANSI 于 1996 年制定的布线标准，该标准指出网络布线有关基础设施，包括线缆、连接设备等的内容。字母"A"表示为 IBM 的布线标准，而 AT&T 公司用字母"B"表示。

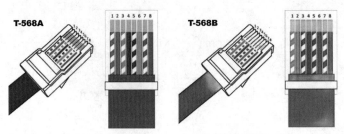

图 6-2-12　TIA/EIA 568A/568B 网线制作标准

568A 标准线芯排列顺序为：1—绿白，2—绿，3—橙白，4—蓝，5—蓝白，6—橙，7—棕白，8—棕。

568B 标准线芯排列顺序为：1—橙白，2—橙，3—绿白，4—蓝，5—蓝白，6—绿，7—棕白，8—棕。

根据网络线两端 RJ45 接头使用线序标准的不同，网络线可以分为直通线和直连线两种，如图 6-2-13 所示。

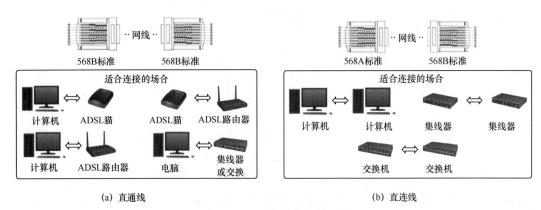

(a) 直通线　　　　　　　　　　　　　　　　(b) 直连线

图 6-2-13　网络线的连接方式

直通线也叫正线或标准线，其两端使用的线序标准都一样，一般都使用 568B 标准，直通线适用于不同设备之间的网络连接，例如路由器和交换机之间、计算机和交换机之间连接等，使用场景最为广泛。

直连线也叫交叉线，其两端使用的线序标准一端为 568A 标准，一端为 568B 标准，主要用于同类型设备的连接，例如计算机与计算机之间、交换机与交换机之间等。

二、网络线的制作

（一）网络线制作

1. 工器具及材料

多功能剥线刀、剥线钳、网线钳、网络线、RJ45 接头（水晶头）。

2. 制作流程

（1）首先，将网络线放入网线钳或多功能剥线刀的剪线口凹槽内，夹紧并旋转网线钳或剥线刀，划开网络线的外护层，划开的外护层长度为 3cm 左右。

（2）将划开的外皮剥去，剥皮时应保证护套根部剥离整齐，护套剥离线应与网线垂直。当屏蔽双绞线剥离护层时，不得损伤屏蔽层护层，剥离完后将屏蔽层折双层并向后折起至电缆护层根部。

（3）按 568B 或 568A 标准顺序将线芯平铺排列好，用手指反复撸动，将线芯尽量撸直，并在同一平面上并拢，线芯间缝隙尽量减小。

（4）将芯线放到网线钳切刀处，8 根线芯要在同一平面上。

（5）夹紧网线钳，切断并剪齐线芯，留下线芯长度约 1.2～1.5cm，是 RJ45 接头 A 点顶住电缆外护层后露出的芯线长度，这个长度确保线芯能插入 RJ45 接头的底部，同时外护层部分能够进入 RJ45 接头一定长度。

（6）RJ45 接头正面（金属三叉片外露的那面）朝上，将按标准顺序排列好的双绞线，按从左至右的方向，从 RJ45 接头尾部插入，以 RJ45 接头 A 点顶住电缆外护层，每根芯线沿 RJ45 接头线槽插装至 RJ45 接头头部，以与 RJ45 接头头部平齐为插装到位。

对于屏蔽双绞线与屏蔽 RJ45 接头插装时，网线折起的屏蔽层与 RJ45 接头尾部的内置屏蔽片相接触，且电缆屏蔽层以顶住 RJ45 接头的 A 点为准。

插入 RJ45 接头中，插入过程均衡力度直到插到尽头，并检查 8 根线芯是否已经全部充分、整齐地排列在 RJ45 接头里面，顺序是否正确。

（7）将已经插入网线的 RJ45 接头推入网线钳的 RJ45 压接口中，推入的时候推到头，这时手抓着网线在往压接口方向施加一定的力，保证在压接过程中网线不会从 RJ45 接头中脱出。

（8）用压线钳用力压紧 RJ45 接头，压接完后金属切刀应低于 RJ45 接头头部平面。对于屏蔽电缆与屏蔽 RJ45 接头的压接，除保证 RJ45 接头金属切刀的压接到位外，还应保证 RJ45 接头内置屏蔽片与折起的电缆屏蔽层的可靠连接。

抽出后目视检查下 RJ45 接头内的线芯是否已经被金属三叉芯片压紧，如果已经压紧即完成一端网线头的制作，如果发现金属三叉芯片没有压紧芯线，就将 RJ45 接头重新插入压接口中再压紧一次。

以上步骤如图 6-2-14 所示。

（二）网络线标签制作

网络线的两端均应标识，标识宜采用旗形标签纸形式。标签上的内容应至少有网络线编号、起始位置，必要时还应标明其用途。网络线的标签示例如图 6-2-15 所示。

网络线标签标识内容应采用标签打印机打印，字迹应清晰、工整，且不易脱色，不应采用手写的方式编写标签内容。

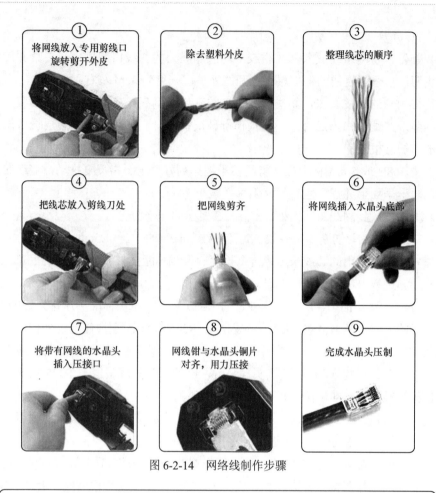

图 6-2-14　网络线制作步骤

编号：WL-132	编号：WL-132
起点：主控室××网络屏/1-40n/RX20	起点：主控室××网络屏/1-40n/RX20
终点：××保护小室/1-40n/TX02	终点：××保护小室/1-40n/TX02

图 6-2-15　网络线标签

网络线上标签的粘贴过程为：将标签黏面朝上，然后将标签两边从下往上粘贴在一起（两边沿要对齐后再并在一起），标签粘贴的位置宜选择在距离 RJ45 接头 3cm 处，标签的朝向应一致。

三、网络线的测试

测试仪器及材料：网络测试仪，网络配线原理图。

测试流程：网络线制作完毕后，需要测量网络线的连接质量，将待测网线两端的 RJ45 接头分别插入网络测试仪的主测试仪和远程测试端的 RJ45 端口，将开关拨到"ON"，这时主测试仪和远程测试端的指示头就应该逐个闪亮。如图 6-2-16 所示。

直通线的测试：测试直通连线时，主测试仪的指示灯应该从 1 到 8 逐个顺序闪亮，而远程测试端的指示灯也应该从 1 到 8 逐个顺序闪亮。如果是这种现象，说明直通线的连通性没问题，否则就得重做。

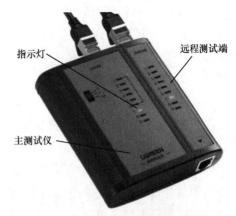

直连线的测试：测试交错连线时，主测试仪的指示灯也应该从 1 到 8 逐个顺序闪亮，而远程测试端的指示灯应该是按照 3、6、1、4、5、2、7、8 的顺序逐个闪亮。如果是这样，说明交错连线连通性没问题，否则就得重做。

若网线两端的线序不正确，主测试仪的指示灯仍然从 1 到 8 逐个闪亮，只是远程测试端的指示灯将按照与主测试连通的线号的顺序（即接错的顺序）逐个闪亮。

图 6-2-16　网络测试仪

第三节　光　纤　线　缆

一、基础知识

（一）光纤通信技术发展史

光纤通信技术是近些年迅猛发展起来的革命性的通信技术，它是以光作为信息载体，以光纤作为传输媒介的通信方式。

光纤通信的原理：在发送端首先要把传送的信息（如话音）变成电信号，然后调制到激光器发出的激光束上，使光的强度随电信号的幅度（频率）变化而变化，并通过光纤发送出去；在接收端，检测器收到光信号后把它变换成电信号，经解调后恢复原信息。

1870 年，英国物理学家廷德尔在实验中观察到，把光照射到盛水的容器内，从出水口向外倒水时，光线也沿着水流传播，出现弯曲现象，这好像不符合光只能沿直线传播的定律。实际上，此时光仍是沿直线传播，只是在水流中出现了光反射现象，因而光是以折线方式前进的。

直到 1955 年，这种光在弯曲管道中反射前行的现象才得到实际应用。当时在伦敦英国学院工作的卡帕尼博士用极细的玻璃制作成了光导纤维。每根光导纤维是用两种折射率不同的玻璃制成，一种玻璃形成中心束线，另一种包在中心束线外面形成包层。由于两种玻璃在光学性质上的差别，光线以一定角度从光导纤维的一端射入后，不会从纤维壁逸出，而是沿两层玻璃的界面连续反射前进，从另一端射出。

最初，这种光导纤维只是应用在医学上，用光纤束组成内窥镜，可以观察人体肠胃内的疾病，协助医生及时作出确切的判断。但当时这类光纤衰减太大，无法用于长距离的光通信。

1966 年，英籍华裔学者高锟博士（K.C.Kao）和同事乔治霍克汉姆（G.A.Hockham）在 PIEE 杂志上发表了论文《光频率的介质纤维表面波导》，从理论上分析了用光纤传输衰减的主要原因是由于材料所含杂质引起而非玻璃本身，探讨了光纤作为传输媒体以实现光通信的可能性，并预言了制造通信用衰减为 20dB/km 的超低耗光纤的可能性。43 年后，高锟因为这篇论文获得了 2009 年诺贝尔物理学奖。

1970 年，美国康宁公司首先研制出阶跃折射率多模光纤，在波长 630nm 处衰减为 20dB/km 的光纤。

同年，贝尔实验室发明了使用砷化镓（GaAs）材料的双异质结构半导体激光器，使得光源与光检测器的寿命都达到了 10 万 h 的实用化水平，同时凭借其体积小的优势，大量运用于光纤通信系统中。

1976 年，贝尔实验室在亚特兰大建成第一条光纤通信实验系统，采用了西屋电气公司制造的含有 144 根光纤的光缆。第一条速率为 44.7Mbit/s 的光纤通信系统在地下渠道中诞生，使光纤通信向实用化迈出第一步。

同年，中国第一根实用化光纤在武汉邮电科学研究院诞生，开启新中国光纤通信技术和产业发展的新纪元。主持人赵梓森院士被称为"中国光纤之父"。

1977 年，世界上第一个商用的光纤通信系统，在美国芝加哥和圣塔摩尼卡之间相距 7 千米的电话局之间开通，这个人类史上第一个光纤通信系统使用波长 800nm 的砷化镓激光作为光源，传输的速率达到 45Mbit/s，每 10km 需要一个中继器增强信号。

1978 年，我国自行研制出通信光缆，采用的是多模光纤，缆芯结构为层绞式。

1979 年，日本电报电话公司（NTT）研制出了衰减 0.2dB/km 的极低损耗石英光纤，基本已经接近了散射的理论极限。

1985 年，英国南安普顿大学首先研制成功的掺铒光纤放大器（EDFA）❶，堪称光通信历史上的一个里程碑式的事件。它使光纤通信可直接进行光中继，使长距离高速传输成为可能，同时促进了波分复用 WDM 技术的发展。

1996 年，波分复用❷技术（WDM）正式走向商用，后来成为支撑 30 年大容量光传输系统扩容升级的重要基础。华人科学家厉鼎毅博士被称为"WDM 之父"。

这两项技术的发展让光纤通信系统的容量以每六个月增加一倍的方式大幅跃进，目前，光纤通信技术在短短的 40 多年间，一共进行了五次的技术迭代，通信容量由最初 45Mbit/s 到达了 48Tbit/s 左右的惊人速率，足足是 20 世纪 80 年代光纤通信系统的 1000 倍之多。

---

❶ 掺铒光纤放大器（erbium doped fiber amplifier，EDFA）：1985 年英国南安普顿大学首先研制成功的光放大器，它是光通信中最伟大的发明之一。掺铒光纤是在石英光纤中掺入了少量的稀土元素铒（Er）离子的光纤，它是掺铒光纤放大器的核心。从 20 世纪 80 年代后期开始，掺铒光纤放大器的研究工作不断取得重大的突破，成为当前光纤通信中应用最广的光放大器件。

❷ 波分复用（wavelength division multiplexing，WDM）：是将两种或多种不同波长的光载波信号（携带各种信息）在发送端经复用器（也称合波器，multiplexer)汇合在一起，并耦合到光线路的同一根光纤中进行传输的技术；在接收端，经解复用器（也称分波器或称去复用器，demultiplexer）将各种波长的光载波分离，然后由光接收机作进一步处理以恢复原信号。

作为 20 世纪人类社会所取得的最伟大的技术成就之一，光纤通信技术是人类向信息化时代迈进不可替代的重要基石。如果没有光纤通信的发明，就没有舒适和便利的互联网生活。

在电力系统中，无论是在变电站内部或站间长距离传送数据过程中都大量采用了光纤通信技术，尤其是智能化变电站，其内部二次设备的数据大多通过光纤进行传输。光纤以其传输频带宽、抗干扰性高和信号衰减小的特点，逐步取代原有的载波和微波通信方式，成为变电站间、变电站与调度中心通信的主要方式。

（二）光纤的结构

光纤是一种纤芯折射率 n_1 比包层折射率 n_2 大的同轴圆柱形电介质波导❶，光纤主要由玻璃制成的纤芯和包层组成，为了保护光纤，包层外面还增加尼龙外层，结构如图 6-3-1 所示。

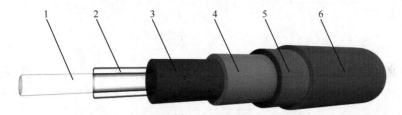

图 6-3-1　光纤结构图

1—纤芯；2—包层；3—涂覆层；4—内保护层；5—芳纶纱；6—外保护层

纤芯是光信号传输的通道，材料最早主要是多组分玻璃之类的玻璃，现在普遍使用的是石英玻璃，主要成分为二氧化硅（SiO_2），纯度达 99.999%，其余成分为极少量的掺杂剂如二氧化锗（GeO_2）等，以提高纤芯的折射率。纤芯直径一般为 8～100μm。

包层材料一般也为二氧化硅（SiO_2），外径一般为 100～200μm，包层为光的传输提供反射面，其作用是把光限制纤芯与包层的界面内产生全反射，从而只能在纤芯内传播，并起一定的机械保护作用。

为了增强光纤的柔韧性、机械强度和耐老化特性，还在包层外增加一层涂覆层，其主要成分是环氧树脂和硅橡胶等高分子材料。保护光纤表面不受潮湿气体和外力擦伤，赋予光纤提高抗微弯性能，降低光纤的微弯附加损耗功能。

光纤的最外面是松套管，松套管由内保护层、外保护层与中间填充物（芳纶纱）组成。松套管结构旨在减轻机械应力，防止外力对光纤内部结构的破坏，也可以防止外部环境对光纤影响，例如防腐蚀、防水等。

（三）光纤的传播模式

常提到的多模、单模光纤，其中"模"简单来说就是光的传输模式，在光纤的受光角内，以某一角度射入光纤端面，并能在光纤的纤芯-包层交界面上产生全反射的传播光

---

❶ 波导（wave guide）：是用来定向引导电磁波的结构。在电磁学和通信工程中，波导这个词可以指在它的端点间传递电磁波的任何线性结构，最初和最常见的意思是指用来传输无线电波的空心金属管。

线，就可称之为光的一个传输模式。

如图 6-3-2 所示，以不同入射角入射在光纤端面上的光线在光纤中形成不同的传播模式。沿光纤轴传播的叫作基模，光线与交界面间的夹角由小至大，分别称这些传播模式为 0 次模（基模）、一次模、二次模等，其中模次较低的模为低次模，模次较高的模为高次模。

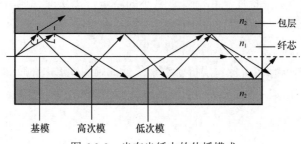

图 6-3-2　光在光纤中的传播模式

进入光纤的光在纤芯与包层交界面上的入射角大于临界角时，就在光纤内产生全反射；而入射角小于临界角的光就有一部分进入包层，被很快衰减掉。前者的传输损耗小，能作远距离传输，称为传导模。

并不是任何形式的光波都能在光纤中传输。每种光纤都只允许某些特定的光波通过，而其他形式的光波在光纤中无法存在。每一种允许在光纤中传输的特定形式的光波称为光纤的一个模式。

在同一光纤中传输的不同模式的光，其传播方向、传输速度和传输路径不同，其受到光纤的衰减也不同。能满足全反射条件的光线也只是具有特定角度的部分才能在光纤中传输，因此，不同模式的光的传输方向不是连续改变的。当通过一段光纤时，以不同角度在光纤中传的光所走的路径也不同。沿光纤轴前进的光走的路径最短，而与轴线交角大的光所走的路径则较长。

（四）光纤的种类

光纤的种类很多，实用光纤分为两种基本类型，即多模光纤和单模光纤。当光纤的芯直径较大时，则在光纤的受光角内，可允许光波以多个特定的角度射入光纤端面，并在光纤中传播，此时，就称光纤中有多个模式。这种能传输多个模式的光纤就称为多模光纤（multi mode fiber）。当光纤芯直径很小时，只有一个光的波长，则光纤就像一根波导那样，只允许与光纤轴方向一致的光线传输，而不会产生多次反射，即只允许通过一个基模。这种只允许传输一个基模的光纤就称为单模光纤（single mode fiber）。

多模光纤在根据光纤横截面上折射率的径向分布情况，又可分为折射率在纤芯和包层界面以阶梯式变化的阶跃折射率光纤和折射率缓慢变化的渐变折射率光纤（也称为分布式折射率光纤）。

多模光纤纤芯直径较粗，为 50～100μm，光可以从各个角度，多条路径在纤芯中传输可传多种模式的光。但其模间色散❶较大，这就限制了传输数字信号的频率，而且随距离的增加，传输数据的带宽下降越严重，所以在变电站的光纤通信系统中，多模光纤一般只用于二次设备之间的数据传输，例如智能化变电站二次设备之间的数据传输。

单模光纤纤芯直径很细，为 $5\sim10\mu m$，光只能通过单一的传输路径在纤芯中传输，因此，其模间色散很小，适用于远程通信，在变电站的光纤通信系统中，单模光纤主要用于变电站间二次设备之间的数据传输，例如线路两侧保护装置之间数据传输。

表 6-3-1 是几种典型的光纤内光线传播的不同之处。

表 6-3-1　　　　　　　　　　　　光线在不同光纤内传播原理

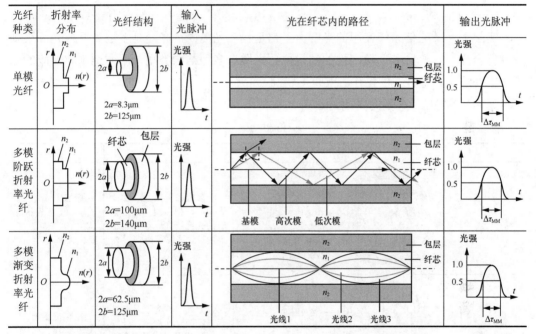

由表 6-3-1 可以看出，单模光纤的纤芯直径比多模光纤小得多，直径只有 $5\sim10\mu m$，仅是多模光纤的十分之一，单模光纤只有一个模式，而且是直线传输，传播速度最快，输出脉冲信号到达终点的展宽最小。

多模阶跃折射率光纤的纤芯和包层的折射率都是均匀分布，纤芯的折射率 n_1 保持不变，到包层突然变为 n_2，纤芯折射率大于包层折射率，在纤芯和包层边界有一个折射率台阶，所以称之为阶跃折射率光纤。

在多模阶跃折射率光纤中，多个模式的光线以全反射方式传输，射入角不同的光线的传输路径是不同，高阶模比低阶模传输的路径长，所用的时间就长，到达终点的时间不同，几种模式的光合在一起就使输出脉冲相对于输入脉冲展宽了许多。

多模渐变折射率光纤纤芯折射率 n_1 不像阶跃光纤是个常数，而按一定规律连续变化

---

❶ 色散（dispersion）：色散是指当光纤的输入端光脉冲信号经过长距离传输以后，在光纤输出端，光脉冲波形发生了时域上的展宽，这种现象即为色散。色散是光纤传输中的损耗之一，色散将导致码间干扰，在接收端将影响光脉冲信号的正确判决，误码率性能恶化，严重影响信息传送。

的。折射率在光纤轴心处最大，沿径向往外按抛物线形状随着纤芯半径 r 的值增大而逐渐减小，直到包层变为 n_2。

渐变多模光纤的折射率分布可使光纤内的光线同时到达终点，虽然各模光线以不同的路径在纤芯内传输，但是因为这种光纤的纤芯折射率不再是一个常数，所以各模的传输速度也互不相同。沿光纤轴线传输的光线速度最慢，光线 3 到达末端传输的距离最长，但是它的传输速度最快，这样一来到达终点所需的时间几乎相同。

在渐变型光纤中，光线传输的轨迹近似于正弦波，这能减少模间色散，提高光纤带宽，增大传输距离，但成本较高，多模光纤多为渐变型光纤。

（五）光缆的结构

实际上光纤通信系统使用的光纤大多都是包在光缆内，光缆是多根光纤或光纤束制成的符合光学、机械和环境特性的结构体。光缆有多种结构类型，不同结构和性能的光缆在工程施工、维护中的操作方式也不相同。

表 6-3-2 是几种典型的光缆。

表 6-3-2　　　　　　　　　　　　典 型 光 缆

光纤种类	图示	结构	特点
层绞式结构光缆	填充油膏 双芯松套光纤 中心增强件 包带 Al-PE黏接护层 皱纹钢带 PE外护层	金属或非金属加强件位于中心，把多根经过松套塑的光纤绕在中心加强芯周围绞合成缆芯构成	缆芯制造设备简单，工艺成熟，抗拉强度好，温度特性改善
骨架式结构光缆	PE外护层 皱纹钢带 塑料骨架 中心增强件 紧套光纤	骨架式结构光缆是把紧套光纤或一次涂覆光纤放入加强芯周围的螺旋形塑料骨架凹槽而构成	结构抗侧压性能好，有利于对光纤的保护
束管式结构光缆	单根金属加强构件 高密度PE护层 开索 皱纹钢护套 防潮层 高强度塑料束管 1~18芯光纤	把一次涂覆光纤或光纤束放入大套管中，套管外施加一层阻水及铠装材料，加强芯配置在套管周围而构成	具有很好的机械特性与温度特性；抗拉强度高，直径小，重量轻，容易敷设
带状结构光缆	撕裂绳 12芯光纤带层叠体 填充纤膏 中心松套管 加强钢丝 填充阻水油膏 双面涂塑轧纹钢带 PE外护套	带状光纤单元放入大套管中，形成中心束管式结构；也可把带状光纤单元放入凹槽或松套管，形成骨架式或层绞式结构	有利于制造容纳几百芯光纤的高密度光缆

光缆一般由缆芯、加强件、护层、填充物组成，如图 6-3-3 所示。

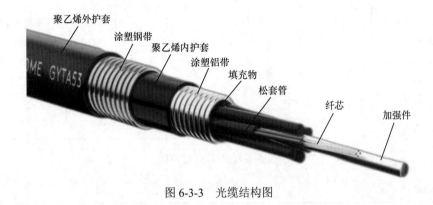

图 6-3-3　光缆结构图

1. 纤芯

为了提高光纤的强度，一般将带有涂覆层的单根或多根光纤再套上一层塑料管（称为套塑），套塑后的光纤与不同形式的加强件和填充物组合在一起称为缆芯。

2. 加强件

加强件用于提高光缆的抗拉能力。其材料一般采用镀锌钢丝、多股铜丝绳、带有紧套聚乙烯垫层的镀锌钢丝、芳纶丝、玻璃增强塑料等。加强件在光缆中的位置有中心式、分布式和铠装式 3 种。加强件位于光缆中心的，称为中心式加强；位于缆芯外面并绕包一层塑料，以保证与光纤的接触面光滑的，称为分布式加强；位于缆芯绕包一周的，称为铠装式增强。

3. 护套

护层用于保护缆芯，有效抵御外部环境中机械、物理、化学作用，适应各种敷设、应用环境，保证光缆使用寿命。

护套分为外护套和内护套，外护层是一层由金属或塑料构成的外壳，起到保护光缆内部机构的作用，也称为保护层；内护套是用来防护金属加强件与缆芯直接接触造成损伤。其主要材料为不同密度的聚乙烯护层材料、限燃护层材料及复合材料。

4. 填充物

填充物在光缆缆芯的空隙注满，主要的作用是减少光纤间的互相摩擦及免受外部潮气的影响。填充物材料应保证 60℃时不从光缆内流出，在光缆允许的低温下不使光缆的弯曲特性恶化。填充物的材料主要有填充油膏、热溶胶、聚酯带、阻水带和芳纶带等。

（六）光缆的型号

光缆型号由它的型式代号和规格代号构成，中间用短横线分开，如图 6-3-4 所示。

光缆型号的型式代号含义如表 6-3-3 所示。

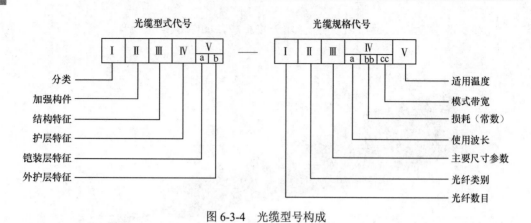

图 6-3-4　光缆型号构成

表 6-3-3　　　　　　　　　　　　　光缆型式代号含义表

Ⅰ：分类代号及意义

GY	通信用室（野）外光缆	GJ	通信用室（局）光缆	GR	通信用软光缆
GS	通信用设备光缆	GH	通信用海底光缆	GT	通信用特殊光缆

Ⅱ：加强件代号及意义

无符号	金属加强构件	F	非金属加强构件	G	金属重型加强构件
H	非金属重型加强构件				

Ⅲ：派生特征代号及意义

D	光纤带状结构	G	骨架槽结构	B	扁平式结构
Z	自承式结构	T	填充式结构		

Ⅳ：护层代号及意义

Y	聚乙烯护层	V	聚氯乙烯护层	U	聚氨酯护层
A	铝-聚乙烯黏结护层	L	铝护套	G	钢护套
Q	铅护套	S	钢-铝-聚乙烯综合护套		

Ⅴ-a：外护层-铠装层的代号及意义

0	无	1		2	双钢带
3	细圆钢丝	4	粗圆钢丝	5	单钢带皱纹纵包

Ⅴ-b：外护层材料的代号及意义

0	无	1	纤维层	2	聚氯乙烯套
3	聚乙烯套				

光缆型号的规格代号含义如表 6-3-4 所示。

表 6-3-4　　　　　　　　　　　　　光缆规格代号含义表

Ⅰ：光纤数目代号

用 1、2、……数字，表示光缆光纤的实际数目

Ⅱ：光纤类别的代号及意义

J	二氧化硅系多模渐变型光纤	T	二氧化硅系多模突变型光纤	Z	二氧化硅系多模准突变型光纤
D	二氧化硅系单模光纤	X	氧化硅纤芯塑料包层光纤	S	塑料光纤

Ⅲ：光纤主要尺寸参数					
用阿拉伯数（含小数点数）及以 μm 为单位表示多模光纤的芯径及包层直径，单模光纤的模场直径及包层直径					
Ⅳ-a：波长代号（同一光缆适用于两种及以上波长，并具有不同传输特性时，应同时列出各波长上的规格代号，并用"/"划开）					
1	波长在 0.85μm 区域	2	波长在 1.31μm 区域	3	波长在 1.55μm 区域
Ⅳ-bb：损耗常数代号					
两位数字依次为光缆中光纤损耗常数值（dB/km）的个位和十位数字					
Ⅳ-cc：模式带宽代号					
两位数字依次为光缆中光纤模式带宽分类数值（MHz·km）的千位和百位数字。单模光纤无此项					
Ⅴ：适用温度代号及意义					
A	适用于−40～+40℃	B	适用于−30～+50℃	C	适用于−20～+60℃
D	适用于−5～+60℃				

二、光纤线缆的连接

（一）光纤连接的主要方式

（1）固定连接：固定连接主要用于光缆线路中光纤间的永久性连接，大多采用熔接，也可采用黏接和机械连接。特点是接头损耗小，机械强度较高。

（2）活动连接：活动连接主要用于光纤与传输系统设备以及与仪表间的连接，主要是通过光纤连接器进行连接。特点是接头灵活较好，调换连接点方便，损耗和反射较大是这种连接方式的不足。

（3）临时连接：临时连接主要用于测量尾纤❶与被测光纤间的耦合连接，一般采用光纤适配器连接。特点是方便灵活，成本低，对损耗要求不高，临时测量时多采用此方式连接。

（二）光纤连接器

在光纤通信链路中，光纤作为传输介质，在抵达终端设备时，必然产生各种连接，为了实现不同设备之间灵活连接的需要，必须有一种能在光纤与光纤之间进行可拆卸连接的器件，使光路能按所需的通道进行传输，这种器件就叫光纤连接器，也叫做光纤接头。

较为流行的光纤连接器装配方式：利用环氧树脂热固化剂，将光纤粘固在高精度的陶瓷插针孔内。光纤连接器的结构如图 6-3-5 所示。

光纤连接器基本含有以下四个组成部件。

（1）光纤：光纤安装在连接器体上。其作用是光信号的输入点。一般情况下，在光纤和连接器体之间的接头上安装了一个应变消除保护罩，可以为接头提供额外的强度。

（2）插针：光纤纤芯安装在很长的薄壁圆筒中，插针充当着光纤对准机构的作用。插针在中间钻孔，直径比光纤包层的直径稍微大点。光纤纤芯的末端位于插针的末端，并使用固化剂粘固。一般情况下插针由金属或者陶器制成，但是也可能是塑料的。

---

❶ 尾纤（pigtail）：又叫做猪尾线，只有一端有连接器，而另一端是一根光缆纤芯的断头，通过熔接与其他光缆纤芯相连，常用于在光纤终端盒内，用于连接光缆与光纤收发器（之间还用到耦合器、跳线等）。

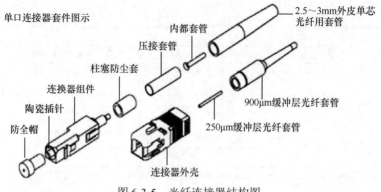

图 6-3-5　光纤连接器结构图

（3）连接装置：大多数的光纤连接器不使用在电子连接中常用的公头-母头结构。内部所采用的结构是用于配对连接器的定位套筒。

（4）连接器体：也称为连接器外壳，连接器体容纳插针。通常情况下连接器体由金属或者塑料制成，包括一个或者多个总成的工件，能够将光纤保持在适当的位置上，这些连接器体总成的具体细节因连接器的型号不同而不同，通常情况下用于把加强构件和光缆护套安装在连接器体上。插针延伸并越过连接器体，卡入结合装置。

光纤连接器是光纤的末端装置，用意是让光纤的接续更快速方便，光纤连接器有很多种，不同连接器的差别在连接器大小及接续方法的不同。通常在同一系统会尽量采用同一种连接器，变电站内光纤通信系统中常用的接头有 SC、LC 和 ST、LC。表 6-3-5 是这几种光纤接头的基本情况介绍。

表 6-3-5　　　　　　　　　　　　典型光纤连接器特性

接口类型	SC（subscriber connector）	LC（lucent connector）	FC（ferrule connector）	ST（stab & twist）
图示				
简介	这是一种由日本 NTT 公司开发的光纤连接器。其外壳呈矩形，所采用的插针与耦合套筒的结构尺寸与 FC 型完全相同，其中插针的端面多采用 PC 或 APC 型研磨方式；紧固方式是采用插拔销闩式，不需旋转	LC 型连接器是著名 Bell（贝尔）研究所研究开发出来的，采用操作方便的模块化插孔（RJ）闩锁机理制成。其所采用的插针和套筒的尺寸是普通 SC、FC 等所用尺寸的一半，为 1.25mm。这样可以提高光纤配线架中光纤连接器的密度	这种连接器最早是由日本 NTT 研制，其外部加强方式是采用圆形金属套，紧固方式为螺纹	常用于光纤配线架，外壳呈圆形，紧固方式为螺纹
优点	价格低廉，插拔操作方便，介入损耗波动小，抗压强度较高，安装密度高	接头尺寸小，插拔方便，安装密度高	连接牢靠、防灰尘	安装方便

续表

接口类型	SC（subscriber connector）	LC（lucent connector）	FC（ferrule connector）	ST（stab & twist）
缺点	易被拔掉，高温下接头易损伤	制作相对复杂	安装时需对准卡口后旋紧，密度高时安装不方便	接头容易折断
变电站适用场景	主要用于变电站内光纤收发器接口接入，部分光回路测试仪器也采用主种接口	主要用于连接常规或智能化变电站内路由器、交换机等设备，也广泛用于智能化二次设备 GOOSE、SV 数据通信接口接入	主要用于纵联保护专用或复用通道光纤连接	主要用于智能化变电站内光纤配线架、光纤配线盒等设备接入，也有部分光交换机、路由器、部分厂家的二次设备通信接口采用这种接口接入

光纤连接器之间的对接对径向误差非常敏感，因此要求连接器的陶瓷插芯外径具有非常高的圆度，固定光纤的内孔具有非常高的同心度，内孔径尺寸非常精确。为了保证两根光纤的紧密接触，要求陶瓷插芯端面研磨成球面而非平面，同时借助弹簧施加一定的压力，使陶瓷插芯的端面互相接触的同时，发生轻微变形以保证两光纤端面的紧密接触。这样有助于其中心的光纤相互接触，另外光纤连接器对接时，借助弹簧施加一定压力，使陶瓷插芯的球端面发生轻微变形以保证两光纤端面的紧密接触。

光纤连接器依端面形状分为物理端面（physic contact，PC）、超级物理端面（ultra physical contact，UPC）、角度物理端面（angled physical contact，APC）三种，如表 6-3-6 所示。

表 6-3-6　　　　　　　　　　　光纤连接器端面类型

端面类型	图示	接口方式	特点	损耗参数
PC		平形接头	非接触、常用于多模；特征黑色、蓝色、白色	连接损耗：<0.3dB 反射损耗：>−14dB
UPC		球形接头	接触、常用于单模；特征黑色、蓝色	连接损耗：<0.3dB 反射损耗：>−30dB
APC		斜形接头	接触、用于单模；特征绿色	连接损耗：<0.3dB 反射损耗：>−65dB

（三）光纤适配器

光纤连接器不能单独使用，必须与其他同类型的连接器配合，通过光纤适配器才能形成光通路的连接，不同类型连接器对接也需要通过特殊的变换型适配器进行连接，否则后会引起光信号严重衰减，造成链路不通。

光纤适配器（又名法兰盘），也称为耦合器，是光纤活动连接器对中连接部件，能够精确地连接两个连接器，并确保在传输最多光源的同时，尽可能降低损耗，主要用于光纤跳线与跳线或者光纤跳线与设备之间的连接。

每个光纤适配器的内部都有对准套管，光纤连接器的陶瓷插针在外力的作用下，通过光纤适配器对准套管的定位，实现光纤之间的对接。这样可以保证在连接时候的准确性，实现光纤跳线之间的高性能连接。

为了方便将光纤连接器接入各类设备中，还需使用各类固定法兰将光纤适配器固定在各种设备面板上，例如保护装置光通信板的光纤通道接口、光纤配线架上的光纤接口等。

光纤适配器的种类有很多，常见的有与光纤接头一样的 SC、LC、FC、ST 等型号，也有适配两种不同接头的转换适配器，如 ST/FC、SC/FC、ST/FC 等。图 6-3-6 是常见的光纤适配器。

图 6-3-6　常见光纤适配器

（四）光纤接续损耗

光纤连接后，光经过接头部位将产生一定的损耗，称作光纤连接传输损耗，即接续损耗。光纤接续损耗是光纤通信系统性能指标中的一项重要参数，损耗值的大小直接影响到光传输系统的整体质量。

光纤的接续损耗主要包括光纤本征因素造成的固有损耗和非本征因素造成的熔接损耗及活动接头损耗三种。

（1）光纤固有损耗：光纤固有损耗的产生主要源于光纤模场直径不一致、光纤芯径失配、纤芯截面不圆和纤芯与包层同心度不佳四方面。其中影响最大的是光纤模场直径不一致。

（2）熔接损耗：非本征因素的熔接损耗主要由轴向错位、轴心（折角）倾斜、端面分离（间隙）、光纤端面不完整、折射率差、光纤端面不清洁以及接续人员操作水平、操作步骤、熔接机电极清洁程度、熔接参数设置、工作环境清洁程度等其他因素造成。

（3）活动接头损耗：非本征因素的活动接头损耗主要由活动连接器质量差、接触不良、不清洁以及与熔接损耗相同的一些因素（如轴向错位、端面间隙、折角、折射率差等）造成。

光纤接续损耗的典型示例见表 6-3-7。

表 6-3-7　　　　　　　　　　　光纤接续损耗的典型示例

图示	损耗原因	解决办法
	光纤轴未对准；当错位达到 1.2μm 时，引起的损耗可达 0.5dB	提高连接定位的精度，可以有效地控制轴心错位的影响
	光纤角度偏离；当倾斜达到 1° 时，将引起 0.2dB 的损耗	使用高质量的光纤切割刀，可以改善轴向倾斜造成的影响
	光纤纤芯变形	合理地设置光纤熔接机的电流、推进量、放电电流、时间等参数，纤芯变形引起的损耗量可以做到 0.02dB 以下
	端面间有间隙或存在杂质	选用优质合格的活动连接器，严禁在多尘及潮湿的环境中露天操作，光缆接续部位及工具、材料应保持清洁，不得让光纤接头受潮，准备切割的光纤必须清洁，不得有污物
	纤芯尺寸/形状不同	一条通道上尽量采用同一批次的优质名牌裸纤，以求光纤的特性尽量匹配，使模场直径对光纤熔接损耗的影响降到最低程度

（五）光纤的熔接过程及规范

由于光纤纤芯材质的原因，不能像控制电缆那样直接通过接线端子进行连接，也不能像网络线通过简单的压接制作接头，除了预制接头的光缆外，大部分光缆本身也是没有接头的。因此，光缆在敷设到位后，工程人员需根据接入设备的接口类型选择预装有同类型光纤连接器的尾纤，再使用光纤熔接设备将光缆纤芯与预制连接器的尾纤熔接在一起。

1. 光缆熔接的步骤

光纤熔接主要分为五个步骤：剥纤、切纤、熔纤、套纤、盘纤。

剥纤是指将光缆中的光纤芯剥离出来，包括最外层的塑料层，内层中的涂覆层；切纤是指将剥好准备熔接的光纤的端面用光纤切割器切齐；熔纤是指将两根光纤在光纤熔接机中熔接到 起；套纤是指将已经熔接好的光纤接头部分用热缩管保护起来；盘纤是将熔接好的光纤在光纤配线箱上利用熔纤盘等工具整理好。

2. 使用工器具

熔接光纤使用的工器具主要有光纤熔接机、剥线纤、斜口纤、剥纤钳、光纤切割器、酒精、无尘布等。

3. 光纤端面的制备

光纤端面的制备包括剥覆、清洁和切割这几个环节，即剥纤和切纤的两个步骤。合格的光纤端面是熔接的必要条件，端面质量直接影响到熔接质量。

（1）光纤外护层的剥除。

1）剥除光缆、尾纤的外护层：首先用剥线刀剥去光缆外护层，如图 6-3-7 所示，根据现场施工的经验，线缆外护层剥开长度在 50～100cm 区间适宜，注意剥去的力度，防止损伤到内部的光纤。

2）穿入热缩管：为了防止纤芯端面污染，热缩套管应在剥纤前穿入，严禁在端面制备后穿入，如图 6-3-8 所示。注意不同束管、不同颜色的光纤要分开，分别穿过热缩管。

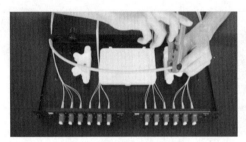

图 6-3-7　外护层的剥除

图 6-3-8　穿入热缩管

图 6-3-9　剥去光纤外护层

3）剥除光纤的外护层：剪掉芳纶纱，用剥纤钳剥去光纤外护层，如图 6-3-9 所示，剥纤钳应与光纤垂直，上方向内倾斜一定角度，然后用钳口轻轻卡住光纤，右手随之用力，顺光纤轴向平推出去，剥去长度为 3～5cm 适宜。

（2）裸纤的处理。

1）裸纤的清洁：观察光纤剥除部分的涂覆层是否全部剥除，若有残留，可用棉球或无尘布沾适量酒精进行擦拭。如图 6-3-10 所示。

2）裸纤的切割：将清洗过的裸纤放入光纤切割器的 V 形槽，放下压板固定住裸纤，然后放下刀具，按下切割开关。完成裸纤的切割。如图 6-3-11 所示。

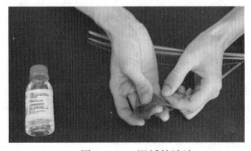

图 6-3-10　裸纤的清洗

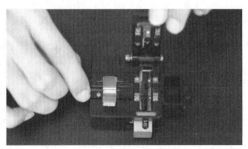

图 6-3-11　裸纤的切割

应注意裸纤清洁，切割和熔接的时间应紧密衔接，不可间隔过长，特别是已制备的端面切勿放在空气中。移动裸纤时要轻拿轻放，防止与其他物件擦碰。切割时，动作要自然、平稳，勿重、勿急，避免断纤、斜角、毛刺、裂痕等不良端面的产生。切割前应对切刀 V 形槽、压板、刀刃进行清洁，谨防端面污染。

4. 光纤熔接

（1）放置光纤：将切割好的裸纤放在熔接机两侧的 V 形槽中，小心压上光纤压板和光纤夹具，要根据光纤切割长度设置光纤在压板中的位置，并正确地放入防风罩中，如图 6-3-12 所示。

（2）接续光纤。熔接程序开始前根据光纤的材料和类型，设置好最佳预熔主熔

图 6-3-12　放置光纤

电流和时间及光纤送入量等关键参数。按下接续键后，光纤相向移动，移动过程中产生一个短的放电清洁光纤表面，当光纤端面之间的间隙合适后熔接机停止相向移动，设定初始间隙，熔接机测量，并显示切割角度。在初始间隙设定完成后，开始执行纤芯或包层对准，然后熔接机减小间隙（最后的间隙设定），高压放电产生的电弧将两侧光纤熔到一起，如图 6-3-13 所示。

熔接完成后熔接机会计算损耗并将数值显示在显示器上，损耗在 0.03dB 以下，才算合格。如果估算的损耗值比预期的要高，可以按放电键再次放电，放电后熔接机仍将计算损耗。如图 6-3-14 所示。

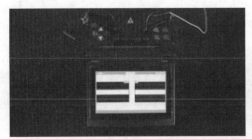

图 6-3-13　接续光纤

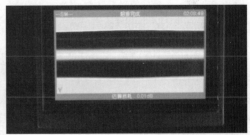

图 6-3-14　衰耗测量

熔接过程中还应及时清洁熔接机 V 形槽、电极、物镜、熔接室等，随时观察熔接中有无气泡、过细、过粗、虚熔、分离等不良现象。

5. 热缩套纤

取出光纤并用加热器加固光纤熔接点。打开防风罩，将光纤从熔接机上取出，再将热缩管移动到熔接点的位置，放到加热器中加热，加热完毕后从加热器中取出光纤。操作时，由于温度很高，不要触摸热缩管和加热器的陶瓷部分。

6. 盘纤

盘纤可使光纤布局合理，避免或减少因挤压造成的断纤现象。施工人员每熔接和热缩完一个或几个松套管内的光纤或一个分支方向光缆内的光纤后，盘纤一次。

盘纤时，光纤配线盘、终端盒内预制尾纤应沿熔纤盘走线架方向逆时针方向盘纤，先固定后盘纤，即先将热缩后的套管逐个放置于固定槽中，然后再处理两侧余纤。如图 6-3-15 所示。

如图 6-3-16 所示，盘纤应按余纤的长度和预留盘空间大小，顺势自然盘绕，切勿生拉硬拽，尾纤盘在光纤配线架熔纤盘两边的绕线环上，注意弯曲半径大于光缆的 10 倍且不小于 30mm，尽可能最大限度利用预留盘空间，有效降低因盘纤带来的附加损耗。

图 6-3-15　固定热缩管

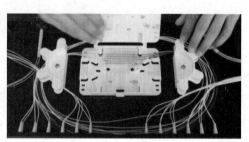

图 6-3-16　盘纤

（六）光纤线缆标识制作过程及规范

光纤线缆的两端应设置标识，标识应格式统一、内容明确、表达清晰。

（1）光缆的标识宜采用挂牌形式，标牌内容包括但不限于光缆编号、起点、终点、光缆类型、光缆芯数、备用芯数、光缆长度、功能用途等内容。光缆一般需要在屏柜内熔接，所以起点和终点的内容宜包括屏柜名称（屏柜编号）或连接设备编号。光缆的标牌示例如图 6-3-17 所示。

（2）尾缆❶的标识宜采用挂牌形式，标牌内容包括但不限于尾缆编号、起点、终点、尾缆类型、尾缆芯数、备用芯数、尾缆长度、功能用途等内容。由于尾缆两端预制了连接器，纤芯一般直接接到具体的设备，纤芯上单独标识连接设备及端口，所以起点和终点的内容可只标注屏柜名称（屏柜编号）。尾缆的标牌示例如图 6-3-18 所示。

光缆编号：	3Y-GL131A
光缆信息：	4芯单模（备用2芯）　50m
功能用途：	保护纵联通道
起点：	××线路保护屏(J21)/ODF
终点：	××通信接口设备柜/ODF1

图 6-3-17　光缆标牌

光缆编号：	2Y-WL130
光缆信息：	4芯多模（备用2芯）　30m
功能用途：	GOOSE组网
起点：	××线路保护测控屏(J11)
终点：	××交换机柜

图 6-3-18　尾缆标牌

❶ 尾缆：多根尾纤外部通过一个共同的封装材料来保护，有很厚的防护层，有一定强度的抗拉或抗弯折力，两端预留一定长度并安装有各类型连接器，多用于户外或较远距离户内设备与设备光端口之间的直接连接。

（3）尾纤、尾缆纤芯的标识宜采用旗型标签纸形式，标签内容包括但不限于光缆编号、起点、终点，功能用途等内容。起点和终点的内容包括屏柜名称（屏柜编号）/设备编号/插件编号/光口编号等内容。旗型标签纸上标识内容应打两遍（两面标识内容应相同），标签对折粘贴至相应尾纤距离接头 1～2cm 处。尾纤的标签示例如图 6-3-19 所示。

光缆编号：2Y-WL130
功能用途：GOOSE组网
起点：××线路保护控制屏(J11)/1n/A01/TX01
终点：××交换机柜/1-40n/RX02

光缆编号：2Y-WL130
功能用途：GOOSE组网
起点：××线路保护控制屏(J11)/1n/A01/TX01
终点：××交换机柜/1-40n/RX02

图 6-3-19　尾纤标签

（4）跳纤❶的标识宜采用旗形标签纸形式，标签内容包括但不限于起点、终点、功能用途等内容。起点和终点的内容包括设备编号/插件编号/光口编号等内容，旗形标签纸上标识内容应打两遍（两面标识内容应相同），粘贴方式与尾纤相同。跳纤的标签示例如图 6-3-20 所示。

功能用途：GOOSE跳闸
起点：1n/A07/TX02
终点：ODF1/A/02

功能用途：GOOSE跳闸
起点：1n/A07/TX02
终点：ODF1/A/02

图 6-3-20　跳纤标签

（5）光缆、尾缆备用纤芯的标识宜采用旗形标签纸形式，标签内容包括但不限于所在尾缆或光缆的编号等内容。旗形标签纸上标识内容应打两遍（两面标识内容应相同），粘贴方式与尾纤相同。备用纤芯的标签示例如图 6-3-21 所示。

尾缆编号：2Y-WL130
功能用途：备用

尾缆编号：2Y-WL130
功能用途：备用

图 6-3-21　备用纤芯标签

对于智能化变电站，由于使用的尾缆、尾纤（跳纤）数量众多，为了运维人员方便的识别光纤的功能，尾缆、尾纤（跳纤）宜根据功能采用不同颜色的标签，例如 GOOSE（含 GOOSE、SV 共网）、线路保护通道采用红色标签，SV 采用黄色标签，同步对时采用蓝色标签，备用尾纤（跳纤）采用白色标签。

---

❶ 跳纤（optical fiber jumper）：跳接光纤的简称，一般情况指的是两端预制连接器的光纤。跳纤主要用于设备间光端口的直接连接，例如 ODF 之间的连接、设备到 ODF 的连接等。

第四节 同 轴 电 缆

一、基础知识

（一）同轴电缆

同轴电缆（coaxial cable）是指有两个同心导体，内导体作为信号传输线，外导体作为屏蔽层，而导体和屏蔽层又共用同一轴心的一类电缆。

同轴电缆一般由四层结构组成，其结构如图 6-4-1 所示，由里到外分别是中心导体、绝缘层、屏蔽层、护套。

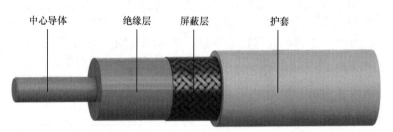

中心导体　　　　绝缘层　屏蔽层　　　　护套

图 6-4-1　同轴电缆结构图

中心导体可以是单股或多股铜线，是主信号通道；绝缘层的作用是使用绝缘介质将中心导体与屏蔽层隔开，保证它们之间的距离始终如一，这样沿同轴线分布的电容和电感会在整个绝缘层结构中产生分布阻抗，即同轴电缆的特性阻抗；屏蔽层为同轴线的两个导体之一，通常为使用导体绞合而成的编织层或编织层加铝箔构成，通过两端接地作为屏蔽层，用以屏蔽中心导线及外部的电磁辐射；护套使屏蔽层导体与外部绝缘，同时起到保护电缆的作用，通常由 PVC 材料构成。

同轴电缆主要用于传输高频的交流信号，在单位时间内中心导体内电流方向发生多次的逆转。

如果使用一般电线传输高频率电流，这种电线就会相当于一根向外发射无线电的天线，这种效应损耗了发射信号的功率，使得接收到的信号强度减小。

同轴电缆的同心导体的设计正是为了解决这个问题。中心电线发射出来的无线电被网状导电层所隔离，网状导电层可以通过接地的方式来控制发射出来的无线电。在传输电磁（EM）能量时产生的损耗比在自由空间传播条件下的天线要少得多，产生的干扰也更少，具有低损耗和高隔离度的特点。

同轴电缆的优点是可以在相对长的无中继器的线路上支持高带宽通信，而其缺点也是显而易见的：一是体积大，电缆的直径粗，要占用电缆管道的大量空间；二是不能承受缠结、压力和严重的弯曲，这些都会损坏电缆结构，阻止信号的传输；三是成本高，而所有这些缺点正是双绞线能克服的，因此在现在的局域网环境中，基本已被基于双绞线的以太网物理层规范所取代。

变电站中同轴电缆主要被用于数据网通信适配器与 DDF 之间的连接、保护复用通道光电转换设备 2M 电接口至 DDF 之间的连接、卫星对时同步系统设备、视频监控设备之间的连接等。常见的 50Ω/75Ω 的 2M/45M/155M 中继线，均采用同轴电缆。

（二）同轴电缆的特性阻抗

同轴电缆存在一个问题，就是如果电缆某一段发生比较大的挤压或者扭曲变形，那么中心导体和屏蔽层之间的距离就不是一致的，这会造成内部的无线电波会被反射回信号发送源。这种效应降低了可接收的信号功率。为了克服这个问题，中心导体和绝缘层之间被加入一层绝缘介质来保证它们之间的距离始终如一。这样同轴线平均分布的电容和电感会在整个结构中产生平均分布的电阻损耗，使得沿线的损耗具有可预测性。

这种沿同轴线平均分布的电容和电感会产生的分布阻抗，称为同轴电缆的特性阻抗。同轴电缆的特性阻抗用公式表示为

$$Z = \sqrt{\frac{R + j\omega L}{G + j\omega C}} \qquad \left(\omega = 2\pi f\right) \tag{6-4-1}$$

式中：R 为单位长度的电阻；L 为单位长度的电感；G 为单位长度的电导；j 为复数虚部；C 为单位长度的电容。

由式（6-4-1）可知，特性阻抗随着频率 f 的变化而变化。

假定内外导体都是理想导体，则 R 和 G 忽略不计，可得

$$Z = \sqrt{\frac{L}{C}} \tag{6-4-2}$$

即特性阻抗与频率无关，完全取决于电缆的电感和电容。

电感和电容则与导体材料、内外导体间的介质和内外导体直径有关，所以同轴电缆的特性阻抗用公式表示为

$$Z = \frac{60}{\sqrt{\varepsilon}} \ln \frac{D}{d} \tag{6-4-3}$$

式中：ε 为绝缘体的相对介电常数，其随着材料种类密度的不同而不同；D 为外导体内径，d 为内导体外径。

同轴线按不同阻抗值共分两类：50Ω 和 75Ω。其中，50Ω 型号主要用于数字信号传输，75Ω 型号则用于视频信号传输。

为保证最佳传输效果，同轴电缆连接的终端负载阻抗应尽量等于同轴电缆的特性阻抗。

（三）同轴电缆的衰减特性

同轴电缆的衰减特性通常用衰减常数来表示，即单位长度（如 100m）电缆对信号衰减的分贝数。信号在同轴电缆里传输时的衰耗与同轴电缆的尺寸、介电常数、工作频率

有关，用公式表示为

$$A = \frac{3.56\sqrt{f}}{Z}K + C \qquad (6\text{-}4\text{-}4)$$

式中：f 为传输信号频率；Z 为特性阻抗；K 为由内外导体直径、电导率及形状决定的常数；C 较小，可忽略。

即衰减常数与信号工作频率的平方根成正比，频率越高，衰减常数越大，频率越低，衰减常数越小。

（四）同轴电缆的型号

同轴电缆的型号由型式代号和规格代号构成，型式代号连续编号，规格代号各字段中间用短横线分开，如图 6-4-2 所示。

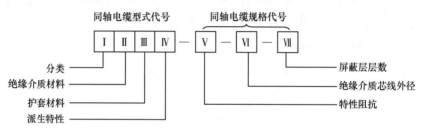

图 6-4-2　同轴电缆型号构成图

同轴电缆的型式含义如表 6-4-1 所示。

表 6-4-1　　　　　　　　　同轴电缆型号构成含义表

Ⅰ：分类代号及意义					
S	同轴射频	SE	射频对称电缆	ST	特种射频电缆
Ⅱ：绝缘介质材料代号及意义					
Y	聚乙烯	F	聚四氟乙烯	X	橡胶
W	稳定聚乙烯	D	聚乙烯空气	U	氟塑料空气
Ⅲ：护套材料代号及意义					
V	聚氯乙烯	Y	聚乙烯	W	物理发泡
D	锡铜	F	氟塑料		
Ⅳ：派生特性代号及意义					
Z	综合/组合电缆（多芯）	P	多芯再加一层屏蔽铠装		
Ⅴ：特性阻抗代号及意义					
用阿拉伯数表示同轴电缆的特性阻抗，单位为欧姆（Ω），如 50、75、120 分别表示特性阻抗为 50、75、120Ω					
Ⅵ：绝缘介质芯线外径代号及意义					
用整数值标识绝缘介质芯线外径值，以毫米（mm）为单位。表示为 1、2、3、4、5					
Ⅶ：屏蔽层层数代号及意义					
用整数值标识屏蔽层的层数，一般屏蔽层有一层、两层、三层及四层。表示为 1、2、3、4					

（五）同轴电缆连接器

同轴电缆一般安装在设备与设备之间。在与设备连接时无法直接接入，必须在电缆及每个连接位置上都安装连接器。同轴连接器是以最小的回波损耗❶和插入损耗❷连接通信线路之间或通信线路和结构的连接体。

变电站中常用的同轴电缆连接器一般为以下两种。

（1）L9 连接器：俗称 L9 头，国际上一般称作 1.6/5.6 连接器，又叫做西门子同轴头，因西门子 DDF 使用的同轴连接器而得名，具有螺纹锁定机构。变电站内常用作 DDF 侧常用同轴连接器，在部分保护复用通道 2M 设备电接口侧也有使用。如图 6-4-3 所示，变电站内常见的有直形结构连接器，也有弯形结构连接，其结构由连接器保护套筒、压接套筒、连接器插头组成。连接器材质一般为全铜镀镍，插头中导体材质一般为铜镀金。

L9 连接器主要优点为：

1）接头制作时屏蔽线整体压接在芯线周围，阻抗匹配，屏蔽完全，效果较好。

2）插入损耗低，回波损耗大。

3）结构紧凑，抗震性强，耐腐蚀性强。

主要缺点为：

1）制作时需使用电烙铁、专用压线钳等多种工具，因芯线焊接处空间较少，可能会虚焊。

2）价格较高。

(a) L9连接器结构　　　　(b) L9直形连接器　　　　(c) L9弯形连接器

图 6-4-3　L9 同轴电缆连接器

（2）BNC 连接器：BNC（Bayonet Neill-Concelman）直译为"尼尔-康塞曼卡口"，得名于发明者贝尔实验室的保罗·尼尔（发明了 N 端子）和安费诺公司的工程师卡尔·康塞曼（发明了 C 端子）及其锁定方式，俗称 Q9 头，常用于变电站通信适配器（通信接口板卡）侧，也用于部分变电站视频监控系统设备间连接，锁定机构为卡口。如图 6-4-4

---

❶ 回波损耗（return loss）：又称为反射损耗。回波损耗是传输线端口的入射波功率与反射波功率之比，以对数形式的绝对值来表示，单位是 dB。它是电缆链路由于阻抗不匹配所产生的反射，不匹配主要发生在连接器的地方，但也可能发生于电缆中特性阻抗发生变化的地方；回波损耗越大表示匹配越好，0 表示全反射，无穷大表示完全匹配。

❷ 插入损耗：传输系统输出端与元件或器件连接时产生的功率损耗，它表示为同一负载上接入前后所测得的衰减值，单位是 dB。

所示，其结构由压接套筒、连接器插头组成。连接器材质与L9连接器基本一致。

Q9连接器主要优点为：

1）视频信号传输中抗干扰能力强，图像清晰稳定。

2）能快速连接和分离，适合频繁连接和分离的场合。

主要缺点为：

1）相对体积较大，需要更多的空间来安装。

2）有不耐振动和冲击的缺点，在某些情况下，连接器容易松脱，导致通信中断。

(a) Q9连接器   (b) Q9连接器结构

图6-4-4　Q9同轴电缆连接器

二、同轴电缆的装配过程及规范

（一）同轴电缆与连接器的装配方式

同轴电缆与同轴连接器的装配方式主要有以下几种：

（1）直焊式：电缆内导体与连接器内导体；半刚性电缆外导体与连接器外导体锡焊连接，需要用专用装配工具。

（2）压接式：电缆屏蔽层被压接套管用专用压接钳压接固定在连接器上，结构简单，装接速度快，一致性好，可靠性高，该结构适用于柔性电缆。

（3）夹持式：装配连接器和电缆时，利用螺母结构，把电缆屏蔽层通过夹持机构与连接器外壳外导体连接并固定，该结构适用于柔性电缆与馈线电缆。

（二）同轴电缆与连接器的装配过程

工具、仪表和材料：剥线钳、压线钳（包括2.5mm钳口）、同轴电缆、L9/Q9连接器。

下面以变电站常用的L9/Q9连接器与同轴电缆装配为例分别说明装配的流程。

1. 直式BNC连接器装配过程

（1）首先是根据同轴线材的不同，按照图示尺寸将同轴电缆剥开，露出同轴电缆屏蔽层导体、同轴电缆绝缘层和同轴电缆内导体，如图6-4-5所示。剥开的同轴电缆保留屏蔽层导体长度L_1、保留的绝缘长度L_2和护套剥开长度L_3的推荐长度为：L_1为5～6mm，L_2为7～9mm，L_3为10～12mm。

剥同轴电缆护套时需要注意，不要划伤同轴的外导体。如果无法判断线材的剥线尺寸，可根据连接器的尺寸来定义线材剥线尺寸。

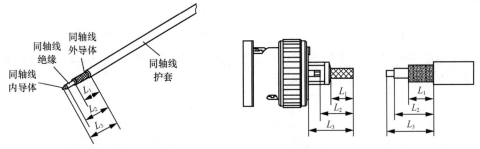

图 6-4-5　Q9 同轴电缆护套剥线尺寸

（2）将热缩套管和 BNC 连接器压接套筒按先后顺序套入同轴电缆中，如图 6-4-6 所示。

（3）将同轴电缆的屏蔽层导体展开成喇叭形，如图 6-4-7 所示。需要注意的是，如果 BNC 连接器插头适配的线径规格比同轴电缆外径大很多，应将同轴线屏蔽层导体拧成一股，不需要展开，以免压接不紧。

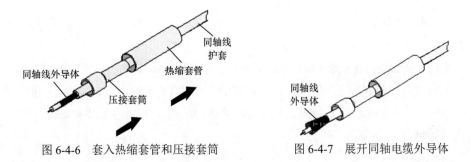

图 6-4-6　套入热缩套管和压接套筒　　　　图 6-4-7　展开同轴电缆外导体

（4）将同轴电缆的剥出的绝缘层和内导体插入 BNC 连接器插头，同轴电缆屏蔽层导体部分包裹住 BNC 连接器的外导体，如图 6-4-8 所示。

（5）用焊接工具将同轴电缆的内导体焊接到 BNC 连接器插头的内导体上，如图 6-4-9 所示。需注意焊点应牢固、光滑，无虚焊。

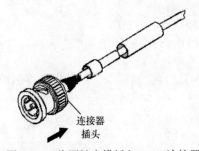
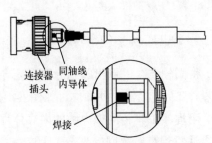

图 6-4-8　将同轴电缆插入 BNC 连接器　　　图 6-4-9　焊接内导体

（6）将压接套筒往 BNC 连接器方向推，压紧同轴电缆的屏蔽层导体，用专用压接钳将压接套筒与同轴连接器插头压接在一起，如图 6-4-10 所示。需要注意的是，如果 BNC

连接器插头适配的线径规格比同轴电缆外径大很多，应使用压线钳压接两次，压接完一次后还需旋转 90°再压接一次，压接完毕后压接套筒不得转动或轴向窜动。

（7）用热风枪吹缩热缩套管，使套管紧紧包覆住压接的套筒，如图 6-4-11 所示。BNC 连接器与同轴电缆的装配完成。

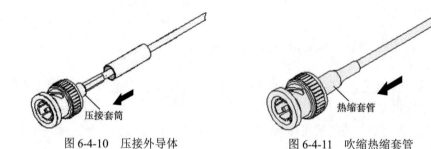

图 6-4-10　压接外导体　　　　　　　图 6-4-11　吹缩热缩套管

2. 直式 L9 连接器装配过程

（1）剥开的同轴电缆保留屏蔽层导体长度 L_1、保留的绝缘长度 L_2 和护套剥开长度 L_3 的推荐长度与 BNC 连接器装配中剥开长度相同。

（2）将 L9 连接器保护套筒、压接套筒先后套入同轴电缆中，如图 6-4-12 所示。

（3）将同轴电缆的屏蔽层导体展开成喇叭形，如图 6-4-13 所示。需要注意的是，如果 L9 连接器插头适配的线径规格比同轴电缆外径大很多，应将同轴线屏蔽层导体拧成一股，不需要展开，以免压接不紧。

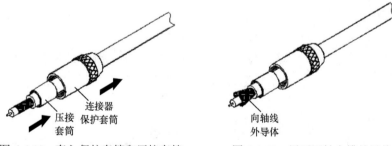

图 6-4-12　套入保护套筒和压接套筒　　　图 6-4-13　展开同轴电缆外导体

（4）将同轴电缆的剥出的绝缘层和内导体插入 L9 连接器插头，同轴电缆屏蔽层导体部分包裹住 L9 连接器的外导体，如图 6-4-14 所示。

（5）用焊接工具将同轴电缆的内导体焊接到 L9 连接器插头的内导体上，如图 6-4-15 所示。需注意焊点应牢固、光滑，无虚焊。

（6）将压接套筒往连接器方向推，压紧同轴电缆的屏蔽层导体，用专用压接钳将压接套筒与 L9 连接器插头压接在一起，如图 6-4-16 所示。需要注意的是，如果 BNC 连接器插头适配的线径规格比同轴电缆外径大很多，应使用压线钳压接两次，压接完一次后还需旋转 90°再压接一次，压接完毕后压接套筒不得转动或轴向窜动。直式 L9 连接器与同轴电缆的装配完成。

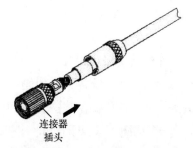

图 6-4-14　将同轴电缆插入 L9 连接器插头

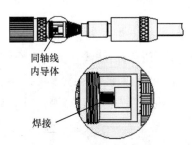

图 6-4-15　焊接内导体

（三）同轴电缆的标识制作规范

同轴电缆、多芯同轴电缆标识宜采用标牌形式。标牌的内容包括但不限于电缆编号、起点、终点、功能用途等，所以起点和终点的内容宜包括屏柜名称（屏柜编号）或连接设备编号，同轴电缆的标牌示例如图 6-4-17 所示。

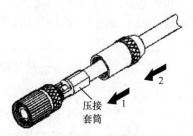

图 6-4-16　压接外导体

编号：	1YTZ-101
用途：	保护纵联通道
起点：	XX通信接口设备屏/1n
终点：	XX综合配线屏/ODF1/11-14

图 6-4-17　同轴电缆标牌

同轴电缆芯线标识宜采用旗形标签纸形式，标签内容包括但不限于电缆编号、起点、终点等内容。起点和终点的内容包括屏柜名称（屏柜编号）/设备编号/插件编号/接口编号等内容。同轴电缆的标牌示例如图 6-4-18 所示。

编号：	1YTZ-101	编号：	1YTZ-101
起点：	10J/1n/电口1	起点：	10J/1n/电口1
终点：	27J/ODF1/11	终点：	27J/ODF1/11

图 6-4-18　同轴电缆芯线标签

标签标识内容应采用标签打印机打印，字迹应清晰、工整，且不易脱色，不应采用手写的方式编写标签内容。

同轴电缆芯线标签的粘贴过程与网络线、光纤标签方法基本一致，标签粘贴的位置宜选择在距离同轴连接器底部 1～2cm 处，标签的朝向应一致。

第五节　变电站通信线缆的敷设

一、基础知识

（一）变电站通信线缆连接

变电站内的通信线缆包括前文介绍的双绞线缆、光纤线缆及同轴线缆；完整的通信线缆通道不但包括通信线缆本身，还包括用于连接通信线缆的设备［比如光纤配线架（ODF）、音频配线架（VDF）❶、数字配线架（DDF）❷、光缆终端盒等］，用于布线及储藏线缆的设备［如机架式储纤盒❸、垂直储纤仓❹、布线网格板❺（以下简称网格板）、线槽等］及通信线缆接入的终端设备（如各类保护测控装置、交换机、路由器、光端机❻等）。

以一个 110kV 智能化变电站为例，其通信网络构成如图 6-5-1 所示。变电站的通信网络大致可以分为两级，一级是变电站与变电站或调度之间进行数据传输的电力通信主干网络，一级是变电站内设备之间进行数据传输的站内通信网络。

变电站的电力通信主干网络通常是通过变电站出线线路的 OPGW 光缆引入，OPGW 光缆经线路龙门架上的接续盒接续后，通过电缆沟道进入通信机房或控制室内（110kV 变电站通常将控制室、保护室及通信机房合并为一间房间）。

进入控制室的光纤线缆在综合配线柜内的光纤配线架（ODF）完成接续，通过光纤配线架（ODF）进行光缆分配，主要分为保护的专用通道及调度数据网通道。

保护专用通道通过光纤线缆由光纤配线架（ODF）接入保护屏柜，通过保护屏柜内的光缆终结盒转接入保护装置。

调度数据网通道通过光纤配线架（ODF）接续后，由光纤线缆连接至光端机，通过光端机的调制解调后，转换为电信号，由光端机的 2M 口使用同轴电缆引出至综合配线柜内数字配线架（DDF），再由数字配线架（DDF）接续后通过同轴电缆连接至控制室内的调度数据网设备屏柜内数据网路由器，然后经过屏柜内的调度数据网设备（路由器、交换机、纵向加密设备、网络安全设备等设备）的转换，变为数字信号使用以太网络线缆引出，最终接入变电站内的远动机、电量采集系统、视频监控系统、防误系统等需要与调度端进行数据通信的设备，实现这些设备与调度端的数据交换。

---

❶ 音频配线架（view description file，VDF）：又称为音频配线单元，提供通信传输中的音频传输作用，在通信传输中起到至关重要的作用。

❷ 数字配线架（digital distribution frame，DDF）：数字配线架又称高频配线架，它能通过接入同轴电缆使数字通信设备的数字码流的连接成为一个整体，从速率 2~155Mbit/s 信号的输入、输出都可终接在 DDF 上，这为同轴线缆配线、调线、转接、扩容都带来很大的灵活性和方便性。

❸ 机架式储纤盒（rack-mounted storing case）：一种机架式水平安装的设备，用于屏柜内光纤线缆的布线、盘绕以及存储保护。

❹ 垂直储纤仓（vertical storing cabin）：一种在屏柜侧面垂直安装的设备，用于屏柜内光纤线缆的布线、盘绕以及存储保护。

❺ 布线网格板（wiring matrix cabin）：一种安装在屏柜侧壁，由金属条构成的网格状设备，用于屏柜内光纤线缆的布线、盘绕以及存储保护。

❻ 光端机（optical transmitter and receiver）：光端机是光通信系统中的传输设备，主要是进行光电转换及传输功用，就是将多个 E1（一种中继线路的数据传输标准，通常速率为 2.048Mbit/s，此标准为中国和欧洲采用，也就是俗称的 2M）信号变成光信号并传输的设备。

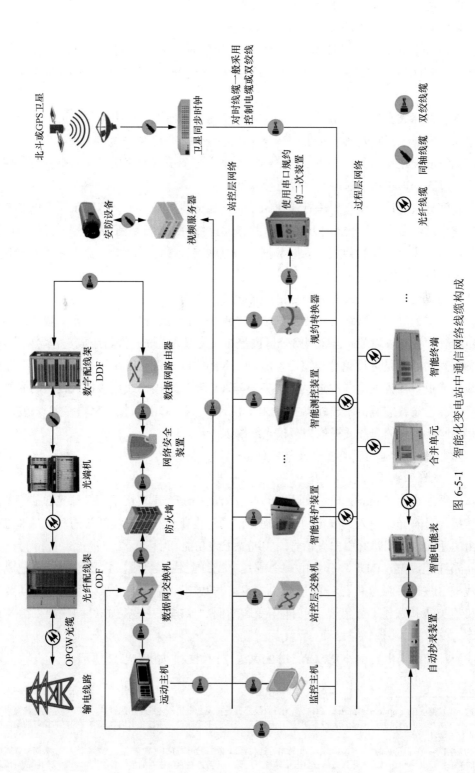

图 6-5-1　智能化变电站中通信网络线缆构成

电力通信主干网络部分使用的光纤线缆均为单模光纤线缆。

智能化变电站的站内通信网络分为两层，第一层为站控层网络，由远动机、各类保护、测控装置、故障录波器、后台监控机等装置组成的以太网络，各装置通过以太网口引出以太网络线缆，接入站控层交换机，通过交换机进行设备之间的数据的采集与交换。

这层网络大多采用网络线缆，如果变电站为小室布置，则小室与主控室之间的通信也是通过安装光纤收发器（FOT）❶来实现，小室与主控室各安装一个光纤收发器，一端使用光纤线缆连接，另一端引出网络线接入小室与主控室的交换机；如小室与主控室距离不超过 50m，也可以通过网络线直接联系。

一部分只能通过串行口进行通信的设备，如一些早期保护、直流系统、电能表等，可以使用网络线 4 对双绞线中的一对直接接入设备的串行接口❷，另一端通过专用的规约转换器，将串口数据转换成以太网数据，通过网络线接入远动机、电量采集系统等与通信主干网络连接的设备。

常规变电站保护站内网络只有站控层一层。

第二层为过程层网络，是由变电站各类保护、测控装置、合并单元、智能终端、智能电能表、智能故障录波器、网络分析仪等二次装置通过光交换机组成过程层以太网络，设备之间的通信是通过光纤线缆连接的，接入的方式也是通过光缆、尾缆连接，这些光纤线缆通过户内外的电缆沟道、电缆夹层等通道互相连接，或直接接入设备的光接口，或经各二次设备的屏柜或户外集控柜内的光纤配线箱（ODF）接续后再接入设备光接口，过程层网络使用的光纤线缆均为多模光纤线缆。

（二）变电站通信网络接续及辅助设备

1. 光纤配线箱

光纤配线箱（optical fiber distribution box，ODB），主要用于光缆与光通信设备的配线连接，具有光缆引入、固定和保护功能，同时也兼具存储光缆纤芯的功能。通过配线箱内的适配器，用跳纤引出光信号，实现光配线功能。

光纤配线架（ODF）一般由一个或几个光纤配线箱组成，它既可独立装配成光纤配线架，安装在独立的光纤配线柜内，也可与数字配线单元、音频配线单元同装在一个机柜架内构成综合配线架。智能化变电站的二次屏柜中也将光纤配线箱安装于屏柜的下方。

光纤配线箱主要由外壳、光纤分配盘等结构组成，如图 6-5-2 所示。

---

❶ 光纤收发器（fiber optic transmitter，FOT）：光纤收发器都是实现光电信号转换作用的设备，其一端是接光传输系统，另一端（用户端）出来的是 10/100M 以太网接口。光纤收发器的主要原理是通过光电耦合来实现的，对信号的编码格式没有什么变化。

❷ 串行接口（serial interface）：简称串口，也称串行通信接口或串行通信接口（通常指 COM 接口），是采用串行通信方式的扩展接口。串行通信方式是指数据一位一位地顺序传送。其特点是通信线路简单，只要一对传输线就可以实现双向通信（可以直接利用电话线或双绞线作为传输线），从而大大降低了成本，但传送速度较慢。

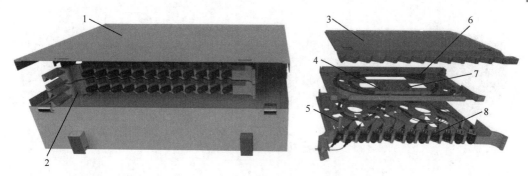

图 6-5-2　光纤配线箱结构

1—外壳；2—光纤分配盘；3—顶盖；4—熔纤盘；5—配线盘；6—尾纤；7—熔接固定板；8—连接法兰

（1）外壳：外壳主要由采用了表面喷涂工艺和加厚镀锌钝化处理冷轧钢板构成，侧边开有缺口供外部光纤线缆进入；中部安装有抽屉式结构，可以安装一个到多个光纤分配盘，需对光纤进行操作时可抽出，完毕后放回，也可根据需安装的光纤线缆配置不同大小的外壳或不同数量的光纤分配盒；外壳前部有活动面板，可以方便开启，便于安装光纤分配盒及熔接光纤，面板背面贴有标签纸，用于记录分配盒内光纤的信息。

（2）光纤分配盘：光纤分配盘结构为可开启上下层结构：下层为配线盘，上层为熔纤盘，顶部还有一个可以开启的顶盖。

配线盘用于有顺序地存放预留尾纤，尾纤的连接器与配线盘配置的连接适配器（法兰）连接，预留尾纤的长度不小于 1.6m，盘放的曲率半径不小于 32mm，并有为重新接续提供容易识别纤号的标记和方便操作的空间。

熔接盘主要用于预留尾纤与外部光纤线缆的熔接，其与配线盘由转轴连接，可以旋转开启，预留尾纤沿配线盘的走线架盘绕，经熔接盘上的开孔绕至熔接盘内，再经熔接盘内的线架盘绕，尾纤头与引入的光缆纤芯熔接，熔接后将熔接管固定在熔接固定板的槽位内，即完成光纤线缆的接续操作，将分配盘插入对应层位即可。

光纤分配盒内的尾纤通常为生产厂家预制。

顶盖主要起保护内部的光纤线缆及防尘的作用。

2. 光缆接续盒

光缆接续盒俗称光缆接头盒，又称光缆接续包、光缆接头包、炮筒。属于机械压力密封接头系统，是相邻光缆间提供光学、密封和机械强度连续性的接续保护装置。主要适用于各种结构光缆的架空、管道、直埋等敷设方式的直通和分支连接。

光缆接头盒一般有帽式和卧式两种，以卧式接头盒为例，其结构大体分为 3 个部分，如图 6-5-3 所示。

（1）外护套和密封部分（外壳）。其中外壳是接头盒的最外层，主要承担密封功能。一般要求在 20 年内能够有效地保持防水、防潮气和防止有害气体浸入的性能。接头盒的外壳都采用塑料制品，在保证耐磨蚀之外，还应考虑材料耐老化及绝缘性能等都应满足 20 年寿命的要求。

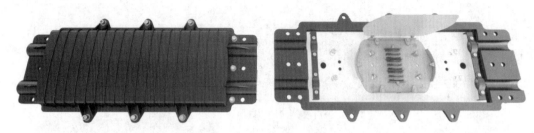

图 6-5-3　光纤接头盒结构

（2）护套支撑部分（支承件）。护套支撑部分是接头盒的骨架，包括支架、光缆固定夹和光纤收容盘等。它们使接头盒有一定的机械强度，以抵御侧向应力对其中光纤的影响，要求光缆接头盒施加压力达其强度 70%时，其中的光纤性能仍不受影响。

（3）缆内连接部分（连接件）。缆内连接部分是服务于对接的一些辅助元件，如连接加强芯用的金属套管或者连接夹板，连接接头两端光缆铝护层的过桥线等。

3．光缆终端盒

光缆终端盒（optical fiber terminal box，OTB），是光纤传输通信网络中的终端配线的辅助设备，是敷设的光缆终端和尾纤熔接的盒子，与光纤配线箱相比，它也有光缆纤芯接续、固定和保护、存储的功能，但使用场景更加灵活，可以安装在屏柜内部，也可以安装在墙壁上。

变电站内通常将光缆终端盒用于保护光纤通道的接续，也有一部分用于各保护小室间联络光缆的接续，光纤终端盒安装时一般用螺栓固定安装在保护屏柜下部的支架上。

光纤终端盒主要由盒体、顶盖、熔纤盘、光缆固定架等结构组成，如图 6-5-4 所示。

（1）盒体：光缆终端盒盒体材质选用冷轧钢板制作而成，采用优质冷轧钢板经过除油、除锈、磷化、钝化处理，盒体与顶盖使用螺栓连接，拆装方便，盒体和顶盖组成的外壳对盒中的光纤线缆起到了保护及防尘的作用。

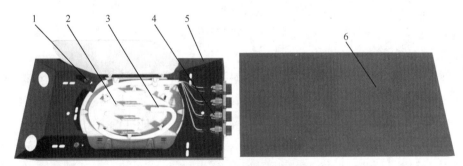

图 6-5-4　光纤终端盒结构

1—光缆固定架；2—熔纤盘；3—尾纤；4—连接适配器；5—盒体；6—顶盖

（2）光缆固定架：用于固定光缆，便于安装和维护。光缆剥开后，将光缆内的钢丝插入固定架的孔内，用螺栓拧紧，固定住光缆，减少光缆纤芯的拉力，延长光纤使用寿命。

（3）熔纤盘：熔接盘主要用于尾纤与外部光纤线缆的熔接，尾纤连接头插入盒体上预装的适配器（法兰）内，另一端沿熔接盘的走线架盘绕，与引入的光缆纤芯熔接，熔接后将熔接管固定在熔接固定板的槽位内，即完成光纤线缆的接续操作。

4. 储纤盒

通常跳纤和尾缆纤芯的长度是生产的时候预制的，与连接设备间需要的长度不匹配，连接时总是留下一段多余长度的光纤，如果任由多余光纤留在屏柜不作处理，就可能出现光纤弯曲角度过大的现象，使光纤受损甚至折断而导致通信中断。

储纤盒起到了将连接各设备之间的跳纤或尾缆纤芯的多余长度引入、固定、储存、保护的作用，防止环境变化、外力作用对光纤的影响，降低故障率。

变电站内通常将盘纤盒用螺栓固定安装在保护屏柜下部，光纤配线箱的上方支架上。

储纤盒主要由外壳、托盘、走线架等结构组成，如图6-5-5所示。

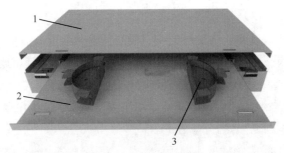

图 6-5-5　储纤盒结构
1—外壳；2—托盘；3—走线架

（1）外壳：外壳结构与光纤配线箱大致相同，两个侧边都开有缺口供跳纤和尾缆纤芯进入；中部安装有抽屉式结构的沟槽，在需对光纤进行盘纤操作时可抽出，完毕后放回，外壳前部有活动面板，可以方便开启。

（2）托盘：托盘为抽屉式结构，在需对光纤进行盘纤操作时可抽出，完毕后放回。

（3）走线架：托盘中间位置安装有走线架，走线架形状为弧形，方便光纤沿走线架的弧形方向进行盘绕，盘绕的圈数由多余的长度决定，走线架有一定的高度，可以容纳多根光纤进行盘绕，走线架中心还有螺栓孔，方便以叠加的方式再安装一层走线架。

储纤盒除了有机架式储纤盒外，还有垂直式储纤仓，一般安装在二次屏柜的侧面。多见于通信用综合配线柜及智能化变电站的二次屏柜内。

5. HDPE硅芯管

HDPE 硅芯管是通信线缆敷设中常使用的一种管材，它是一种内壁带有硅胶质固体润滑剂的新型复合管道，简称硅管，如图6-5-6所示，硅管密封性能好，耐化学腐蚀，工程造价低。

图 6-5-6　硅管

硅管的主要原材料外层为高密度聚乙烯（PE）管道，芯层为摩擦系数最低的固体润滑剂硅胶质，被同步挤压进高密度聚乙烯管道壁内，且均匀地分布整个管道内壁，不会剥落、脱离，与硅管同寿命。

内壁的硅芯层与高密度聚乙烯具有相同的物理和机械特性，抗拉强度高，弯曲半径小，可根据施工环境及地形弯曲铺设，能有效保护其中的通信线缆。

内壁硅芯层的摩擦特性保持不变，通信线缆可以在管道内可反复抽取。

内壁硅芯层不与水反应，不会产生对通信线缆有害的化学物质，意外事故后可用水冲洗管道。

二、站内通信光纤线缆敷设

（一）户外通信光纤线缆敷设

一般变电站户外敷设的通信光缆分成出线间隔构架上引入的 OPGW 光缆和电缆沟道中敷设的导引光缆或户外设备之间、户外设备与控制室内设备间的通信光缆两部分。

1. OPGW 引下光缆的敷设

OPGW[1]光缆是变电站通信主干网的主要引入部分，一般是在变电站出线间隔的构架处进行接续引入变电站，如图 6-5-7 所示。

OPGW 光缆引下线应顺构架方向固定可靠，每隔 1.5～2m 安装一个固定绝缘卡具，光缆与构架间距不应小于 50mm。

OPGW 光缆由于也负担高压输电线路的地线功能，所以接地应采用可靠接地方式，至少两点接地，分别在构架顶端、下端固定点（余缆前）通过匹配的专用接地线或截面积相同的 OPGW 光缆余料可靠接地。当采用三点接地时，第三点应设置在余缆架后。

引下光缆经余缆架盘绕后至光缆接续盒（接头盒），与至通信机房或控制室内的综合配线架的导引光缆进行接续，其弯曲半径不应小于 20 倍的光缆直径。

余缆架应使用钢抱箍固定。对于铁塔，应安装于铁塔底部的第一个横隔面上；对于水泥杆，应安装于导线横担下方 5～6m；对于龙门构架，余缆架底部距离地面宜为 1.5～2m。

余缆盘应整齐有序，不得交叉和扭曲受力，捆绑应采用不锈钢带，且应不少于 4 处捆扎。每条光缆盘余量不应小于光缆放至地面加 5m。

---

❶ 光纤复合架空地线（optical fibre composite overhead ground wire，OPGW）：是将光纤采用铝包钢线或铝合金线导线包裹，制成架空高压输电线的地线，用以构成输电线路上的光纤通信网，这种结构形式兼具地线与通信双重功能，一般称作 OPGW 光缆。

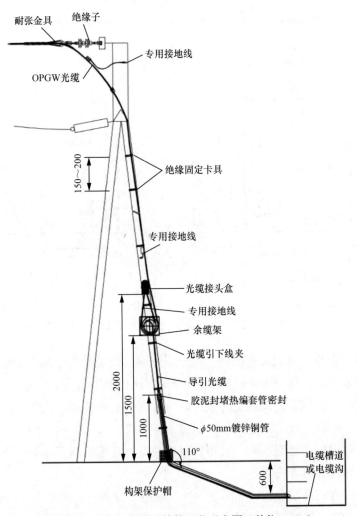

图 6-5-7　OPGW 敷设及接线工艺示意图（单位：mm）

　　光缆接续盒安装高度宜在余缆架顶端上方不小于 0.5m。接续盒宜采用不锈钢等耐腐蚀材料捆扎固定在杆塔上，安装固定可靠，无松动，防水密封措施良好。帽式接续盒安装应垂直于地面，卧式接续盒应平行于地面。

　　引下光缆与导引光缆在接续盒的光纤预留量不小于 500mm，弯曲半径不应小于 30mm。熔接时，同规格光缆光纤接续色谱应保持一致。熔接完成封盒前，应对熔纤盘的接续和盘纤情况进行拍照，标明杆塔编号，作为验收资料。

　　导引光缆由龙门构架引下至电缆沟，地埋部分应穿热镀锌管保护，并穿绝缘套管进行绝缘，两端做防水封堵。余缆箱、钢管与站内接地网应可靠连接，钢管直径不应小于 50mm，绝缘套管直径不应小于 32mm，钢管弯曲半径不应小于 15 倍钢管直径。

　　2. 导引（通信）光缆在电缆沟道内的敷设

　　导引光缆、通信光缆应采用具有阻燃、防水功能的非金属光缆，并应采用非金属阻燃子管或金属槽盒进行保护。阻燃子管内径不应小于32mm。非金属阻燃子管或金属槽盒宜配置在电缆缆沟底层支吊架上。如图6-5-8所示。

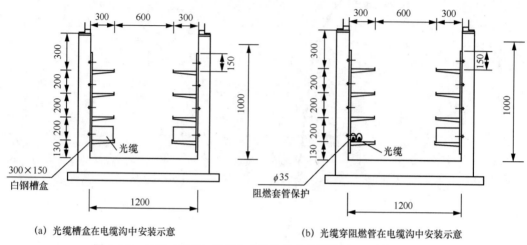

(a) 光缆槽盒在电缆沟中安装示意   (b) 光缆穿阻燃管在电缆沟中安装示意

图6-5-8　导引（通信）光缆在电缆沟道内的敷设图示（单位：mm）

光缆敷设时应与一次动力电缆分开（分层分侧）敷设，在电缆沟（竖井）内采用加装防护隔板等措施进行有效隔离。具备条件的站点应采取分电缆沟（竖井）布放。

光缆敷设时，光缆应由绕盘上方放出，并应保持松弛弧形，光缆敷设过程中应无扭结现象发生。

光缆敷设时中间不宜有接头。使用密封槽盒敷设光缆应顺直，不宜交叉，在缆线进出槽盒部分，转弯处应绑扎固定。

光缆敷设时宜在两端盘留，光缆在户外配线柜处预留的长度应为3～5m，且不影响光纤接续操作为准。在终端盒、配线箱终接时光缆线芯预留长度不应小于0.5m，光缆纤芯在终端盒、配线箱处不做终接时，应保留0.5m的预留长度。

光缆沿电缆沟敷设时（包含阻燃子管）弯曲半径不应小于缆径的25倍，每隔1～2m绑扎固定在支架上，在敷设的直线段每隔10m、两端、转弯处以及穿墙洞处应设置明显标识，导引光缆两端及转弯处应装设规格统一的标识牌，标识牌的字迹应清晰、不易脱落。继电保护用子管宜采用不同颜色，与其他子管加以区别。

室内软光缆(尾纤)弯曲半径静态下应不小于缆径的10倍且弯曲直径不应小于10cm，动态下应不小于缆径的20倍。熔纤盘内接续光纤单端盘留量不少于500mm，弯曲半径不小于30mm。

光缆敷设如果需穿过楼板孔或墙洞应加装子管保护，保护管外径不应小于35mm，做好封堵和防小动物措施。

光缆敷设应与动力电缆有效隔离，电缆沟内光缆敷设应穿管或经槽盒保护并分段固定。

光缆敷设完毕，光缆端头应做密封防潮处理，不得浸水。

（二）户内通信光纤线缆敷设

1. 光纤线缆在电缆层内的敷设

光纤线缆进入保护室、通信机房后时在电缆夹层内宜全程穿放阻燃防护子管或使用防火槽盒。

在室内电缆夹层内敷设的光纤线缆应与原有电缆走向、排列和施工工艺一致，并保持整齐。

光纤线缆在保护室、通信机房内的盘留应留在电缆夹层、防静电地板下。盘留长度应为 1.0～1.5m，且不影响光纤接续操作，在终端盒、配线箱终接时光缆线芯预留长度不应小于 0.5m，光缆纤芯在终端盒、配线箱处不做终接时，应保留 0.5m 的预留长度。

在电缆层水平、垂直梯架或托盘内敷设光纤线缆时，应根据光缆的类别、数量、缆径、缆线芯数分束绑扎。垂直敷设时，在缆线的上端和每间隔 1.5m 处应固定在托盘或托架的支架上；在缆线的首、尾、转弯及每间隔 5～10m 处进行固定，间距应均匀，不宜绑扎过紧或使缆线受到挤压。

光纤线缆应远离裸露的带电体及发热设备，延缓光缆老化速度。

光缆的金属加强芯及金属护套等金属构件（室内侧）不应在屏柜内部接地，金属构件与屏柜及屏柜内设备应绝缘。

2. 光纤线缆在二次屏柜内的引入、固定

引入屏柜的光纤线缆应预留一定长度，余长弧形盘绕于屏柜的下方进行收纳。

常规变电站内，进入二次屏柜内光纤线缆的数量很少，一般只有小室之间的联络光缆和保护装置使用的通道光缆，光纤线缆宜从二次屏柜底部中间预留开孔处引入，如图 6-5-9 所示，应尽量避免光缆与控制电缆一起绑扎固定。

智能化变电站二次屏柜、通信机房光纤配线架等设备，由于进入的光纤线缆较多，宜与控制电缆、其他通信线缆分开引入；光纤线缆宜从二次屏柜底部左侧或中间预留开孔处引入，如图 6-5-10 所示，并合理分配各开孔进柜的线缆数量；应合理考虑光纤线缆的穿入顺序、位置，避免在引入口出现交叉、扭曲现象；在穿入口处应弧度自然、一致。当引入屏柜的光纤线缆单排布置时，上方设备对应的线缆宜布置在靠近屏柜内外部，下方设备对应的线缆宜布置在靠近屏柜内部；层叠布置时，上方设备对应的线缆宜布置在内层，下方设备对应的线缆宜布置在外层。

引入屏柜的光纤线缆宜通过光纤配线箱、光缆终端盒等设备进行光纤回路的分配。当光缆数量超过 2 根或芯数超过 12 芯时宜采用光纤配线箱，单个光纤配线箱内接入光缆纤芯总数不宜多于 96 芯。光缆数量较少时宜使用光缆终端盒。光纤配线箱及光缆终端盒底部与屏柜底部距离不宜小于 250mm，且不宜安装在活动构架上。

光纤线缆在屏柜内应可靠固定，不扭曲变形，防止损伤。光纤线缆和控制电缆应分开独立布线，分区清晰明确，实现光电分离。

图 6-5-9　常规变电站光缆引入屏柜示意图　　图 6-5-10　智能化变电站光缆引入屏柜示意图

　　光缆的固定、开剥处应位于光纤配线箱的下方，与光纤配线箱之间留出适当空间，以便光缆的固定和保护，光缆的外护套及其加强构件宜通过固定装置固定，光缆开剥后，纤芯经光纤保护管保护并固定后引入光纤配线箱。

　　采用光缆终端盒时，可将光缆直接引入光缆终端盒中固定，光缆终端盒的安装位置应便于光纤熔接施工，不应影响其他线缆布线、接线、光纤拔插及装置的检修操作，并可方便拆卸。

　　尾缆及分支器型预制光缆引入屏柜后，其扇出位置应低于装置及储纤设备，避免光纤逆向折弯。扇出前应可靠固定于屏柜侧面网格板或下方的横条上，扇出后宜固定在网格板上，上行直接接入设备或经储纤装置盘纤后接入设备；接入同一装置的尾缆及分支器型预制光缆扇出位置宜在同一高度。

　　3. 屏柜内部光纤回路的连接

　　屏柜内光纤回路的连接可分为固定连接和活动连接。光缆进入屏柜后通过光纤配线箱、光缆终端盒等固定连接应采用熔接方式，从光缆引入屏柜到二次设备的光口端不应多于 3 个光纤活动连接点，屏柜内的设备之间以及预制光缆、尾缆等活动连接应采用跳纤连接方式。

　　光纤线缆熔接或插接后，宜通过光纤配线箱、光缆终端盒等设备进行光纤回路的分配。

　　屏柜内应具备线缆余长、备用光纤的储存能力，应配置机架式储纤盒、垂直储纤仓、网格板等储纤设备。

　　柜内光纤线缆布线方案应合理规划，布线应整齐、清晰、美观、实用，并留有一定裕度，如图 6-5-11 所示。

　　整体上宜横平竖直，不应扭绞、交叉，应满足光纤的弯曲半径要求，避免在进出布线、存储等设备以及接头连接时出现过度折弯、窝折现象，尾纤表皮应完好无损。

　　水平方向：宜按上光下电方式，光纤和导线分别布置在装置的上方和下方，可使用光电分隔式线槽❶，也可使用各自独立的线槽（或机架式储纤盒等）。

---

❶ 光电分隔式线槽（optoelectronic isolated trunking）：一种光纤和导线分开布线的上下式线槽。上槽用于导线布线，下槽用于光纤布线。一般水平安装。

图 6-5-11　屏柜内光纤线缆布线

垂直方向：宜按左光右电方式，光纤和导线分别布置在屏柜的左、右两侧，完全分开。垂直方向上宜配置网格板和垂直储纤仓时，外部引入的光纤线缆应尽量利用网格板、立式储纤盒进行布线和盘绕存储，当无法避免光纤和导线同侧布置时，光纤和导线必须有明显的隔离，不宜共线槽，可使用光电嵌套式线槽❶或 2 个独立线槽。

双重化的继电保护装置、合并单元、智能终端应采用各自独立光缆，且不共用 ODF。两套保护应确保与其他装置的联络关系（如通道、失灵保护等）应一一对应，防止因交叉停用导致保护功能缺失。

同一屏内的不同继电保护装置不应共用光缆、尾缆，其所用光缆不应接入同一组光纤配线架。

预制光缆户外部分应采用插头光缆，户内部分应采用插座光缆。

多模光缆光纤线径宜采用 62.5/125μm，芯数不宜超过 24 芯。

屏（柜）内尾纤应留有一定裕度，且不应直接塞入线槽，应采用盘绕方式用软质材料固定。

尾纤施放不应转接或延长，应有防止外力伤害的措施，不应与电缆共同绑扎，不应存在弯折、窝折现象，尾纤表皮应完好无损。

光纤与装置的连接应牢固可靠、无松动，光口处不应受力，光纤头应清洁无尘，备用光口、尾纤应安装防尘帽。

同一小室内跨屏（柜）的保护用光缆应使用尾缆或铠装光缆，同一屏（柜）内设备间连接应使用尾纤，尾纤线径应与所敷设光缆线径一致。

通过光纤配线箱分配时每层一体化托盘熔接不宜超过两根光缆，12 芯及以下的光缆应熔接在同一层托盘中，多于 12 芯的光缆宜熔接在相邻的托盘中。

---

❶ 光电嵌套式线槽（optoelectronic nested trunking）：一种光纤和导线分开布线的内外式线槽。外槽用于导线布线，内槽用于光纤布线。一般垂直安装。

除纵联通道外的保护用光缆为多模光缆，进入保护室或控制室的保护用光缆为阻燃防水防鼠咬的非金属光缆，每根光缆备用纤芯不少于 20%且不少于 2 芯。

与光纤配线箱、免熔接配线箱连接的跳纤宜从配线箱左侧引出，进入网格板、线槽或垂直储纤仓。光缆进入配线箱后，应可靠固定。

光纤在进入光纤配线箱时，长度应留有一定裕度，方便一体化托盘抽出进行熔接操作。应根据托盘受力情况判断是否可以取出，严禁强行拉出。

光缆开剥后的纤芯应使用光纤保护管进行防护。尾缆扇出部分进入装置前宜采用围绕保护管进行防护。

光纤线缆应避免与屏柜内其他设备的碰撞或摩擦。光缆纤芯、尾纤、跳纤不应塞入线槽，应采用圆弧形盘绕固定于储纤设备内或采用软质材料盘绕固定在网格板上。

尾纤、跳纤在布线、盘绕过程以及完成连接后应满足其弯曲半径的要求，动态弯曲情况下不应小于线缆外径的 20 倍且不小于 60mm，静态弯曲情况下不应小于线缆外径的 10 倍且不小于 30mm。

尾纤、跳纤应采用扎带统一编扎，扎带间距为 100～200mm，光纤配线箱配套的光纤保护管应采用扎带扣紧。尾纤、跳纤应采用软质材料固定，且不应固定过紧。

光纤线缆的备用光纤及余长在储纤设备内应分束捆扎，防止相互缠绕。

尾纤、跳纤与二次设备光口连接时，宜从设备上方的专用线槽或者储纤盒引出，自然下垂。

二次设备的光口出纤处应留有裕度，以保证灵活插拔光纤。备用的装置光口、光纤活动连接器应注意防尘，未连接的光纤插头应安装防尘帽。

双重化配置保护装置的光纤线缆宜通过不同的光纤配线箱、免熔接配线箱或光缆终端盒分配。同一屏内的不同保护装置不应共用光缆、尾缆，其所用的光缆不应接入同一组光缆配线架。

三、光纤线缆的测试

光纤线缆在施工完毕后应进行双向全程测试，测试内容包括：光纤排序核对、全程光路衰耗、光缆线缆后向散射曲线。

（一）光纤排序核对测试

光纤线缆施工完毕后首先应进行光纤排序的核对，即核对光纤的接续顺序是否与设计一致。

1. 仪器及材料

红光笔、光路图、跳纤若干。

2. 测试接线图

测试接线图如图 6-5-12 所示。

图 6-5-12　光纤排序核对测试接线图

3. 测试流程

（1）测试前，首先检查红光笔工作是否正常，将红光笔对准手心，打开红光笔开关，观察射到手心的红色激光点是否正常，注意任何时候红光笔都不能对准人眼，防止激光对人眼造成伤害。其次要检查用于测试的跳纤接头信号，是否与红光笔的接头、被测光纤接头的型号分别一致。

（2）用跳纤连接红光笔的接头与待测光纤接头。

（3）通知待测光纤对端的测试人员，得到可以测试的信息，打开红光笔的开关。

（4）待测光纤对端的测试人员依据光路图，在接续设备处找到待测光纤的另一端接头，是否有光线通过；也可在待测光纤对端连接一根跳纤，将跳纤对准自己手心，检查是否有红色光斑。

（5）依次核对待测光纤线缆每根光纤的导通情况，是否与设计的光路图一致，如出现错误，需重新接续。

（二）全程光路衰耗测试

在确认光纤线缆接续的顺序无误后，需要对光路的全程衰耗进行测量，确认光纤线缆接续工艺是否良好。

1. 仪器及材料

稳定光源、光功率计、光路图、跳纤若干。

2. 测试接线图

测试接线图如图 6-5-13 所示。

图 6-5-13　全程光路衰耗测试接线图

3. 测试流程

（1）测试前，首先将稳定光源与光功率计用跳纤连接到一起，打开稳定光源，调整发出光源的参数与待测光纤线缆参数一致，读取光功率计读数，核对是否与光功率计液晶屏幕显示的发送功率一致（需扣除跳纤两侧接头带来的衰耗），如果基本一致，则将稳定光源的显示功率记录为光源的发送功率。

（2）将稳定光源和光功率计分别用跳纤连接至待测光纤两端的连接器上。

（3）通知待测光纤对端的测试人员，得到可以测试的信息，打开稳定光源的开关。

（4）待测光纤对端的测试人员读取此时光功率计上的读数，记录为光路的接收功率。

（5）计算光回路全程的衰耗，等于光源的发送功率与接收功率差值，并记录。

（6）依次测量待测光纤线缆每根光纤的全程衰耗情况并记录。

（7）将稳定光源和光功率计的接线位置对调，重复（2）～（6）的步骤。

（8）将双方向测量所得的衰耗数值取平均值记录为光路的全程衰耗值，检查数值是否符合设计规定。如果不符合规定，需排查原因。

4. 全程衰耗的计算方式

光纤链路的全程衰耗值可按式（6-5-1）进行计算

$$\beta = a_f L_{max} + (N_1 + 2) a_j + N_2 a_r \tag{6-5-1}$$

式中：β 为光纤链路的全程衰耗，dB；α_f 为光纤衰减常数，dB/km；L_{max} 为光纤链路的最大长度，km；N_1 为光纤链路中接续的接头数量；2 为光纤链路光纤终接数（光缆两端至终端设备接续点数量）；α_j 为光纤接续点损耗系数，接续点损耗详见表 6-5-1；N_2 为光纤链路中连接器数；α_r 为光纤连接器损耗系数。

表 6-5-1　　　　　　　　　　　　光纤接续及连接器件损耗值（dB）

类别	多模		单模	
	平均值	最大值	平均值	最大值
光纤熔接	0.15	0.3	0.15	0.3
光纤机械连接	—	0.3	—	0.3
光纤连接器件	0.65/0.5		—	
	最大值 0.75			

（三）光纤线缆后向散射曲线测试

1. 后向散射曲线测试的原理

光纤线缆后向散射的强度可通过光时域反射仪 OTDR 来测量，其原理是从测试端向光纤末端发送光脉冲时，当光脉冲输出进入到被测光纤时会发生瑞利散射（Rayleigh scattering）[1]以及菲涅尔反射（Fresnel reflection）[2]，使部分散射光沿反方向传输的光脉冲回到输出端，OTDR 测量从光纤沿途后向散射回到始端的光功率，并根据距离与功率的关系绘制曲线。

从反射光功率的曲线变化，可以得到光纤衰减、接头损耗、光纤故障点定位以及光

---

[1] 瑞利散射（Rayleigh scattering）：瑞利散射是一种光学现象，属于散射的一种情况，又称"分子散射"。当粒子尺度远小于入射光波长时（小于波长的十分之一），其各方向上的散射光强度是不一样的，该强度与入射光的波长四次方成反比，这种现象称为瑞利散射。光纤材料密度发生波动使折射率不均匀就会产生瑞利后向散射。

[2] 菲涅尔反射（Fresnel reflection）：当一束光线以一定角度入射到两种不同折射率介质间的界面上时，一部分光线被折射进第二种介质里面，一部被反射回第一种介质中，这就是菲涅尔反射。

纤沿长度的损耗分布情况。这种测试通常用于长距离光缆工程验收、日常维护及监测。

在 OTDR 测量的曲线中，距离和时间符合式（6-5-2）的关系

$$\frac{z}{t} = \frac{c}{n_{\mathrm{g}}(\lambda)} \tag{6-5-2}$$

式中：z 为距离，m；t 为时间，s；c 为光在真空中的速度，m/s（等于 299792458m/s）；n_{g} 为光纤群折射率。

其中光纤群折射率应由光纤制造商提供。群折射率可调节光在材料中的速度，其大小取决于光纤的波导特性和包层及芯层的材料属性。群折射率与相指数相关，其中相指数是光纤的本征属性，可通过测量得到，三者之间满足式（6-5-3）

$$n_{\mathrm{g}} = n_{\mathrm{p}} - \lambda \frac{\mathrm{d}n_{\mathrm{p}}}{\mathrm{d}\lambda} \tag{6-5-3}$$

式中：n_{g} 为群折射率；n_{p} 为相指数；λ 为波长，μm。

波长为 λ 的 OTDR 脉冲信号光在光纤的传输过程中，在光纤的 z 距离处，OTDR 测得的后向散射功率与脉冲宽度、衰减系数和模场直径（MFD）之间的关系如式（6-5-4）所示：

$$P(z) = C \frac{\lambda^2}{\left[\omega(z)\right]^2} P_{\mathrm{i}} \tau_{\mathrm{w}} 10^{-(2az/10)} \tag{6-5-4}$$

式中：$P(z)$ 为后向散射功率，W；λ 为波长，μm；P_{i} 为 OTDR 输入光脉冲功率，W；τ_{w} 为 OTDR 输入光脉冲宽度，μm；z 为到起点的距离，km；α 为光纤的衰减系数，dB/km；$\omega(z)$ 为 Z 点的光纤模场直径，μm；C 为比例因子，取决于光纤材料的一些参数或折射率。

将式（6-5-4）两边取对数，得到式（6-5-5）：

$$10\lg P(z) = \mathrm{const} + 20\lg\left[\frac{\lambda}{\omega(z)}\right] - 2az \tag{6-5-5}$$

其中常数 const 取值如下：

$$\mathrm{const} = 10\left(\lg C + \lg P_{\mathrm{i}} + \lg \tau_{\mathrm{w}}\right) \tag{6-5-6}$$

这样测试结果就为一条直线，其斜率就是光纤的衰减系数 α。

使用 OTDR 测量光纤后向散射功率时，测得曲线如图 6-5-14 所示，其中纵坐标表示光功率 P，横坐标表示距离 z。

由 OTDR 曲线变化与光纤中事件的对应情况来看，光纤中的熔接头和微弯都会带来损耗，但不会引起反射。由于它们的反射较小，被称为非反射事件，OTDR 曲线上体现为平缓的阶梯。活动连接器、机械接头和光纤中的断裂点都会引起损耗和反射，会在 OTDR 曲线上出现一个尖峰。尖峰的峰值大小反映出不连续点和杂质的大小，把这种反

射幅度较大的事件称之为反射事件。光纤的输入端存在接头，也会出现较小的尖峰，光纤尾端可能存在两种情况，第一种情况为一个反射幅度较高的菲涅尔反射，第二种情况光纤末端显示的曲线从背向反射电平简单地降到 OTDR 噪声电平以下。这些尖峰就可能会对光纤链路性能造成损害。

通过 OTDR 曲线的分析，可以对光纤链路中异常的不连续点或者杂质点进行定位。

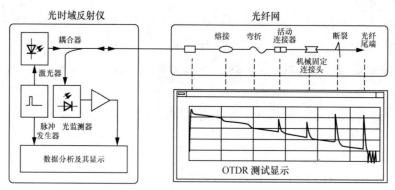

图 6-5-14　光纤线缆后向散射测试单向曲线与光路关系图

活动连接器和机械接头等特征点产生反射（菲涅尔反射）后有时可以达到很高的值，甚至能使接收器达到饱和，当一段光纤的后向散射信号比饱和的反射信号低时，这段光纤的后向散射信号不能被检测到或者在 OTDR 曲线上无法反映出来，这部分 OTDR 测试曲线就被定义为盲区。

盲区一般分为衰减盲区和事件盲区两类，如图 6-5-15 所示。

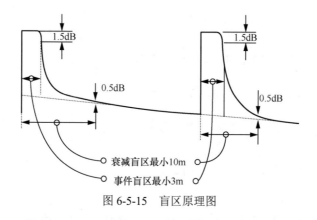

图 6-5-15　盲区原理图

衰减盲区是菲涅尔反射之后，OTDR 能在其中精确测量连续事件损耗的最小距离。所需的最小距离是从发生反射事件时开始，直到反射降低到光纤的背向散射级别的0.5dB。

事件盲区是菲涅尔反射后 OTDR 可在其中检测到另一个事件的最小距离。换言之，是两个反射事件之间所需的最小光纤长度。最通用的业界方法是测量反射峰的每一侧 1.5dB 处之间的距离。

通常测试时在 OTDR 输出端和被测光纤之间可连接一段过渡光纤以减少盲区的影响。

2. 仪器及材料

光时域反射仪（OTDR）、光路图、跳纤若干、过渡光纤若干。

3. 测试接线图

测试接线图如图 6-5-16 所示。

图 6-5-16 后向散射测试接线图

4. 测试流程

（1）设置测试参数：根据测试需求，设置测试参数，例如波长、脉冲宽度、测量范围、平均时间、光纤参数等。

（2）参数设置好后，OTDR 即可发送光脉冲并接收由光纤链路散射和反射回来的光，对光电探测器的输出取样，得到 OTDR 曲线，对曲线进行分析即可了解光纤质量。

（3）注意：光纤接头接入 OTDR 前，必须认真清洗，包括 OTDR 的输出接头和被测试接头，否则插入损耗太大、测量不可靠、曲线多噪声甚至使测量不能进行，还可能损坏 OTDR。避免用酒精以外的其他清洗剂或折射率匹配液，因为它们可使光纤连接器内黏合剂溶解。

四、站内网络线缆敷设

（一）户外网络线缆敷设

变电站内常用的五类线网络线缆传输距离在 100m 左右，一般不宜作为距离较远的小室之间，小室与主控楼、通信机房之间的通信线缆，所以网络线缆在户外敷设较少。

如网络线缆需在户外电缆沟道内敷设，网络电缆应与一次动力电缆分开（分层分侧）布放，在电缆沟（竖井）内采用加装防护隔板等措施进行有效隔离。具备条件的站点应采取分电缆沟（竖井）布放。

网络线缆在沟（管）内全程穿放阻燃防护子管或使用防火槽盒，并绑扎醒目的识别标志。

非屏蔽和屏蔽网络电缆的弯曲半径不应小于电缆外径的 4 倍。

（二）户内网络线缆敷设

1. 网络线缆在电缆层内的敷设

网络线缆进入保护室、通信机房后时在电缆夹层内宜全程穿放阻燃防护子管或使用防火槽盒。

在室内电缆夹层内敷设的网络线缆应与原有电缆走向、排列和施工工艺一致，并保持整齐。

在电缆层水平、垂直梯架或托盘内敷设网络线缆时，应根据缆线的类别、数量、缆径、缆线芯数分束绑扎。垂直敷设时，在缆线的上端和每间隔 1.5m 处应固定在托盘或托架的支架上；在缆线的首、尾、转弯及每间隔 5～10m 处进行固定，间距应均匀，不宜绑扎过紧或使缆线受到挤压。

2. 网络线缆在二次屏柜内的引入、固定

引入屏柜的网络线缆应预留一定长度，预留长度宜为 2～5m，以终接的设备距离为准，预留的长度不必在屏柜底部盘留，直接抽入屏柜。

网络线缆宜从二次屏柜底部中间预留开孔处引入，引入后可以直接进入线槽，与导线一起接至设备，应尽量避免网络线缆与控制电缆一起绑扎固定。

柜内网络线缆布线整体上宜横平竖直，不应扭绞、交叉，应满足非屏蔽和屏蔽网络电缆的弯曲半径要求，避免在网络线终接时过度折弯、窝折现象。

在交换机、综合配线架等网络线缆密集的地方，网络线应沿布线方向使用扎带成束绑扎，并可靠固定。

保护用网线应采用带屏蔽的网线，网线水晶头与装置网口的连接应牢固可靠，网线的连接应完整且预留一定长度，不得承受较大外力挤压或牵引。

第七章 变电站二次设备安装

第一节 所需工器具、材料简介

变电站二次设备安装所需工器具、材料简介如表 7-1-1 所示。

表 7-1-1 变电站二次设备安装所需工器具、材料简介

设备名称	简介	图例
斜口钳	斜口钳主要用于剪切导线、元器件多余的引线，还常用来代替一般剪刀剪切绝缘套管、尼龙扎线卡等	
剥线钳	剥线钳是内线电工、电动机修理工、仪器仪表电工常用的工具之一，用来供电工剥除电线头部的表面绝缘层	
压线钳	压线钳是电力行业在设备安装施工和设备维修中进行导线接续、压接的必要工具	
手电钻	手电钻就是以交流电源或直流电池为动力的钻孔工具，是手持式电动工具的一种	
冲击电钻	冲击电钻是以旋转切削为主，兼有依靠操作者推力生产冲击力的冲击机构，用于砖、砌块及轻质墙体等材料上钻孔的电动工具	
成套螺钉旋具	螺钉旋具，又名螺丝刀、螺丝起子，一种用来拧转螺钉以迫使其就位的工具，主要有一字（负号）和十字（正号）两种。型号为 0#、1#、2#、3#对应的金属杆粗细大致为 3.0、5.0、6.0、8.0mm	
线号印字机	线号印字机又称线号打印机，简称线号机、打号机，可在 PVC 套管、热缩管、不干胶标签等材料上打印字符，一般用于电控、配电设备二次线标识	
线号管	线号管是指用于配线标识的套管，有内齿，可以牢固地套在线缆上，材质一般为 PVC，适用于小到 0.5~6.0mm² 的配线上，常用的有黄色和白色	

续表

设备名称	简介	图例
VE 管型接线端子	VE 管型接线端子通常由塑料外壳、金属导体、插针等部分组成。导线可以通过压板夹紧，从而实现可靠的电气连接。尺寸和规格多种多样，适用于不同的电路和应用场合	

第二节 单一元器件安装

一、基础知识

二次回路中的元器件包括：继电器、接触器、温湿度控制器、加热器、转换开关、把手、按钮及端子排等。

（一）继电器简介

继电器是一种电控制器件，是当输入量（激励量）的变化达到规定要求时，在电气输出电路中使被控量发生预定的阶跃变化的一种电器。它具有控制系统（又称输入回路）和被控制系统（又称输出回路）之间的互动关系，通常应用于自动化的控制电路中，它实际上是用小电流去控制大电流运作的一种"自动开关"，故在电路中起着自动调节、安全保护、转换电路等作用。

作为控制元件，继电器有以下几种作用：

（1）扩大控制范围：继电器控制信号达到某一定值时，可以按触点组的不同形式，同时换接、开断、接通多路电路。

（2）放大：用一个很微小的控制量，可以控制很大功率的电路。

（3）综合信号：当多个控制信号按规定的形式输入多绕组继电器时，经过比较综合，达到预定的控制效果。

（4）自动、遥控、监测：自动装置上的继电器与其他电器一起，可以组成程序控制线路，从而实现自动化运行。

继电器的结构一般分成三个部分：有能反映一定输入变量（如电流、电压、功率、阻抗、频率、温度、压力、速度、光等）的感应机构（输入部分）；有能对被控电路实现"通""断"控制的执行机构（输出部分）；在继电器的输入部分和输出部分之间，还有对输入量进行耦合隔离，功能处理和对输出部分进行驱动的中间机构（驱动部分）。

继电器的门类很多，可按不同的原则对其分类。国际电工委员会（IEC）按用途特征将继电器分为两大类，即量度继电器❶和有无继电器（all-or-nothing）❷，量度继电器主要

---

❶ 量度继电器：量度继电器是根据输入量的变化来动作的，工作时其输入量是一直存在的，只有当输入量达到一定值时继电器才动作，如电流继电器、电压继电器、热继电器、速度继电器、压力继电器、液位继电器等。

❷ 有无继电器：有无继电器是根据输入量的有或无来动作的，无输入量时继电器不动作，有输入量时继电器动作，如中间继电器、通用继电器、时间继电器等。

用于电力系统控制。常用的继电器分类见表 7-2-1～表 7-2-5。

表 7-2-1　　　　　　　　　　　　　　继电器按作用原理及结构特征分类

类型		原理及结构特征
电磁继电器		由控制电流通过线圈所产生的电磁吸力驱动磁路中的可动部分而实现触点开闭或转换功能的继电器
电磁继电器	直流电磁继电器	控制电源为直流的电磁继电器
	交流电磁继电器	控制电源为交流的电磁继电器
混合式继电器		由电子元件和电磁继电器组合而成的继电器。一般，输入部分由电子线路组成，起放大、整流、延时、传感等作用，输出部分采用电磁继电器
固体继电器		利用电子器件的导通或截止功能实现开关控制、输入输出之间具有隔离的电子开关
同轴射频继电器		用于切换高频、射频线路而具有最小损耗的继电器
高频继电器		用来切换频率大于 10kHz 的交流线路的继电器
热继电器		利用热效应而动作的继电器
热继电器	恒温继电器	当外界温度达到预定值时而动作的继电器
	电热式继电器	利用控制电路内的电能转变为热能，当达到规定值时而动作的继电器
极化继电器		由永久磁铁产生的极化磁通与线圈控制电流产生的控制磁通综合作用而动作的继电器。它对控制信号的极性有要求
极化继电器	磁保持继电器	继电器线圈通电时，衔铁按线圈电流方向被吸向左边或右边的位置，线圈断电后，衔铁不返回
	二位置偏倚极化继电器	继电器线圈断电时，衔铁恒靠在一边，线圈通电时，则衔铁被吸向另一边
压力继电器		液压系统中当流体压力达到预定值时，使电触点动作的继电器
延时继电器		当加上或除去输入信号时，输出固体开关电路或触点组电路需延时或限时到规定的时间才闭合或断开被控线路的继电器
延时继电器	电磁延时继电器	当线圈加上信号后，通过减缓电磁铁的磁场变化而获得延时的继电器
	电子延时继电器	由分立元件组成的电子延时电路或固体器件延时电路构成的延时继电器
	混合式延时继电器	由电子或固体延时电路和电磁继电器组合构成的延时继电器
	电热式延时继电器	利用控制电路内的电能转变成热能，当达到某一预定值而延时动作的继电器
	电动机式延时继电器	由同步电动机与特殊的电磁传动机构来产生延时的继电器
其他类型的继电器		其他不同原理的继电器，例如光继电器、声继电器、霍尔效应继电器等

表 7-2-2　　　　　　　　　　　　　　　继电器按触点负载分类

类型	特征
微功率继电器	触点开路电压为直流 28V 时，触点电阻额定负载电流为 0.1、0.2A
弱功率继电器	触点开路电压为直流 28V 时，触点电阻额定负载电流为 0.5、1A
中功率继电器	触点开路电压为直流 28V 时，触点电阻额定负载电流为 2、5A
大功率继电器	触点开路电压为直流 28V 时，触点电阻额定负载电流不小于 10A

表 7-2-3 继电器按外形尺寸分类

类型	特征
微型继电器	继电器实体最长边尺寸不大于 10mm
超小型继电器	继电器实体最长边尺寸大于 10mm，但不大于 25mm
小型继电器	继电器实体最长边尺寸大于 25mm，但不大于 50mm

注 对于密封或封闭式继电器，外形尺寸为继电器本体三个相互垂直方向的最大尺寸，不包括安装件、引出端、压筋、压边、翻边和密封焊点的尺寸。

表 7-2-4 继电器按防护特征分类

类型		特征
敞开式继电器		不用防护罩来保护触电和线圈等的继电器
封闭式继电器		用罩壳将触点和线圈等密封（非密封）加以防护的继电器，对泄漏率不作要求
密封继电器		采用焊接等方法，将继电器的触点和线圈等密封在罩内，与周围介质相隔离，其泄漏率较低
密封继电器	非气密式继电器	泄漏率 $L \leq 1$ Pa·cm³/s
	气密式继电器	当密封外壳的体积 $V > 33$cm³，泄漏率 $L \leq 1 \times 10^{-1}$Pa·cm³/s； 当密封外壳的体积 $V \leq 33$cm³，泄漏率 $L \leq 1 \times 10^{-3}$Pa·cm³/s

表 7-2-5 继电器按有无触点分类

类型	特征
超小型继电器	被控回路的通断完全靠电或磁的关系来实现，而无机械触点的继电器，如固体继电器、磁继电器等
有触点继电器	被控回路的通断靠机械触点的动作来实现的继电器，如电磁继电器、感应继电器等

变电站常用的继电器如图 7-2-1 所示。

（a）电磁式继电器

（b）固体继电器

（c）温度继电器

（d）舌簧继电器

（e）时间继电器

（f）高频继电器

（g）极化继电器

（h）光继电器

图 7-2-1 变电站常见的继电器

（二）端子排简介

端子排是为承载多个或多组相互绝缘的端子组件并用于固定支持件的绝缘部件。端子排的作用就是将屏内设备和屏外设备的线路相连接，起到信号（电流电压）传输的作用。端子排使得接线美观、维护方便，在远距离线之间连接时的主要作用是牢靠、施工和维护方便。

端子排分为插拔式、栅栏式、弹簧式、轨道式、穿墙式；变电站二次屏多用的轨道式端子排，分为通用型接线端子、接地端子、双层端子、熔丝端子、试验端子、弹簧端子等。变电站常用端子排如表 7-2-6 所示。

表 7-2-6　　　　　　　　　　　　变电站常用端子排介绍

类型	简介	图例
轨道式通用型接线端子	轨道式通用型端子是为了方便导线的连接而应用的，它其实就是一段封在绝缘塑料里面的金属片，两端都有孔可以插入导线，有螺钉用于紧固或者松开，而不必把它们焊接起来或者缠绕在一起，方便快捷，并且具有通用安装脚，因而可安装在 U 形导轨上	
轨道式接地端子	轨道式接地端子是通过金属安装脚与固定导轨接触从而实现端子排电气接地的一种端子排，其构造与通用型相同，仅轨道安装脚部分不同，因而可安装在 U 形导轨上	
轨道式双层端子	双层端子采用双层四接线孔设计，能够实现双线路二次接线，其原理与通用型接线端子相同，是一段封在绝缘塑料里面的金属片，双孔层有四接线可以插入导线，有螺钉用于紧固或者松开	
轨道式熔丝端子	熔丝端子是一种内置熔断器的端子。它借助自身头部的弹性，保证其与熔丝接触良好，从而保证熔断器正常工作，具有良好的导电性能，并且具有通用安装脚，因而可安装在 U 形导轨上	
轨道式试验端子	试验端子是起开关作用的滑动金属件，能通过端子压线框，能承受最大的工作电流，切换时用螺钉旋具松开螺钉，移动滑块就行，开关位置就一目了然；其两端设有测试插座，配用相应的测试端头就可以进行连接测试，测量电流时可不中断操作，并且具有通用安装脚，因而可安装在 U 形导轨上	
轨道式弹簧端子	弹簧端子是由导电材料制成，通常包括金属弹片、螺钉和外壳等部件。 在使用中，将电线剥去一定长度的绝缘层后，插入弹簧式接线端子的接口孔中，拉紧螺钉，使得弹簧片夹紧电线，完成电路连接，并且具有通用安装脚，因而可安装在 U 形导轨上	

端接方式是指接线端子的接触对与电线或电缆的连接方式。合理选择端接方式和正确使用端接技术，也是使用和选择接线端子的一个重要方面。变电站常用端接方式如表 7-2-7 所示。

表 7-2-7   变电站常用端接方式介绍

类型	简介	图例
焊接方式	最常见的是锡焊。锡焊连接最重要的是焊锡料与被焊接表面之间应形成金属的连续性。因此对接线端子来说，重要的是可焊性。接线端子焊接端最常见的镀层是锡合金、银和金	
压接方式	压接是为使金属在规定的限度内压缩和位移并将导线连接到接触对上的一种技术。好的压接连接能产生金属互熔流动，使导线和接触对材料对称变形。压接时须采用专用压接钳或自动、半自动压接机	
绕接方式	绕接是将导线直接缠绕在带棱角的接触件绕接柱或接续的导线上。绕接时，导线在张力受到控制的情况下进行缠绕，压入并固定在接触件绕接柱的棱角处，以形成气密性接触	
刺破连接方式	刺破连接又称绝缘位移连接。连接时不需要剥去电缆的绝缘层，依靠接线端子的 U 字形接触簧片的尖端刺入绝缘层中，使电缆的导体滑进接触簧片的槽中并被夹持住，从而使电缆导体和接线端子簧片之间形成紧密的电气连接性	
螺钉连接方式	螺钉连接是采用螺钉式接线端子的连接方式，要注意允许连接导线的最大和最小截面，以及不同规格螺钉允许的最大拧紧力矩	

（三）空气断路器简介

空气断路器又称空气开关，是断路器的一种，是一种只要电路中电流超过额定电流就会自动断开的开关。

空气断路器是低压配电网络中非常重要的一种电器，集控制和多种保护功能于一身。除能完成接触和分断电路外，还能对电路或电气设备发生的短路、严重过载及欠电压等进行保护，同时也可以用于不频繁地启动电动机。

空气断路器的脱扣❶方式有热动式脱扣、电磁式脱扣和电子式脱扣 3 种，这 3 种脱扣方式的原理见表 7-2-8。

---

❶ 脱扣：脱扣是用来释放保持机构而使开关断开或闭合的过程。

表 7-2-8　　　　　　　　　　　　空气断路器的脱扣方式介绍

类型	简介
热动式脱扣	空气断路器的热动式脱扣是在线路发生过载时，内部所安装的热元件会在过载电流的作用下产生热量，当热量传导到空气断路器中双金属片的位置时会令金属片受热翘起，形成对搭钩的推动力，而将其与锁扣脱离开来，切断主触头达到跳闸的作用
电磁式脱扣	空气断路器的电磁式脱扣是通过电磁脱扣器所产生的吸力来完成的，当线路中电流过载严重时，通过电磁脱扣器的电流会超过设定值，使得电磁脱扣器所产生的吸力提高，这样衔铁就会在吸力的作用下撞击杠杆，使得搭扣与锁扣脱开，锁扣在弹簧的作用下将开关主触头分离
电子式脱扣	电子式脱扣器就是由电子元件构成电路，检测空气断路器主电路电流，放大、推动脱扣机构完成跳闸动作。电子式脱扣器可以有过电流脱扣、失电压脱扣、过载脱扣等各种功能，并且可以方便地整定定值

普通的空气断路器常用的脱扣方式主要是热动式脱扣和电磁式脱扣，脱扣值一般是固化的，电子式脱扣方式可以整定脱扣的各项参数，常用于需要开断电流较大的电气回路中。

常见空气断路器的内部结构如图 7-2-2 所示，正常运行中，空气断路器靠操作手柄带动联动结构，将动触头断开，切断电源。

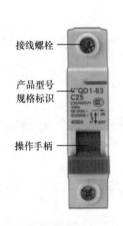
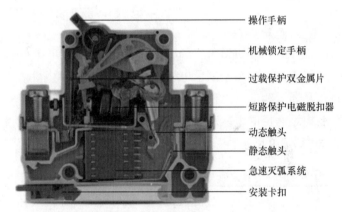

接线螺栓
产品型号规格标识
操作手柄

操作手柄
机械锁定手柄
过载保护双金属片
短路保护电磁脱扣器
动态触头
静态触头
急速灭弧系统
安装卡扣

图 7-2-2　空气断路器的结构

当线路发生一般性过载时，过载电流虽不能使电磁脱扣器动作，但能使热元件产生一定热量，促使双金属片受热向上弯曲，推动杠杆使搭钩与锁扣脱开，将动触头断开，切断电源。

当线路发生短路或出现严重过载电流时，短路电流超过瞬时脱扣整定电流值，电磁脱扣器产生足够大的吸力，将衔铁吸合并撞击杠杆，使搭钩绕转轴座向上转动与锁扣脱开，锁扣在反力弹簧的作用下将动触头断开，切断电源。

空气断路器的分类方式很多，按结构型式可分为塑壳式、万能式、限流式、直流快速式、灭磁式、漏电保护式；按操作方式可分为人力操作式、动力操作式、储能操作式；按极数可分为单极、二极、三极、四极式；按安装方式又可分为固定式、插入式、抽屉式。

常见的空气断路器如图 7-2-3 所示。

(a) 单极空气断路器

(b) 双极空气断路器

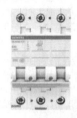
(c) 三极空气断路器

(d) 剩余电流保护空气断路器

(e) 抽屉式空气断路器

(f) 储能式空气断路器

(g) 塑壳式空气断路器

图 7-2-3　变电站常见的空气断路器

（四）电能表简介

电能表是一种用于测量电能消耗的仪表，又称电度表、火表、千瓦小时表，它的工作原理是通过测量电流和电压的变化来计算电能的使用量。

变电站常用的电能表分为机械电能表、电子式电能表及智能电能表。变电站常用电能表如表 7-2-9 所示。

表 7-2-9　　　　　　　　　　　　变电站常用电能表介绍

类型	简介	图例
机械电能表	机械电能表（也叫感应式电能表）的种类、型号尽管很多，但它们的结构基本相似，都是由测量机构、补偿调整装置和辅助部件（外壳、机架、端钮盒、铭牌）组成	
电子式电能表	电子式电能表是通过对用户供电电压和电流实时采样，采用专用的电能表集成电路，对采样电压和电流信号进行处理并相乘转换成与电能成正比的脉冲输出，通过计度器或数字显示器显示的电能表。具有同时胜任分时计量、负荷控制、参数预置、测量数据的采集、存储及实时传输等多种功能	

续表

类型	简介	图例
智能电能表	智能电能表采用微电子技术，可以通过相关的通信协议与计算机进行联网，通过编程软件实现对硬件的控制管理。因此智能电能表不仅有体积小的特点，还具有远程控制、复费率、识别恶性负载、反窃电、预付费用电等功能，而且可以通过对控制软件中不同参数的修改，来满足对控制功能的不同要求	
数字化电能表	数字化电能表是一种采用 IEC 61850-9-2 协议的电能表，它接收合并单元发送过来的协议数据包，通过数字信号处理器处理后完成对电量的采集、测量、计算任务，后与中央处理器进行数据交换，由中央处理器完成表计的显示、数据统计、存储、人机交互、数据交换等管理功能	

图 7-2-4 是机械式电能表的工作原理。

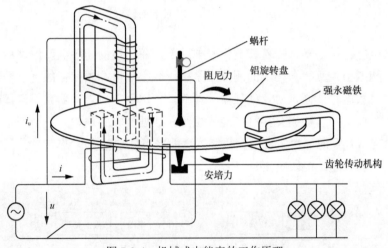

图 7-2-4　机械式电能表的工作原理

　　当电能表接入需测量的回路的电流、电压时，由电压线圈和电流线圈产生交变磁场，该磁场在铝旋转盘上产生涡流，涡流在磁场中产生安培力，进而推动铝盘旋转，推动力与磁场强度成正比。

　　在铝盘的另外一端安放有一个强永磁铁。当铝盘转动时，会在磁场下形成涡流并产生阻尼力。该阻尼力与旋转速度成正比。

　　在电磁力和阻尼力作用下，铝盘最终达到稳定旋转。旋转的速度与用电功率成正比，经过机械减速齿轮推动计数器完成电能累计记录。

具有单一电能计量功能的机械电能表难以同时胜任分时计量、负荷控制、参数预置、测量数据的采集、存储及实时传输等多种功能，因此全电子式新型计量器具应运而生。

电子式电能表没有机械部件。它首先对实际线路的电压、电流进行采样，并通过 UI 乘法器产生功率信号；其次利用 U/f（电压/频率）转换器将功率信号变为具有一定频率的脉冲信号，并由计数器将脉冲信号累计而得电能量。

电子式电能表的结构如图 7-2-5 所示。

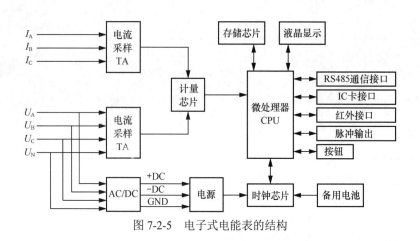

图 7-2-5　电子式电能表的结构

数字化电能表是近年来随着智能化变电站普及而出现的一种全新原理的电能表，数字化电能表和电子式互感器构成的测量系统中，数字化电能表获得的是已经数字化的电流、电压值的数据包，通过协议处理器处理后，传送至中央处理器完成电量的采集、统计、存储、人机交互、数据交换等功能。由于在数据计算中理论上不会产生误差，其准确度完全由电子式互感器决定，所以数字式电能表不规定精度等级。

数字式电能表的结构如图 7-2-6 所示。

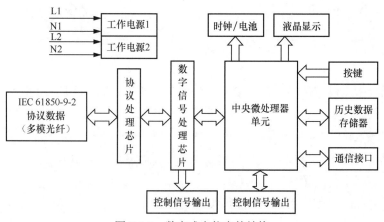

图 7-2-6　数字式电能表的结构

二、屏柜的简单元器件安装方法

（一）安装前准备

1. 工器具及材料准备

斜口钳、剥线钳、压线钳、手电钻、螺钉旋具、万用表、绝缘电阻表、VE 管型接线端子、线号印字机、号码管。

2. 施工前检查

检查待安装的端子排、空气断路器及辅助触点的种类、数量、型号是否符合施工图纸要求；检查端子排、空气断路器及辅助触点的外观是否完好，固定螺钉是否有滑牙痕迹；使用螺钉旋具测试固定螺钉是否转动灵活，试验端子中间划片有无卡死；使用万用表测量端子排、空气断路器及辅助触点两侧触点的导通情况；测试过程中如果发现异常端子需及时更换。

（二）屏柜内端子排的安装方法

1. 安装方法

（1）根据施工图纸中的端子排图，在屏柜上确定端子排固定导轨的安装长度和位置，利用手电钻开孔并将导轨固定，导轨安装完毕后需检查导轨的垂直度或水平度。

（2）按照设计图纸将规定数量的端子按照卡口位置统一方向，一一固定在端子排导轨上。

（3）在端子排分隔处及头尾两端安装终端固定件（俗称堵头），安装方法与单个端子相同，终端固定件需固定螺钉需上紧，保证端子排在导轨上不会出现窜动。

（4）将端子排标记夹夹到在固定好的端子排终端固定件上，在每节端子排的顶部端子排标记夹上粘贴预先打印好的端子排标签。端子排安装的步骤如图 7-2-7 所示。

(a) 安装端子排固定导轨　　　　(b) 在导轨上安装端子排

图 7-2-7　屏柜内端子排的安装方法（一）

(c) 安装固定端子完毕　　　　　　　(d) 标识粘贴

图 7-2-7　屏柜内端子排的安装方法（二）

（5）端子排距屏的后端距离不应小于 150mm，同一侧安装两排端子时，其间隔距离不应小于 150mm，靠后的端子排与屏的后端距离不应小于 150mm，底部离地面不应低于 300mm，以便电缆敷设。

（6）端子排、元器件接线端子及保护装置背板端子螺钉应紧固可靠，端子无锈蚀现象。

（7）端子排应以钢或铜合金为原料，表面进行镀镍等处理，导电零件表面的防腐蚀性保护层应光滑，无毛刺、锈斑等缺陷。

2. 标识粘贴

二次图纸中每段端子排通常表示一种统一的功能，对应一种端子排的编号，例如电流试验端子排为 ID，电压试验端子排为 UD，交流电源端子排为 JD，直流电源端子排为 ZD，继电器出口回路端子排为 CD 等。如果同功能的端子排在一个间隔内有好几个，还可以在端子排的编号后面加上数字，例如 UD1、UD2 等。

除了标记对应端子排的功能编号外，端子排还需要粘贴每个端子排编号，编号从 1 开始由上至下或由左至右布置，对于同一个端子接线较多的，可以合并编号，端子排内外两侧都应有序号。

端子排标识应符合下列要求：端子排的标识应使用专用的打印机进行打印，字迹应清晰不易脱落，粘贴应牢固，并与端子排接线图中的端子编号一致。

（三）屏柜内空气断路器的安装方法

1. 安装方法

（1）根据施工图纸中的屏面布置图，在屏柜上确定空气断路器固定导轨的安装长度和位置，利用手电钻开孔并将导轨固定。

（2）按照设计图纸要求组装空气断路器及辅助触点。

（3）将空气断路器按照卡口位置统一方向固定在端子排导轨上，安装方法与单个端子相同，终端固定件需固定螺钉需上紧，保证空气断路器在导轨上不会出现窜动。

（4）在空气断路器两侧安装终端固定件。

以上步骤如图 7-2-8 所示。

(a) 安装固定导轨

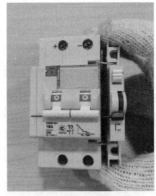
(b) 组装空气断路器辅助触点

(c) 在导轨上安装空气断路器

(d) 安装固定端子

图 7-2-8　屏柜内空气断路器的安装方法

2. 标识粘贴

每个空气断路器的上部接线端子处的平面上需要粘贴空气断路器的标识。标识内容应包括但不限于空气断路器的电气编号及功能描述。标识宜使用颜色区分功能，保护装置电源可使用红色，其他功能空气断路器可使用黄色。如图 7-2-9 所示。

图 7-2-9　空气断路器标识样式

空气断路器标识应符合下列要求：应使用专用的打印机进行打印，字迹应清晰不易脱落，粘贴应牢固，并与设计图中的电气编号、功能一致。

三、屏柜的复杂元器件安装方法

（一）安装前准备

1. 工器具及材料准备

斜口钳、剥线钳、压线钳、手电钻、螺钉旋具、万用表、绝缘电阻表、VE 管型接线端子、线号印字机、号码管。

2. 施工前检查

检查待安装的继电器、电能表的种类、数量、型号是否符合施工图纸要求；检查继电器、电能表的外观是否完好，固定螺钉是否有滑牙痕迹；使用螺钉旋具测试固定螺钉是否转动灵活；检查过程中如果发现异常继电器、电能表需及时更换。

（二）屏柜内继电器的安装方法

1. 安装方法

（1）根据施工图纸中的屏面布置图，在屏柜上确定继电器固定导轨的安装长度和位置，利用手电钻开孔并将导轨固定。

（2）将继电器按照底座卡口位置统一方向固定在导轨上。

（3）在继电器两侧用固定端子固定。安装方法与单个端子相同，终端固定件需固定螺钉并上紧，保证继电器在导轨上不会出现窜动。

（4）继电器的空白平面处需要粘贴标识。标识内容应为空气断路器的电气编号。

以上步骤如图 7-2-10 所示。

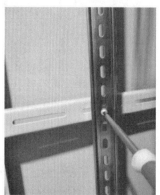

(a) 安装固定导轨

(b) 安装继电器

(c) 固定继电器

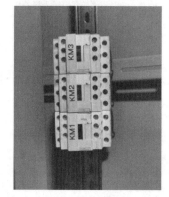

(d) 粘贴标识

图 7-2-10　继电器的安装方法

2. 标识粘贴

图纸中不同继电器的编号不同，如电磁继电器（KM）、中间继电器（KA）、热继电器（FR）、时间器（KT）等。相同类型继电器后缀编号不同，如 KT1、KT2、KT3 等。按照图纸中继电器的不同编号打印标签并粘贴。

继电器标识应符合下列要求：继电器的标识应使用专用的打印机进行打印，字迹应清晰不易脱落，粘贴应牢固，并与设计图中的电气编号一致。

（三）屏柜内电能表的安装方法

（1）根据施工图纸中的屏面布置图，在屏柜上确定电能表的安装位置及电能表接线位置，利用手电钻开孔。

（2）用螺钉固定电能表，确保安装后电能表不会晃动及脱落。

（3）按照设计图纸连接电能表二次接线。

（4）最后盖上电能表铅封盖完成安装。

以上步骤如图 7-2-11 所示。

(a) 在屏柜的安装位置开孔

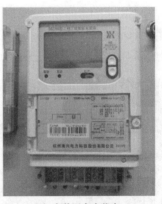
(b) 安装固定电能表

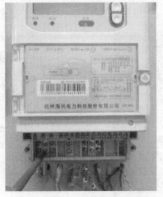
(c) 在导轨上安装空气断路器

(d) 安装固定端子

图 7-2-11　电能表的安装方法

四、屏柜内配线制作及接线

1. 配线制作

根据施工图纸，用线号印字机打印出相应的号码管，并将号码管套在二次线的两端，注意号码管的方向；用斜口钳调整二次线的长短，用剥线钳将二次线两端绝缘层剥除约 1cm，在两端套入对应线径的 VE 管型接线端子，然后再用压线钳压接牢固，并剪除多余铜丝；逐根检查号码管的正确性及压接的牢固性，发现异常需及时更换。

正负电源之间、跳（合）闸引出线之间、跳（合）闸引出线与正电源之间应以空端子或绝缘隔板有效隔离。防止交直流辅助触点混用，交直流回路用辅助触点应以空端子或绝缘隔板隔离；交直流端子应分区布置，交流回路的电缆接线套头、端子排应采用黄色标识，与其他回路明显区别；TA 交流电流端子、TV 交流电压空气断路器前后端端子均应采用试验端子。

2. 二次接线

根据施工图纸，将配好的二次接线按照顺序连接在端子排两侧；端子排接线时需注意要将端子的固定螺钉拧紧（用力拧至最紧，然后回 1/4 圈），端子的一个接线孔不得连接两根及以上的二次线，必要时采用中间短接片扩展，双层端子优先接入内层端子；连接完成后采用抽查及拉拔的方式检查端子排接线的牢固性，发现有脱落的情况，需要重新紧固所有端子排接线。

以上步骤如图 7-2-12 所示。

(a) 线号印字机打印出相应的号码管　　(b) 号码管套在二次线的两端　　(c) 剥线钳剥除两端绝缘层

(d) 在两端套入 VE 管型接线端子　　(e) 用压线钳压接牢固　　(f) 用螺钉旋具完成二次接线

图 7-2-12　屏柜内配线方法

五、屏柜内元器件安装及接线要求

1. 端子排的安装要求

（1）按照"功能分区，端子分段"的原则，根据端子排功能不同，分段设置端子排。

（2）端子排应完好无损，固定可靠，绝缘良好。

（3）端子排应便于更换且接线方便。

（4）端子排按段独立编号，每段应预留备用端子。

（5）在潮湿环境下宜采用防潮端子。

（6）接入交流电源220V或380V的端子不应与其他回路端子出现在同一段或串端子排上，并有明显标识。

（7）正、负电源之间以及跳/合闸引出端子与正、负电源端子应至少隔开一个空端子。

（8）电流、电压回路在端子箱、智能控制柜和保护屏内应使用试验端子。

（9）跳闸出口应采用红色试验端子。

（10）一个端子的每一端应只接一根导线。

（11）公共端、同名出口端采用端子连线。

2. 屏柜及箱体内的电子设备和元器件安装要求

（1）安装于屏柜及箱体内的电子设备和有接地要求的电器元件，应按要求可靠接地。

（2）自动空气断路器设计参数应满足被保护设备特性需求和级差配合要求。

（3）发热元器件宜安装在散热良好的地方，发热元器件之间的连接导线应采用耐热导线或带隔热措施的裸铜线。加热器与电子设备、元器件、线缆的距离应大于50mm。加热器外部应加装隔离罩，防止二次线与加热器误搭接。

（4）压板导电杆应有绝缘套，导电部位与安装孔应保持足够的安全距离，压板导体应保持良好绝缘。

（5）压板投入后应接触良好，相邻压板间应保持足够的安全距离，无相互搭接可能。

（6）对于单端带电的旋拧式压板，压板断开时，其活动端不应带电。

3. 屏柜及箱体内的导线布置和回路安装接线要求

（1）导线应绝缘良好，线芯应无损伤，配线应整齐、清晰。

（2）屏柜及箱体内应装设用于固定导线束的专用支架或线夹，避免导线下坠、脱落，导线束与支架或线夹捆扎时不应损伤其外绝缘。

（3）导线束不宜直接紧贴金属结构件敷设，导线束经过箱体（接线盒）穿线孔或金属构件时应采取绝缘防护措施。

（4）屏柜及箱体内非固定结构件上的元器件配线应采用多股软导线，并留有一定长度裕量。导线束应附绝缘外护套。导线束应采取固定措施，避免与元器件缠绕、搭接。

（5）连接导线的中间不应有接头。

（6）多股导线两端应采用冷压接端头，压接牢靠、接触良好、无毛刺。

（7）屏柜及箱体内端子排接线应牢固可靠，并满足下列要求：

1）直流回路端子宜采用全通型双进双出端子。

2）电流、电压互感器的电流、电压回路端子宜采用试验隔离型端子。

3）接线端子的每个端口只允许压接一根导线，应避免一个端口压接双线芯的情况。

4）端子排宜采用左、右端接线；当端子排采用上、下端接线时，试验隔离型端子排的断口宜置于下端。

（8）电缆芯线应标明回路编号、电缆编号和所在端子位置，内部配线应标明所在端子位置和对端端子位置。回路编号宜采用从属两端标记（相对编号法），增加斜杠"/"间断功能标记，编号应正确，字迹应清晰，不易脱色。

第三节　二　次　装　置　安　装

一、基础知识

电力系统二次装置是指对一次设备进行控制、测量、监察、保护及调节的设备，二次设备不直接与高压设备有电的联系，通常采用机械传动的方式实现一次设备的控制，二次装置包括控制和信号器具、测量仪表、继电保护装置、自动装置、远动装置等。变电站常用的二次装置如表 7-3-1 所示。

表 7-3-1　　　　　　　　　　　变电站常用二次装置介绍

类型	简介	图例
保护装置	当电力系统中的电力元件（如发电机、线路等）或电力系统本身发生了故障危及电力系统安全运行时，能够向运行值班人员及时发出警告信号，或者直接向所控制的断路器发出跳闸命令以终止这些事件发展的一种自动化措施和设备	
测控装置	可以采集变电站内相应间隔对应一次设备的运行状态，包括电压、电流、位置、温度、挡位等信息，保存、上送至监控后台及远动装置，并且监控远方下传的遥控指令，执行遥控操作，控制一次设备的自动化装置	
安全自动装置	用于防止电力系统稳定破坏、防止电力系统事故扩大、防止电网崩溃及大面积停电以及恢复电力系统正常运行的各种自动装置的总称，如稳控装置、失步解列装置、低频减负荷装置、低压减负荷装置、过频切机装置、备用电源自投装置、水电厂低频自启动装置、输电线路的自动重合闸等	

类型	简介	图例
复用接口装置	保护装置的复用通道中保护通道设备将数字量信号转化为模拟量信号，利用脉冲编码调制（PCM）数字化后为采用同轴电缆传递的 E1 信号，因其传输速率为 2048kbit/s，故也称为 2M 装置	
合并单元	简称 MU，智能变电站内的一种智能组件，用以对来自二次转换器的电流、电压数据进行时间相关组合的物理单元，既可是互感器的一个组成件，也可是一个分立单元。是指对一次互感器传输过来的电气量进行合并和同步处理，并将处理后的数字信号按照特定格式转发给设备使用的装置	
智能终端	一种智能组件，与一次设备采用电缆连接，与保护、测控等二次设备采用光纤连接，实现对一次设备（如断路器、隔离开关、主变压器等）的测量、控制等功能	
智能保护、测控装置	是采用 IEC 61850 规约基于软硬件和过程总线，将变电站的多个智能电子设备（IED）❶集中为一个 IED，以此来实现保护、测控等功能的智能电子设备	

二、二次装置的安装方法

（一）安装前准备

1. 工器具及材料准备

斜口钳、剥线钳、压线钳、手电钻、螺钉旋具、万用表、绝缘电阻表、VE 管型接线端子、线号印字机、号码管。

2. 施工前检查

开箱检查二次装置的铭牌、规格、型号是否符合施工图纸要求，检查二次装置的外观是否完好，设备应无损伤，说明书、配件、合格证应齐全。如果检查发现二次装置存在外观损伤或者说明书、配件、合格证丢失的应及时通知厂家更换或补发。

（二）二次装置的安装方法

1. 二次装置安装方法

（1）根据施工图纸中的屏面布置图，在屏柜上确定二次装置的安装位置，并根据保护设备的高度取下屏前的可拆卸挡板，拆卸挡板的尺寸应与二次设备的尺寸一致。

（2）在挡板背后的屏柜框架上安装设备支架，注意支架安装的位置要与挡板侧下沿齐平，防止二次装置在上紧固定螺钉后，装置后部悬空。

（3）调整好装置反向将二次设备从屏前缓慢送入安装孔洞，注意前后配合防止装置

---

❶ 智能电子设备（intelligent electronic device，IED）：IED 包含一个或多个处理器，具有接收来自外部源的数据，向外部发送或进行控制能力的装置，如电子多功能仪表、数字保护、控制器等。具有一个或多个特定环境中特定逻辑节点行为且受制于其接口的装置。

掉落损坏；调整装置至水平，并紧固固定螺栓。

（4）二次装置安装好后，用 4mm² 黄绿色接地线将装置外壳的接点接至屏柜下方 100mm² 接地铜排处。

安装时应注意，如果同屏有多台装置互相之间需有 2U❶ 的间隔距离以保持装置散热良好。以上步骤如图 7-3-1 所示。

（a）取下前隔离挡板

（b）安装装置支架

（c）安装二次装置

（d）配置接地线

图 7-3-1　二次设备的安装方法

2. 保护复用通道接口装置的安装方法

（1）保护复用通道接口装置安装。保护复用通道接口装置安装固定与普通二次装置基本一致。通常保护复用通道接口装置需要连接一对光缆和一对同轴电缆，光缆及同轴电缆的安装在第六章已经具体描述，本章不再详细说明。

当光缆及同轴电缆进入屏柜后应通过屏内接线槽盒分开敷设连接至 2M 装置，光缆的在屏柜内宜用魔术扎带，不得用尼龙扎带，转弯处弯度不得小于光缆的最小弯曲半径（30mm），当光缆及同轴电缆的接头连接复用通道接口装置时应对准后插入并拧紧，不得

---

❶ U：U 是一种表示服务器外部尺寸的单位，是 unit 的缩略语，详细尺寸由美国电子工业协会（EIA）确定。1U=1.75 英寸，约合 44.45mm。如果一台服务器的高度为 1U，那就说这个服务器是 1U 的；服务器高度为 2U，就是 2U 的，依此类推。

暴力插拔导致接头损坏。以上步骤如图 7-3-2 所示。

（2）标识粘贴。光缆及同轴电缆的安装在第六章已经具体描述，此处不再详细说明。

(a) 光缆（同轴电缆）敷设

(b) 光缆（同轴电缆）绑扎

(c) 光缆（同轴电缆）连接

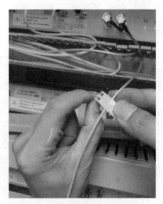

(d) 标识粘贴

图 7-3-2　复用通道接口装置光缆（同轴电缆）安装

光缆及同轴电缆标识应使用专用的打印机进行打印，字迹应清晰，不易脱落，粘贴应牢固。

三、二次装置的接线

根据施工图纸，配好二次接线，配线的具体步骤与屏柜内配线一致，此处不再详细说明。二次装置排线应符合下列要求：

（1）电流回路应采用电压不低于 500V 的铜芯绝缘导线，其截面积不应少于 $2.5mm^2$，其他回路配线截面积不应小于 $1.5mm^2$；对电子元件回路、弱电回路采用锡焊连接时，在满足载流量和电压降及有足够机械强度的情况下，可采用截面积不小于 $0.5mm^2$ 的绝缘导线。

（2）交流回路应采用黄色线号管打印号头，直流回路应采用白色线号管打印号头。

（3）接线按照顺序连接在端子排两侧，接线时需注意要将端子的固定螺钉拧紧（用力拧至最紧，然后回 1/4 圈）。

（4）端子的一个接线孔不得连接两根及以上的二次线，必要时采用中间短接片扩展，双层端子优先接入内层端子。

（5）连接完成后采用抽查及拉拔的方式检查端子排接线的牢固性，发现有脱落的情况，需要重新紧固所有端子排接线。

第四节 网络设备的安装

一、基础知识

网络装置是用来将各类服务器、PC、应用终端等节点相互连接，构成信息通信网络的专用硬件设备。包括信息网络设备、通信网络设备、网络安全设备等。变电站常见网络装置有交换机、路由器、网络安全设备、数据网设备、电量采集终端等。

变电站常用的网络装置如表 7-4-1 所示。

表 7-4-1　　　　　　　　　　　变电站常用网络装置介绍

类型	简介	图例
交换机	一种用于电（光）信号转发的网络设备。它可以为接入交换机的任意两个网络节点提供独享的电信号通路。最常见的交换机是以太网交换机。其他常见的还有电话语音交换机、光纤交换机等	
路由器	连接两个或多个网络的硬件设备，在网络间起网关的作用，是读取每一个数据包中的地址然后决定如何传送的专用智能性的网络设备	
网络安全设备	主要功能是保障网络安全，维护运行系统安全、维护网络上系统信息安全、维护网络上信息传播安全、维护网络上信息内容的安全，包括 IP 协议密码机、安全路由器、线路密码机、防火墙等	
数据网设备	数据网设备是电网调度自动化、管理现代化的基础，是确保电网安全、稳定、经济运行的重要手段，是电力系统的重要基础设施，在协调电力系统发、送、变、配、用电等组成部分的联合运转及保证电网安全、经济、稳定、可靠的运行方面发挥了重要的作用	
电量采集终端	负责各信息采集点的电能信息的采集、数据管理、数据传输以及执行或转发主站下发的控制命令的设备，按应用场所可分为厂站采集终端、专用变压器采集终端、公用变压器采集终端和低压集中抄表终端（包括低压集中器、低压采集器）等类型	

二、网络装置的安装方法

（一）安装前准备

1. 工器具及材料

斜口钳、剥线钳、压线钳、手电钻、螺钉旋具、静电腕带、万用表、绝缘电阻表、VE 管型接线端子、线号印字机、号码管。

2. 施工前检查

开箱检查网络装置的铭牌、规格、型号是否符合施工图纸要求，检查网络装置的外观是否完好，设备应无损伤，说明书、配件、合格证应齐全。如果检查发现网络装置存在外观损伤或者说明书、配件、合格证丢失的应及时通知厂家更换或补发。

（二）网络装置的安装方法

（1）根据施工图纸中的屏面布置图，在屏柜上确定网络装置的安装位置，并根据保护设备的高度取下屏前的可拆卸挡板，拆卸挡板的尺寸应与网络设备的尺寸一致。

（2）在挡板背后的屏柜框架上安装设备支架，注意支架安装的位置要与挡板侧下沿齐平，防止网络装置在上紧固定螺钉后，装置后部悬空。

（3）调整好装置反向将网络设备从屏前缓慢送入安装孔洞，注意前后配合防止装置掉落损坏。调整装置至水平，并紧固固定螺栓。

（4）网络设备安装好后，用 $4mm^2$ 黄绿色接地线将网络设备外壳的接点接至屏柜下方 $100mm^2$ 接地铜排处，然后按设计图纸接入装置的二次线和网络线缆。

以上步骤如图 7-4-1 所示。

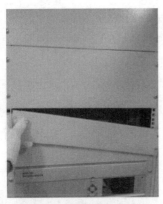

(a) 取下前隔离挡板

(b) 安装装置支架

(c) 安装网络装置

(d) 配置二次线及接地线

图 7-4-1　网络设备的安装方法

（5）安装时应注意：

1）如果同屏有多台装置互相之间需有 2U 的间隔距离以保持装置散热良好。

2）安装过程中，需要将设备的电源线插入到电源插座中，如果二次屏柜内未配置电源插座，则需将随网络设备配置的电源线剪去插头部分，将芯线接入屏柜的电源端子排。

3）网络设备安装过程中工作人员宜佩戴防静电腕带，保护网络设备不受人体积聚静电电荷的干扰。

（三）网络设备标识卡制作

1. 制作网络标识卡

在网络设备安装及联系的各类网络线缆安装完毕后，除了第六章内提到的网络线缆的标识需要粘贴外，屏柜内部还需要粘贴本屏柜的网络标识卡，网络标识卡的内容为本屏柜网线线缆编号、回路号、本侧接入位置、本侧接入终端、功能说明、对侧屏柜位置、对侧接入位置、侧接入终端等信息，施工人员可以将其填入表中，并打印出来。

光纤、尾纤标识卡，如表 7-4-2 所示。

表 7-4-2　　　　　　　　　　　　光纤、尾纤标识卡

主变压器保护柜 1　光纤标识卡					
光缆编号	=WA-W6.RCC-GL501A				
尾纤编号	BE：AMUCT	BE：AZBZTT	BE：AZBZTR	BE：AMUGST	BE：AMUGSR	BE：AMUGST
本侧接入ODF 位置	I 1	I 3	I 4	I 6	I 7	I 6
本侧接入终端位置	主变压器保护A(1n)/6/RX6	主变压器保护A(1n)/6/TX4	主变压器保护A(1n)/6/RX4	220kV 交换机A(1-40n)/4RX	220kV 交换机A(1-40n)/4TX	220kV 交换机A(1-40n)/4RX
功能说明	主变压器保护 A 套220kV 侧直采	主变压器保护 A套 220kV 侧直跳	主变压器保护 A直采	GOOS/SV组网 A	GOOS/SV组网 A	GOOS/SV组网 A
对侧屏位	2 号主变压器 220kV 侧智能控制柜					
对侧接入ODF 位置	I 1	I 3	I 4	I 6	I 7	I 6
对侧接入终端位置	合并单元A(1-13n)/8/TX3	智能终端A(1-4n)/08/RX2	智能终端A(1-4n)/08/TX2	合并单元A(1-13n)/08/TX2	合并单元A(1-13n)/08/RX2	合并单元A(1-13n)/08/TX2

网络线标识卡，如表 7-4-3 所示。

表 7-4-3　　　　　　　　　　　　网 线 标 识 卡

网络柜 I 网线标识卡					
接入设备	10kV A 网交换机				
端口号	I 1	I 2	I 3	I 4	I 5	I 6
网线编号	12SWLA	13SWLA	14SWLA	15SWLA	16SWLA	17SWLA
网线去向	10kV 馈线 12开关柜	10kV 馈线 13开关柜	10kV 馈线 14开关柜	10kV 馈线 15开关柜	10kV 馈线 16开关柜	10kV 馈线 17开关柜

2. 制作粘贴

（1）将标识卡用 A4 纸打印出来，逐张过塑。

（2）按照从上到下、从左到右的原则（或者按照设备分布的原则），将制作完成的标识卡粘贴在屏柜的后柜门上。

步骤如图 7-4-2 所示。

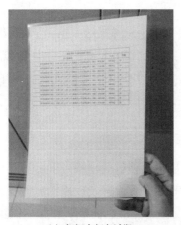 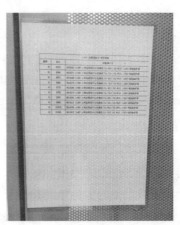

(a) 标识卡打印过塑　　　　　　　(b) 标识卡粘贴

图 7-4-2　网络标识卡制作

三、交换机、路由器的测试

（一）外观检查

检查被测设备的结构及外观，包括机箱尺寸、接地、防锈蚀措施、端口与接线说明及指示灯、散热方式等各项指标，交换机应采用自然散（无风扇）方式。

（二）环境测试

影响交换机正常运行的环境因素主要有电源电压、环境温度、低气压、盐雾等；该项性能的测试属于出厂测试的一部分，本书不对该项测试做具体描述，只作为了解。

（三）接口测试

1. 电接口

电接口测试步骤及预期结果：

（1）使用网络测试仪和直通线进行连接。

（2）配置网络测试仪端口分别工作在 100/1000Mbit/s 强制半双工模式下，测试口 1 向测试端口 2 发送数据，持续时间 60s。

（3）使用交叉网线（568A）代替直通网线（568B）进行连接，重复测试步骤。

（4）配置网络测试仪端口分别工作在 100/1000Mbit/s 自动协商模式下，测试端口 1

向测试端口 2 发送数据，持续时间 60s。

（5）预期结果：被测设备能够实现速率自协商、MDIMDIX 自协商，在各种模式下与网络测试仪通信正常，数据无丢失。

2. 光接口测试

（1）发送功率。将光功率计设置到相应波长挡位，在被测设备光接口输出端进行测量，测量所有接口。预期结果为光波长 1310nm 发送功率：−20～−14dBm；光波长 850nm 发送功率：−19～−10dBm。

（2）光接口接收灵敏度。将光源串接光衰减器，光源发送数据，同时调整光衰减器使得被测设备处于丢顿和正常通信的临界状态，测量此时光源的光功计读数，该读数即为光接收灵敏度测试所有接口。预期结果为光波长 1310nm 光纤光接收灵敏度：−31～−14dBm；光波长 850nm 光纤光接收灵敏度：−24～−10dBm。

3. 告警接点测试

告警接点测试步骤及预期结果如下：

（1）开启被测设备的供电电源，检查此时被测设备告警硬接点输出情况。

（2）断开被测设备的供电电源，检查此时被测设备告警硬接点输出情况。

（3）预期结果：测试步骤（1）中，被测设备告警接点输出状态与测试步骤（2）应不一致。

4. 双电源测试

当被测设备配置双电源时，检查被测设备的冗余电源配置，对其中一路电源进行供电时，另一路电源应不带电，且此时被测设备的功能应正常；分别断开任意一路电源时，此时被测设备的功能应正常。

第五节 站控层设备安装

一、基础知识

站控层设备的功能是实时采集全站的数据并存入实时数据库和历史数据库，通过各种功能界面实现实时监测、远程控制、数据汇总查询统计、报表查询打印等功能，是监控系统与工作人员的人机接口，所有通过计算机对配电网的操作控制全部由站控层设备完成。变电站常用的站控层设备如表 7-5-1 所示。

表 7-5-1 变电站常用站控层设备介绍

类型	简介	图例
远动机	远动机是为了完成调度与变电站之间各种信息的采集并实时进行自动传输和交换的自动装置。主要功能是实现四遥：遥测、遥信、遥控、遥调	

续表

类型	简介	图例
后台机	后台机即变电站综合自动化系统后台机，是站内综合自动化系统的监控器，通过后台机值班人员可以随时掌握变电站的运行情况（包括实时参数、主接线、各种开关的运行状态、电压、电流、功率、各种报表和曲线、报警界面及事故记录等），一旦发现故障将可以实时妥善地进行处理	
规约转换装置	规约转换装置即常规变电站保护管理机，为了解决 IEC 60860-103 规约（以下简称 103 规约）的私有化及同一个变电站内各个厂家之间的通信问题而衍生的设备，主要功能是将其他厂家的 103 规约转换成后台厂家的 103 规约，从而实现不同厂家设备和后台及远动的通信	

二、远动机、规约转换设备的安装

（一）安装前准备

1. 工器具及材料

斜口钳、剥线钳、压线钳、手电钻、螺钉旋具、万用表、绝缘电阻表、VE 管型接线端子、线号印字机、号码管。

2. 施工前检查

开箱检查站控层设备的铭牌、规格、型号是否符合施工图纸要求，检查站控层设备的外观是否完好，设备应无损伤，说明书、配件、合格证应齐全。如果检查发现站控层设备存在外观损伤或者说明书、配件、合格证丢失，应及时通知厂家更换或补发。

（二）安装方法

远动机、规约转换设备尺寸的与网络设备基本一致。安装方式也与网络设备基本一致。

（1）根据施工图纸中的屏面布置图，在屏柜上确定站控层设备的安装位置，并根据保护设备的高度取下屏前的可拆卸挡板，拆卸挡板的尺寸应与站控层设备的尺寸一致。

（2）在挡板背后的屏柜框架上安装设备支架，注意支架安装的位置要与挡板侧下沿齐平，防止网络装置在上紧固定螺钉后，装置后部悬空。

（3）调整好装置反向将站控层设备从屏前缓慢送入安装孔洞，注意前后配合防止装置掉落损坏。调整装置至水平，并紧固固定螺栓。

（4）设备安装好后，先用 $4mm^2$ 黄绿色接地线将站控层设备的接点接至屏柜下方 $100mm^2$ 接地铜排处，然后按设计图纸接入装置的二次线和网络线缆。

以上步骤如图 7-5-1 所示。

(a) 取下前隔离挡板

(b) 安装装置支架

(c) 安装站控层装置

(d) 配置二次线及接地线

图 7-5-1　远动机、规约转换设备安装方法

三、后台机的安装

（一）安装前准备

1. 工器具及材料

斜口钳、剥线钳、压线钳、螺钉旋具、万用表、绝缘电阻表、VE 管型接线端子、线号印字机、号码管。

2. 施工前检查

开箱检查后台机的铭牌、规格、型号是否符合现场实际要求，检查后台机的外观是否完好，设备应无损伤，说明书、配件、合格证应齐全。如果检查发现后台机存在外观损伤或者说明书、配件、合格证丢失的，应及时通知厂家更换或补发。

（二）安装方法

（1）根据施工图纸中的屏面布置图，在屏柜上确定监控后台机的主机、屏幕的安装位置，一般情况下，后台机显示器、鼠标、键盘等通常配置有专用安装面板，现场安装只需取下预装的挡板后安装即可。

（2）一般情况下屏柜厂家已预先装配支架，只需将后台机主机部分平放在支架上即可。

（3）调整好装置方向将后台机主机从屏前缓慢送入安装孔洞，注意前后配合防止装置掉落损坏。调整装置至水平，并紧固固定螺栓。

（4）最后配置从附件箱里取出后台机显示器、鼠标、键盘接入主机即可，并安装接地线。

以上步骤如图 7-5-2 所示。

(a) 确定安装位置

(b) 安装主机屏幕

(c) 安装鼠标、键盘及接地线

(d) 安装完成

图 7-5-2　二次设备的安装方法

（5）安装时应注意：

1）同一个屏柜安装多台主机时，注意两台主机之间保留 2U 的距离以便装置散热。

2）显示屏，鼠标、键盘应方便运维人员操作，不可太高或者太低。

3）安装后台机、远动主机等高价值电子设备时宜由厂家技术人员执行或在场配合。

（三）后台的接线

监控后台机的主机及显示器通常采用 UPS，若屏柜安装有设计 UPS 交流排插的可以直接安装，若 UPS 无交流排插的，应用斜口钳剪去电源线接头，剥去外层绝缘，将 L 线（红色或者棕色）、N 线（蓝色或者黑色）、接地线（黄绿色）分别接至端子排对应电源处。

连接主机及显示器的 VGA 或 HDMI 视频连接线，并旋紧螺钉固定。

将鼠标及键盘连接至主机的 USB 连接口，连接完成后检查接线的牢固性，若发现有脱落的情况，需要重新紧固后台机的接线。

最后启动后台机，并正常工作。

第六节 同步时钟系统安装

一、基础知识

变电站同步时钟系统又称电力时钟同步系统（变电站时钟系统），选用两路外部 B 码基准，提供高可靠性、高冗余度的时间基准信号，并采用先进的时间频率测控技术驯服晶振，使守时电路输出的时间同步信号精密同步在北斗、GPS 或外部 B 码时间基准上，输出短期和长期稳定度都十分优良的高精度同步信号。

变电站同步时钟系统构成，如图 7-6-1 所示。

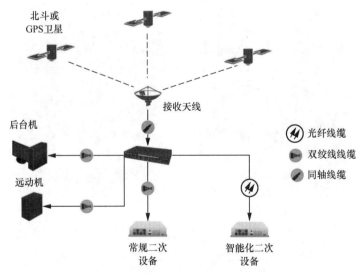

图 7-6-1　变电站同步时钟系统构成

表 7-6-1 是变电站常见同步时钟系统设备。

表 7-6-1   同 步 时 钟 系 统 设 备

类型	简介	图例
同步时钟装置	时间同步装置是将接收天线所采集到的对时卫星信号（北斗或 GPS 信号）并将其转换成多种制式的输出信号（TTL、空节点、IRIG-B、串口、网络等），以满足不同种类设备的对时需求的一种装置。包括主时钟和从时钟	
TNC 连接线	TNC 连接线是一种采用 TNC 接头的同轴电缆。在同步时钟系统中 TNC 连接线主要的作用是传输同步时钟天线所采集到的卫星对时信号，常与 BNC 接头搭配使用	
同步时钟天线	同步时钟天线可以收集北斗、GPS 双模授时信号用于为同步时钟装置提供时间信号，从而使同步时钟装置获得高精度时间参考，为将要授时的系统提供准确的时间信息。因其外形酷似蘑菇故也称蘑菇头天线	

二、同步时钟装置的安装方法及规范

（一）安装前准备

1. 工器具及材料

斜口钳、剥线钳、压线钳、冲击钻、螺钉旋具、万用表、绝缘电阻表、VE 管型接线端子、线号印字机、号码管。

2. 施工前检查

开箱检查二次装置的铭牌、规格、型号是否符合施工图纸要求，检查二次装置的外观是否完好，设备应无损伤，说明书、配件、合格证应齐全。如果检查发现二次装置存在外观损伤或者说明书、配件、合格证丢失的，应及时通知厂家更换或补发。

（二）同步时钟装置的安装方法

（1）根据施工图纸中的屏面布置图，在屏柜上确定同步时钟装置的安装位置，并根据保护设备的高度取下屏前的可拆卸挡板，拆卸挡板的尺寸应与网络设备的尺寸一致。

（2）在挡板背后的屏柜框架上安装设备支架，注意支架安装的位置要与挡板侧下沿齐平，防止同步时钟装置在上紧固定螺钉后，装置后部悬空。

（3）调整好装置反向将同步时钟装置从屏前缓慢送入安装孔洞，注意前后配合防止装置掉落损坏。调整装置至水平，并紧固固定螺栓。

（4）网络设备安装好后，用 $4mm^2$ 黄绿色接地线将网络设备外壳的接点接至屏柜下方 $100mm^2$ 接地铜排处，然后按设计图纸接入装置的二次线和同轴线缆。

（5）安装时应注意：同一个屏柜安装多台主机时，注意两台主机之间保留 2U 的距离以便装置散热。以上步骤如图 7-6-2 所示。

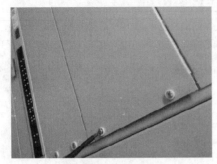

(a) 取下前隔离挡板

(b) 安装对时装置

(c) 对时装置固定

(d) 配置接地线

图 7-6-2　二次设备的安装方法

（三）同步时钟天线的安装方法

同步时钟装置接收天线要安装在高处、开阔的地方，四周不得有高大建筑遮挡，实际使用中常常安装在变电站内建筑物的顶端。

（1）根据说明书中的安装顺序，先用冲击钻在需安装天线的控制楼楼顶处，寻找不会被建筑物遮挡的适当位置开孔。利用膨胀螺栓固定天线底座。

（2）在天线底座上安装天线，紧固固定螺栓确保安装牢固，不会晃动，通常一个用作北斗信号接收，一个用于 GPS 信号接收，部分厂家北斗与 GPS 接收的天线型号不同，安装时需要认真识别。

（3）电缆敷设：同步时钟装置接收天线电缆需要从楼顶天线安装处敷设至室内；同步时钟装置接收天线电缆的敷设需走电缆竖井及电缆沟，不得直接从建筑物外墙通过窗户等建筑物外墙孔洞进入室内，并全程穿入阻燃管，在敷设过程中不得破坏电缆通道原有的封堵，如必须破坏者，需要及时采取封堵措施。

（4）电缆接线：根据施工图纸，在屏柜后安装天线避雷器的支架，并安装避雷器，紧固螺钉使其不会脱落；将穿入屏柜天线电缆首先接入避雷器中，再由避雷器通过短电缆连接至同步时钟的对时信号接收端口并卡紧，若需北斗天线与 GPS 天线的装置，应做好标识，防止天线接入错误。以上步骤如图 7-6-3 所示。

(a) 天线定位开孔

(b) 固定支架安装

(c) 时钟天线安装

(d) TNC 接线连接

图 7-6-3　二次设备的安装方法

三、同步时钟装置的接线

根据施工图纸，配好二次接线，二次接线的配线方式与屏柜内二次配线相同。

同步时钟装置的接线要求：

（1）电源回路应采用截面积不应小于 2.5mm² ，其他回路配线截面积不应小于 1.5mm² 。

（2）直流回路应采用白色号码管打印号头。按照顺序连接在端子排两侧；端子排接线时需注意要将端子的固定螺钉拧紧（用力拧至最紧，然后回 1/4 圈）。

（3）端子的一个接线孔不得连接两根及以上的二次线，必要时采用中间短接片扩展，双层端子优先接入内层端子。

（4）连接完成后采用抽查及拉拔的方式检查端子排接线的牢固性，发现有脱落的情况，需要重新紧固所有端子排接线。

四、同步时钟系统调试方法

（一）外观检查

检查同步时钟设备的结构及外观，包括机箱尺寸、接地、防锈蚀措施、端口与接线说明及指示灯、散热方式等各项指标。

（二）环境测试

影响同步时钟设备正常运行的环境因素主要有电源电压、环境温度、低气压、盐雾等。该项性能的测试属于出厂测试的一部分，本书不对该项测试做具体描述，只作为了解。

（三）同步时钟装置测试

1. 基本时间同步系统测试

同步时钟安装完成后，检查测试其对时的准确性。在同步时钟装置的面板上应有年、月、日、时、分、秒的时间显示，检查同步时钟装置和站内设备显示时间的准确性，如无法确定是否对时正常，可以通过手动设置一个错误时间，若对时正常，则时间会自动跳转回正确的北京时间。

在时钟源信号正常的情况下应与北京时间相同，同步时钟的输出准确度应优于 1μs 的要求。若同步时钟装置的对时源断开后，应满足守时 12h 状态下的时间准确度应该优于 1μs/h。

2. 告警接点测试

告警接点测试步骤及预期结果如下：

（1）开启同步时钟设备的供电电源，检查此时被测设备告警硬接点输出情况。

（2）断开同步时钟设备的供电电源，检查此时被测设备告警硬接点输出情况。

（3）预期结果：测试步骤（1）中，被测设备告警接点输出状态与测试步骤（2）应不一致。

3. 双电源测试

当同步时钟设备配置双电源时，检查同步时钟设备的冗余电源配置：对其中一路电源进行供电时，另一路电源应不带电，且此时被测设备的功能应正常，分别断开任意一路电源时，此时被测设备的功能应正常。

第八章　站用电系统的安装及调试

第一节　所需工器具、仪表简介

站用电系统的安装及调试所需工器具、仪表简介如表 8-1-1 所示。

表 8-1-1　　　　　　站用电系统的安装及调试所需工器具、仪表简介

设备名称	简介	图例
直流电阻箱	电阻箱一种箱式电阻器。由若干个不同阻值的定值电阻，按一定的方式连接而成。电阻箱中的定值电阻一般用康铜和锰铜丝绕制，使电阻值基本不随温度变化。实验用的电阻箱有插头式和开关式（又叫筒式）两种	
直流充电特性测试仪	直流电源特性测试仪是用于直流系统充电机特性试验的仪器，可实现不同容量直流充电机检测和试验，并能准确可靠地测试出变电站直流电源充电机输出的稳压精度、稳流精度、纹波系统、放电容量等参数。采用高可靠工业级控制主板、真彩液晶显示器及触摸屏作为控制输入输出设备	
绝缘电阻表	绝缘电阻表，是测量大容量变压器、互感器、发电机、高压电动机、电力电容、电力电缆、避雷器等绝缘电阻的理想测试仪器。采用嵌入式工业单片机实时操作系统，超薄形张丝表头与图形点阵液晶显示器完美结合，该系列表具有多种电压输出等级、容量大、抗干扰强、数字显示、交直流两用、操作简单、自动计算各种绝缘指标、各种测量结果具有防掉电功能等特点	
电源盘	电源盘是指绕有电线电缆的可移动式电源线盘，电源盘上面配有国标插座或是工业插座，有剩余电流动作保护器及电源指示灯，用作户外电源，为了方便移动和携带，小型的电缆盘应该有线盘支架和提手，大一些的电缆盘带有脚轮。高端的有防雨、防尘等产品	
红外温度测试仪	使用红外温度测试仪可以从一段距离之外进行快速、非接触式温度测量。红外温度测试仪在电力系统中可作为测量温度的首选仪器。 红外温度测试仪之间区分的关键因素是距离与光点直径比，或者距离多远测温仪可以能够精确测量一个特定目标区域。高性能测温仪离目标的距离与测量光点直径之比要尽可能大	

第二节 站用电系统安装

一、基础知识

站用电系统为变电站内设备提供直流电能或交流电能的电源装置，是变电站内所有设备赖以正常运行的重要组成部分，也是整个变电站的动力之源，没有优质可靠的电源系统，任何保护、测控、通信等设备或网络也只能处于瘫痪状态。稳定的供电质量是保护、测控、通信等设备发挥其优良性能的前提，也是确保通信畅通的必要条件，其作用是整体性、全局性和基础性的。

站用电系统包含的内容非常广泛，不仅包含站用交流 380/220V 电源系统，还包括直流 220V（48V）电源系统、UPS 和蓄电池组等。再加上必要的外部监控，最终实现能量的转换和过程的监控。

其中站用直流系统的发展比较漫长，经历了多次的科技飞跃，分别跨越了线性电源阶段、相控电源阶段，直至现在普遍应用的高频开关整流❶电源阶段。高频开关整流电源可以对站用交流电源进行整流，在高频开关的转换下，可以获得高频交流电，再通过整流滤波作用，可输出直流电。直流开关电源转换的效率比较高，具有较大的功率密度，重量更轻，因此，逐步替代了线性电源、相控电源，成为变电站直流电源、通信电源中的主要电源。

不间断电源（uninterruptible power supply，UPS）系统是指当交流电（站用电）输入发生异常时，可继续向负载供电，并保证供电质量，使负载供电不受影响的供电装置。这里的负载主要有调度数据网设备、电量采集设备、主变压器有载调压装置及监控后台装置等。不间断电源依据其向负载提供的是交流还是直流可分为两大类型，即交流不间断电源系统和直流不间断电源系统，但人们习惯上总是将交流不间断电源系统简称 UPS，现今变电站（发电厂）主要使用交流不间断电源系统。

二、站用 380V 交流电源系统

站用交流供电系统是由高压开关柜、站用变压器（接地变压器）、自动投切装置（ATS）、交流配电屏、连接馈线等组成的供电总体。站用交流电的作用：提供变电站内的生活、生产用电（包括照明、空调等）；为变电站内的一、二次设备提供交流电，如保护屏、储能电动机、主变压器有载调压机构等；给站用直流电源系统、不间断电源系统等供电。

---

❶ 整流：将交流电变换为直流电，称为 AC/DC 变换，这种变换的功率流向是由电源传向负载，称之为整流。整流电路是利用二极管的单向导电性将正负变化的交流电压变为单向脉动电压的电路。在交流电源的作用下，整流二极管周期性地导通和截止，使负载得到脉动直流电。在电源的正半周，二极管导通，使负载上的电流与电压波形状完全相同；在电源电压的负半周，二极管处于反向截止状态，承受电源负半周电压，负载电压几乎为零。

（一）站用交流系统接线方式

站用交流电源系统常用的接线方式大致有以下三种：

（1）单母线接线方式（一般不分段），共有两条进线，分别来自不同 10kV（35kV）母线的电能经 1、2 号站用变压器转变为 380V，再经进线开关和单个 ATS 连接至 380V 交流母线，最后通过馈线空气断路器送电至交流负荷。如图 8-2-1 所示。

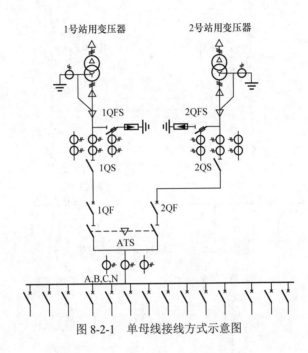

图 8-2-1 单母线接线方式示意图

（2）双母线接线方式（双 ATS），共有两条进线，分别来自不同 10kV 母线的电能经 1、2 号站用变压器转变为 380V，再经进线开关和双 ATS 连接至 380V 交流 I、II 段母线，最后通过馈线空气断路器送电至交流负荷。正常情况下，I、II 段母线均分变电站交流负荷，即两路进线均分负荷，当其中一路失电时，另一路给变电站全部交流负荷供电；而当失电的一路恢复正常后，仍要恢复到 I、II 段母线均分变电站交流负荷的供电方式。这样，就要求两个 ATS 必须工作在主备方式（自投自复），而不能工作在互为备用方式。同时，因为两段母线之间没有分段开关进行连接，很好避免了因误操作合环引发环流造成设备损坏的情况。如图 8-2-2 所示。

（3）双母线分段接线方式（非 ATS），共有两条进线，分别来自不同 10kV 母线的电能经 1、2 号站用变压器转变为 380V，再经进线开关连接至 380V 交流 I、II 段母线，最后通过馈线空气断路器送电至交流负荷。两段母线之间设分段开关，正常情况下，I 段和 II 段母线均分变电站交流负荷，即两路进线均分负荷，当其中一路失电时，应断开该路进线开关，另一路通过合上分段开关给变电站全部交流负荷供电；而当失电的一路恢复正常后，应断开分段开关后，再合上该路进线开关，恢复到 I、II 段母线均分变电站交流负荷的供电方式。此种接线方式存在因误操作合环引发环流造成设备损坏的情况。如图 8-2-3 所示。

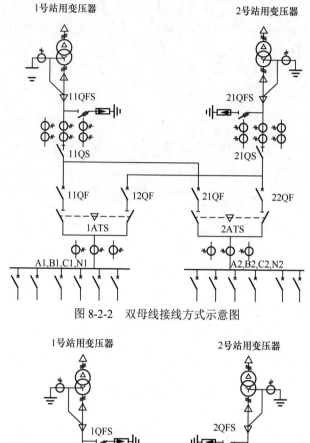

图 8-2-2　双母线接线方式示意图

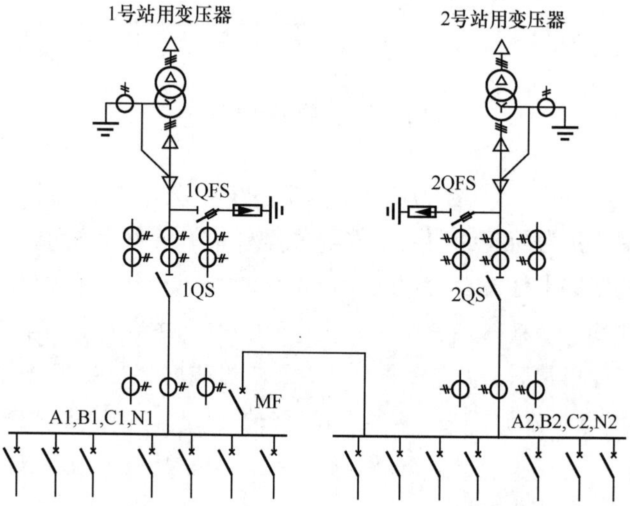

图 8-2-3　双母线分段接线方式示意图

常见的交流馈线负荷有主变压器机构箱电源、检修电源、汇控柜电源、事故照明电源、直流充电电源、UPS 等。

（二）交流系统功能单元

交流系统由高压开关柜、站用变压器（接地变压器）、自动投切装置（ATS）、微机监控单元、馈线屏等单元组成。

（1）高压开关柜。高压开关柜（又称成套开关或成套配电装置），它是以断路器为主的电气设备，是指生产厂家根据电气一次主接线图的要求，将有关的高低压电器（包括控制电器、保护电器、测量电器）以及母线、载流导体、绝缘子等装配在封闭的或敞开的金属柜体内，作为电力系统中接收和分配电能的装置，如图 8-2-4 所示。

高压开关柜广泛应用于配电系统，用于接收与分配电能。既可根据电网运行需要将一部分电力设备或线路投入或退出运行，也可在电力设备或线路发生故障时将故障部分从电网中快速切除，从而保证电网中无故障部分的正常运行，以及设备和运行维修人员的安全。因此，高压开关柜是非常重要的配电设备，其安全、可靠运行对电力系统具有十分重要的意义。

图 8-2-4 高压开关柜

（2）站用变压器（接地变压器）。站用变压器其实是变电站站用电源变压器，一般为干式变压器，从母线经馈线开关柜取电，二次侧一般有 1～2 组绕组（380V 或 100V）主要用于站内所有设备的供电。如图 8-2-5 所示。

(a) 干式站用变压器　　　　　　　(b) 油浸式站用变压器

图 8-2-5 站用变压器

（3）自动投切装置（ATS）。ATS 是 automatic transfer switching equipment 的缩写，全称为"自动转换开关电器"，ATS 主要用在紧急供电系统，将负载电路从一个电源自动换接至另一个（备用）电源的开关电器，以确保重要负荷连续、可靠运行。因此，ATS 常常应用在重要用电场所，其产品可靠性尤为重要。如图 8-2-6 所示。

ATS 的基本功能：当主用电源故障时，ATS 经过 0～10s 延时自动把负载切换至备用电源端；当主用电源恢复后，ATS 又经过 0～10s 延时自动把负载切换至主用电源端。ATS 的切换延时，保证了切换前备用电

图 8-2-6 自动投切装置

源或主用电源各项电参数的稳定性。ATS 具有手动和自动切换电源的功能。ATS 具有主用电源优先的功能，也就是说即使在备用供电状态，在此期间任何时候，只要主用电源恢复正常，立刻切换至主用电源供电。ATS 能够检测到主用电源故障信号，当主用电源故障时，ATS 立刻切换至备用电源供电。ATS 具有机械联锁和电气联锁，确保切换的准确和安全，同时 ATS 具有缺相保护的功能。

在 ATS 的使用过程中，一般会遇到两大主要的转换类型：

1）自投自复。指两路电源中指定了某一路为常用电源。当常用电源正常时自动投入，此时负载由常用电源供电，备用电源处于备用状态（可分为热备用和冷备用）。当常用电源发生故障或失电时，备用电源将（延时）自动投入，此时负载由备用电源供电。后续当常用电源恢复正常时，负载会再次自动转换到由常用电源供电，后经（延时）停止备用电源。

2）互为备用。指两路电源中无指定的常用/备用电源。负载正常由其中一路电源供电，另外一路处于备用状态（可分为热备用和冷备用）。当此供电电源故障或失电时，ATS将转换到另一路正常的电源。当此前故障或失电的电源恢复正常时，ATS 不发生转换动作，仅当当前为负载供电的电源发生故障或失电时，ATS 才会再次进行转换。

（4）微机监控单元。微机监控单元的基本功能是完成交流电源系统和监控中心的信息交流，是对被监控设备实施遥信、遥测、遥调和遥控，完成被监控设备的配置、操作的装置，具有采集功能、显示功能、管理控制功能、报警功能。

（5）馈线屏。馈线屏主要采用辐射供电方式。辐射供电网络是以电源点即馈线屏上的母线为中心，直接向各用电负荷供电的一种方式，一个设备由 1～2 条馈线直接供电，具有方便检修、便于寻找故障点、压降小、便于配置级差等特点。

三、站用直流电源系统

直流电源系统是变电站（发电厂）设备操作电源、保护测控装置及通信设备的可靠电源，主要由蓄电池、充电装置（高频开关或整流器）、绝缘监测装置、微机监控装置、馈线输出、保护电器等附件组成。直流电源规划、设计、设备选型是否合理、适当，能否安全、稳定及可靠供给，对保障电力设备的正常运行具有至关重要的作用。

（一）直流电源的分类

在变电站（发电厂）中，为控制、信号、保护和自动装置（统称为控制负荷），以及断路器电磁合闸、直流电动机、不间断电源系统、事故照明（统称为动力负荷）等供电的直流电源系统，通称为直流操作电源。根据构成方式的不同，在变电站（发电厂）中应用的有以下几种直流操作电源：

（1）电容储能式直流电源：是一种用站（厂）用交流电源经隔离整流后，取得直流电为控制负荷供电的电源系统。这是一种简易的直流电源，一般只是在规模小、不很重要的电站使用。

（2）复式整流式直流电源：是一种用站（厂）用交流电源、电压互感器和电流互感器经整流后，取得直流电为控制负荷供电的电源系统。这也是一种简易的直流电源，一般只是在规模小、不很重要的电站使用。

（3）蓄电池组直流电源：由蓄电池组和充电装置（高频开关或整流器）构成。正常运行时，由充电装置为控制负荷供电，同时给蓄电池组充电，使其处于满容量荷电状态；当电站发生事故时，由蓄电池组继续向直流控制和动力负荷供电。这是一种在各种工况下都能保证可靠供电的电源系统，广泛应用于各种类型的发电厂和变电站中。

以上电容储能式和复式整流式直流电源系统，在 20 世纪六七十年代有较多的应用，20 世纪 80 年代以后，由于小型镉镍碱性蓄电池和阀控式铅酸蓄电池的应用，这种电源系统在变电站（发电厂）中已不再采用，如今只有少部分 10kV 配网开关室还有使用。而蓄电池组直流电源系统，其应用历史悠久且极为广泛。现代意义上的直流电源系统就是这种由蓄电池组和充电装置构成的直流不停电电源系统，通常简称为直流电源系统或直流系统。

如今，随着变电站（发电厂）建设规模的不断增大，在直流电源系统的设计上，对于 110kV 及以下电压等级的变电站，一般装设单充单蓄❶（重要的双充双蓄），220kV 及以上电压等级变电站双充双蓄，特殊变电站可更根据实际情况配置。对于 220kV 及以上电压等级的变电站，2002 年国家电网公司要求全部装设两组蓄电池组。这一发展过程表明，随着大机组、超高压工程的发展，人们更加关注的是直流电源的可靠性。

（二）直流系统的分类

直流电源系统，大致分为直流 220V 电源系统和直流 48V 通信电源系统。

直流 220V 电源系统，包括站内保护、测控、开关储能电源等。

直流 48V 通信电源系统，包括通信光端机、交换机、保护通信接口电源等。直流 48V 通信电源系统分为独立通信 48V 电源系统（交直流一体柜、通信蓄电池组）、通信 DC/DC 变换电源系统。

1. 直流220V电源系统

直流电源是维持电路中形成稳恒电压的装置系统，它是变电站（发电厂）可靠的控制电源。在正常情况下，变电站直流系统为控制信号、继电保护、自动装置、断路器跳/合闸操作回路提供可靠的电源。当发生交流电源消失的事故情况下为事故照明、交流不间断电源和需要使用直流电源作为控制电源及动力电源的设备继续保持一段时间的持续供电，直至事故处理完毕恢复交流供电。变电站（发电厂）直流电源主要采用蓄电池、充电装置（高频开关或整流器）组成的直流电源系统，按结构可分为单充单蓄直流电源系统、双充单蓄直流电源系统、双充双蓄直流电源系统、三充两电直流电源系统。其中，双充双蓄直流电源系统典型结构如图 8-2-7 所示。

---

❶ 单充单蓄：单充单蓄为一套充电装置（高频开关或整流器）配置一套蓄电池组。

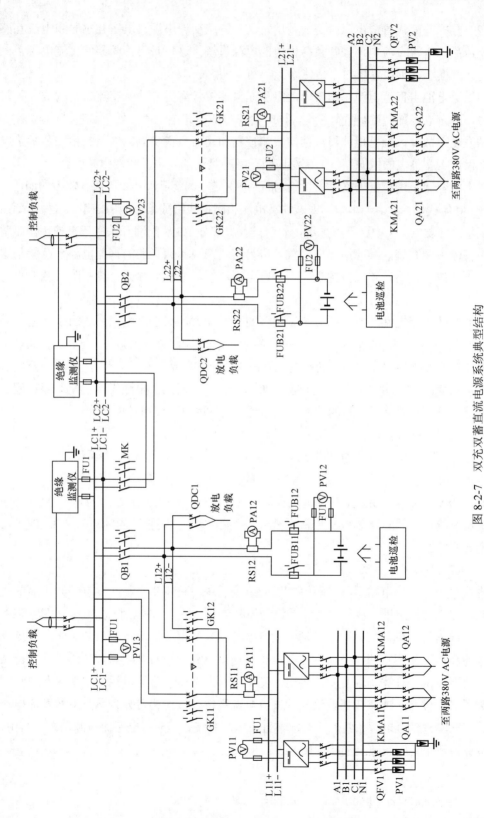

图 8-2-7 双充双蓄直流电源系统典型结构

（1）站用电源之所以要采用直流系统，是因为与交流系统相比有以下优势：

1）电压稳定好，不受电网运行方式和电网故障的影响，单极接地仍可运行。

2）单套直流系统一般有两路交流输入（自动切换），另有一套蓄电池组，相当于有 3 个电源供电，供电可靠高。

3）直流继电器由于无电磁振动、没有交流阻抗，损耗小，可小型化，便于集成。

4）如用交流电源，当系统发生短路故障，电压会因短路而降低，二次控制电压也降低，严重时会因电压低而使断路器跳不开。

（2）直流电源系统的主要作用如下：

1）直流系统是给信号及远动设备、保护及自动装置、事故照明、断路器（开关）分合闸操作提供直流电源的电源设备。直流系统是一个独立的电源，在外部交流电中断的情况下，由蓄电池组继续提供直流电源，保障系统设备正常运行。

2）直流系统的用电负荷极为重要，对供电的可靠性要求很高，直流系统的可靠性是保障变电站安全运行的决定性条件之一。

3）在系统发生故障，站用电中断的情况下，如果直流电源系统不能可靠地为工作设备提供直流工作电源，将会造成不可估量的损失。

2. 直流48V通信电源系统

通信电源是通信系统的心脏，电源系统一旦发生故障，将影响通信网络及设备的正常运行。随着供电方式需求的多元化，整流器技术和蓄电池技术不断发展更新，通信电源系统供电方式由集中供电向分散供电方式逐步转化，实现对通信设备的高效供电。通信电源为电力通信各种设备提供动力源泉，是电力通信系统的重要基础设施。通信专用电源为 48V 电源系统，一般由交流配电单元、整流模块、监控模块、直流配电单元、蓄电池组等组成。

通信设备或通信系统对电源系统的基本要求有：供电可靠性、供电稳定性、供电经济性等。其中电源系统的可靠性包括不允许电源系统故障停电和瞬间断电这两方面要求。目前，变电站（发电厂）直流 48V 通信电源系统一般分为独立通信 48V 电源系统（交直流一体柜、通信蓄电池组）、通信 DC/DC 变换电源系统。

（1）独立通信 48V 电源系统：如图 8-2-8 所示。

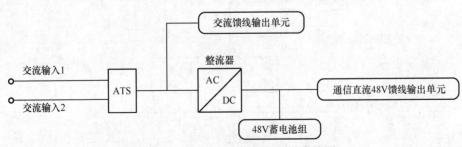

图 8-2-8　独立通信 48V 电源系统结构图

1）两路不同站用变压器的交流母线经过交流切换单元，二选一后将单路交流送给整流器；同时，交流电经分配单元分配后，可供其他交流负载使用。

2）整流器的功能是将由交流配电单元提供的交流电变换成 48V 直流电输出到直流配电单元。

3）直流配电单元完成直流负载的分配和蓄电池组的接入。

4）蓄电池作为通信电源系统的备用电源，蓄电池可通过放电给通信设备供电，保证设备在双交流功率损耗情况下的正常工作。

（2）通信 DC/DC 变换电源系统：由直流 220（110）V 电源系统馈线供电的通信用直流变换电源（DC/DC），如图 8-2-9 所示。

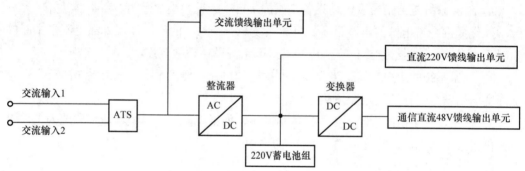

图 8-2-9　通信 DC/DC 变换电源系统示意图

（三）交直流一体化电源系统

电力交直流一体化电源系统是将交流电源、直流电源、电力 UPS、通信用直流变换电源（DC/DC）及事故照明等装置组合为一体，共享直流电源的蓄电池组，并统一监控的成套设备。一体化电源系统中直流电源系统额定输出电压为 DC 220V，交流电源系统额定输出电压为 AC 380/220V，UPS 电源系统额定输出电压为 AC 220V，DC/DC 通信电源系统额定输出电压为 DC 48V。

（1）交直流一体化电源系统常用的接线方式一如图 8-2-10 所示。

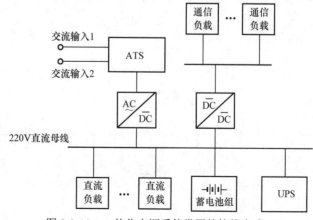

图 8-2-10　一体化电源系统常用的接线方式一

1）交流电源两路进线（来自1号站用变压器和2号站用变压器），通过1个ATS形成单母线接线方式。

2）直流电源采用单电单充（单套电池组和单套充电机）。

3）直流电源母线采用单母线接线。

4）UPS和通信电源各配置1套。

（2）交直流一体化电源系统常用的接线方式二如图8-2-11所示。

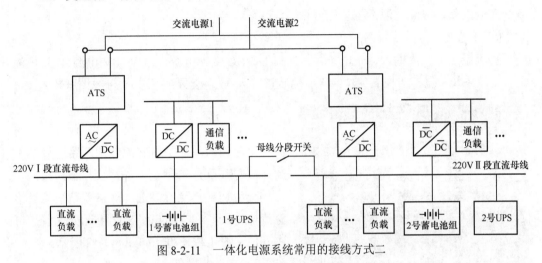

图8-2-11 一体化电源系统常用的接线方式二

1）正常情况下，Ⅰ段和Ⅱ段母线均分变电站交流负荷，即两路进线均分负荷，当其中一路失电时，另一路给变电站全部交流负荷供电；而当失电的一路恢复正常后，仍要恢复到Ⅰ段和Ⅱ段母线均分变电站交流负荷的供电方式。这样，就要求两个ATS必须工作在主备方式（自投自复），而不能工作在互为备用方式。

2）直流电源采用双电双充（两套电池组和两套充电机）。

3）直流电源母线采用单母线分段接线形式。

4）UPS和直流电源充电机两路交流进线来自同两段交流母线，两套直流电源充电机交流进线配置了进线自动切换装置。

5）通信电源配置两套，其直流输入分别来自两段直流母线，均分变电站内的通信负荷。

6）UPS配置两套，其直流输入分别来自两段直流母线，均分变电站内需要不间断供电的设备的交流负荷。

（3）一体化电源系统的技术特点：

1）共享直流电源的蓄电池组，取消传统UPS和通信电源的蓄电池组和充电单元，采用电力专用UPS和通信用DC/DC直接由直流母线变换取得交流不间断电源和通信电源。

2）设置一体化电源的总监控装置，负责收集显示变电站交流电源、直流电源、UPS和通信电源的有关运行信息，从而建立了统一的网络化信息管理平台，站用电系统运行实现全参数监控。

3）一体化电源总监控装置可接收站控层的命令，实现对站用交直流电源的优化运行远程控制，如交流电源进线 ATS 的工作模式、蓄电池充放电管理、照明和风机等重要负荷配电回路的远程控制。

4）对防雷单元统一优化配置，针对 UPS 和 DC/DC 的直流输入进行特殊设计和 EMI 处理，满足 EMC❶要求。

5）实现对变电站交直流电源的通盘考虑，简化了设计，并可建立智能专家管理系统，减少人为操作，提高电源系统运行可靠性。

（四）直流系统功能单元

直流系统由交流输入、充电装置、通信 DC/DC 变换电源（通信 48V 电源）、蓄电池组、监控系统（包括监控装置、绝缘监测装置等）、放电装置（可选）、母线调压装置（可选）、馈线屏等单元组成。

图 8-2-12　交流输入单元实物图

1. 交流输入

交流输入单元是将交流电源两路进线（来自 1 号站用变压器和 2 号站用变压器）接入，经过交流切换单元，二选一后将单路交流送给整流器；同时，交流电经分配单元分配后，可供其他交流负载使用。如图 8-2-12 所示。

2. 充电装置单元

充电装置主要是高频开关模块❷型。见图 8-2-13，高频开关模块型充电装置单块额定电流通常为 5、10、20、40A 等，具有体积小、质量轻、技术性能、指标先进、使用维护方便、效率高、可靠性高、自动化水平高等优点，因此应用广泛。

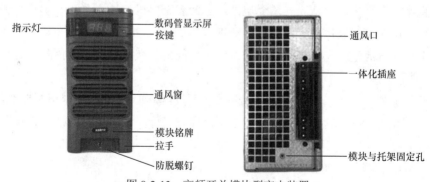

图 8-2-13　高频开关模块型充电装置

---

❶ 电磁兼容性（electromagnetic compatibility，EMC）：电磁兼容性是指设备或系统在其电磁环境中符合要求运行并不对其环境中的任何设备产生无法忍受的电磁骚扰的能力。

❷ 高频开关模块：高频开关模块型（充电装置）由若干个高频开关整流模块并联组成。其中交流配电模块是对交流电源进行处理、保护、检测，并与充电模块接口。充电模块将交流电转变为直流电，按 N+1 或 N+2 并联方式运行，使用时可根据实际负载大小选择具体模块的数目。高频开关模块型充电装置取消了庞大的隔离变压器，在高频化、小型化及模块化上有很大进展，具有输出稳流、稳压精度高、纹波系数小等优点。

高频充电装置技术先进，运行性能好，在稳压、稳流、纹波等技术参数上，与其他类型充电装置相比有较大提高，是全国大部分地区选择的主流产品。虽然模块容易发生故障，但因有备用模块，一般不会造成充电装置停运。

3. 通信DC/DC变换电源

直流-直流变换电源是一种将直流基础电源变换为其他电压等级的直流变换装置。在一体化直流系统中，充电装置输出的直流 220（110）V 基础电源通过直流-直流（DC/DC）变换装置变换为 48V 直流电源，以供各种通信装置使用。

4. 蓄电池单元

蓄电池是储存直流电能的一种设备，它能把电能转变为化学能储存起来（充电），使用时再把化学能转变为电能（放电），供给直流负荷，这种能量的变换过程是可逆的。也就是说，当蓄电池已部分放电或完全放电后，两电极表面形成了新的化合物，这时用适当的反向电流通入蓄电池，就可使已形成的新化合物还原成原来的活性物质，供下次放电之用。

蓄电池作为备用电源在系统中起着极其重要的作用。平时蓄电池处于浮充电备用状态，在交流电失电、事故状态等情况下，蓄电池是负荷的唯一电源供给者，一旦出现问题，供电系统将面临瘫痪，造成设备停运及其他重大运行事故。在后面的章节会专门对蓄电池的安装及调试进行讲解。

5. 绝缘监测装置单元

直流电源系统应设置直流绝缘监测装置，当直流系统发生接地故障或绝缘下降至规定值时，绝缘监测装置应可靠动作，并发出信号。绝缘监测装置应能测出正、负母线对地的电压值和绝缘电阻值，并能测出各分支路回路绝缘电阻值。其电压和绝缘电阻监测范围及精度见表 8-2-1 和表 8-2-2。

表 8-2-1　　　　　　　　　　绝缘监测装置电压监测范围和精度

显示项目	监测范围	测量精度
母线电压 U_b	$80\%U_n \leqslant U_b \leqslant 130\%U_n$	$\pm 1.0\%$
母线对地直流电压 U_d	$U_d < 10\%U_n$	应显示具体数值
	$10\%U_n \leqslant U_d \leqslant 130\%U_n$	$\pm 1.0\%$
母线对地交流电压 U_a	$U_a < 10V$	应显示具体数值
	$10V \leqslant U_a \leqslant 242V$	$\pm 1.0\%$

表 8-2-2　　　　　　　　　绝缘监测装置对地绝缘电阻监测范围和精度

显示项目	对地绝缘电阻检测范围 R_i（kΩ）	测量精度
系统对地绝缘电阻	$R_i < 10$	应显示具体数值
	$10 \leqslant R_i \leqslant 60$	$\pm 5.0\%$
	$61 < R_i \leqslant 200$	$\pm 10.0\%$
	$R_i > 201$	应显示具体数值
支路对地绝缘电阻	$R_i < 10$	应显示具体数值
	$10 \leqslant R_i \leqslant 50$	$\pm 15.0\%$
	$51 < R_i \leqslant 100$	$\pm 25.0\%$
	$R_i > 101$	应显示具体数值

绝缘监测装置分为在线监测和离线监测两种，电力系统中采用功能较完善的微机型在线监测装置，具有单极一点或多点、双极同支路或不同支路接地时告警选线、母线电压异常告警选线、母线对地电压偏差告警选线、交流窜电告警选线、直流互窜告警选线等功能，见图 8-2-14。

绝缘监测装置的作用是监测直流接地，当直流系统的正极或负极对地绝缘水平降低到某一整定值时，统称为直流接地。直流系统如果只有一点接地是不会对直流系统造成直接危害的，但是必须及时消除故障，否则如果在直流系统中，再有一点接地就可能造成对整个电力系统的严重危害。当直流系统正极接地时，将有可能造成断路器的误动，因为一般跳闸线圈（如出口中间继电器线圈和跳闸线圈等）均接电源负极，如果这些直流回路中再发生直流系统接地或绝缘不良时，跳闸线圈就会直接接于正负极之间，有电流流过继电器，就会引起保护误动作。同样的道理，如果直流系统负极接地，跳闸线圈被短路，将有可能造成断路器的拒动。

鉴于直流两点接地的危害，就需要设置直流系统对地绝缘监测装置，当直流系统对地绝缘严重降低或出现一点接地后，立即发出告警信号。

现阶段，直流系统大多使用的是微机型绝缘监测装置，它采用了附加信号的新型检测原理和激机技术，具有自检和保护功能，不仅能检测直流系统的绝缘水平，还能直接读出绝缘电阻值，可以掌握直流系统的绝缘状况及其变化趋势，并且具有支路选线功能，可准确选出接地支路，避免使用人工拉路法进行直流接地支路的查找。另外为了配合变电站自动化系统，增加了通信接口，可与变电站自动化设备进行数据交换。

6. 微机监控装置单元

微机监控单元的基本功能是完成直流电源系统和监控中心的信息交流，是对被监控设备实施遥信、遥测、遥调和遥控，完成被监控设备的配置、操作的装置，具有采集功能、显示功能、管理控制功能、报警功能，见图 8-2-15。

图 8-2-14　微机型在线绝缘监测装置

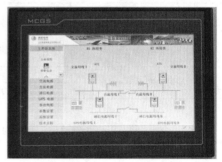

图 8-2-15　微机监控装置

7. 馈线网络单元

为了提高直流馈电的可靠性，直流馈线网络采用辐射供电方式。辐射供电网络是以电源点即直流柜上的直流母线为中心，直接向各用电负荷供电的一种方式，能够减少干扰源，一个设备由 1～2 条馈线直接供电，具有方便检修、便于寻找故障点、压降小、便于配置级差等特点。

8．直流电源关键元件

（1）直流保护电器（见图 8-2-16）。当直流发生短路故障时，感受不同短路电流的断路器将以不同的时间从直流系统中切除，按照动作时间的不同，断路器保护特性可以分为以下三类：

1）过载长延时保护。故障电流较小，经过长延时（数秒到 1h 内）动作切除故障保护。

2）短路瞬时保护。故障电流较大，瞬时动作（几毫秒）切除故障的保护。

图 8-2-16　直流保护电器

3）短路延时保护。故障电流较大，经较短延时（几十毫秒）切除故障的保护。

（2）直流常规仪表。直流柜上应装设下列测量表计：

1）直流主母线、蓄电池回路和充电装置输出回路的直流电压表。

2）蓄电池回路和充电装置输出回路的直流电流表。

3）直流分电柜应装设直流电压表。

4）直流柜和直流分电柜上所有测量表计，宜采用 1.5 级精度指针式或 4 位半精度数字式表计，如图 8-2-17 所示。

（a）指针式表计　　　　　　　　（b）数字式表计

图 8-2-17　直流系统测量表计图

四、UPS 系统

（一）UPS 的定义与作用

1．UPS 的定义

所谓不间断电源（系统）是指当交流电网输入发生异常时，可继续向负载供电，并能保证供电质量，使负载供电不受影响的供电装置。不间断电源依据其向负载提供的是交流还是直流可分成两大类型，即交流不间断电源系统和直流不间断电源系统，但人们习惯上总是将交流不间断电源系统简称为 UPS。

2．UPS 的作用

理想的交流电源输出电压是纯粹的正弦波，即在正弦波上没有叠加任何谐波，且无任何瞬时的扰动。但实际电网因为许多内部原因和外部干扰，其波形并非标准的正弦波，而且因电路阻抗所限，其电压也并非稳定不变。造成干扰的原因有很多，发电厂本身输出的交流电不是纯正的正弦波、电网中大电动机的启动、开关电源的运用、各类开关的操作以及雷电、风雨等都可能对电网产生不良影响。

UPS 作为一种交流不间断电源设备，其作用有二：一是在市电供电中断时能继续为负载提供合乎要求的交流电能；二是在市电供电没有中断但供电质量不能满足负载要求时，应具有稳压、稳频等交流电的净化作用。

所谓净化作用是指：当市电电网提供给用户的交流电不是理想的正弦波，而是存在着频率、电压、波形等方面异常时，UPS 可将市电电网不符合负载要求的电能处理成完全符合负载要求的交流电。市电供电异常情况见表 8-2-3。

表 8-2-3 　　　　　　　　　　　　　市电供电异常情况表

市电供电异常现象	波形	特点
电压尖峰（spike）		指峰值达到 6000V、持续时间为 0.01～10ms 的尖峰电压。它要由雷击、电弧放电、静电放电以及大型电气设备的开关操作而产生
电压瞬变（transient）		指峰值电压高达 20kV、持续时间为 1～100μs 的脉冲电压。其产生的主要原因及可能造成的破坏类似于电压尖峰，只是在量上有所区别
电线噪声（electrical line noise）		指射频干扰（RFI）和电磁干扰（EMI）以及其他各种高频干扰，当电动机运行、继电器动作以及广播发射等都会引起电线噪声，电网电线噪声会对负载控制线路产生影响
电压槽口（notch）		指正常电压波形上的开关干扰（或其他干扰），持续时间小于半个周期，与正常极性相反，也包括半周期内的完全失电压
电压跌落（sag or brownout）		指市电电压有效值介于额定值的 80%～85%，并且持续时间超过一个至数个周期。大型设备开机、大型电动机启动以及大型电力变压器接入电网都会造成电压跌落
电压浪涌（surge）		指市电电压有效值超过额定值的 110%，并且持续时间超过一个至数个周期。电压浪涌主要是因电网上多个大型电气设备关机，电网突然卸载而产生的
欠电压（under voltage）		指低于额定电压一定百分比的稳定低电压。其产生原因包括大型设备启动及应用、主电力线切换、大型电动机启动以及线路过载等
过电压（over voltage）		指超过额定电压一定百分比的稳定高电压。一般是由接线错误、电厂或电站误调整以及附近重型设备关机引起。对单相电而言，可能是由三相负载不平衡或中性线接地不良等原因造成
波形失真（harmonic distortion）		指市电电压相对于线性正弦波电压的偏差，一般用总谐波畸变率（total harmonic distortion，THD）来表示。产生的原因一方面是发电设备输出电能本身不是纯正的正弦波，另一方面是电网中的非线性负载对电网的影响
市电中断（power fail）		指电网停止电能供应且至少持续两个周期到数小时。产生的原因主要有线路上的断路器跳闸、市供应中断以及电网故障等
频率偏移（frequency variation）		指市电频率的偏移超过 2Hz（小于 48Hz 或大于 52Hz）以上。这主要由应急发电机的不稳定运行或由频率不稳定的电源供电所致

表中出现的污染或干扰对计算机及其他敏感仪器设备所造成的危害不尽相同。电源中断可能造成硬件损坏；电压跌落可能造成硬件提前老化、文件数据丢失；过电压、欠电压以及电压浪涌可能会损坏驱动器、存储器、逻辑电路，还可能产生不可预料的软件

故障；电线噪声和电压瞬变可能会损坏逻辑电路和文件数据。

（二）UPS的分类

交流不间断电源（UPS）通常由整流器、逆变❶器、蓄电池、静态开关等部分组成。

UPS 的分类方法有很多，按输出容量大小可分为：小容量（10kVA 市电以下）、中容量（10～100kVA）和大容量（100kVA 以上）UPS；按输入、输出电压相数不同可分为单进单出、三进三出和三进单出型 UPS；按输出波形不同可分为方波、梯形波和正弦波 UPS。但人们习惯上按 UPS 电路结构形式进行分类，可分为后备式、互动式和在线式 UPS。

1. 后备式UPS

交流输入正常时，通过稳压装置对负载供电；交流输入异常时，电池通过逆变器对负载供电。后备式 UPS 是静态 UPS 的最初形式，它是一种以市电供电为主的电源形式，主要由整流器、直流输入（蓄电池组）、逆变器、变压器抽头调压式稳压器以及切换开关等部分组成，其工作原理框图如图 8-2-18 所示。

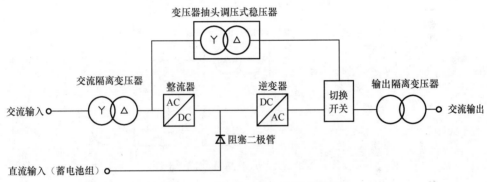

图 8-2-18　后备式 UPS 工作原理框图

2. 在线式UPS

主路交流输入正常时，通过整流、逆变装置对负载供电；主路交流输入异常时，直流输入（蓄电池组）通过逆变器对负载供电。如主路交流输入异常同时直流输入（蓄电池组）也异常时，此时有旁路交流输入对负载供电。在线式 UPS 又称为双变换在线式或串联调整式 UPS，目前大容量 UPS 大多采用此结构形式。在线式 UPS 通常由整流器、直流输入（蓄电池组）、逆变器、切换开关等部分组成，它是一种以逆变器供电为主的电源形式。其工作原理如图 8-2-19 所示。

3. 互动式UPS

交流输入正常时，通过稳压装置对负载供电，变换器只对电池充电；交流输入异常时，电池通过变换器对负载供电。互动式 UPS 又称为在线互动式 UPS 或并联补偿式 UPS。与（双

❶ 逆变：将直流电逆变成交流电，即 DC/AC 变换，这种变换称为逆变。在特定场合下，同一套晶闸管变流电路既可作整流，又能作逆变。变流器工作在逆变状态时，如果把变流器的交流侧接到交流电源上，把直流电逆变为同频率的交流电反送到交流电网去，叫有源逆变。如果变流器的交流侧不与电网连接，而直接接到负载，即把直流电逆变为某一频率或可调频率的交流电供给负载，则叫无源逆变。

变换）在线式 UPS 相比，该 UPS 省去了整流器和充电器，而由一个可运行于整流状态和逆变状态的双向变换器配以蓄电池构成。当市电输入正常时，双向变换器处于反向工作状态（即整流工作状态），给电池组充电；当市电异常时，双向变换器立即转换为逆变工作状态，将电池电能转换为交流电输出。其工作原理如图 8-2-20 所示。

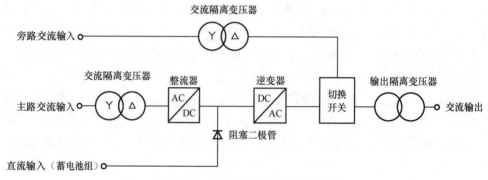

图 8-2-19　在线式 UPS 工作原理框图

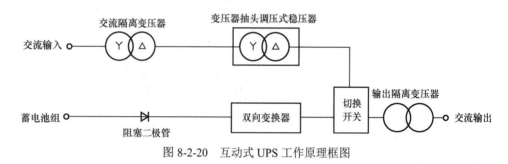

图 8-2-20　互动式 UPS 工作原理框图

第三节　站用电系统设备的安装过程及规范

站用电系统设备从规划可研、工程设计、设备采购、设备制造、设备验收、设备安装、设备调试直至设备竣工验收多个阶段，每个环节缺一不可。

站用电系统设备安装主要有：屏柜安装、二次控制电缆安装、通信电缆安装。本章节适用于站用交流系统、站用 220V 直流系统、站用 48V 通信直流系统、UPS 系统。

一、站用电屏柜安装规范

站用电系统屏柜的安装方法及执行的规范第四章中已详细介绍，但由于站用电屏柜结构与其他二次设备屏柜有一定的差异（例如屏柜内部安装有直流或交流母线），所以安装时还需注意以下几点。

（一）铭牌标志

每套屏柜应配置铭牌，铭牌上至少应包括：屏柜设备制造厂家的名称、型号、编号、生产日期。

（二）屏柜结构

（1）屏柜采用柜式结构。屏柜所使用的材料机械强度、防腐蚀性、热稳定、绝缘及耐火性能等均通过型式试验验证。

（2）屏柜内元件和端子应排列整齐、层次分明、不重叠，便于维护拆装；长期带电发热元件的安装位置应在柜内上方。

（3）柜内的端子应装设在柜的两侧或中部下方，柜背面应设置防止直接接触带电元件的面板，屏柜间应有侧板（对于直流系统的屏柜内回路与回路之间应有隔板），以防止事故扩大。

（4）一次绝缘导线不应贴近裸露带电部件或带尖角的边缘敷设，应使用线夹固定在骨架上或支架上。

（三）开关元器件

（1）屏柜正面应有与实际相符的模拟接线图。屏内的各种开关、继电器、仪表、信号灯、光字牌等元器件应有相应的文字符号作为标志，并与接线图上的文字符号标志一致。字迹应清晰易辨、不褪色、不脱落、布置均匀。汇流排和主电路导线的相序和颜色应符合有关规定。

（2）发热元件宜安装在散热良好的地方，两个发热元件之间的连线应采用耐热导线；屏柜内的开关元器件的安装和布线应使其本身的功能不致由于正常工作中出现相互作用，如热、开合操作、振动、电磁场而受到损害。

（3）屏柜内端子连接应牢固可靠，应能满足长期通过额定电流要求。屏柜内母线、引线应采取硅橡胶热缩等绝缘防护措施。

（4）屏柜应有防止直接与危险带电部分接触的基本防护措施，如绝缘材料提供基本绝缘、挡板或外壳。

（5）每套屏柜都应有保护导体，便于电源自动断开，防止屏柜设备内部故障引起的后果，防止由设备供电的外部电路故障引起的后果；按设计要求采用电气隔离和全绝缘防护。

（6）导线、导线颜色、指示灯、按钮、行线槽等标志清晰；表计量程应在测量范围内，最大值应在满量程85%以上。指针式仪表精度不应低于1.5级，数字表应采用四位半表。

（7）直流回路严禁采用交流空气断路器，应采用具有自动脱扣功能的直流断路器。直流空气断路器、熔断器应具有安秒特性曲线，上下级应大于2级的配合级差。

（8）柜内两带电导体之间、带电导体与裸露的不带电导体之间的最小的电气间隙和爬电距离，均应符合表 8-3-1 的规定。

表 8-3-1　柜内两带电导体之间、带电导体与裸露的不带电导体之间的最小的电气间隙和爬电距离

额定工作电压（V）（直流或交流）	额定电流小于或等于63A		额定电流大于63A	
	电气间隙（mm）	爬电距离（mm）	电气间隙（mm）	爬电距离（mm）
$60<U_i\leq300$	5.0	6.0	6.0	8.0
$300<U_i\leq600$	8.0	12.0	10.0	12.0

注　小母线汇流排或不同极的裸露带电的导体之间，以及裸露带电导体与未绝缘的不带电导体之间的电气间隙不小于12mm，爬电距离不小于20mm。

（9）对于站用交流系统的其他要求：

1）屏柜内欠压脱扣应设置一定延时，防止因站用电系统一次侧电压瞬时跌落造成脱扣。

2）机械闭锁、电气闭锁动作准确、可靠；动触头与静触头的中心线应一致，触头接触紧密；二次回路辅助开关的切换触点应动作准确，接触可靠。

3）对于抽屉式馈线柜应满足以下要求：

a．接插件应接触良好，抽屉推拉应灵活轻便，无卡阻、碰撞现象，同型号、同规格的抽屉应能互换。

b．抽屉的机械联锁或电气联锁装置应动作正确可靠。

c．抽屉与柜体间的二次回路连接可靠。

（四）母线安装

（1）母线的布置应使其不会发生内部短路，能够承受安装处的最大短路应力及短路耐受强度。

（2）母线应采用阻燃热缩绝缘护套绝缘化处理。

（3）支持母线的金属构件、螺栓等均应镀锌，母线安装时接触面应保持洁净，螺栓紧固后接触面紧密，各螺栓受力均匀。

（4）在一个柜架单元内，主母线与其他元件之间的导体布置应采取避免相间或相对地短路的措施。

（5）端子连接应保证维持适合于相关元件和电路的负荷电流和短路强度所需要的接触压力，流过最大负荷电流时不应由于接触压力不够而发热。

（6）端子应能连接铜、铝导线，若仅适用于其中一种材质的导线，则应在端子中通过标志指出是适合连接铜导线还是适合连接铝导线。

（五）二次接地

站用电系统屏柜的接地安装方法及执行的规范在第三章中已详细介绍，安装时还需注意以下几点：

（1）柜体应设有保护接地，接地处应有防锈措施和明显标志。

（2）所有隔离变压器（电压、电流、直流逆变电源、导引线保护等）的一、二次线圈间必须有良好的屏蔽层，屏蔽层应在保护屏可靠接地。

（六）充电装置（柜）

1．充电装置柜安装要求

（1）充电柜应通风、散热良好，必要时采用强制通风措施。

（2）屏柜及电缆安装后，孔洞封堵和防止电缆穿管积水结冰措施应符合相关规定。

（3）监控装置本身故障，要求有故障报警，且信号传至远方。

（4）两段母线的母联开关，需检验其通电良好性。

2．电流电压监视要求

（1）每套充电装置交流供电输入端应采取防止电网浪涌冲击电压侵入充电模块的技

术措施，实现交流输入过、欠压及缺相报警检查功能。

（2）每个成套充电装置应有两路交流输入（分别来自不同站用电源），互为备用，当运行的交流输入失去时能自动切换到备用交流输入供电，且充电装置监控应能显示两路交流输入电压。

（3）交流电源输入应为三相输入，额定频率为50Hz。

（4）直流电压表、电流表应采用精度不低于1.5级的表计，如采用数字显示表，应采用精度不低于0.1级的表计。

（5）电池监测仪应实现对每个单体电池电压的监控，其测量误差应小于或等于2‰。

（6）直流电源系统应装设有防止过电压的保护装置。

二、站用电系统电缆安装规范

本阶段除应符合第五章及第六章的要求外，还需符合以下几点：

（1）所有电缆应采用阻燃电缆，应避免直流与交流电缆并排铺设。

（2）蓄电池电缆应采用单芯多股铜电缆。

（3）两组蓄电池的电缆应分别铺设在各自独立的通道内，蓄电池组正极和负极引出电缆不应共用一根电缆，分别铺设在各自独立的通道内，沿最短路径敷设。在穿越电缆竖井时，应加穿金属套管。无法设置独立通道的，要采取阻燃、防爆、加隔离护板或护套等措施。

第四节　站用电系统调试

站用电系统调试主要包括：站用交流系统调试、站用直流系统调试。站用交流系统调试主要有 ATS 切换试验、连续供电试验（接线端子温度检查）。站用直流系统调试主要有充电装置输出试验、充电模块均流测试。

一、站用交流系统调试

（一）ATS切换试验

1. 测试前准备工作

（1）使用吸尘器抽吸开关上运输和安装过程中产生的碎屑。

（2）确认所有的电缆连接正确且两个测试电源的相位相互匹配。

（3）确认所有的控制接线已经正确连接，检查电源连接的接触片已紧固。

（4）确认所有端盖及保护罩已经安装并紧固。

（5）再次对 ATS 进行完全彻底的检查。

2. 现场测试步骤及要求

（1）ATS 装置初始通电检查：

1）在进线 1 断路器接入一组检修电源，在进线 2 断路器接入一组经调压器调压的电源。

2）合上进线 1、2 断路器，根据定值单设置控制器相应的参数，比如系统时钟、切换时间、电压校准等。

3）确认系统电源电压、频率正确，确认两路电源相序正确。

（2）自动转换试验前准备：

1）进行 ATS 自动（AUTO）转换试验前，须检查其手动操作功能，在手动操作之前还须确保两路进线断路器均处于断开状态。

2）将切换闭锁开关从"自动"转为"手动"位置，插入手柄，在电源 1 和电源 2 之间进行手动转换操作。

3）手动转换操作应当平滑顺畅，不应存在任何的束缚。

4）将 ATS 转回至电源 1 位置，卸下手柄并将其放回至手柄座中，将切换闭锁开关从"手动"转为"自动"位置。

（3）通电自动转换试验：

1）检查切换闭锁开关在"自动"位置，将控制器设置为"自动-自复"，此时为"常用电源"工作方式。

2）检查进线 2 断路器合闸位置，且备用（经调压器调压的电源）供电正常。

3）断开进线 1 断路器，即检修电源断开。

4）检查控制器界面，转变为"备用电源"工作方式，ATS 开关本体切换至"备用电源"。

5）检查供电方式为备用电源供电。

6）合上进线 1 断路器（即恢复常用电源），即检修电源供电正常。

7）检查控制器界面，转变为"常用电源"工作方式，ATS 开关本体切换至"常用电源"。

8）检查供电方式为常用电源供电。

9）切换试验完毕。

（二）连续供电试验（接线端子温度检查）

1. 测试步骤

（1）在一个离被测端子尽可能近的安全位置进行测量。在离开一段距离进行测量时，要根据距离与光点直径比来了解被测目标的尺寸。

（2）根据被测物体的类型正确设置红外线反射率系数。

（3）扣动红外温度测试仪测试开关，使红外线打在被测端子表面，待显示数值稳定后，便可以从其液晶屏上读出被测端子的温度。

2. 测试结果分析

根据开关接线端子的材质，将所测得的试验数据与表 8-4-1 进行比对，判断物体的温升是否在正常范围内。如果发现开关接线端子的温度过高，要尽快进行处理，重新拧紧端子，必要时更换开关和接线端子。

表 8-4-1　　　　　　　　　　部分器件的温升允许范围

测点	温升（℃）	测点	温升（℃）
A 级绝缘线圈	≤60	整流二极管外壳	≤85
E 级绝缘线圈	≤75	晶闸管外壳	≤65
B 级绝缘线圈	≤80	铜螺钉连接处	≤55
F 级绝缘线圈	≤100	熔断器	≤80
H 级绝缘线圈	≤125	珐琅涂面电阻	≤135
变压器铁芯	≤85	电容外壳	≤35
扼流圈	≤80	塑料绝缘导线表面	≤20
铜导线	≤35	铜排	≤35

3. 测试注意事项

被测点与仪表的距离不宜太远，仪表应垂直于测试点表面。

二、站用直流系统调试

（一）充电机特性试验

1. 试验原理

（1）稳流精度试验。稳流精度测量通过测量直流电流、直流电压和交流电压，计算出稳流精度。

当交流电源电压在其额定值的−10%～+15%的范围内变化、直流输出电压在调节范围内（表 8-4-2）变化时，直流输出电流在额定值的 20%～100%范围内任一数值上应保持稳定，产品的稳流精度应符合表 8-4-2 规定。

稳流精度 δ_I 用式（8-4-1）表示：

$$\delta_I = \frac{I_M - I_Z}{I_Z} \times 100\% \qquad (8-4-1)$$

式中：I_M 为输出电流波动极限值；I_Z 为输出电流整定值。

试验方法：使用充电特性测试仪的三相调压器调整交流输出电压为 323、380、437V，通过直流系统微机监控单元调整充电机输出电压 198、244、286V，调整充电特性测试仪可调负载电阻，使电流输出为额定输出的 20%、50%、100%，分别记录充电机输出电流值。

不同种类蓄电池充电输出电压及浮充电压的调节范围见表 8-4-2。

表 8-4-2　　　　　　　　　　充电电压及浮充电压的调节范围

蓄电池种类	单体标称电压（V）	调节范围（V）	
		充电电压	浮充电压
镉镍碱性蓄电池	1.2	（90%～145%）U	（90%～130%）U
阀控式密封铅酸蓄电池	2	（90%～125%）U	（90%～125%）U
	6、12	（90%～130%）U	（90%～130%）U

注　U 为直流标称电压（48、110、220V）。

（2）稳压精度试验

稳压精度测量通过测量直流电流、直流电压和交流电压，计算出稳压精度。

当交流电源电压在其额定值的+15%～-10%的范围内变化、直流输出电流在额定值的0%～100%范围内变化时，直流输出电压在调节范围内（同表 8-4-2）任一数值上应保持稳定，产品的稳压精度应符合表 8-4-3 的规定。

稳压精度 δ_U 用式（8-4-2）表示：

$$\delta_U = \frac{U_M - U_Z}{U_Z} \times 100\% \qquad (8-4-2)$$

式中：U_M 为输出电压波动极限值；U_Z 为输出电压整定值。

试验方法：使用充电特性测试仪的三相调压器调整交流输出电压为 323、380、437V，调整充电特性测试仪可调负载电阻，使电流输出为额定输出的 0%、20%、50%、100%，通过直流系统微机监控单元调整充电机输出电压 198、232、286V，分别记录充电机输出浮充电压值。

（3）纹波系数试验。纹波系数测量通过测量直流电流、直流电压、交流电压，测量出纹波电压，并计算出稳压纹波系数和稳流纹波系数。

当交流电源电压在其额定值的+15%～-10%的范围内变化，电阻性负载电流在额定值的 0%～100%范围内变化时，直流输出电压在调节范围内（同表 8-4-2）任一数值上，产品的纹波系数应符合表 8-4-3 规定。

纹波系数用式（8-4-3）表示：

$$\delta = \frac{U_f - U_q}{U_p} \times 100\% \qquad (8-4-3)$$

式中：U_f 为直流电压脉动峰值；U_q 为直流电压脉动谷值；U_p 为直流电压平均值。

表 8-4-3　　　　　　　　　　　充 电 机 特 性 表

充电机类型 特性试验项目	磁放大型	相控型		高频开关电源型
		I	II	
稳流精度	≤±5%	≤±0.5%	≤±1%	≤±0.5%
稳压精度	≤±2%	≤±1%	≤±2%	≤±1%
纹波系数	≤1%	≤1%	≤1%	≤0.5%

注　I、II 表示充电装置的精度分类。

2. 测试前准备工作

（1）在连接前，确认测试充电机和蓄电池组（负载）已断开并做好隔离措施，以免在测试过程中发生意外。

（2）确认需要进行测试的总电压是否与设备电压等级一致。

（3）检查设备周围是否有足够场地，场地周围是否存在易燃易爆物品，空气中是否存在易燃易爆气体。

（4）检查试验仪器、被测充电机是否完好，试验电源开关是否在断开状态。

3. 现场测试步骤及要求

直流充电机工作特性测试时，整个充电机特性测试装置由装置主机（带负载模块）和配套的电控自动调压器两部分组成。主机作为测试控制核心，同时作为充电机的负载；电控调压器为充电机提供变化的交流电源，由主机控制调压。

主机调整充电机的交流输入变化并且控制充电机的负载功率变化，测量在各种交流电源电压和直流负载功率组合情况下充电机的稳压精度、稳流精度及纹波系数、纹波波形数据。

电控调压器可提供给充电机的交流电压范围为 380V×（1±15%），多挡位调节，即 300～420V。负载电流可在 0～50A 范围变化，即负载功率在 0～15kW 范围内调节。测试时在液晶屏上实时显示直流电压值、直流电流值和调压器输出交流电压值。

（1）测试接线。如图 8-4-1 所示，测量连接时需断开直流电源充电机与电池组和负载的连接，三相交流电源接调压装置的输入，三相调压器的输出接直流电源的输入。直流电源的输出接测量负载的输入（注意正负极性，不要接反）。连接测量负载与三相调压装置的控制测量电缆。同时测量负载接入工作电源 AC 220V。

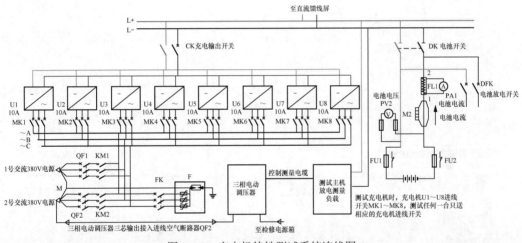

图 8-4-1　充电机特性测试系统连线图

（2）试验参数设置。试验接线完成并检查无误后，在主机接上 220V 交流电源并开机，主显示屏出现主菜单，然后进入系统设置，设置系统参数，如表 8-4-4 所示。

表 8-4-4　　　　　　　　　　　　　系 统 设 置 列 表

界面	功能
时间设置 调压器设置 —————— 零点校准 增益校准 MOS管校准 参数保存 返回　　2011-10-13 21:43:31	系统设置主要包含：时间设置、调压器设置、零点校准、增益校准、MOS管校准、参数保存

界面	功能
	时间设置：用于设置仪表日期和时间。可分别输入年、月、日、时、分和秒，点击相应编辑框选择输入位置，由软键盘数字键输入数字。最后点击确认键完成日期和时间设置。点击右上角的图标，放弃本次设置
	调压器设置：用于设置调压器调压的相关参数。使用调压器选项是选择是否使用调压器。上限设置和下限设置确定调压时候的上限点和下限点。调整速度指调压时候的速度
	零点校正：执行校正之前，先将电压测试线相互短接、电流传感器处于空测状态，然后点击校准键执行零点校正
	MOS 管校准：此项为高级设置项，严禁用户操作。如有必要，请联系技术服务人员
	增益校准：此项为高级设置项，严禁用户操作。如有必要，请联系技术服务人员
	增益校准：此项为高级设置项，严禁用户操作。如有必要，请联系技术服务人员
	参数保存：此项为高级设置项，严禁用户操作。如有必要，请联系技术服务人员

主界面的各设置项如图 8-4-2 所示。

1）综合测试：测量显示测量直流电流、测量直流电压、测量交流电压和测量纹波电压，并计算出稳压精度、稳流精度、纹波系数。

2）稳压精度：测量显示测量直流电流、测量直流电压和测量交流电压，并计算出稳压精度。

3）稳流精度：测量显示测量直流电流、测量直流电压和测量交流电压，并计算出稳流精度。

图 8-4-2　主菜单

4）纹波系数：测量显示测量直流电流、测量直流电压、测量交流电压、测量纹波电压，并计算出稳压纹波系数和稳流纹波系数。

5）电阻负载：电池放电的功能是通过加负载的方法，设定充电机的整定电流。

6）调压器调压：用于连接调压器的时候，看调压器的调压点是否准确。

7）数据查看：用于仪表数据管理、查看和删除。

（3）综合测试。系统参数设置好后，进入综合测试菜单，首先会出现输入仪表编号的界面，如图 8-4-3 所示。

1）仪器编号设置。

界面中各项参数的含义：

a．编号（ID）为被测直流电源的编号。

b．默认交流输入电压为 380V，且不可更改。

c．测试点个数会根据选择测试点电压个数而变化。

d．直流电压类型为要测试的直流电源类型。

设置完成后点击确定键进入综合测试参数设置界面，如图 8-4-4 所示。

2）参数设置。开始测量之前需对图 8-4-4 界面中的参数进行设置。

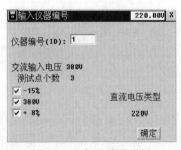

图 8-4-3　仪表编号设置

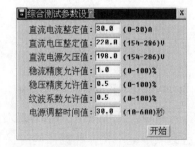

图 8-4-4　参数设置

综合测试的参数含义：

a．直流电流整定值：做此项测试时，被测试的直流电源系统所需的负载，用户只需输入电流值，程序自动计算出负载电阻值，并将其接通。范围为 0～50A。

b．直流电压整定值：被测试的直流电源系统的输出电压在其浮充电电压调节范围的任一值，缺省值为 220V，范围为 154~286V。

  c．直流电源欠压值：直流电源系统的欠压值。缺省值为 198V。

  d．稳流精度允许值：直流电源系统出厂时规定值。缺省值为 1%。

  e．稳压精度允许值：直流电源系统出厂时规定值。缺省值为 0.5%。

  f．纹波系数允许值：直流电源系统出厂时规定值。缺省值为 0.5%。

  g．电源调整时间值：直流电源系统的响应时间。

  参数设置完毕后，点击开始键，开始试验。

  3）试验结果。试验过程中可以实时观察试验数据及试验曲线，如图 8-4-5 和图 8-4-6 所示。图 8-4-5 中，界面最左边的电压为调压器调节电压，第一行从左到右依次为整定电流和直流电流，第二行从左到右依次为整定电压和直流电压，第三行从左到右依次为交流电压和纹波电压。第四行从左到右依次为电压最大值、电压最小值和稳压精度，第五行从左到右依次为电流最大值、电流最小值和稳流精度，第六行从左到右依次为稳压纹波系数和稳流纹波系数。

  如果某一稳压精度、稳流精度或纹波系数超出了规定值，系统会用红色显示该值以提示用户。

  图 8-4-6 中，从上到下依次为直流电压趋势数据和直流电流趋势数据；趋势图曲线从左侧逐步形成，趋势图基准线上的读数与曲线所绘制的最新数值相对应；趋势图底部为时间轴。

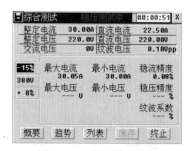

图 8-4-5 试验数据列表

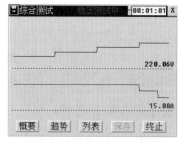

图 8-4-6 试验数据曲线

  4）终止测量。点击终止键即可中止当前测量。

  5）保存数据。测试完成后会弹出对话框询问是否要保存数据。点击确定键即可保存数据，点击取消键不保存数据，同时保存键变为启用状态可随时点击保存键保存当前测量数据。测试过程中不允许保存数据。

  6）如需独立测试稳压精度、稳流精度、纹波系数，那就在主界面点击进入稳压测试、稳流测试、纹波测试就可以，操作程序参照综合测试步骤。

  （二）模块均流测试

  在一个直流电源系统中，一般都配置多个电源模块，但是多个电源模块并联工作时，如果不采取一定的均流措施，每个模块的输出电流将出现分配不均的情况，有的电源模块将承担更多的电流，甚至过载，降低了模块的可靠性，分担电流小的模块可能处在效率不高的工作状态。通过电源模块的均流检查，可以了解整个电源系统各模块的均流特性，依据测试结果，将各模块的均流特性调整一致。

1．模块输出电流检测方法

（1）直流电源模块本身配置有数字（指针）式电流表或液晶显示屏，可以直观地读出电流值。

（2）电源模块本身无电流表，可以通过监控器查询每个模块的电流，或者通过监控软件来查看。

（3）电源模块外置电流数字量的检测端子，输出 0～5V 的电压值，5V 相当于模块的额定电流值，通过检测电压值，再折算成电流值。

（4）使用钳形电流表测量各模块的输出电流。

2．测试前准备工作

（1）直流充电屏内部既有交流电，又有直流电，防止碰触到带电部位。

（2）熟悉直流电源模块的接线及电压电流调整设置，充分了解直流电源的使用与调整方法。

3．现场测试步骤及要求

（1）测试接线。如图 8-4-7 所示，测量连接时需断开直流电源充电机与电池组和负载的连接，直流电源的输出接直流特性测量仪（负载）的输入（注意正负极性，不要接反）。同时直流特性测量仪（负载）接入工作电源 AC 220V。

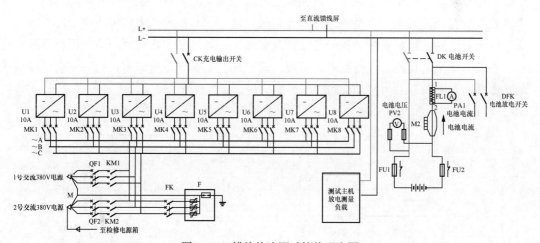

图 8-4-7　模块均流测试接线示意图

（2）测试步骤。

1）记录直流电源正常工作时的系统总电流和各个模块的输出电流。计算当前的系统输出电流占整个系统额定电流的百分比。

2）开启可调负载或放电仪，调整电流值，分别使当前的系统输出电流占整个系统额定电流的50%、75%、100%，记录各模块的输出电流值。

（3）测试结果分析。将整个系统输出电流占额定电流的50%、75%、100%这三种情况下的各模块输出电流数据进行计算，求这三种情况下的平均值，再用每个模块的输出电流减去平均值后除以模块的额定电流，计算各模块电流的不平衡度。

要求充电机并机工作时，整流模块自主工作或受控于监控单元应做到均分负载。在单机50%～100%额定输出电流范围，其均分负载的不平衡度不超过直流输出电流额定值的±5%。

（三）站用电系统二次回路检查和故障处理

直流系统正常运行时，正负母线对地绝缘，绝缘电阻R1与R2同直流电流继电器构成平衡桥。流经直流继电器的电流很小，只有微小的不平衡电流流过Rj，继电器不动作，绝缘监测装置不发出接地报警信号。正、负母线对地电压为直流系统母线电压的一半。当正极接地时，正极有一部分电流通过R4流入大地，大地流入负极的电流不变，电桥失去平衡，有电流流入直流继电器，继电器动作发出接地报警信号。如图8-4-8所示。

1. 平衡桥接地错误故障

（1）故障现象描述：两套直流系统并列运行，两套直流系统的绝缘监测装置均报"母线绝缘异常"或"母线接地告警"，有的装置也会报"直流互窜"信号，直流母线对地绝缘电阻降低，而各支路绝缘均正常。

（2）检查处理方法：检查确认两套直流系统并列运行，且两段母线各个支路均正常。那么"直流互窜"属于绝缘监测装置误报，两套绝缘监测装置之间存在互联的回路，由于直流母线互联，其本身没有压差并不会形成电流，而其接地点电压可能由于元件误差而造成压差，通过绝缘监测装置一点接地连接起来，两套装置均检测到电流而报母线互窜。正确的接法是直流母线并列时，只要一套绝缘监测装置投运即可，另外一套绝缘监测装置接地点应断开。如图8-4-9所示。

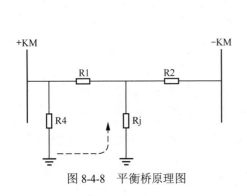

图8-4-8　平衡桥原理图

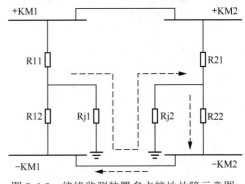

图8-4-9　绝缘监测装置多点接地故障示意图

2. 直流接地故障及检查处理

（1）直流支路接地故障。

1）现象描述：绝缘监测装置报某支路绝缘降低甚至报接地故障，母线电压出现正母电压对地压差升高、负母对地压差降低或正母对地压差降低、负母对地压差升高的现象。

2）检查处理方法：第一步判断接地母线，检查绝缘监测装置上母线电压大小，若是正母电压对地压差升高、负母对地压差降低，则为负母接地；若是正母对地压差降低、负母对地压差升高则为正母接地。第二步判断接地支路，检查绝缘监测装置是否报告接地支路名称，进一步打开绝缘电阻菜单查看各支路对地绝缘电阻，按照定值查看告警支路对地电阻大小，判断接地支路与装置告警是否一致，比如支路接地电阻小于 $50\text{k}\Omega$ 的报接地预警，小于 $25\text{k}\Omega$ 的报接地告警。第三步，断开接地支路，查看绝缘是否恢复，若有多个支路接地，断开所有支路直到装置告警消失。断开支路空气断路器之后，重点检查近期更动的回路、当前相关作业、电缆头接地线处是否破损，电缆及线芯穿管穿孔处是否绝缘割伤，端子排接地临近位置是否误接线误短接等。

（2）直流环路故障。

1）现象描述：第一种情况，同一段母线上两个及以上支路报接地告警，绝缘电阻降低，而母线电压均正常。第二种情况，两段母线上均有支路报绝缘异常，绝缘电阻降低，而母线电压均正常。而且以上两种情况绝缘异常均为同时报警、拉开某个支路同时消失。

2）检查处理方法：两种情况处理方式类似，首先检查绝缘监测装置，确认告警支路名称，其次检查告警支路电阻大小，两个支路接地电阻大小变化几乎一致。断开其中一个空气断路器，其他支路接地告警同时消失，说明这两个支路之间存在互联的情况，断开两个支路空气断路器，检查两个支路之间同极性是否短接在一起。第一种情况为同母线两个支路发生互窜，第二种为不同母线两个支路发生互窜。例如第一种情况检查保护装置电源（一母）、遥信电源与第一组操作电源是否存在误短接、寄生回路；第二种情况检查装置电源第一组、第二组是否存在短接连片，断路器两组操作电源是否存在连接回路。

3. 交流进线接线错误

（1）现象描述：第一种情况：一台站用变压器停电检修后，一套直流充电装置直接停电，检查交流主、备进线均无电压；第二种情况：两台站用变压器两段交流母线，投运后发现，直流系统的四路交流进线，同一段交流母线的两个支路电流较大，而两段交流进线一段母线的电流为零；两段交流母线负载极不平衡。

（2）检查处理方法：检查直流系统交流进线处的接线情况，梳理两套直流系统的主备交流电源是否一致，正常投运时，一般为主电源投入，备电源断开。第一种情况，由于该直流系统主、备电源均接在同一段交流母线，一旦交流母线停电，则该套直流充电装置完全失压。第二种情况，两套直流系统的主电源均接在同一交流母线，备电源均接在另外一段交流母线，导致正常投运时交流负载分配不均。

正确接法：两段交流系统交叉接入两套直流系统的主备电源，即一段交流母线接入第一套直流系统主电源、第二套直流系统备电源，二段交流母线接入第一套直流系统备电源、第二套直流系统主电源。

4. 交串直故障及检查处理

（1）现象描述：直流监测系统发出接地告警，直流系统电压产生规律性的波动，某些继电器发生频繁启动，保护装置拒动或者误动。

（2）检查处理方法：检查直流绝缘监测装置发现绝缘电阻一致发生周期性变化，检查故障录波装置直流波形，直流波形并非稳定，而是存在工频波动，判断为交流窜入❶直流系统。交流窜入直流的方式有多种，例如交直流电缆共用、长距离交直流电缆并行敷设、一、二次交直流电缆靠近敷设，造成交流耦合叠加在直流电源上；也可能在接线时交直流线芯端子靠近而误碰一起、错误的短接片等造成交直流回路串接。

---

❶ 交流窜入：交变电量侵入不接地直流电源系统的现象。

第九章　蓄电池组的安装和调试

第一节　所需工器具、仪表简介

蓄电池组的安装和调试所需工器具、仪表简介如表 9-1-1 所示。

表 9-1-1　　　　　蓄电池组的安装和调试所需工器具、仪表简介

设备名称	简介	图例
万用表	万用表又称复用表、多用表、三用表等，是电力电子等行业不可缺少的测量仪表，一般以测量电压、电流和电阻为主要目的。万用表按显示方式分为指针万用表和数字万用表。是一种多功能、多量程的测量仪表，一般万用表可测量直流电流、直流电压、交流电流、交流电压、电阻和音频电平等，有的还可以测量电容量、电感量及半导体的一些参数（如 β）等	
蓄电池充放电测试仪	蓄电池组充放电测试仪集充电、放电、在线监测功能为一体。为蓄电池组提供全面科学的检测手段。电池组通过在线串接"在线充放电测试仪"以自动稳流或恒流功率控制输出，使被测电池组对在线负载设备进行供电，从而实现被测电池组恒流放电测试或恒功率放电测试，达到安全节能的效果	
内阻仪	内阻仪采用最先进的交流放电测试方法，能够精确测量蓄电池两端电压和内阻，并以此来判断蓄电池电池容量和技术状态的优劣	
熔丝拔插工具	熔丝拔插工具是变电站直流系统蓄电池的专用工具，用于将系统中直流母线与蓄电池之间的熔丝拔出或接入	
小推车	小推车用于较重物品的转运工作，是一个由四个万向轮承托的金属架子，自带刹车装置	

第二节　蓄电池原理

一、基础知识

蓄电池是储存直流电能的一种设备，它能把电能转变为化学能储存起来（充电），使用时再把化学能转变为电能（放电），供给直流负荷。

蓄电池作为一种独立可靠的电源，它可以不受交流电源影响，在发电厂或变电站内发生任何事故时，甚至在全厂、全站交流电源都停电的情况下，仍能保证直流系统中的用电设备可靠而连续地工作，且电压平稳；同时还可以作为全厂、全站的事故照明电源，是保证供电源不中断的最后屏障。因此蓄电池作为备用电源在系统中起着极其重要的作用。

平时蓄电池处于浮充电备用状态，在交流电失电、事故状态、大电流启动等情况下，蓄电池是负荷的唯一电源供给者，一旦出现问题，供电系统将面临瘫痪，造成设备停运及其他重大运行事故。

常用的蓄电池有铅酸蓄电池、镍镉蓄电池、镍氢蓄电池、锂离子蓄电池等。各种电池的比较见表 9-2-1，现在电力系统中比较常用的是铅酸蓄电池。

表 9-2-1　　　　　　　　　　　各类电池的比较

二次电池分类	锂离子电池	镍氢电池	镍镉电池	铅酸电池
图例				
正极材料	锂过渡金属氧化物	氢氧化亚镍	氢氧化亚镍	二氧化铅
负极材料	石墨等层状物	储氢合金	氧化镉	海绵铅
隔膜材料	PP/PEPP 或 PE	PP	尼龙	玻璃纤维棉
电解液材料	有机锂盐电解液	氢氧化钾（KOH）水溶液	氢氧化钾（KOH）水溶液	稀硫酸
标称电压（V）	3.0～3.7	1.2	1.2	2.0
体积能量密度（Wh/L）	350～400	320～350	160～180	65～80
质量能量密度（Wh/kg）	180～200	60～65Wh/kg	40～45	25～30
电池原理	离子迁移	氧化还原	氧化还原	氧化还原
充放电方法	恒流恒压充电	恒流充电	恒流充电	恒流充电
充电终点控制	恒流/限压	$-\Delta V$/恒流限时	$-\Delta V$/恒流限时	限流稳压
安全性	有一定隐患	安全	安全	安全
环保性	环保	环保	镉污染	铅污染
最佳工作温度（℃）	0～45	-20～45	-20～60	-40～70
成本（元/Wh）	2.2～2.8	3.5～4.0	2.2～2.8	0.7～1.0
优点	能量高，自放电低	能量密度高，环境友好	可靠，价格较便宜，大电流放电，低温性能好	便宜
缺点	成本高，需要安全的电子元件	内阻大，产生气体自放电	重，有毒，有记忆效应	重

从表中可以看出，铅酸蓄电池最佳工作温度范围最广，成本也最便宜，对于安装场地要求不高、运行环境较复杂的发电厂、变电站来说，体积、重量偏大、能量密度不足的缺点显得不那么重要。

二、铅酸蓄电池

（一）铅酸蓄电池简介

铅酸蓄电池是由法国人普安特于 1859 年发明的，如图 9-2-1 所示。铅酸蓄电池从问世至今，一直是军用民用领域使用最广泛的化学电源。

图 9-2-1　普安特与第一个铅酸蓄电池

早期的铅酸蓄电池使用的电解液是"富液式"（电解液是流动的）的，此种电池用铅板做电极，硫酸溶液做电解质。电池存放硫酸溶液的缸体不密封，由于它的电解液是游离态的，运输过程中常有酸液流出，充电时也会有酸雾析出，对环境和设备造成破坏，硫酸溶液中的水分挥发后还会造成电解液的比重变化，影响电池容量，缩短电池寿命。因此这种电池需要经常测量端电压与内阻，还要测量电解液的比重，必要时需要补充蒸馏水，维护工作量较大。

所以人们就试图将电解液固定下来，将电池密封，于是阀控式密封铅酸蓄电池就被科研人员开发出来。

阀控式密封铅酸蓄电池英语全称为 valve regulated lead acid battery（简称 VRLA 电池），它诞生于 20 世纪 70 年代，到 1975 年时，在一些发达国家已经形成了相当的生产规模，很快就形成了产业化并大量投放市场。

VRLA 电池结构是全密封的，不需要加酸加水维护，不会漏酸，而且在充放电时不会有酸雾释放出来，而且还装有控制电池内部气体压力的单向排气阀，即当电池内部气压升高到一定值时，排气阀打开，排出气体，然后自动关阀，防止空气进入电池内部。所以 VRLA 电池的全称便成了"阀控式密闭铅酸蓄电池"。

从结构特性上来说，VRLA 电池又叫做密闭（封）铅酸蓄电池。为了区分，把老式铅酸蓄电池叫做开口铅酸蓄电池。

VRLA 电池虽然也是铅酸蓄电池，但是它与原来的铅酸蓄电池相比具有很多优点，而倍受用户欢迎，特别是让那些需要将电池配套设备安装在一起(或一个工作间）的用户青睐。

变电站、发电厂的站用直流电源系统（包括 48V 通信电源系统）中使用的蓄电池绝大部分为阀控式密封铅酸蓄电池。

根据隔板类型和电解液状态，阀控式密闭铅酸蓄电池（VRLA）可分为两类，AGM（超细玻璃棉隔板）电池和 GEL（胶体技术）电池。

表 9-2-2 是 AGM 电池和 GEL 电池的特点和优缺点。

表 9-2-2　　　　　　　　　　　　AGM 电池和 GEL 电池的特点和优缺点

电池种类	AGM（超细玻璃棉隔板）电池	GEL（胶体技术）电池
隔板材料	吸附式玻璃纤维棉（absorbed glass mat）	胶体和 PVC 隔板
电解液	硫酸水溶液	硅溶胶和硫酸配成的电解液
极板装配方式	紧装配方式	非紧装配方式
优点	充电效率较高，内阻小，适合大电流放电，气体复合效率高于 98%，无酸雾排出。初期容量较高，第三个循环周期即可达到 100%以上的额定容量。有较好的低溢放电性能	电解液固化，安全性更高，不会出现电解液的分层现象，漏酸概率小。电池寿命长，深放电后容量恢复能力强。热容量高，几乎没有"热失控"发生，适用于环境恶劣的工作场合。自放电小，储存时间长
缺点	电解液量少，电池的放电容量比较低，电池容量对电解液量极为敏感。价格较高。电池内部的导热性差，热容量小，容易"热失控"，价格较高	电池内阻较大，不适合快充，高倍率放电低温性能差，氧的复合效率较低，酸雾排出较多

（二）阀控式密封铅酸蓄电池结构

由于阀控式密封铅酸电池从结构上来看，它不但是全密封的，而且还有一个可以控制电池内部气体压力的单相排气阀，即当电池内部气压升高到一定值时，排气阀自动打开，排出气体，然后自动关阀，防止空气进入电池内部。所以这种蓄电池的全称便成了"阀控式密闭铅酸蓄电池"。无论电池立放或卧放，电解液都不会溢出。所以它不需要添加电解液，维护工作量小。

如图 9-2-2 所示，阀控式密封铅酸蓄电池由正负极板、隔板、电解液、安全阀、导电端子以及壳体等部件组成。

1. 极板

极板是蓄电池的核心部分，蓄电池充、放电的化学反应主要是依靠极板上的活性物质与电解液进行的。极板分为正极板和负极板，均由栅架和活性物质组成。栅架的作用是固结活性物质。栅架一般由铅钙合金铸成，具有良好的导电性、耐蚀性和一定的机械强度。为了降低蓄电池的内阻，改善蓄电池的启动性能，有些铅蓄电池采用了放射形栅架。

正极板上的活性物质是二氧化铅（PbO_2），呈深棕色；负极板上的活性物质是海绵状的纯铅（Pb），呈青灰色。将活性物质调成糊状填充在栅架的空隙里并进行干燥即形成极板。

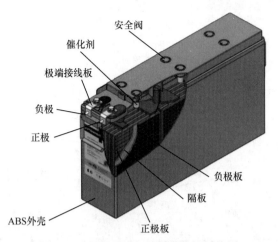

图 9-2-2　阀控式密闭铅酸蓄电池结构图

将正、负极板各一片浸入电解液中，可获得 2V 左右的电动势。为了增大蓄电池的容量，常将多片正、负极板分别并联，组成正、负极板组，在每个单格电池中，正极板的片数要比负极板少一片，这样每片正极板都处于两片负极板之间，可以使正极板两侧放电均匀，避免因放电不均匀造成极板拱曲。

2. 隔板

隔板插放在正、负极板之间，以防止正、负极板互相接触造成短路。阀控式铅酸蓄电池目前有两种形式，一种是在两极间灌注的电解液能被高孔率的玻璃纤维隔板吸收，即 AGM 隔板，另一种是将电解液制成胶体的形式，即 GEL 隔板。例如，二氧化硅被制成一种三维晶格，所采用的隔板与 AGM 不同，现在所用的是溶剂法的 PVC 隔板。

3. 电解液

电解液在蓄电池的化学反应中，起到离子间导电的作用，并参与蓄电池的化学反应。电解液由纯硫酸（H_2SO_4）与蒸馏水按一定比例配制而成，其密度一般为 $1.23\sim1.32g/cm^3$（20℃）。电解液的密度对蓄电池的工作有重要影响，密度大，可减少结冰的危险并提高蓄电池的容量，但密度过大，则黏度增加，反而降低蓄电池的容量，缩短使用寿命。

4. 安全阀

安全阀是阀控式密封铅酸蓄电池重要部件，它的作用是排气和密封，其结构如图 9-2-3 所示。

气密作用是使蓄电池内部保持一定的内压，有助于内部氧循环的顺利进行；同时阻止大气中的氧气进入蓄电池内部，使负极的铅氧化，造成蓄电池容量的下降。另外如果由于阀体气密不良，电解液失水加大，电池的内阻也将上升，放电会困难，从而影响蓄电池的寿命。

排气功能是由于阀控式铅酸蓄电池不能完全密封，氢的析出不能完全避免，所以蓄电池在正常运行条件下，安全阀需要时常开启排气；同时蓄电池在异常运行条件下会有大量气体析出，如果安全阀不能正常排气，内部的压力累积会造成电池壳体膨胀变形，甚至有爆裂的危险；而且，安全阀排气时也带走了一定的热量，有利于蓄电池的散热。

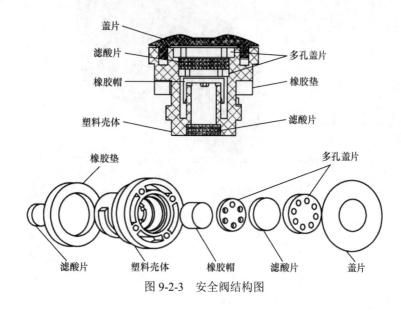

图 9-2-3　安全阀结构图

5. 壳体

蓄电池壳体用于盛放电解液和极板组，应该耐酸、耐热、耐震。壳体多采用 ABS 或 PP 材料，为整体式结构，壳内由间壁分成 3 个或 6 个互不相通的单格，各单格之间用铅质联条串联起来。

ABS 材料的壳体硬，电池内部压力较大时，使用 ABS 材料不易鼓肚变形。ABS 材料的缺点就是耐候性差，水蒸气的渗透性很高。

PP 材料有优异的耐冲击性能、耐热性能、热熔接性和适宜的价格。主要用于启动蓄电池壳体的制造，同时也用于阀控铅酸蓄电池。其主要缺点是，冲击强度随温度变化大，耐低温性差，机械强度低，易氧化和老化。

（三）阀控式密封铅酸蓄电池工作原理

阀控式铅酸蓄电池的电化学反应原理就是充电时将电能转化为化学能在电池内储存起来，放电时将化学能转化为电能供给外系统。其充电和放电过程是通过电化学反应完成。总体的电化学反应式为

$$PbO_2 + Pb + 2H_2SO_4 \Leftrightarrow PbSO_4 + PbSO_4 + 2H_2O \qquad （9-2-1）$$

式中：Pb 为铅；PbO_2 为二氧化铅；H_2SO_4 为硫酸；$PbSO_4$ 为硫酸铅。

1. 放电中的化学变化

蓄电池连接外部电路放电时，稀硫酸即会与正、负极板上的活性物质产生反应，生成新化合物"硫酸铅"。放电电化学反应如图 9-2-4 所示，硫酸成分经由放电从电解液中释出，放电越久，硫酸浓度越稀薄。

蓄电池在放电时，在正极板上发生的电化学反应为

$$PbO_2 + H_2SO_4 + 2H^+ + 2e^- \rightarrow PbSO_4 + 2H_2O \qquad (9\text{-}2\text{-}2)$$

在负极板上发生的电化学反应为

$$Pb + H_2SO_4 \rightarrow PbSO_4 + 2H^+ + 2e^- \qquad (9\text{-}2\text{-}3)$$

2. 充电中的化学变化

由于放电时在正、负极板上所产生的硫酸铅会在充电时被分解还原成硫酸铅及二氧化铅，因此电池内电解液的浓度逐渐增加，即电解液比重上升，并逐渐恢复到放电前的浓度，这种变化显示出蓄电池中的活性物质已还原到可以再度供电的状态，当两极的硫酸铅被还原成原来的活性物质时，即等于充电结束。

如图 9-2-5 所示，蓄电池在充电时，在正极板上发生的电化学反应式为

$$PbSO_4 + 2H_2O \rightarrow PbO_2 + H_2SO_4 + 2H^+ + 2e^- \qquad (9\text{-}2\text{-}4)$$

在负极板上发生的电化学反应为

$$PbSO_4 + 2H^+ + 2e^- \rightarrow Pb + H_2SO_4 \qquad (9\text{-}2\text{-}5)$$

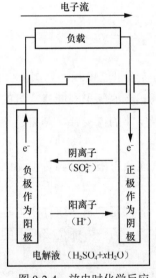 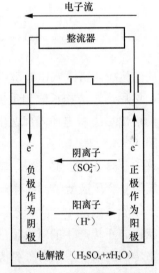

图 9-2-4　放电时化学反应　　　图 9-2-5　充电时化学反应

3. 氧气的复合反应

由于蓄电池在充电过程中存在水分解反应，如图 9-2-6 所示，当正极板充电到 70% 时，开始析出氧气 O_2，而负极板充电到 90% 时，开始析出氢气 H_2，其反应的方程式如下，如果反应产生的气体不能重新复合得用，电池就会失水干涸，严重影响电池的容量和寿命。

正极板上发生的氧气复合反应为

$$H_2O \rightarrow \frac{1}{2}O_2 + 2H^+ + 2e^- \qquad (9\text{-}2\text{-}6)$$

负极板上发生的氧气复合反应为

$$2H^+ + 2e^- \rightarrow H_2 \qquad (9-2-7)$$

在蓄电池内部，氧气有两种方式进行传输：一种是溶解在电解液中的方式，即通过在液相❶中的扩散，到达负极表面；二是以气相❷的形式扩散到负极表面。

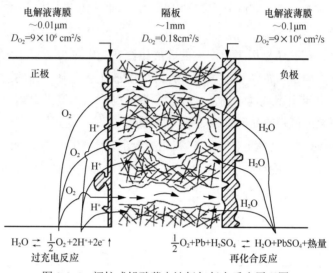

图 9-2-6　阀控式铅酸蓄电池氧气复合反应原理图

对于早期的传统式富液式铅酸蓄电池，氧气的传输只能依赖于氧在正极区 H_2SO_4 溶液中的溶解，然后通过液相扩散到负极，所以富液式电池几乎不能建立氧的复合化学反应，氢氧气的析出后会从电池内部逸出，不能进行气体的再复合，是需经常加酸加水维护的重要原因。

若要使氧的复合反应能够进行，就必须使氧气能从正极扩散到负极，氧气的移动过程越容易，氧的复合反应就越容易建立。

在阀控式铅酸蓄电池中，负极起到双重作用，即在充电末期或过充电时，一方面极板中的海绵状铅与正极产生的氧气反应氧化成氧化铅，另一方面是极板中的硫酸铅又通过接收外电路传输的电子还原为海绵状铅。

充电末期正极板析出氧气，在正极板附近有轻微的过压，而负极化合了氧，产生轻微的真空，于是正、负极间的压差推动了气相氧经过隔板间的气体通道到达负极。

AGM 电池的隔板采用超细玻璃纤维材料，有 93% 以上的孔隙率，可以在吸附电池反应所需的足够电解液的同时，仍保持 10% 左右的孔隙作为氧气的复合反应通道，使正极板析出的氧气能到达负极板复合，实现氧气的循环，达到密封的效果。

GEL 电池的密封原理与 AGM 技术相似，也是氧的循环过程，但正极的氧气不是通

---

❶ 液相：物质在温度和压强条件下，分子间的吸引力较大，分子间距较小，存在定向排列和相互作用，分子间仍然有一定的自由运动能力。这种状态下的物质称为液体，也称为液相。

❷ 气相：物质在温度和压强条件下，分子间的吸引力较小，分子间距较大，具有较高的热运动能力，分子基本上是自由运动的状态。这种状态下的物质称为气体，也称为气相。

过隔板的孔隙传输到负极的，而是通过胶体的裂纹来实现的，胶体的裂纹是氧的复合通道，胶体的裂纹是胶体形成时收缩产生的。胶体电池使用初期，由于胶体的裂纹较少，氧的复合效率较低，因此安全阀易开阀而有较多酸雾析出，随着电池的使用，裂纹增加，氧的复合效率提高。

（四）阀控式密封铅酸蓄电池特性

1．容量选择

阀控铅酸蓄电池的额定容量是 10 小时放电率容量。放电电流过大，则达不到额定容量。因此，应根据设备负载大小、放电时间、电压大小等因素来选择合适容量的电池。蓄电池总容量为

$$Q > KITn / \left[1 + a\left(t - 25℃\right)\right] \tag{9-2-8}$$

式中：Q 为选用的蓄电池总容量，Ah；K 为安全系数，取 1.25；I 为负荷电流，A；T 为放电小时数，h（见电池安装手册）；n 为放电容量系数（见电池安装手册）；t 为实际电池所在地最低温度值，有采暖设备时取 15℃，无采暖设备时取 5℃；a 为电池温度系数，1/℃；当小时放电率>10 时取 a=0.006，当 1<小时放电率<10 时取 a=0.008，当小时放电率<1 时取 a=0.01。

2．放电特性

铅酸蓄电池容量随放电倍率增大而减小，在谈到容量时，必须指明放电的时率或倍率。电池容量随放电时率或倍率不同而不同。对于给定电池，在不同时率、不同倍率下放电，将有不同的容量、终止电压也不同。

放电倍率越高，放电电流密度越大，电流在极板上分布越不均匀，电流优先分布在离主体电解液最近的表面上，从而在电极的最外表面优先生成 $PbSO_4$。$PbSO_4$ 的体积比 PbO_2 和 Pb 大，于是放电产物硫酸铅堵塞多孔电极的孔口，电解液则不能充分供应极板内部反应的需要，极板内部活性物质不能得到充分利用，因而高倍率放电时容量降低。

放电电流与电极作用深度关系：在大电流放电时，活性物质沿厚度方向的作用深度有限，电流越大其作用深度越小，活性物质被利用的程度越低，电池给出的容量也就越小。电极在低电流密度下放电，$i \leqslant 100A/m^2$ 时，活性物质的作用深度为 $3 \times 10^{-3} \sim 5 \times 10^{-3}m$，这时多孔电极内部表面可充分利用。而当电极在高电流密度下放电，$i \geqslant 200A/m^2$ 时，活性物质的作用深度急剧下降，约为 $0.12 \times 10^{-3}m$，活性物质深处很少利用，这时扩散已成为限制容量的决定因素。在大电流放电时，由于极化❶和内阻的存在，电池的端电压低，电压降损失增加，使电池端电压下降快，也影响容量。

3．充电特性

蓄电池组在正常运行时的充电方式有两种，分别是浮充方式和均充方式。

---

❶ 极化：极化是指腐蚀电池作用一经开始，其电子流动的速度大于电极反应的速度。在阳极，电子流走了，离子化反应赶不上补充；在阴极，电子流入快，取走电子的阴极反应赶不上，这样阳极电位向正移，阴极电位向负移，从而缩小电位差，减缓了腐蚀。

浮充是蓄电池的一种供（放）电工作方式，系统将蓄电池组与电源线路并联连接到负载电路上，它的电压大体上是恒定的，仅略高于蓄电池组的端电压，由电源线路所供的少量电流来补偿蓄电池组局部作用的损耗，以使其能经常保持在充电满足状态而不致过充电。

由于蓄电池存在自放电现象，因此浮充电时需要保持蓄电池组与充电机长期并联在一起运行，充电机使用的充电电压就成为浮充电压。

从阀控式密封铅酸蓄电池中的水的分解速度来说，充电电压越低越好。一般情况下，全浮充电压定为 $2.23\sim2.27V$/单体（25℃）比较合适（国标）。如果使用较高的浮充电压长期充电的话就会出现热失控。热失控的直接后果是蓄电池的外壳鼓包、漏气，电池失去放电功能。

在浮充条件下，正极板上析出氧气的速率和浮充电压成正比。

浮充低电压过低，正极板的 PbO_2 氧化反应完成，但负极板的不能完成氧复合，Pb 还原得不够彻底，PbO_4 长时间积累形成不可逆的硫酸盐晶体，蓄电池的寿命缩短。

浮充电压过高主要影响电池正极板栅腐蚀速率和电池内气体的排放。当电池的浮充电压超过一定值时，板栅腐蚀现象加剧，进一步使电池劣化、寿命缩短。增大的浮充电流会产生更多的盈余气体，通过排气阀排放，从而造成电池失水。

均衡充电，简称均充，是均衡电池特性的充电，是指在电池的使用过程中，由于电池的个体差异、温度差异等原因造成电池端电压不平衡，为了避免这种不平衡趋势的恶化，需要提高电池组的充电电压，对电池进行活化充电，以达到均衡电池组中各个电池特性，延长电池寿命的维护方法。

均衡充电的概念最早是在富液式铅酸电池使用中提出的，由于富液式铅酸电池内部酸分层现象非常显著，电池需要定期进行均衡充电操作以便消除电解液层化的问题。

均衡充电属于恒电压充电操作，每次均衡充电时间 $10\sim24h$，一般 $3\sim6$ 个月进行一次。

4. 温度特性

（1）温度对电池容量的影响：温度对电池的容量影响较大，当温度升高时，电解液的黏度降低，扩散的速度增大，电阻值降低，渗透至极板的能力增强；在放电至终止电压前，极板深层活性位置更容易参与到电化学反应中，提高了极板活性物质的利用率。

反之，当电解液的温度降低，其黏度增大，扩散速度减慢，电阻增加，电化学反应的速度大为减慢，电池的容量也相应降低。所以温度升高有利于电池给出更高的容量。

但当温度超过一定的数值时，蓄电池放电深度越大，电解液密度越高，极板格栅的腐蚀情况越严重，腐蚀产物积累的也厚。同时极板格栅的腐蚀会造成极板弯曲变形，抗张强度下降，活性物质脱落，当腐蚀产物变得很厚或格栅变得很薄时，格栅的电阻增大，电池容量就会下降，自放电现象也更严重，会严重影响蓄电池的浮充寿命和储存寿命。

环境温度变化 1℃时的电池容量变化称为容量的温度系数。温度补偿系数应以各电池厂家提供的为准。根据国家标准，如环境温度不是 25℃，则需将实测容量按式（9-2-9）换算为 25℃基准温度时的实际容量 C_e，其值应符合标准。

$$C_e = C_t / \left[1 + K \left(t - 25℃ \right) \right] \qquad (9-2-9)$$

式中：C_t 为实测容量，V；C_e 为环境温度为 25℃时的标称容量，V；t 为实际环境温度，℃；K 为温度系数，10 小时率容量实验时 $K=0.006/℃$，3 小时率容量实验时 $K=0.008/℃$，1 小时率容量实验时 $K=0.01/℃$。

（2）温度对浮充寿命的影响：环境温度对电池的浮充寿命影响较大，环境温度越高，电池的浮充寿命就越短，环境温度和电池浮充寿命的关系为

$$t_{25} = t_T \times 2^{(T-25℃)} / 10 \qquad (9-2-10)$$

式中：T 为电池在实际运行时的环境温度；t_T 为在环境温度为 T 时，电池的设计寿命；t_{25} 为在环境温度为 25℃时，电池的设计寿命。

（3）温度对浮充电压的影响：在浮充状态下，为了保证阀控铅酸蓄电池既不过充电，也不欠充电，除了设置合适的浮充电压外，还必须随着环境温度的变化适时的调整浮充电压。

浮电池生产厂家给出的浮充电压值是 25℃环境下的标准值，温度过高或过低都会对浮充电压有影响，这时要给予温度补偿，其补偿系数为−3mV/℃（以 25℃为基点）。也就是说，温度每上升 1℃，单体电池的浮充电压应当下降 3mV，不同温度下的浮充电压 U_t 为

$$U_t = U_e - \left(t - 25℃ \right) \times 3mV \qquad (9-2-11)$$

式中：t 为电池在实际运行时的环境温度；U_e 为在环境温度为 25℃时单体电池的浮充电压。

有试验数据表明，在浮充电压不变的条件下，环境温度升高 10℃，电池的浮充电流将增加 10 倍，很容易引起热失控。

5. 自放电特性

蓄电池在储存期间，由于电池内存在杂质，如正电性的金属离子，这些杂质可与负极活性物质组成微电池，形成负极金属溶解和氢气的析出。又如溶液中及从正极板栅溶解的杂质，若其标准电极电位介于正极和负极标准电极电位之间，则会被正极氧化，又会被负极还原。所以有害杂质的存在，使正极和负极活性物质逐渐被消耗，而造成电池丧失容量，这种现象称为自放电。

（五）阀控式密封铅酸蓄电池主要参数

由于阀控式铅酸蓄电池，它具有比能量与比功率更高，且可以免维护的优点故在变电站内大量使用，但由于该电池自身散热差，对工作温度有一定要求，故在 220kV 及以上变电站内需专门设置蓄电池室并装设空调维持现场的温度。

阀控式铅酸蓄电池的技术参数主要有：电池电动势、开路电压、终止电压、工作电压、放电电流率、容量、电池内阻、储存性能、充放电循环寿命等。

1. 电池电动势

电池电动势是指单位正电荷从电池的负极到正极由非静电力所做的功。其数值也可以描述为电池内各相界面上电动势差的代数和。它在数值上等于达到稳定值时的开路电压。但电池电动势与开路电压意义不同：电动势可依据电池中的反应利用热力学计算或通过测量计算，有明确的物理意义。后者只在数字上近于电动势，需视电池的可逆程度而定。

电池电动势 E 的计算为

$$E = E_0 - \left(\frac{RT}{nF}\right)\ln Q \tag{9-2-12}$$

式中：E_0 为标准电动势；R 为气体常数；T 为温度；n 为电子转移数；F 为法拉第常数；Q 为化学反应物质浓度的乘积。

2. 开路电压

电池在开路状态下的端电压称为开路电压。电池的开路电压等于电池在断路时（即没有电流通过两极时）电池的正极电极电动势与负极的电极电动势之差。

3. 终止电压

终止电压是指电池放电时，电压下降到电池不宜再继续放电的最低工作电压值。不同的电池类型及不同的放电条件，终止电压不同，通常铅酸蓄电池的终止电压为 1.8V。

4. 工作电压

电气设备工作时，其两端的实际电压称为工作电压。工作电压与电路组成情况以及设备的工作状态相关，是变化值。电池在接通负载后，由于电阻和极化过电位的存在，电池的工作电压低于开路电压。

5. 放电时间率

放电电流率是针对蓄电池放电电流大小，分为时间率和电流率。放电时间率指在一定放电条件下，放电至放电终止电压的时间长短。依据 IEC 标准，放电时间率有 20、10、5、3、1、0.5 小时率及分钟率，分别表示为 20Hr、10Hr、5Hr、3Hr、2Hr、1Hr、0.5Hr 等。

6. 放电电流率

放电电流率是为了比较标称容量不同的蓄电池放电电流大小而设的，通常以 10 小时率电流为标准，用 I_{10} 表示，3 小时率及 1 小时率放电电流则分别以 I_3、I_1 表示。

电池在工作中的电流强度还常常使用倍率来表示，记做 NCh。N 是一个倍数，C 代表容量的安时数，h 表示放电时率规定的小时数。在这里 h 的数值仅作为提示相关电池是属于哪种放电时率，所以在具体描述某个时率的电池时，倍率常常写成 NC 的形式而不写下标。倍数 N 乘以容量 C 就等于电流 A。比如 20Ah 电池采用 0.5C 倍率放电，0.5×20=10A。

7. 电池容量

通常电源设备的容量用 kVA 或 kW 来表示。然而，作为电源的 VRLA 电池，选用安时（Ah）表示其容量则更为准确，蓄电池容量定义为 $\int t_0 t dt$，理论上 t 可以趋于无穷，但实际上当电池放电低于终止电压后仍继续放电，这可能损坏电池，故 t 值有限制，电池行业中，以小时（h）表示电池的可持续放电时间，常见的有 C_{24}、C_{20}、C_{10}、C_8、C_3、C_1 等标称容量值。

8. 电池内阻

电池内阻包括欧姆内阻和电化学内阻，同时含有一定的电容和电感。

欧姆内阻又包括了极柱、汇流排、板栅以及板栅与活性物间的电阻。电化学内阻包括了涂膏、电解质和隔膜的电阻，并联的极板与它们之间的介电物质构成的电容 X_c。

电池的内阻很小，单位为 mΩ。内阻的存在，使电池放电时的端电压低于电池电动势和开路电压，充电时端电压高于电动势和开路电压。

电池的内阻不是常数，在充放电过程中随时间不断变化，因为活性物质的组成、电解液浓度和温度都在不断地改变。

9. 浮充电压

浮充电压是电池在完全充电后保持的电压，通过补偿电池的自我放电来维持该容量。电压可以保持恒定，或者可以在充电机的浮动充电阶段保持电压。铅酸蓄电池的浮充电压一般为 2.23V。浮充电压值范围为（2.23～2.28）V×N，如蓄电池厂家无明确规定，宜为 2.25V×N（25℃）。

10. 均充电压

均衡充电，简称均充，是均衡电池特性的充电，是指在电池的使用过程中，由于电池的个体差异、温度差异等原因造成电池端电压不平衡，为了避免这种不平衡趋势的恶化，需要提高电池组的充电电压，对电池进行活化充电，以达到均衡电池组中各个电池特性，延长电池寿命的维护方法。均充电压值范围为（2.30～2.35）V×N，如蓄电池厂家无明确规定，宜为 2.35V×N（25℃）。

11. 充放电循环寿命

蓄电池经历一次充电和放电，称为一次循环（一个周期）。在一定放电条件下，电池工作至某一容量规定值之前，电池所能承受的循环次数，称为循环寿命。

各种蓄电池使用循环次数都有差异，传统固定型铅酸电池约为 500～600 次，启动型铅酸电池约为 300～500 次。阀控式密封铅酸电池循环寿命为 1000～1200 次。影响循环寿命的因素一是厂家产品的性能，二是维护工作的质量。固定型铅电池用寿命，还可以用浮充寿命（年）来衡量，阀控式密封铅酸电池浮充寿命在 10 年以上。

（六）蓄电池组

发电厂、变电站直流系统的额定电压、通常有 48、110、220V 三种。为了取得上述各种电压，除了直流系统的充电机需要调整到相应的电压外，也需要将多个蓄电池通过串联的方式来叠加出相应的电压。直流系统的电压越高，需要串联的蓄电池数就越多。

以使用 220V 电压等级的直流系统为例，如果正常运行中的充电电压设置为 232V 时，使用浮充电压为 2.23V 的阀控式密封铅酸电池，需要的数量就是 232/2.23≈104 只。

200Ah 及以上的蓄电池组应安装在专用蓄电池室内，由安装在专用支架上的蓄电池组成，如图 9-2-7 所示；200Ah 以下的蓄电池组则一般安装在蓄电池屏柜内部，蓄电池屏柜安装在保护室、控制室内，如图 9-2-8 所示。

图 9-2-7　蓄电池在支架上安装　　　　图 9-2-8　蓄电池在屏柜内安装

蓄电池室应满足以下要求：

（1）蓄电池室应有良好的通风系统，确保空气流通、散热，通风电动机应为防爆式。蓄电池室温度宜保持在 15～30℃，窗户应有防止阳光直射室内的措施，最高不得超过 35℃，不能满足的应装设调温设施。

（2）蓄电池室的位置应选择在无高温、无潮湿、无震动、少灰尘、避免阳光直射的场所，宜靠近直流配电间或布置有直流柜的电气继电器室。

（3）蓄电池室内的窗玻璃应采用毛玻璃或涂以半透明油漆的玻璃，阳光不应直射室内。

（4）蓄电池室应采用非燃性建筑材料，顶棚宜做成平顶，不应吊天棚，也不宜采用折板或槽形天花。

（5）蓄电池室内的照明灯具应为防爆型，且应布置在通道的上方，室内不应装设开关和插座。蓄电池室内的地面照度和照明线路敷设应符合现行行业标准 DL/T 5390—2014《发电厂和变电站照明设计技术规定》的有关规定。

（6）基本地震烈度为 7 度及以上的地区，蓄电池组应有抗震加固措施，并应符合现行国家标准 GB 50260—2013《电力设施抗震设计规范》的有关规定。

（7）蓄电池室走廊墙面不宜开设通风百叶窗或玻璃采光窗，采暖和降温设施与蓄电池间的距离不应小于 750mm，蓄电池室内采暖散热器应为焊接的钢制采暖散热器，室内不允许有法兰、丝扣接头和阀门等。

（8）蓄电池室内应有良好的通风设施。蓄电池室的采暖通风和空气调节应符合现行行业标准 DL/T 5035—2016《发电厂供暖通风与空气调节设计规范》的有关规定。通风电动机应为防爆式。

（9）蓄电池室的门应向外开启，应采用非燃烧体或难燃烧体的实体门，门的尺寸宽

×高不应小于 750mm×1960mm。

（10）蓄电池室不应有与蓄电池无关的设备和通道。与蓄电池相邻的直流配电间、电气配电间、电气继电器室的隔墙不应留有门窗及孔洞。

（11）包含蓄电池的直流电源成套装置柜布置的房间，宜装设对外机械通风装置。

（12）两组蓄电池宜布置在不同房间，当布置在同一房间时，蓄电池组间应设置防爆隔火墙。

第三节　蓄电池组的安装及调试

一、蓄电池组的安装

（一）安装工艺流程

蓄电池组的安装工艺流程图见图 9-3-1。

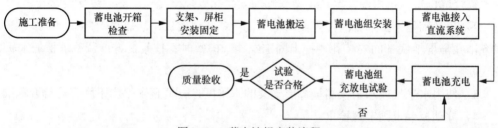

图 9-3-1　蓄电池组安装流程

（二）施工前准备工作

（1）机械、工器具的准备：小型手动液压叉车、电钻、冲击钻、丝锥、线锤、水平尺、十字螺钉旋具、一字螺钉旋具、绝缘尺、木榔头、锤子、扳手、撬棍、水平仪等。

（2）施工材料的准备：镀锌螺栓、线号管、相色带、热缩管等。

（3）人员准备：技术负责人，安装负责人，安全、质量负责人，以及足够数量的蓄电池搬运人员。

（三）蓄电池开箱检查

屏柜的开箱检查方法及规范：

（1）蓄电池送达施工地点后应存放在清洁、干燥、通风良好的室内，应避免阳光直射。

（2）在蓄电池组接货、开箱后，需要检查的项目有：

1）蓄电池外观检查：蓄电池外壳有无变形、漏液、破损，电池的极柱有无缺口，有无烧毁、锈迹、腐蚀等现象。

2）蓄电池配件检查：蓄电池配件一般包含单体电池间连线（片）和连接螺栓，特殊时配备操作工具。单体电池间连线（片）的长度应能满足设计出具的电池布置图要求。

连线（片）的规格应符合国家标准。

连接螺栓数量满足安装要求，标准配备一般单只电池配一套螺栓（内含 2 只螺杆，两组垫片弹片），螺栓规格必须与电池本体适配。

3）蓄电池参数检查：检查电池本体印刷是否正常，有无掉漆和缺印。核对外壳上印刷的容量、额定电压、浮充电压、均充电压等参数是否符合设计要求。

4）合格证检查：检查单体蓄电电池是否都有原厂出具的"合格证"。

（3）蓄电池不得倒置，开箱后不得重叠存放。

（四）蓄电池支架、屏柜的安装

1. 蓄电池支架安装

（1）蓄电池支架一般安装在蓄电池室内。

（2）施工人员依据支架生产厂家提供的图纸拼装支架。

（3）已预埋型钢的基础上安装蓄电池支架：

1）支架拼装完毕后将支架移至图纸设计的合适安装位置，并在基础槽钢上把支架调到大致合适位置，再用油性笔在支架底部的安装孔内描出孔样，然后将支架移开。

2）在基础型钢上描孔的位置使用电钻逐一钻孔攻丝后，然后将支架移回安装位置，对齐钻孔与屏柜底部的安装孔，拧上固定螺栓，但暂时不拧紧，方便调整屏柜的水平、垂直度。

3）使用水平尺或水平仪测量每层支架的水平度，并调整支架水平度直至符合标准。

4）拧动扳手上固定螺栓。

（4）在未预埋型钢的地面上安装蓄电池支架：

1）支架拼装完毕后将支架移至图纸设计的合适安装位置，并在基础上把支架调到大致合适位置，再用油性笔在支架底部的安装孔内描出孔样，然后将支架移开。

2）在基础上描孔的位置使用冲击钻逐一钻孔，然后将钻好的孔洞清理干净，安装平垫、弹垫和螺母，将螺母旋至螺栓末端以保护螺纹，再将膨胀螺栓敲入孔内。拧下螺母，取出平垫片、弹簧垫片。

3）将支架移回安装位置，对齐膨胀螺栓与支架底部安装孔并套入，装入平垫、弹垫及螺母，暂不拧紧。方便调整端子箱或汇控柜的水平、垂直度。

4）使用水平尺或水平仪测量每层支架的水平度，并调整支架水平度直至符合标准。

5）上紧螺母，拧动扳手直到弹簧垫片和固定物表面齐平，如果没有特殊的要求，一般用手拧紧后再用扳手拧 3～5 圈即可将支架固定好。

2. 蓄电池屏安装

蓄电池屏柜的安装与第四章中提到的室内二次屏柜的安装方法一致，本章不作赘述。

3. 蓄电池支架、屏柜安装的规范

（1）蓄电池支架组装固定牢靠，水平度误差小于或等于 5mm；蓄电池放置在支架后，支架不应有变形。

（2）蓄电池安装宜采用钢架组合结构，可多层叠放，应便于安装、维护和更换蓄电池。支架的底层距地面为 150～300mm，整体高度不宜超过 1700mm。

（3）蓄电池安装应平稳，安装在支架上的蓄电池组，应有防震措施；蓄电池间距不小于 15mm，分层摆放的蓄电池层间距不小于 150mm。

（4）蓄电池室内的金属支架应接地。

（五）蓄电池搬运

一般情况下，蓄电池搬运至安装位置使用人力搬运，对于具备运输通道的蓄电池室可以使用小推车。搬运蓄电池时应注意：

（1）蓄电池搬运时应防止脱滑损伤。

（2）使用小推车时，必须有专人扶稳、扶牢，一次拉蓄电池数量不宜过多，且只能放置一层，不应将蓄电池放倒堆叠运输，要防止小拖车及蓄电池倾倒。

（3）蓄电池搬运现场道路应畅通，不能有绊脚物存在。

（六）蓄电池组安装、接线

蓄电池搬运到安装位置即可开始组装。

1．蓄电池组安装、接线步骤

（1）施工人员依据设计出具的电池布置图中的蓄电池排布方式及电池"+""–"极柱的方向，将蓄电池逐一安放在支架或屏柜的层板上。安放完毕后再次与图纸核对蓄电池安放位置、极柱方向是否正确。

（2）安放完毕后再次与图纸核对，确认蓄电池安放位置、极柱方向正确后，将蓄电池逐一贴上厂家提供附件中的蓄电池编号标识。

（3）根据设计要求调整每列及相邻两只蓄电池的间距，调整每组蓄电池的高度。蓄电池必须安放平稳，立面垂直，高度一致，外侧面在一个平面上。间距误差小于或等于 2mm。侧面不直度每米小于或等于 1mm，全长小于或等于 3mm。

（4）将蓄电池的连接板涂上复合脂，每组蓄电池极性按"+""–"依次相连，同时依据蓄电池编号逐一接入蓄电池巡检装置采样线。然后拧紧连接螺栓。

（5）检查蓄电池组串联顺序、极性应正确无误。总电压与单体电压之和相差应为 1～2V，否则应检查极性。

（6）蓄电池组连接完毕后，将蓄电池组电缆引出线先接入直流系统蓄电池充电开关或熔丝卜端，赭色（棕色）接止极，蓝色线接负极，开关或熔丝应事先断开。

然后将蓄电池组电缆引出线按颜色的标识分别接入与蓄电池组 1 号蓄电池"+"端连接的过渡板和与蓄电池组最后一个蓄电池"–"端连接的过渡板。

（7）打开蓄电池巡检仪，在电池巡检仪的面板中检查每个电池的端电压是否正确，然后在直流电源系统微机监控装置液晶屏上确认已收到了巡检仪的正确数据。如图 9-3-2 所示。

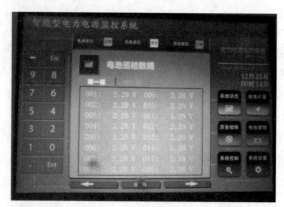

图 9-3-2　微机监控装置电池巡检数据

2. 蓄电池组安装、接线的规范

（1）蓄电池安装的规范。

1）蓄电池的安装顺序应按照厂家图纸要求进行。

2）蓄电池安装应平稳，安装在台架上的蓄电池组，应有防震措施；蓄电池间距不小于 15mm，分层摆放的蓄电池层间距不小于 150mm。

3）胶体式阀控式密封铅酸蓄电池宜采用立式安装，贫液吸附式的阀控式密封铅酸蓄电池可采用卧式或立式安装。

4）同一层或同一台上的蓄电池间宜采用有绝缘的或有护套的连接条连接，不同一层或不同一台上的蓄电池间宜采用电缆连接。

5）蓄电池组各节电池之间连接线搭接处清洁后，应用力矩扳手紧固，力矩值符合产品技术文件要求。

6）同一排、列的蓄电池槽应高低一致，排列整齐。

7）蓄电池应按顺序进行编号，编号标识清晰、齐全。

8）蓄电池间连接线及采样线应连接可靠、整齐、美观，接线端子上应加盖绝缘盖，以防止发生短路。

（2）蓄电池组接线的规范。

1）蓄电池组的电缆引出线应采用穿管敷设，且穿管引出端应靠近蓄电池的引出端。穿金属管外围应涂防酸（碱）泊漆，封口处应用防酸（碱）材料封堵。电缆弯曲半径应符合电缆敷设要求，电缆穿管露出地面的高度可低于蓄电池的引出端子 200～300mm。

2）蓄电池组正极和负极引出电缆不应共用一根电缆。

3）蓄电池引出线电缆宜选用单芯多股铜电缆。

4）两组蓄电池的电缆应分别铺设在各自独立的通道内，沿最短路径敷设，在穿越电缆竖井时，两组蓄电池电缆应加穿金属套管。

5）蓄电池组电源引出电缆应采用过渡板连接，不应直接连接到极柱上。

6）蓄电池电缆引出线正极为赭色（棕色）、负极为蓝色。

二、蓄电池组的调试

在安装完成后，还要对蓄电池组进行检测，确保蓄电池各项实验数据正常后，方可投入运行。

长期浮充电方式运行的蓄电池，极板表面将逐渐生成硫酸铅晶体（称为硫化），堵塞极板的微孔，阻碍电解液的渗透，从而增大蓄电池的内阻，降低极板中活性物质的作用，使得蓄电池容量下降。对蓄电池进行核对性放电，可使蓄电池得到活化，恢复容量，延长使用寿命。

同时，为了检验其实际容量并发现存在的问题，以规定的放电电流进行恒流放电，可得出蓄电池的实际容量。

（一）蓄电池极性检测

对于新安装蓄电池组需要用万用表逐个检查蓄电池极性，如发现极性错误，立即纠正，如图 9-3-3 所示。

（二）蓄电池端电压测量

对于阀控式密封铅酸蓄电池组，环境温度应在 25℃ 左右条件下，新安装的蓄电池组在安装完毕后，应先使用万用表的直流电压挡测试一次蓄电池开路电压。如图 9-3-4 所示，蓄电池开路电压的蓄电池组中的单个蓄电池电压最大值与最小值的差值要求见表 9-3-1。

图 9-3-3　蓄电池组极性检查

图 9-3-4　蓄电池端电压测量

表 9-3-1　　　　　　　　　　　蓄电池开路电压偏差值

标称电压（V）	蓄电池电压最大值与最小值的差值（V）
2	0.03
6	0.04
12	0.06

新安装蓄电池开路电压测量完毕后，将蓄电池接入直流系统，待蓄电池完全充电后断开蓄电池充放电开关或取下蓄电池熔丝。并静置时间至少 24h 后再次用万用表测量各个蓄电池的开路电压，其所测蓄电池组中的单个蓄电池电压最大值与最小值的差值应小于表 9-3-1 的规定值。

（三）蓄电池内阻试验

对于新安装的蓄电池组投产前应使用内阻仪对蓄电池进行内阻测试，并记录蓄电池原始内阻数据，如图 9-3-5 所示。

图 9-3-5　蓄电池内阻试验

新安装蓄电池的内阻测试分为三次，分别在初放电前、放电后、充电后三个阶段进行测试，需要测量每个阶段的蓄电池内阻以及连接条阻值，并计算出与平均内阻值的偏差，然后记录这些内阻数据作为该组蓄电池的原始基准数据。

对于已投运的蓄电池应按期进行蓄电池内阻试验，分析蓄电池内阻变化趋势。日常检验可以不记录连接条阻值。

内阻偏差值的计算方法：（单体蓄电池内阻值–平均内阻值）/平均内阻值×100%。

平均内阻宜按照整组 80%蓄电池数量的内阻数据进行平均，但需要排除掉内阻较高的蓄电池数据。

1. 蓄电池内阻试验步骤

（1）试验前检查蓄电池表面温度，最好先摸一摸蓄电池的温度，防止在测试时出现爆炸的事故，具备条件的可以使用红外测温仪和热像仪来检测温度。

（2）将蓄电池接线柱用内阻仪按照正确的接线方式接入。

（3）按蓄电池排序，测量蓄电池内阻及连接条阻值。如果发生内阻异常时，需检查连接阻值是否异常，必要时紧固后重新测试。

（4）存储、分析测试结果，打印测试报告并存档。

2. 蓄电池内阻试验的标准

（1）新安装电池在充电后（满容量条件下）蓄电池的内阻要求有较好的一致性，内阻偏差参考值为不超过 10%。超过整组蓄电池数量 6%不合格应进行整组更换；相同连接条的阻值要求基本一致。

（2）已投运的蓄电池的内阻偏差不应超过平均内阻值的 30%，超过平均内阻值 30%的应进行跟踪处理；超过平均内阻值或超过投运初始值 50%的应进行活化或充放电处理；

相同连接条的阻值要求基本一致。

（四）蓄电池组充放电试验

阀控式铅酸蓄电池需进行蓄电池容量考核，如图 9-3-6 所示，对于新安装蓄电池组的全核对性放电容量要求达到 100%；对于投入运行后蓄电池组的全核对性容量要求达到 80%。要求采用恒流纯阻性负载进行放电，恒流放电电流为 10 小时率放电电流 I_{10}。

图 9-3-6　蓄电池放电试验

试验环境温度应在 25℃左右，将试验用的蓄电池组完全充电，然后静置 1~24h（将蓄电池组脱离直流母线），待蓄电池温度与试验环境温度基本一致时开始放电，放电过程中试验环境温度应保持基本稳定。

1. 蓄电池组充放电试验步骤

（1）断开直流系统蓄电池充电开关或熔丝，在蓄电池过渡板处将蓄电池电缆引出线解除，解除完毕后使用万用表确认引出线没有电压后用绝缘胶布包扎。

（2）将放电仪的放电电缆按照正确极性接入蓄电池过渡板，单体电压采样线按线上的号码逐一夹在对应的蓄电池连接片上。试验线缆都接好后检查放电仪是否采集到所有的蓄电池电压值。

（3）将放电电流、单体电池电压、蓄电池组电压等放电参数按照要求设置后，启动放电仪。

蓄电池放电开始时，再次核对放电参数设置是否正确，测量并记录蓄电池组放电前开路电压、温度、开始时放电电流与放电开始时的端电压。若放电参数设置不准确应停止放电，校准后再进行放电。

（4）蓄电池组放电期间，每隔 1h，应测量并记录环境温度、蓄电池端电压、放电电流和放电时间。其测量时间间隔 10 小时率容量蓄电池组试验时间间隔至多为 1h。

（5）放电末期要随时监视测量并记录，以便确定蓄电池放电到终止电压时的准确时间。

（6）当其中有一只蓄电池端电压降至表 9-3-2 的规定值，应立即停止放电，核算蓄电池组容量。

（7）放电结束，先停止充放电功能，待仪器冷却后，再断开放电仪电源空气断路器，拆除蓄电池组与放电仪连接线，将蓄电池组接入充电装置，进行完全充电。

表 9-3-2　　　　　　　　　　　　蓄电池放电终止电压规定值

标称电压（V）	蓄电池放电终止电压（V）
2	1.80
6	5.40（1.80×3）
12	10.80（1.80×6）

2. 已投运蓄电池放电试验的注意事项

（1）两组阀控式密封铅酸蓄电池组。如果具有两组蓄电池组，则一组运行，另一组退出运行并与系统隔离，进行全核对性放电试验。

如果第一次核对性放电，就放出达到蓄电池额定容量，核对性放电试验结束就不再放电，蓄电池充满容量后即可投入运行。

第一次核对性放电结束后，如果放不出达不到蓄电池额定容量，隔 1～2h 后，再用 I_{10} 电流进行恒流限压充电→恒压充电→浮充电方式反复充、放电 2～3 次，使蓄电池容量得以恢复。

蓄电池组正常的充电方式、充电程序按照制造厂家技术说明进行。

蓄电池放电终止电压可以参考制造厂家规定值，一般印刷在蓄电池的外壳上。

（2）一组阀控式密封铅酸蓄电池组。如果只有一组阀控式密封铅酸蓄电池，并且不能退出运行，就无法进行全核对性放电试验。

只能在条件允许的情况下（天气晴朗，要有完善的技术措施，能够保证直流安全有效供电，如充电装置工作正常、两路交流输入正常，无相关其他工作并做好安全措施），用 I_{10} 电流恒流放出额定容量的 50%，在放电过程中，调整和降低充电装置的电压，220V浮充电压设定为 200V，使蓄电池进行放电。蓄电池组端电压不得低于 $2V \times N$（或 $6V \times N$，或 $12V \times N$，其中 N 为蓄电池数）。放电后立即用 I_{10} 电流进行恒流限压充电→恒压充电→浮充电方式，反复充、放电 2～3 次，蓄电池组容量即可得到恢复，蓄电池组存在的缺陷也能得到发现并加以处理。

若有备用蓄电池替换，该组蓄电池可进行全核对性放电。

3. 蓄电池组容量考核

蓄电池组允许进行三次充放电循环。放电试验时，当整组蓄电池中，电压最低的单体蓄电池达到放电终止电压时，应停止放电。对于新安装的蓄电池组进行全核对性容量试验达到 100%额定容量为合格。

对于投入运行后进行检修试验的蓄电池组，在三次充放电循环之内，若均达不到额定容量的 80%，此组蓄电池为不合格。

如果只是个别蓄电池容量不足，可对个别蓄电池进行更换，并用蓄电池活化仪进行试验，合格后可投入运行。

对于变电站只有一组蓄电池的 50%核对性容量放电试验，考核蓄电池是否合格，需查阅制造厂家提供的蓄电池放电曲线。

4. 蓄电池组容量的折算

蓄电池放电温度如果不是 25℃，则需将实测容量 C_t 按式（9-2-9）换算成 25℃基准温度的实际容量 C_e。

第十章　变电站防火阻燃

第一节　所需工器具、仪表简介

变电站防火阻燃所需工器具、仪表简介如表 10-1-1 所示。

表 10-1-1　　　　　　　　　变电站防火阻燃所需工器具、仪表简介

设备名称	简介	图例
切割机	切割机是一种功能强大的切割机械，应用于金属或非金属行业，可有效地提高各类拆料切割的效率、切割质量，减轻操作者的劳动强度。切割机从切割材料来区分，分为金属材料切割机和非金属材料切割机。非金属材料切割机分为火焰切割、等离子切割机、激光切割机、水刀切割机等；金属材料切割机主要是刀具切割机	
角向磨光机	角向磨光机是指一种用于修磨焊道、清除焊接缺陷、清理焊根等的电动（或风动）工具。角向磨光机具有转速高、清除缺陷速度快、打磨焊缝美观清洁等优点	
电锤	电锤是附有气动锤击机构的一种带安全离合器的电动式旋转锤钻。电锤是利用活塞运动的原理，压缩气体冲击钻头，不需要手使多大的力气，可以在混凝土、砖、石头等硬性材料上开 6～100mm 的孔，电锤在上述材料上开孔效率较高，但它不能在金属上开孔	
胶枪	胶枪是一种打胶（或挤胶）的工具，需要施胶的地方就有可能会用到，广泛用于建筑装饰、电子电器、汽车及汽车部件、船舶及集装箱等行业	

第二节　变电站防火

一、防火封堵工作术语

防火封堵材料是具有防火、防烟功能，用于密封或填塞建筑物、构筑物以及各类设

施中的贯穿孔洞、环形间隙及建筑缝隙，便于更换且符合有关性能要求的材料。

（1）防火封堵组件：由多种防火封堵材料以及耐火隔热材料共同构成的用以维持结构耐火性能，且便于更换的组合系统。

（2）电缆防火涂料：涂覆于电缆（如以橡胶、聚乙烯、聚氯乙烯、交联聚乙烯等材料作为导体绝缘和护套的电缆）表面，具有防火阻燃保护及一定装饰作用的防火涂料。

（3）耐火性：在规定试验条件下，试样在火焰中被燃烧而在一定时间内仍能保持正常运行的性能。

（4）阻燃性：在规定试验条件下，试样被燃烧，在撤去试验火源后，火焰的蔓延仅在限定范围内，且残焰或残灼在限定时间内能自行熄灭的特性。

（5）耐火极限：在规定试验条件下，试样从受火时起，到失去稳定性、完整性或隔热性的时间。

二、防火封堵材料分类

防火封堵材料按用途可分为孔洞用防火封堵材料、缝隙用防火封堵材料、塑料管道用防火封堵。

（1）孔洞用防火封堵材料是指用于贯穿性结构孔洞的密封和封堵，以保持结构整体耐火性能的防火封堵材料。

（2）缝隙用防火封堵材料是指用于防火分隔构件之间或防火分隔构件与其他构件之间（如伸缩缝、沉降缝、抗震缝和构造缝隙等）缝隙的密封和封堵，以保持结构整体耐火性能的防火封堵材料。

（3）塑料管道用防火封堵材料是指用于塑料管道穿过墙面、楼地板等孔洞时，用以保持结构整体耐火性能所使用的防火封堵材料及制品。

防火封堵材料按产品的组成和形状特征可分为下列类型（见表10-2-1）。

表10-2-1　　　　　　　防火封堵材料比较

材料	主要成分	可塑性	受火膨胀性	适用性	主要特点
有机防火堵料	树脂、防火剂、填料	好	受火膨胀	建筑管道、电缆穿孔封堵	可拆、可塑性好
无机防火堵料	快干水泥、防火剂、耐火材料	固化结块	受火不膨胀	大孔洞、楼层间孔洞封堵	具和易性、可流动、短时间固化
阻火包	玻璃纤维、防火剂、耐火材料	包状、可堆砌	受火膨胀	防火隔墙、隔层，贯穿大孔洞封堵	可拆、可堆砌

（1）柔性有机堵料：以有机材料为黏结剂，使用时具有一定柔韧性或可塑性，产品为胶泥状物体。

有机防火堵料是以有机合成树脂作黏结剂，配以防火剂、填料等碾压而成的材料，具有可塑性和柔韧性。该堵料可塑性好，长久不固化，可以切割、搓揉，封堵各种形状的孔洞。当火灾发生时，有效地阻止火灾蔓延与烟气的传播。这种堵料主要应用在管道或电线、电缆贯穿孔洞的防火封堵工程中，多数情况下与无机防火堵料、阻火包配合使用。

（2）无机堵料：以无机材料为主要成分的粉末状固体，与外加剂调和使用时，具有适当的和易性。

（3）无机防火堵料，也称速固防火堵料，是以快干水泥为基料，配以防火剂、耐火材料等经研磨、混合均匀而成。该产品对管道或电线电缆贯穿孔洞，尤其是较大的孔洞、楼层间孔洞的封堵效果较好。它不仅具有所需的耐火极限，还具备较高的机械强度，在封堵时，管道或电线电缆表皮需堵一层有机料配合，以便贯穿物的检修和更换。

（4）阻火包：将防火材料包装制成的包状物体，适用于较大孔洞的防火封堵或电缆桥架的防火分隔（阻火包也称耐火包或防火包）。

阻火包是用不燃或阻燃性的布料把耐火材料约束成各种规格的包状体，在施工时可堆砌各种形态的墙体，对大的孔洞封堵最为适用，起到隔热阻火作用。阻火包主要应用于电缆隧道和竖井中的防火隔墙和隔离层，以及贯穿大孔洞的封堵，制作或撤换重做均十分方便。施工时应注意管道或电线电缆表皮处需要和有机防火堵料配合使用。

（5）阻火模块：用防火材料制成的具有一定形状和尺寸规格的固体，可以方便地切割和钻孔，适用于孔洞或电缆桥架的防火封堵。

（6）防火封堵板材：用防火材料制成的板材，可方便地切割和钻孔，适用于大型孔洞的防火封堵。

防火封堵板是指具有防火功能的板材，其本身具有一定的耐火性，可以保护其他构件，或者在火灾中可以阻止火灾的蔓延。这种板材可以用于建筑物的隔墙、天花板等处。除了要求防火和隔热性能外，还要求干缩值小、抗老化，为了降低建筑物的载荷，一般要求防火板的密度较低。防火板材大致可以分成有机和无机两大类。无机防火板以其优良的防火性能、高温抗变形性能、防虫蛀、成本低廉等优势，成为该领域的主要产品，在防火板材产品中占有相当大的比例。

（7）泡沫封堵材料：注入孔洞后可以自行膨胀发泡并使孔洞密封的防火材料。

（8）缝隙封堵材料：置于缝隙内，用于封堵固定或移动缝隙的固体防火材料。

（9）防火密封胶：具有防火密封功能的液态防火材料。

（10）阻火包带：用防火材料制成的柔性可缠绕卷曲的带状产品，缠绕在塑料管道外表面，并用钢带包覆或其他适当方式固定，遇火后膨胀挤压软化的管道，封堵塑料管道因燃烧或软化而留下的孔洞。

三、防火封堵位置

在电缆进入盘、柜、箱、盒的孔洞处；电缆进出电缆竖井的出入口处；电缆桥架穿过墙壁、楼板的孔洞处；电缆导管进入电缆桥架、电缆竖井、电缆沟和电缆隧道的端口处，应实施防火封堵。特殊部位的防火封堵应符合密封及防爆要求。

电缆防火封堵施工，应在土建工程施工完毕，电缆敷设工作完成后进行。尚未完成电缆敷设的拟带电部位，应采取临时防火封堵措施。

四、防火封堵选型

电缆用防火阻燃材料产品的选用，应符合下列规定：

（1）阻燃性材料应符合现行国家标准 GB 23864—2009《防火封堵材料》的有关规定。

（2）防火涂料、阻燃包带应分别符合现行国家标准 GB 28374—2012《电缆防火涂料》和 XF 478—2004《电缆用阻燃包带》的有关规定。

（3）用于阻止延燃的材料产品，除（2）外，尚应按等效工程使用条件的燃烧试验满足有效的自熄性。

（4）用于耐火防护的材料产品，应按等效工程使用条件的燃烧试验满足耐火极限不低于 1h 的要求，且耐火温度不宜低于 1000℃。

（5）用于电力电缆的阻燃、耐火槽盒，应确定电缆载流能力或有关参数。

（6）采用的材料产品应适于工程环境，并应具有耐久可靠性。

第三节　变电站防火阻燃安装

一、施工前期准备

（一）施工准备

（1）材料准备：统计安装位置、安装方式，确定所需的有机堵料、无机堵料、耐火隔板、防火涂料、防火包及具有相应耐火等级的安装附件的数量，进行材料的准备工作。材料到货后进行外观检查，有机堵料不氧化、不冒油、软硬度适中；无机堵料不结块、无杂质；防火隔板平整光洁、厚度均匀。

（2）技术准备：核对施工图，确认各类的封堵方式符合设计及规范要求；防火封堵材料必须具有国家防火建筑材料质量监督检验测试中心提供的合格检测报告，通过省级以上消防主管部门鉴定，并取得消防产品登记备案证书。

（3）人员组织：技术人员，安全、质量负责人，施工人员。

（4）机具准备：小型手持式切割机、电锤等安装所需的工器具等。

（二）电缆防火封堵材料的现场验收

（1）电缆防火封堵材料应包装完好，消防产品身份信息标识清晰。

（2）各批次产品的出厂检验报告等技术文件齐全。

（3）当对产品质量有怀疑时，可送有资质的第三方检验机构进行复验。

（三）电缆防火封堵材料的现场保管

（1）防火封堵材料应存放在通风、干燥、防止雨淋和日光直射的地方，储存温度符合产品技术文件要求。

（2）电缆防火涂料应密封完好，避免重压、碰撞、倒置。

（3）开启后的电缆防火涂料，应及时密封，防止结皮或固化。

（4）无机堵料存放时不得受潮。

（5）防火封堵材料的保管、领用，应建立台账，防止混用、错用。

（6）超过有效期的防火封堵材料不得使用。

二、防火阻燃安装

（一）阻火墙制作

（1）在隧道或电缆沟中的下列部位，应按设计设置阻火墙：对于阻燃电缆，在电沟每隔 80～100m 设置一个隔断；对于非阻燃电缆，宜每隔 60m 设置一个隔断，一般设置公用沟道的分支处，多段配电装置对应的沟道分段处；至控制室或配电装置的沟道入口、厂区围墙处。

（2）阻火墙安装方式：两侧采用 10mm 以上厚度的防火隔板封隔、中间采用无机堵料、阻火包（交叉堆砌、层间错缝、密实、稳固）或耐火砖堆砌（层间错缝砌筑，表面平整、接缝严密），其厚度根据产品的性能而定（一般不小于240mm）。

（3）阻火墙内的电缆周围必须采用不得小于 20mm 的有机堵料进行分隔包裹。阻火墙顶部用有机堵料填平整，并加盖防火隔板：底部必须留有排水孔洞（或利用电缆沟本身底部排水措施），排水孔洞处可利用砖块砌筑。阻火墙宜采用热镀锌角钢作支架进行固定，以增强整体稳定性，如图 10-3-1 和图 10-3-2 所示。

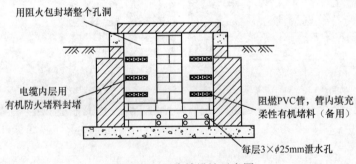

图 10-3-1 阻火墙设计示意图

（4）阻火墙两侧电缆应利用有机堵料进行密实分隔包裹，两侧厚度大于阻火墙表层20mm，电缆周围有机堵料宽度不得小于 30mm，呈几何图形，面层平整。沟底、防火隔板中间缝隙应采用有机堵料或防火密封胶做线脚封堵，厚度大于阻火墙表层的10mm，宽度不得小于20mm，呈几何图形，面层平整。阻火墙两侧不小于2m 范围内电缆应涂刷防火涂料，其厚度不应小于1mm。如图 10-3-3 所示。

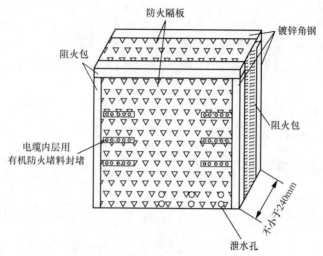

图 10-3-2 阻火墙防火隔板安装示意图

（5）电缆沟阻火墙支架未使用层位置宜预先布置阻燃 PVC 管，管内填充柔性有机堵料，以便日后扩建。

（6）阻火墙上部的电缆盖板上应涂刷红色的、明显、不易褪色的标记，并进行编号，如图 10-3-4 所示。

图 10-3-3 阻火墙成品

图 10-3-4 阻火墙标识

（二）盘、柜封堵

（1）在盘、柜孔洞底部施工遗留物及电缆表面清理干净，铺设厚度不小于 10mm 的防火板，防火板尺寸比孔洞大 50mm，在孔隙口及电缆周围采用有机堵料进行密实封堵，电缆周围的有机堵料厚度不得小于 20mm。用防火包填充或无机堵料浇筑，塞满孔洞。在孔洞底部防火板与电缆的缝隙处做线脚，线脚厚度不小于 10mm，电缆周围的有机堵料的宽度不小于 40mm。盘柜底部以 10mm 防火隔板进行封隔，隔板安装平整牢固，安装中造成的工艺缺口、缝隙使用有机堵料密实地嵌于孔隙中，并做线脚，线脚厚度不小于

10mm，宽度不小于 20mm，电缆周围的有机堵料的宽度不小于 40mm，形状规则，表面无缝隙，外观平整，可使用金属边框进行定型。如图 10-3-5 和图 10-3-6 所示。

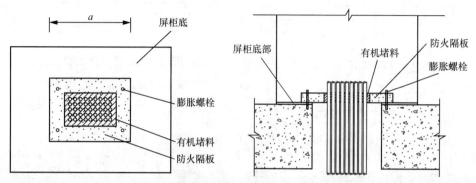

图 10-3-5 屏柜封堵设计示意图

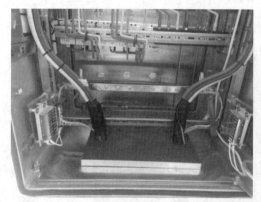

图 10-3-6 屏柜封堵成品

（2）防火板不能封隔到的盘、柜底部空隙处，以有机堵料严密封实，有机堵料面应高出防火隔板 10mm 以上，并呈几何图形，面层平整。

（3）盘、柜底部的防火隔板或有机堵料距离接地铜排和芯线不应小于 50mm。

（三）电缆保护（排）管、二次接线盒封堵

（1）电缆（排）管口采用有机堵料严密封堵，管径小于 50mm 的堵料嵌入的深度不小于 50mm，露出管口厚度不小于 10mm。随着管径增加，堵料嵌入管子的深度和露出的管口的厚度也相应增加，管口的堵料要呈圆弧形，管口朝上时应采取防止堵料脱落掉入管口内措施，如图 10-3-7 和图 10-3-8 所示。

（2）二次接线盒留孔处采用有机堵料将电缆均匀密实包裹，在缺口、缝隙处使用有机堵料密实地嵌于孔隙中，并做线脚，线脚厚度不小于 10mm，电缆周围的有机堵料的宽度不小于 40mm，呈几何图形，面层平整。对于开孔较大的二次接线盒，还应加装防火板进行隔离封堵，封堵要求同盘柜底部，如图 10-3-9 所示。

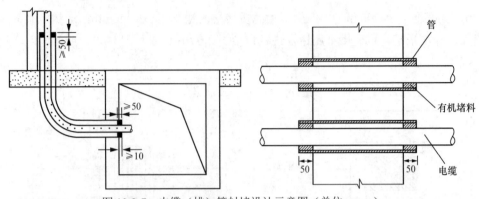

图 10-3-7 电缆（排）管封堵设计示意图（单位：mm）

图 10-3-8 电缆（排）管封堵成品

图 10-3-9 二次接线盒封堵

（四）端子箱、机构箱封堵

（1）端子箱进线孔洞口应采用防火包进行封堵，不宜小于 250mm，外部加装防火隔板，电缆周围必须采用有机堵料进行包裹，厚度不得小于 20mm，如图 10-3-10 和图 10-3-11 所示。

（2）端子箱底部以 10mm 防火隔板进行封隔，隔板安装平整牢固，安装中造成的工艺缺口、缝隙使用有机堵料密实地嵌于孔隙中，并做线脚，线脚厚度不小于 10mm，宽度不小于 20mm，电缆周围的有机堵料的宽度不小于 40mm，呈几何图形，面层平整。机构箱底部封堵要求与端子箱相同，如图 10-3-12 所示。有升高座的端子箱，宜在升高座上部再次进行封堵，如图 10-3-13 所示。

图 10-3-10　端子箱进线孔洞口封堵

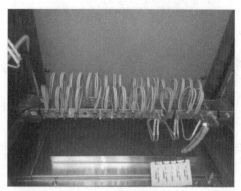

图 10-3-11　端子箱封堵

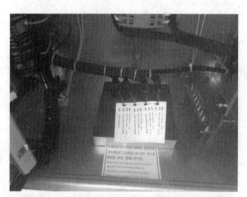

图 10-3-12　机构箱封堵

图 10-3-13　有升高座的端子箱双层封堵

（五）竖井封堵

（1）在电缆竖井下列部位，应按设计设置封堵：楼层处；竖井高度大于 7m 时，每隔 7m 进行封堵；同一井道内，敷设多回路 110kV 及以上电压等级电缆时，不同回路之间应用耐火隔板进行分割；竖井高度较高，竖井中间每隔 60～100m 设置封堵层。如图 10-3-14 和图 10-3-15 所示。

（2）电缆竖井处的防火封堵可利用竖井内预埋件或竖井内的钢支撑，安装承托支架，一般采用角钢或槽钢托架进行加固，且间距不大于 400mm。再用不小于 10mm 厚的防火板托底封堵，托架和防火板的选用必须确保承载力符合设计要求，能作为人行通道。

（3）底面的孔隙口及电缆周围必须采用有机堵料进行密实封堵，电缆周围的有机堵料厚度不得小于 20mm。在防火板上浇筑无机堵料，其厚度按照无机堵料的产品性能而定，一般在 150～200mm。无机堵料浇筑后在其顶部使用有机堵料将每根电缆分隔包裹，其厚度大于无机堵料表层的 10mm，电缆周围的有机堵料宽度不得小于 30mm，呈几何图形，面层平整。

图 10-3-14　电缆竖井封堵一

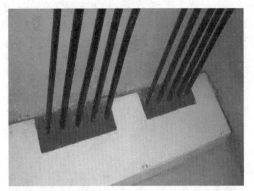

图 10-3-15　电缆竖井封堵二

（六）防火包带或涂料

（1）防火包带或涂料的安装位置一般在阻火墙两端如图 10-3-16 所示，长度要求为两侧各不少于 2m；电力电缆接头两侧及其临近并行敷设的其他电缆 3m 区段宜采用防火包带或涂料实施阻燃。施工前清除电缆表面灰尘、油污、杂物等。涂刷前，电缆表面应清洁、干燥；涂料使用前搅拌均匀，涂料不宜太稠，以方便喷涂为宜。

（2）水平敷设的电缆沿电缆走向进行均匀喷涂（涂刷），垂直敷设的电缆宜自上而下喷涂（涂刷），喷涂（涂刷）的次数、厚度（不小于 1mm）及间隔时间应符合产品的技术要求，如图 10-3-17 所示。电缆密集和束缚时，应逐根喷涂（涂刷），不得漏喷涂（涂刷），喷涂（涂刷）要整齐。防火包带的施工严格按照产品说明书要求进行施工。一般采用单根绕包的方式；对于多根小截面的控制电缆可采取多根绕包的方式，两端的缝隙用有机堵料封堵严密。防火涂料不应喷涂覆盖感温线上。

图 10-3-16　电缆沟内电缆刷防火涂料

图 10-3-17　竖井电缆上刷防火涂料图

（3）施工过程中及防火涂层未干时之前，应防水、防暴晒、防污染、防移动、防弯曲，如有损坏及时修补。

（4）电缆防火包带包绕的部位应清洁，无污染；阻燃包带应采取半重叠包绕，包绕长度和厚度应符合设计要求；包绕段两端的电缆缝隙应采用柔性有机堵料或防火密封胶密封。

第十一章 变电站典型二次回路

第一节 电 源 回 路

一、变电站站用直流电源系统

（一）变电站站用直流电源系统简介

变电站站用直流电源系统包括充电装置、蓄电池组等常规直流电源设备和逆变电源设备、DC/DC 通信电源设备。直流电源设备由充电装置、蓄电池组、配电开关和相关的控制、信号、保护、调节等单元组成的直流不间断电源装置（系统）。它为控制、信号、保护、自动装置以及某些执行机构（如断路器操动机构）等提供直流电源。逆变电源设备是由逆变器等组成的、由直流输入变换为交流输出的电源装置（系统），为变电站的监控系统设备等提供交流电源。DC/DC 通信电源设备由直流输入变换为直流输出的电源装置（系统），输出特性满足通信电源的要求，为变电站的通信设备提供电源。

变电站站用直流电源系统（三充两蓄配置）的典型示意图见图 11-1-1。

站用直流电源系统与站用交流电源系统的分界点在交流屏的馈线输出空气断路器（空气断路器属于交流电源系统运维范围），与各类负荷的分界点在各电源屏的馈线输出空气断路器（空气断路器属于直流电源系统运维范围）。

变电站允许接入直流电源的负荷有继电保护、安全自动装置、监控系统主设备（含通信网关机、站控层交换机等）、电网继电保护及故障信息系统（保信子站）、调度数据网设备（路由器、纵向加密装置）、电量采集系统、操动机构直流电动机、逆变电源装置、DC/DC 通信电源等。严禁接入直流电源的负荷有安防报警系统、图像监控系统、门禁系统、带电显示器、状态指示器、非生产用设备以及其他未经专业部门审核的设备。变电站允许接入逆变电源的负荷有监控系统主设备、调度数据网设备、电量采集系统、保信子站、五防系统、录音系统、安防报警系统、图像监控系统、铁芯多点接地监测装置、排油注氮装置主机等。严禁接入逆变电源的负荷有排油注氮装置除主机外的设备，如打印机、传真机、复印机、办公计算机、充电器、热水器、电风扇、空调以及其他未经专业部门审核的设备。

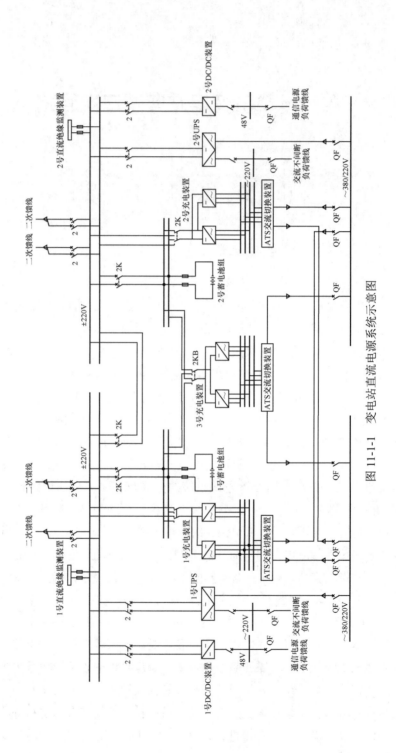

图 11-1-1 变电站直流电源系统示意图

直流电源回路是指电流流向不变的电路，由直流电源、控制器件及负载（电阻、指示灯、装置、电动机等）构成的闭合导电回路。变电站常见的直流电源回路有：装置电源回路、信号回路、开入回路、控制回路、三相不一致保护回路、非电量保护开入回路、红绿灯指示回路等。

（二）装置电源回路

装置电源回路典型二次图如图 11-1-2 所示，二次回路编号为±BM 或 01/02。

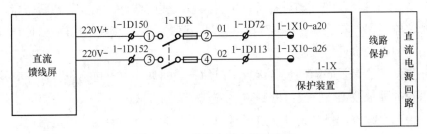

图 11-1-2　装置直流电源回路图

保护装置背面的电源插件端子排情况举例如图 11-1-3 所示。

端子标识	用途	备注
ca2，ca4	24V+输出端子	
ca8，ca10，ca12	24V-输出端子	
c14-a14	直流消失触点	失电告警信号
c16-a16	直流消失触点	
ca20，ca22	1：电源正输入端子	外电源输入
ca26，ca28	2：电源负输入端子	
ca32	装置屏蔽地，应与变电站大地可靠相连	

图 11-1-3　装置直流电源插件示意图

（三）信号回路

信号回路是采集并传送保护和开关量等信息的回路。信号回路的规范性和正确性关系到变电站设备监控的及时性、准确性，为电网安全与设备稳定运行提供可靠信息。按对电网和设备影响的轻重缓急程度信号可分为事故、异常、超限、变位和告知五类。

（1）事故信息是由于电网故障、设备故障等原因引起断路器跳闸、保护及安全自动装置动作出口跳合闸的信息以及影响全站安全运行的其他信息，是需实时监控、立即处理的重要信息，主要对应设备动作信号。

（2）异常信息是反映电网和设备非正常运行情况的告警信息和影响设备遥控操作的信息，直接威胁电网安全与设备运行，是需要实时监控、及时处理的重要信息，主要对应设备告警信号。

（3）超限信息是反映重要遥测量超出告警上下限区间的信息。重要遥测量主要有设备有功、无功、电流、电压、变压器油温及断面潮流等，是需实时监控、及时处理的重要信息。

（4）变位信息指反映一二设备运行位置状态改变的信息。主要包括断路器、隔离开关分合闸位置，保护软压板投、退等位置信息。该类信息直接反映电网运行方式的改变，是需要实时监控的重要信号。

（5）告知信息是反映电网设备运行情况的一般信息。主要包括设备操作时发出的伴生信息以及故障录波器、收发信机启动、保护启动等信息。

信号根据来源不同可分为硬接点信号和软报文信号。硬接点信号是指通过二次回路上传到测控装置，再通过网络上送变电站综合自动化系统后台机、主站监控系统，如断路器、隔离开关等的位置信号及变电站所有开入量的信号，硬接点信号不需要测控装置加工，采集后直接上送监控系统，传输介质是电缆。软报文信号是直接通过网络将保护装置等设备的信号上送，通过通信规约以报文的形式向后台传输，再通过对应规约由后台解析出来，无需实际的接线；通过以太网等通信通道以报文的形式上送，传输介质是网络通信线。硬接点信号和软报文信号的区别如图 11-1-4 所示。

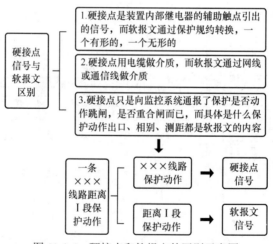

图 11-1-4　硬接点和软报文的区别示意图

硬接点信号是通过引接单元测控的公共端 801 正电源，再分别连接到汇控柜、端子箱以及保护装置内的无源硬接点，然后再汇集到单元测控相对应的端子上，形成整个信号回路。最后通过测控装置对信号的定义后把信号传输到后台机及远方监控系统。信号回路典型二次回路如图 11-1-5 所示，二次回路编号为 801～869，801 为信号回路电源的正电源。

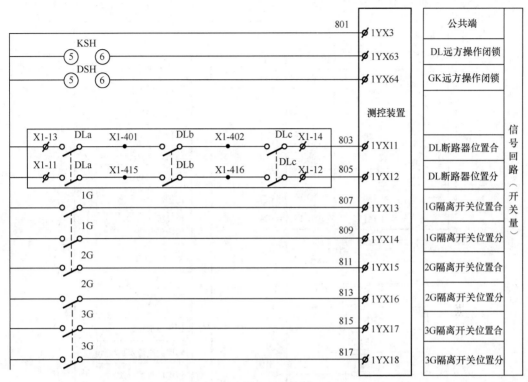

图 11-1-5　信号回路典型二次图

（四）开入回路

保护装置的开入回路分为强电开入回路和弱电开入回路。依据《国家电网有限公司十八项电网重大反事故措施（修订版）》中对强电开入回路的要求，制造部门应提高微机保护抗电磁骚扰水平和防护等级，保护装置由屏外引入的开入回路应采用±220V/110V直流电源。光耦开入的动作电压应控制在额定直流电源电压的 55%～70% 范围以内。保护装置典型的强电开入回路和弱电开入二次回路如图 11-1-6 所示，弱电开入回路采用 24V直流电源（由装置本身提供）。

（五）控制回路

断路器是电力系统中重要的开关设备，在正常运行时断路器可以接通和切断电气设备的负荷电流，在系统发生故障时能可靠切断短路电流。对断路器的跳、合闸控制是通过断路器的控制回路及操动机构来实现的。

控制回路需具备以下基本功能：

（1）能进行手动跳合闸和由保护和自动装置的跳合闸。

（2）具有防止断路器多次重复动作的防跳回路。

（3）能反映断路器位置状态。

（4）能监视下次操作时对应跳合闸回路的完好性。

（5）有完善的跳、合闸闭锁回路。

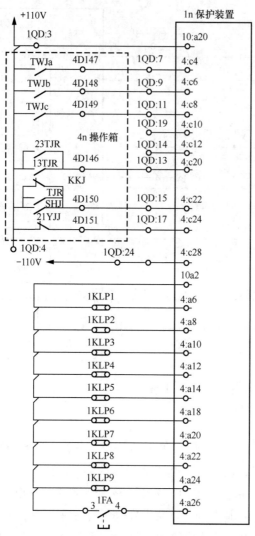

图 11-1-6　开入回路二次图

控制回路二次回路如图 11-1-7 所示，二次回路编号为控制正电源 101（201）、控制负电源 102（202）或±KM，合闸回路 103、203、107，跳闸回路 133、233、137、237。

（六）三相不一致保护回路

220kV 及以上电压等级断路器一般采用分相操作的断路器，为防止因断路器三相位置不一致导致的断路器误动或拒动，断路器应采用三相位置不一致保护。当断路器处于非全相（单相或两相）运行时，三相不一致保护通过整定的动作时间跳开运行相（单相或两相）。对于采用单相重合闸的 220kV 线路断路器，三相不一致保护动作时间应可靠躲过单相重合闸动作时间及断路器的操作时间，所以时间整定为 2.5s；对于变压器的 220kV 侧断路器，三相不一致保护动作时间整定为 0.5s。三相不一致保护二次回路如图 11-1-8 所示。

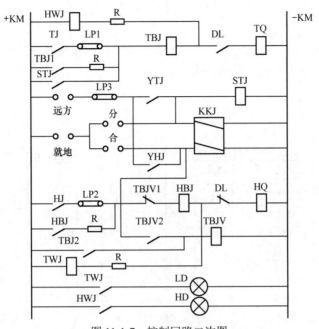

图 11-1-7 控制回路二次图

STJ—手跳继电器；KKJ—合后继电器；HWJ—合位继电器；

YTJ—遥跳继电器；YHJ—遥合继电器；TWJ—跳位继电器

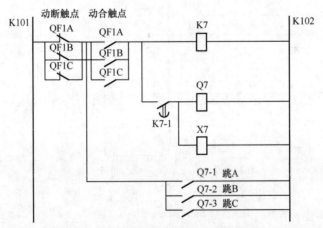

图 11-1-8 三相不一致保护回路一次图

K7—三相不一致时间继电器；Q7—三相不一致出口继电器；X7—三相不一致信号继电器

（七）非电量保护开入回路

变压器的非电量保护指由非电气量反应故障动作或发信的保护，包括变压器的瓦斯、油温度、绕组温度、油位、压力释放、压力突变、冷却装置故障保护和报警等。其中瓦斯保护是用来反应变压器的内部故障和漏油造成的油面降低，同时也能反应绕组的开焊故障。瓦斯保护只能反应变压器内部故障，不能反应油箱外部的短路故障，有本体瓦斯和有载调压瓦斯两种。瓦斯保护分为轻瓦斯和重瓦斯，轻瓦斯保护作用于信号，重瓦斯保护作用于跳闸。

非电量保护开入二次回路如图 11-1-9 所示，二次回路编号为 F01、F03、F04、F05 等，F01 为主变压器非电量保护的正电源。

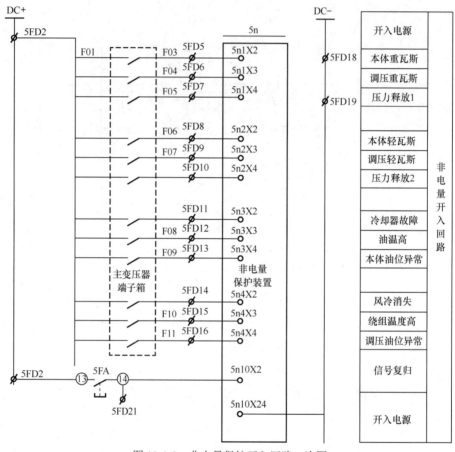

图 11-1-9 非电量保护开入回路二次图

（八）红绿灯指示回路

红绿灯指示回路在常规站中装设于测控屏上，用来指示断路器的位置，断路器处于合位红灯亮，断路器处于分位绿灯亮。二次回路编号为 6（红灯）、36（绿灯），红绿灯指示回路如图 11-1-10 所示。

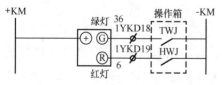

图 11-1-10 红绿灯指示回路二次图

（九）反措对站用直流系统的相关规定要求

《国家电网有限公司十八项电网重大反事故措施（修订版）》中对站用直流系统的相关要求见表 11-1-1。

表 11-1-1 站用直流系统的反措要求

反措条目号	内容
1　设计阶段	
1.1	设计资料中应提供全站直流系统上下级差配置图和各级断路器（熔断器）级差配合参数
1.2	两组蓄电池的直流电源系统，其接线方式应满足切换操作时直流母线始终连接蓄电池运行的要求
1.3	新建变电站 300Ah 及以上的阀控式蓄电池组应安装在各自独立的专用蓄电池室内或在蓄电池组间设置防爆隔火墙
1.4	蓄电池组正极和负极引出电缆不应共用一根电缆，并采用单根多股铜芯阻燃电缆
1.5	酸性蓄电池室（不含阀控式密封铅酸蓄电池室）照明、采暖通风和空气调节设施均应为防爆型，开关和插座等应装在蓄电池室的门外
1.6	一组蓄电池配一套充电装置或两组蓄电池配两套充电装置的直流电源系统，每套充电装置应采用两路交流电源输入，且具备自动投切功能
1.7	采用交直流双电源供电的设备，应具备防止交流窜入直流回路的措施
1.8	330kV 及以上电压等级变电站及重要的 220kV 变电站，应采用三套充电装置、两组蓄电池组的供电方式
1.9	直流电源系统馈出网络应采用集中辐射或分层辐射供电方式，分层辐射供电方式应按电压等级设置分屏，严禁采用环状供电方式。断路器储能电源、隔离开关电动机电源、35（10）kV 开关柜顶可采用每段母线辐射供电方式
1.10	变电站内端子箱、机构箱、智能控制柜、汇控柜等屏柜内的交直流接线，不应接在同一段端子排上
1.11	试验电源屏交流电源与直流电源应分层布置
1.12	220kV 及以上电压等级的新建变电站通信电源应双重化配置，满足"双设备、双路由、双电源"的要求
1.13	直流断路器不能满足上、下级保护配合要求时，应选用带短路短延时保护特性的直流断路器
1.14	直流高频模块和通信电源模块应加装独立进线断路器
2　基建阶段	
2.1	新建变电站投运前，应完成直流电源系统断路器上下级级差配合试验，核对熔断器级差参数，合格后方可投运
2.2	安装完毕投运前，应对蓄电池组进行全容量核对性充放电试验，经 3 次充放电仍达不到 100% 额定容量的应整组更换
2.3	交直流回路不得共用一根电缆，控制电缆不应与动力电缆并排铺设。对不满足要求的运行变电站，应采取加装防火隔离措施
2.4	直流电源系统应采用阻燃电缆。两组及以上蓄电池组电缆，应分别铺设在各自独立的通道内，并尽量沿最短路径敷设。在穿越电缆竖井时，两组蓄电池电缆应分别加穿金属套管。对不满足要求的运行变电站，应采取防火隔离措施
2.5	直流电源系统除蓄电池组出口保护电器外，应使用直流专用断路器。蓄电池组出口回路宜采用熔断器，也可采用具有选择性保护的直流断路器
2.6	直流回路隔离电器应装有辅助触点，蓄电池组总出口熔断器应装有报警触点，信号应可靠上传至调控部门。直流电源系统重要故障信号应硬接点输出至监控系统
3　运行阶段	
3.1	应加强站用直流电源专业技术监督，完善蓄电池入网检测、设备抽检、运行评价
3.2	两套配置的直流电源系统正常运行时，应分列运行。当直流电源系统存在接地故障情况时，禁止两套直流电源系统并列运行
3.3	直流电源系统应具备交流窜直流故障的测量记录和报警功能，不具备的应逐步进行改造
3.4	新安装阀控密封蓄电池组，投运后每 2 年应进行一次核对性充放电试验，投运 4 年后应每年进行一次核对性充放电试验
3.5	站用直流电源系统运行时，禁止蓄电池组脱离直流母线

二、变电站站用交流电源系统

（一）变电站站用交流电源系统简介

变电站站用交流电源系统包括站用变压器（站用接地变压器）、进线断路器、ATS 装置及脱扣装置、交流馈线屏等。站用交流电源系统的典型示意图见图 11-1-11。

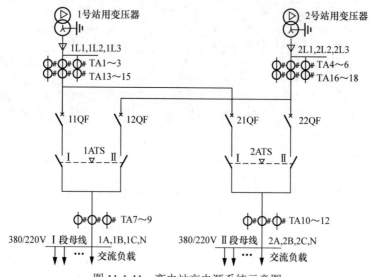

图 11-1-11　变电站交电源系统示意图

变电站常见交流电源回路有：隔离开关电动机回路、隔离开关控制回路、隔离开关电气闭锁回路、有载调压控制及电动机回路、风冷控制及启动回路、加热照明回路、带电指示回路等。

（二）隔离开关电动机回路

隔离开关的分合闸是由电动机转动带动齿轮和连杆实现的，隔离开关的操作有单相操作方式和三相电气联动操作方式，常见的为单相操作方式，这里仅以单相操作方式为例。单相操作方式时，三相共用一个操动机构箱，所有的控制都集中在该操动机构箱内。其电动机回路如图 11-1-12 所示，交流接触器 KM1 所接电压为三相正接顺序，进电动机时顺序不变，假设为正序，交流接触器 KM2 调换任意两相接线，即为反序。当交流接触器 KM1 动作时，电动机正转，带动齿轮和连杆使隔离开关合闸；当交流接触器 KM2 动作时，电动机反转，带动齿轮和连杆使隔离开关分闸。

（三）隔离开关控制回路

隔离开关控制回路通常包含远近控切换把手、控制按钮、五防锁、电气闭锁回路、自保持与互锁等组成。通过交流接触器 KM1、KM2 动作，能够实现远方或就地控制电动机正反转，防止带电拉合隔离开关或合接地开关。典型的隔离开关控制回路如图 11-1-13 所示。

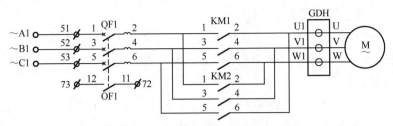

图 11-1-12　隔离开关电动机回路示意图

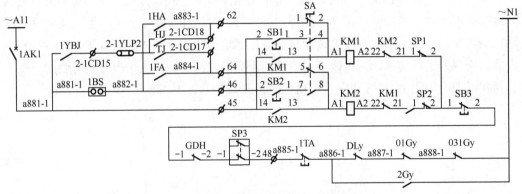

图 11-1-13　隔离开关控制回路示意图

（四）隔离开关电气闭锁回路

根据《国家电网有限公司防止电气误操作安全管理规定》（国家电网安监〔2018〕1119 号），"电气五防"内容为：防止误分、误合断路器、负荷开关、接触器；防止带负荷分、合隔离开关；防止在带电时误合接地开关；防止接地开关处于闭合位置时关合断路器、负荷开关；防止误入带电隔室。为防止电气误操作，在隔离开关控制回路中串接电气闭锁回路。以 220kV 变电站 110kV 部分双母接线方式为例，一次接线如图 11-1-14 所示，12M 为 110kV 母联间隔、121 为 110kV 线路间隔、12M4 为 110kV Ⅰ 母 TV 间隔，110kV 121 线路间隔 1211 隔离开关的电气闭锁回路如图 11-1-15 所示。

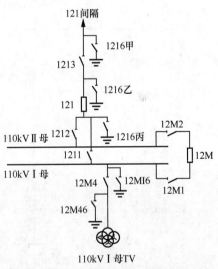

图 11-1-14　110kV 双母接线示意图

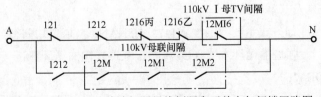

图 11-1-15　110kV 线路间隔母线侧隔离开关电气闭锁回路图

（五）有载调压控制及电动机回路

变压器正常运行时，由于一次侧电源或二次侧负载是随系统不断变化的，这样二次侧电压也经常变动，为保证二次侧电压稳定运行，保证供电质量，可通过调压装置实现二次侧电压的调节。

由于变压器的变比等于其绕组的匝数比，这样就可以利用改变变压器绕组接入匝数的多少来改变变压器输出端电压。为了改变绕组的接入匝数，在绕制绕组时增加分接绕组并留出若干个分接抽头，将这些抽头引接至调压装置，通过分接开关的切换装置达到分接抽头的切换。当分接开关切换到不同抽头时，绕组便接入不同的匝数，实现变压器输出端电压的调节。变压器有载调压是在变压器运行时进行操作的，调压过程中带有一定的负荷电流进行切换，通过改变一次侧的匝数或二次侧的匝数来改变负荷侧的电压，其控制原理图如图 11-1-16 所示，电动机回路图如图 11-1-17 所示。

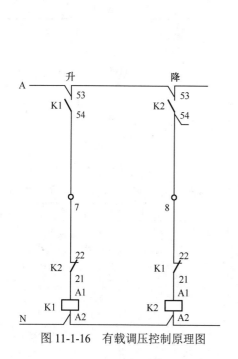

图 11-1-16 有载调压控制原理图

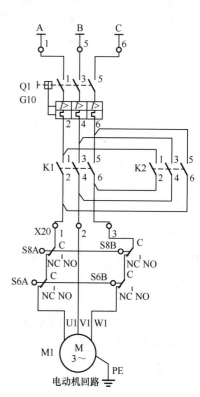

图 11-1-17 有载调压电动机回路图

（六）风冷控制及启动回路

变压器常用的冷却方式主要有油浸式自冷（ONAN）、油浸式风冷（ONAF）、强迫油循环风冷（OFAF）、强迫油循环水冷（OFWF）、强迫导向油循环风冷（ODAF）、强迫导向油循环水冷（ODWF）。

以强迫油循环风冷（OFAF）为例，其风冷控制及启动回路原理如图 11-1-18 所示。

图中以 1 号风机为例，风机的控制分为手动、自动及备用三种方式，通过 1SA 切换把手实现。

手动启停：1SA 切换至手动时，其①、②触点导通，接触器 1KM 动作，其触点导通，1 号风机得电后运行；自动启停：1SA 切换至自动时，其③、④触点导通，当 PLC 系统中的 K5 继电器动作时回路导通，1 号风机运行；备用方式：1SA 切换至备用时，其⑤、⑥触点导通，由 PLC 系统中的备用风机继电器 K4 控制 1 号风机何时投入运行。

风机启动回路中 1QA～4QA 为风机的热继电器，对风机过电流、过热运行进行保护，1KA 为 1 号风机故障继电器。

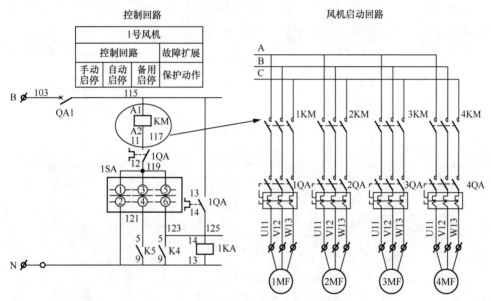

图 11-1-18 风冷控制及启动回路原理图

（七）加热照明回路

加热照明回路顾名思义是给开关柜仪表室、电缆室，断路器端子箱、汇控柜，断路器（隔离开关）机构箱等处提供加热和照明用的二次回路。开关柜仪表室和电缆室的加热照明回路如图 11-1-19 所示。

（八）带电指示回路

带电显示装置一般安装在进线母线、断路器、主变压器、开关柜、气体绝缘封闭组合电器（GIS）及其他需要显示是否带电的地方，防止电气误操作。带电显示装置不但可以反映回路带电状况，而且可与电磁锁配合，达到防止带电合接地开关、误入带电间隔的目的。10kV 开关柜带电指示回路如图 11-1-20 所示。

（九）反措对站用交流系统的相关规定要求

《国家电网有限公司十八项电网重大反事故措施（修订版）》中对站用交流系统的相关要求见表 11-1-2。

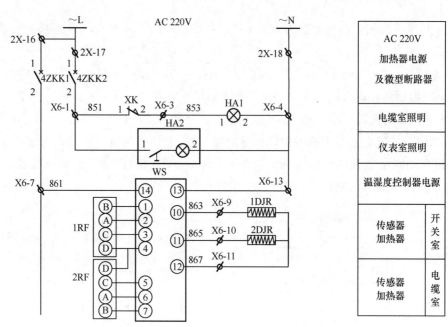

图 11-1-19　开关柜加热照明回路示意图

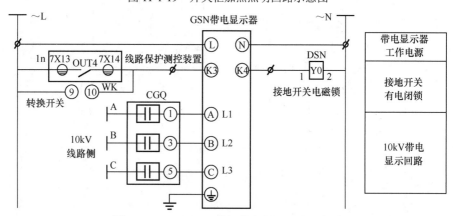

图 11-1-20　10kV 开关柜带电指示回路示意图

表 11-1-2　站用交流系统的反措要求

反措条目号	内容
1 设计阶段	
1.1	变电站采用交流供电的通信设备、自动化设备、防误主机交流电源应取自站用交流不间断电源系统
1.2	设计资料中应提供全站交流系统上下级差配置图和各级断路器（熔断器）级差配合参数
1.3	110（66）kV 及以上电压等级变电站应至少配置两路站用电源。装有两台及以上主变压器的 330kV 及以上变电站和地下 220kV 变电站，应配置三路站用电源。站外电源应独立可靠，不应取自本站作为唯一供电电源的变电站
1.4	当任意一台站用变压器退出时，备用站用变压器应能自动切换至失电的工作母线段，继续供电
1.5	站用低压工作母线间装设备用电源自动投入（备自投）装置时，应具备低压母线故障闭锁备自投功能
1.6	新投运变电站不同站用变压器低压侧至站用电屏的电缆应尽量避免同沟敷设，对无法避免的，则应采取防火隔离措施

续表

反措条目号	内容
1.7	干式变压器作为站用变压器使用时，不宜采用户外布置
1.8	变电站内如没有对电能质量有特殊要求的设备，应尽快拆除低压脱扣装置。若需装设，低压脱扣装置应具备延时整定和面板显示功能，延时时间应与系统保护和重合闸时间配合，躲过系统瞬时故障
1.9	站用交流母线分段的，每套站用交流不间断电源装置的交流主输入、交流旁路输入电源应取自不同段的站用交流母线。两套配置的站用交流不间断电源装置交流主输入应取自不同段的站用交流母线，直流输入应取自不同段的直流电源母线
1.10	站用交流不间断电源装置交流主输入、交流旁路输入及不间断电源输出均应有工频隔离变压器，直流输入应装设逆止二极管
1.11	双机单母线分段接线方式的站用交流不间断电源装置，分段断路器应具有防止两段母线带电时闭合分段断路器的防误操作措施。手动维修旁路断路器应具有防误操作的闭锁措施
1.12	站用交流电系统进线端（或站用变压器低压出线侧）应设可操作的熔断器或隔离开关
2 基建阶段	
2.1	新建变电站交流系统在投运前，应完成断路器上下级级差配合试验，核对熔断器级差参数，合格后方可投运
2.2	交流配电屏进线缺相自投试验应逐相开展
2.3	站用交流电源系统的母线安装在一个柜架单元内，主母线与其他元件之间的导体布置应采取避免相间或相对地短路的措施，配电屏间禁止使用裸导体进行连接，母线应有绝缘护套
3 运行阶段	
3.1	两套分列运行的站用交流电源系统，电源环路中应设置明显断开点，禁止合环运行
3.2	站用交流电源系统的进线断路器、分段断路器、备自投装置及脱扣装置应纳入定值管理
3.3	正常运行中，禁止两台不具备并联运行功能的站用交流不间断电源装置并列运行

三、延伸知识

继电保护九统一是指功能配置统一、回路设计统一、端子排布置统一、接口标准统一、屏柜压板统一、保护定值报告格式统一、面板显示灯统一、装置菜单统一、信息规范统一。

（一）九统一的保护屏（柜）端子排设置

九统一的保护屏（柜）端子排设置原则如下：

（1）端子排分段应按照"功能分区，端子分段"或"装置分区、功能分段"的原则。

（2）端子排按段独立编号，每段应预留备用端子。

（3）公共端、同名出口端采用端子连线。

（4）交流电流和交流电压采用试验端子。

（5）跳闸出口采用红色试验端子，并与直流正电源端子适当隔开。

（6）一个端子的每一端只能接一根导线。

（二）九统一的保护屏（柜）背面端子排设计原则

九统一的保护屏（柜）背面端子排设计原则如表 11-1-3 所示。

表 11-1-3　　　　　　　　九统一的保护屏（柜）背面端子排设计原则

左侧端子排			右侧端子排		
序号	功能	编号	序号	功能	编号
1	直流电源段	ZD	1	交流电压段	UD
2	强电开入段	QD	2	交流电流段	ID
3	对时段	OD	3	信号段	XD
4	弱电开入段	RD	4	遥信段	YD
5	出口正段	CD	5	录波段	LD
6	出口负段	KD	6	网络通信段	TD
7	与保护配合段	PD	7	交流电源	JD
8	备用段	1BD	8	备用段	2BD

第二节　采样回路

二次设备是指对电力系统一次设备进行监视、控制、测量、调节和保护的辅助设备，如测量表计、绝缘监测装置、控制和信号装置、继电保护装置、安全自动装置、直流电源设备等。二次设备不直接和电能主回路产生联系，但能通过二次回路反映一次设备的工作状态，控制和调节一次设备。二次设备与一次设备之间取得电的联系要通过电压互感器和电流互感器，这就涉及采样回路。变电站采样回路包括交流采样回路和直流采样回路。

一、变电站常用交流采样回路

（一）交流电流回路

交流电流回路是通过电流互感器将一次大电流变换为二次的小电流，供继电保护装置、测量控制装置、计量表计等二次设备使用。110kV 线路交流电流回路如图 11-2-1 所示。

图中电流互感器有 5 个二次绕组，根据需要配置不同变比及准确级，供给保护（P）、测量（0.5）、计量（0.2s）、录波（P）等回路使用。A4×××、B4×××、C4×××、N4×××为电流互感器二次电流回路的 A、B、C、N 相，回路编号以 4 开头。

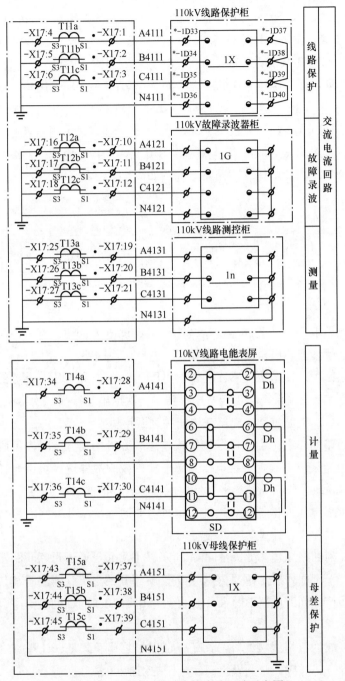

图 11-2-1 110kV 线路交流电流回路示意图

（二）交流电压回路

交流电压回路是通过电压互感器将一次大电压变换为二次的小电压，供继电保护装置、测量控制装置、计量表计等二次设备使用。变电站 I 母保护测量电压二次回路编号为 A630、B630、C630、N600，Ⅱ 母保护测量电压二次回路编号为 A640、B640、C640、N600，Ⅲ 母保护测量电压二次回路编号为 A650、B650、C650、N600；Ⅰ 母计量电压二次回路编号为 A1630、B1630、C1630、N600，Ⅱ 母计量电压二次回路编号为 A1640、B1640、C1640、N600，Ⅲ 母计量电压二次回路编号为 A1650、B1650、C1650、N600。变电站有多个电压等级，则在 630（1630）、640（1640）、650（1650）后增写 E（220kV）、Y（110kV）、U（35kV）、S（10kV）。A6××、B6××、C6××、N6×× 为电压互感器保护测量用二次电压回路的 A、B、C、N 相，回路编号以 6 开头，切换后电压回路编号以 7 开头。变电站 Ⅰ 母保护测量用交流电压二次回路原理图如图 11-2-2 所示。

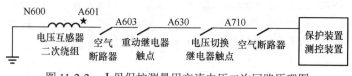

图 11-2-2　Ⅰ 母保护测量用交流电压二次回路原理图

交流二次电压取自电压互感器二次绕组，需经过电压重动、电压切换后才能供给二次设备使用，这就涉及电压重动、电压并列、电压切换回路。

电压重动的作用：使电压互感器的二次电压（有/无）和电压互感器的一次运行状态（投入/退出）保持对应关系，防止当电压互感器一次退出运行而二次绕组向一次反送电，造成人身设备事故。电压重动继电器在电压并列回路里。

电压并列回路的作用：当双母线接线或单母线分段接线方式时，每段母线上各装一台电压互感器，当某段母线上一台电压互感器检修或因故停运，可以通过改为单母线运行方式（合上母联或分段断路器）来保证电压互感器停运的母线上的一次设备继续运行，同时避免失去母线电压的保护发生误动，这时需要通过电压并列回路将二次回路进行联络，以确保相应的保护、计量等二次设备继续运行。

母线电压并列回路原理图如图 11-2-3 所示。Ⅰ、Ⅱ 母通过母联断路器及其隔离开关实现一次并列，一次并列后，通过 2QK 并列、解列开关与母联断路器及其隔离开关的辅助触点串联接通使并列继电器 BLJ 得电，并列继电器 BLJ 的辅助触点闭合实现二次电压并列。

当电气主接线为双母线接线时，为了保证保护装置及测量、计量等设备采集的二次电压与一次运行方式对应，必须设置二次电压的切换回路。

电压切换回路的作用：对于双母线系统上所连接的电气元件，在两组母线分列运行时（例如母线联络断路器断开），为了保证其一次系统和二次系统在电压上保持对应，以免发生保护或自动装置误动、拒动，要求保护及自动装置的二次电压回路随同主接线一起进行切换。电压切换回路原理图如图 11-2-4 所示，用隔离开关两个辅助触点分别去启动电压切换中间继电器，利用其触点实现电压回路的自动切换。

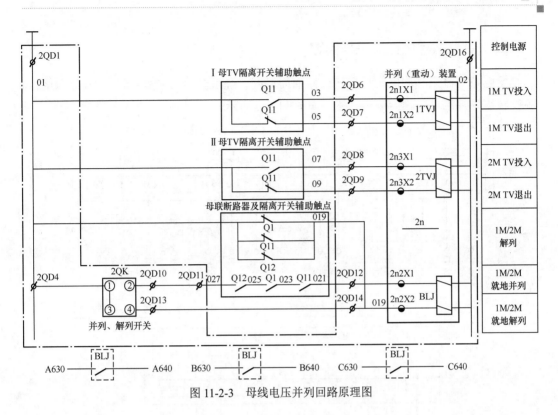

图 11-2-3 母线电压并列回路原理图

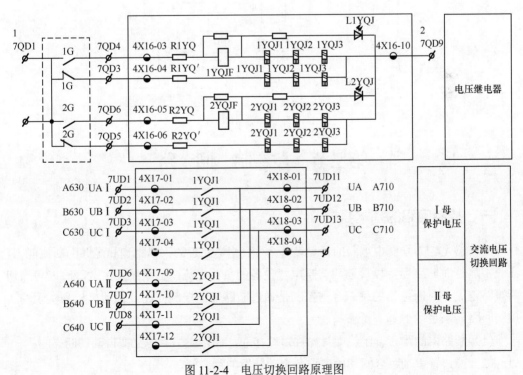

图 11-2-4 电压切换回路原理图

269

二、变电站常用直流采样回路

变电站直流采样回路常用于变压器油面温度、绕组温度的采集，将油面温度、绕组温度转化为直流量传输给测控装置，如图 11-2-5 所示。

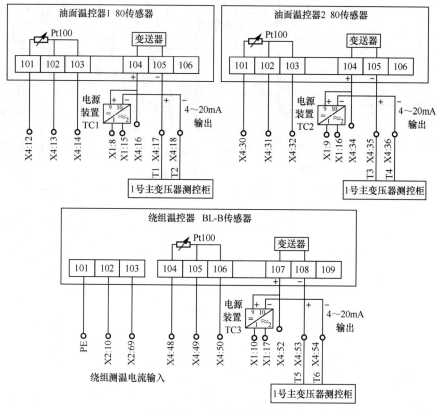

图 11-2-5　直流采样回路图

第三节　控　制　回　路

一、控制回路的基本要求

断路器是电力系统中重要的开关设备，具有相当完善的灭弧结构和足够的断流能力，在正常运行时断路器可以接通和切断电气设备的负荷电流，在系统发生故障时能可靠切断短路电流。对断路器的跳、合闸控制是通过断路器的控制回路及操动机构来实现的。控制回路需满足以下基本要求：

（1）断路器的跳、合闸线圈只允许短时接通，操作完毕后应立即自动切断。

（2）能进行手动跳合闸和由保护及自动装置的跳合闸。

（3）具有防止断路器多次重复动作的防跳回路。

（4）能反映断路器位置状态。

（5）能监视下次操作时对应跳合闸回路的完好性。

（6）有完善的跳、合闸闭锁回路。

为满足上述基本要求，控制回路需具备以下基本功能。

（一）跳合闸功能回路

首先，能够完成保护装置的跳合闸是控制回路最基本的功能。这个功能的实现很简单，跳合闸回路如图 11-3-1 所示。假定断路器在合闸状态，断路器辅助触点 DL 动合触点闭合。当保护装置发跳闸命令，TJ 闭合时，正电源⇒TJ⇒LP1⇒DL⇒TQ⇒负电源构成回路。跳闸线圈 TQ 得电，断路器跳闸。合闸过程同理。分闸到位后，DL 动合触点断开跳闸回路。DL 动断触点闭合，为下一次操作对应的合闸回路做好准备。

（二）监视功能回路

上述回路是不能满足实际需要的，前面提到的控制回路的基本要求，控制回路应该能够反映断路器的位置状态以及跳合闸回路的完整性。所以在回路中增加了 HWJ、TWJ 来监视跳闸回路、合闸回路的完整性，监视回路如图 11-3-2 所示，图中用绿色表示。HWJ 和 TWJ 分别为合、跳位监视继电器。

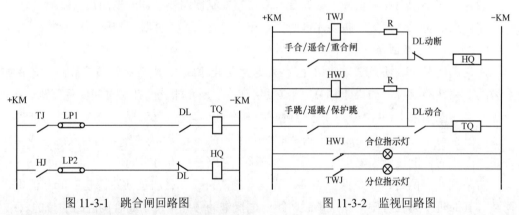

图 11-3-1 跳合闸回路图

+KM、−KM—直流正负电源；TJ—保护装置跳闸出口触点；
LP1—保护装置跳闸出口压板；HJ—重合闸装置合闸出口触点；
LP2—重合出口压板；TQ—跳闸线圈；HQ—合闸线圈；
DL—断路器辅助触点，接入跳闸回路的为动合触点，
接入合闸回路的为动断触点

图 11-3-2 监视回路图

当开关在分位时，DL 动断触点闭合，TWJ 继电器所在回路导通，TWJ 动作，在下方的 TWJ 动合触点闭合，分位指示灯点亮，反映断路器在分闸位置，合闸回路完好。同理合位指示灯亮时，指示断路器在合闸位置，跳闸回路完好。

（三）保持功能回路

为了防止 TJ 先于 DL 辅助触点断开（如开关拒动等情况），增加了"跳闸自保持回路"。该回路可以起到保护出口触点 TJ 以及可靠跳闸的作用。当分闸电流流过 TBJ 时，TBJ 动作，TBJ1 闭合自保持，直到 DL 断开分闸电流。此时无论 TJ 是否先于 DL 断开，都不会

影响断路器分闸，也不会烧坏 TJ。保持回路如图 11-3-3 所示。

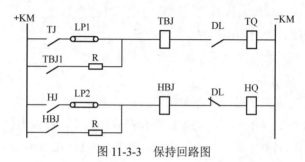

图 11-3-3　保持回路图

TBJ—跳闸保持继电器；HBJ—合闸保持继电器

（四）闭锁功能回路

为了保证断路器工作的安全，控制回路往往采取多种闭锁措施，当条件不满足时，禁止断路器的操作。常见的闭锁回路一般有三种：

（1）断路器的操作系统异常时对分、合闸回路进行闭锁。当液压/气压操动机构压力过高或过低、弹簧操动机构弹簧未储能、SF$_6$ 断路器的 SF$_6$ 压力低时，串接在跳、合闸回路中的动断触点断开，不允许断路器分合。

（2）存在不同电源需要并列的场合，断路器控制回路要增加同期闭锁回路。

（3）为了防止误操作的防误闭锁回路，在不具备操作条件时将控制回路断开。

（五）防跳功能回路

所谓的防跳，并不是"防止跳闸"，而是"防止跳跃"。当合闸于故障线路时，保护会发跳令将线路跳开。如果此时 HJ 触点发生粘连，断路器就会在短时间内反复跳、合，这就是"跳跃现象"（断路器跳闸、合闸时间都在几十毫秒，一个跳合周期只需要 150ms 左右，很容易在短时间内完成几个周期的跳合跳的循环）。跳跃现象轻则对系统造成多次冲击，严重时可能使断路器爆炸，所以"防跳"回路是必不可少的。

防跳回路有两种：一是保护防跳，即操作箱防跳；二是机构防跳，也叫断路器本体防跳。其原理均为在合闸回路中串联防跳继电器辅助触点实现切断合闸回路的目的。

1. 保护防跳

跳闸时瞬间启动电流继电器 2TBIJ，其辅助触点闭合使得防跳继电器 1TBUJ 得电，此时如果发生手合触点粘连，1TBUJ 动合辅助触点闭合使得防跳继电器 2TBUJ，正电持续导通，2TBUJ 得电动作并通过自身辅助触点自保持，其串联在合闸回路的另一个动断辅助触点 2TBUJ 断开，切断合闸回路，实现防跳功能。保护防跳回路如图 11-3-4 所示。

保护防跳的缺点是：一是保护范围小，仅能防止合闸命令触点误导通造成的开关跳跃问题，无法保护因操作箱以外的寄生回路或二次回路接地引起的断路器跳跃。二是无法解决机构本身故障造成跳跃。断路器合闸后发生触点粘连，此时断路器由于机构故障（三相不一致或偷跳等）或其二次回路故障返回至分闸状态。由于保护不动作，防跳继电器不启动，断路器机构将继续合闸分闸，发生跳跃。

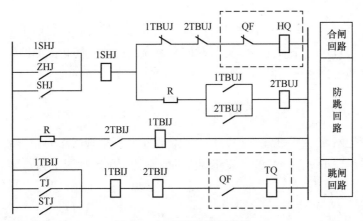

图 11-3-4 保护防跳回路图

2. 机构防跳

断路器合位时，断路器动合辅助触点 DL 导通，此时如果合闸回路正电导通使防跳继电器 K 动作并通过 K 动合辅助触点自保持，串联在合闸回路的 K 动断辅助触点断开，切断合闸回路，实现防跳。机构防跳回路如图 11-3-5 所示。

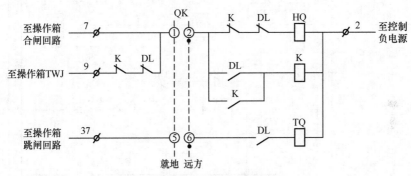

图 11-3-5 机构防跳回路图

K—防跳继电器

采用断路器机构防跳应注意：断路器无论是选择远方操作或就地操作时，本体机构均应具备防跳功能；操作箱中跳闸位置继电器（TWJ）监视回路应串接防跳继电器（K）的动断辅助触点和断路器（DL）的动断辅助触点，以防止 TWJ 与防跳继电器（K）分压造成防跳继电器（K）自保持而无法复归和操作箱中红绿灯同时点亮的现象。

3. 防跳功能检查方法

方法一：断路器在合位，手动操作 KK 把手合闸保持不动（或短接合闸触点），然后用试验仪器加故障量至保护跳闸，断路器跳开，应不再合上。

方法二：断路器在分位，用试验仪器模拟永久性故障至保护跳闸（或短接跳闸触点），然后手动操作 KK 把手合闸保持不动（或短接合闸触点）直至开关储能完成，断路器合闸-跳闸-不再合。

方法二更能反映辅助触点启动防跳的过程及触点间的配合，更能模拟合于故障时防跳回路的动作过程。检查时注意不应长时间导通合闸回路，防止因断路器机构卡涩等问题导致合闸线圈长期通电而发热烧毁。

二、线路保护常用二次控制回路

以常规变电站 110kV 线路保护为例，线路保护常用控制回路的保护部分如图 11-3-6 所示，图中采用保护防跳。110kV 线路间隔的完整控制回路如图 11-3-7 所示。

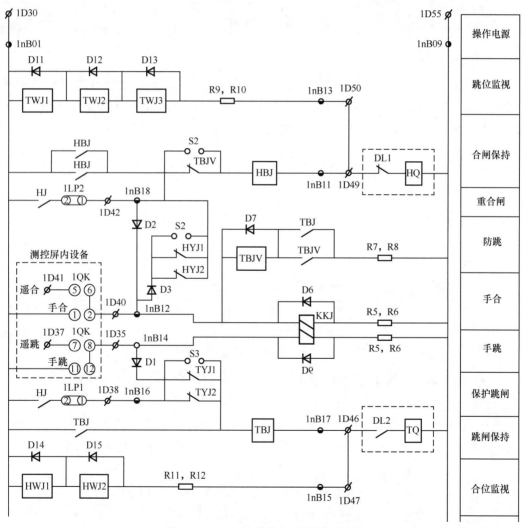

图 11-3-6 110kV 线路保护控制回路图

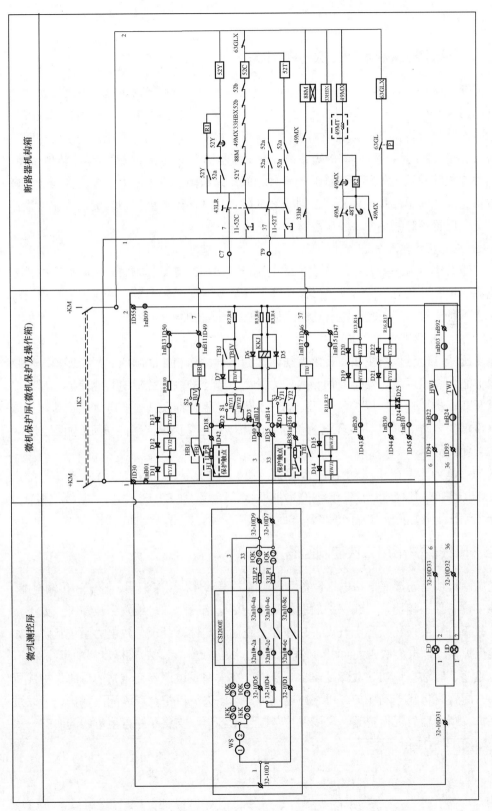

图 11-3-7　110kV 线路间隔的完整控制回路图

三、主变压器保护常用二次控制回路

电力变压器是一种静止的电气设备，是用来将某一数值的交流电压（电流）变成频率相同的另一种或几种数值不同的电压（电流）的设备。变压器的故障分为内部故障和外部故障。变压器内部故障指的是箱壳内部发生的故障，常见的有变压器绕组的相间、匝间短路，变压器绕组与铁芯间的短路故障，变压器绕组引线与外壳发生单相接地短路；常见的外部故障有箱壳外部引出线间的各种相间短路故障，引出线因绝缘套管闪络或破碎通过箱壳发生的单相接地短路。针对上述故障设置变压器电量保护与变压器非电量保护来跳开变压器各侧断路器，隔离故障点。

（一）主变压器电量保护

主变压器电量保护主要有纵差保护或电流速断保护、复压（方向）过电流保护、零序过电流保护、过负荷保护、过励磁保护等。以常规变电站 220kV 主变压器保护出口跳110kV 侧断路器为例，主变压器电量保护常用控制回路如图 11-3-8 所示。

（二）主变压器非电量保护

主变压器非电量保护主要有反映变压器油箱内部故障和油面降低的瓦斯保护，反映变压器油温、绕组温度、油位及油箱内压力升高，或冷却系统故障的其他保护。瓦斯保护有重瓦斯保护和轻瓦斯保护，重瓦斯动作于跳闸，轻瓦斯及其他非电量保护动作于信号。以常规变电站 220kV 主变压器为例，主变压器非电量保护常用控制回路如图 11-3-9 和图 11-3-10 所示。

图 11-3-9 为非电量开入及出口重动回路，图 11-3-10 为非电量出口回路，非电量触点动作使继电器 11～41TQ 得电，11～41TQ 辅助触点闭合启动 CKJ1～6 出口继电器，CKJ1～6 辅助触点闭合使主变压器各侧的断路器跳闸回路导通，跳开各侧断路器。

四、母线保护常用二次控制回路

变电站母线是连接变电站电气设备及电源的导电部件，用来汇集、分配和传输电能。与其他主设备保护相比，母线保护的要求更为苛刻。当变电站母线发生故障时，如不及时切除故障，将会损坏众多电气设备，破坏系统的稳定性，甚至导致电力系统瓦解。如果母线保护误动，也会造成大面积的停电。因此，设置动作可靠、性能良好的母线保护，使之能迅速、有选择地切除故障是非常必要的。在大型发电厂及变电站的母线保护装置中，通常配置有母线差动保护、母联充电保护、母联失灵保护、母联死区保护、母联过电流保护、断路器失灵保护等。母线保护范围包括各母线支路断路器至母线的所有一次设备，如图 11-3-11 所示。

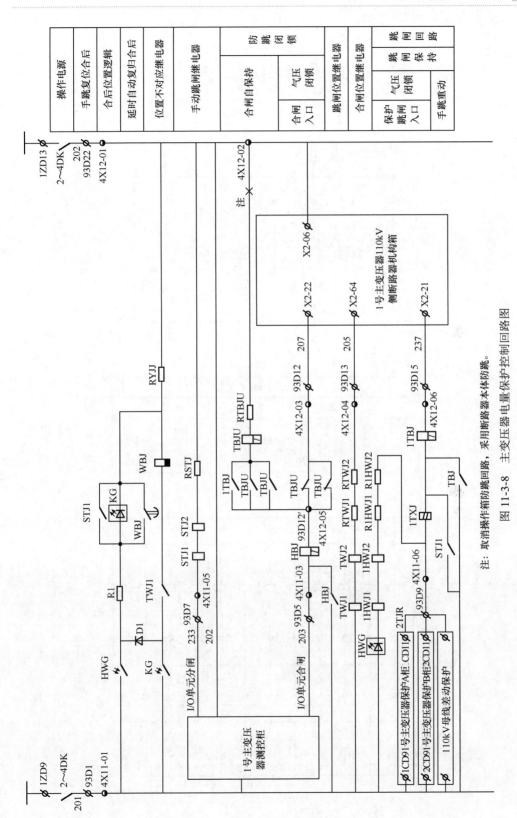

图 11-3-8 主变压器电量保护控制回路图

注：取消操作箱防跳回路，采用断路器本体防跳。

277

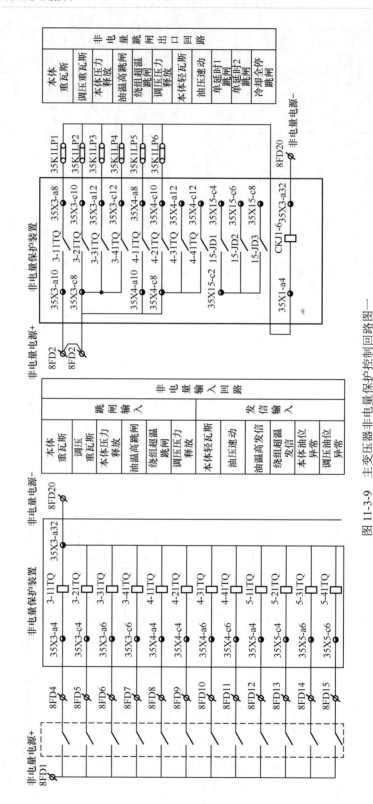

图 11-3-9　主变压器非电量保护控制回路图一

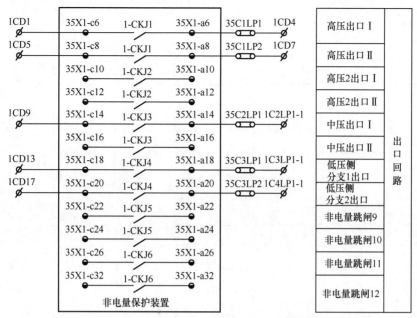

图 11-3-10　主变压器非电量保护控制回路图二

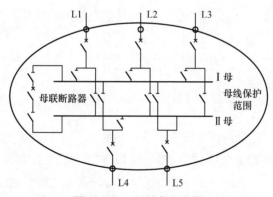

图 11-3-11　母线保护范围

以常规变电站 110kV 母线保护为例，母线保护常用控制回路如图 11-3-12 所示，母线保护动作后其跳闸出口触点闭合，跳闸出口触点导通支路的断路器跳闸回路，跳开断路器。

五、备自投常用二次控制回路

安全自动化装置是防止电力系统失去稳定性、防止事故扩大、防止电网崩溃、恢复电力系统正常运行的各种自动装置的总称，变电站内最常见就是备用电源自动投入装置，简称备自投装置。为保证电力系统供电可靠性，220kV 及以上电压等级的输电网络一般采用环形电网，110kV 及以下电压等级的降压变电站内有备用变压器或者互为备用的母线段时则配置备自投装置，以保证在工作电源故障断开后能及时投入备用电源。

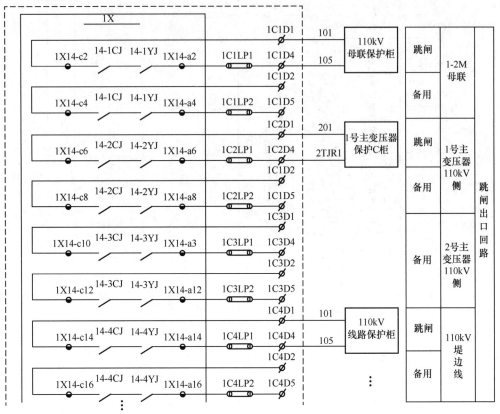

图 11-3-12 母线保护控制回路图

备自投装置一般常见于内桥接线方式下终端变电站的 110kV 电压等级以及所有配置有两台及以上主变压器的变电站 10kV 部分。110kV 备自投按运行方式不同可实现进线备投和桥备投动作逻辑，而 10kV 备自投装置只有分段备投逻辑。如图 11-3-13 所示，当 1 号进线、2 号进线断路器为合位，3DL 母分断路器为分位时，此时 1 号进线与 2 号进线互为暗备用，当一侧电源因故障丢失时，备自投装置跳开故障侧电源断路器，合上母分断路器，即为桥备投（分段备投）逻辑；当 1 号进线断路器和母分断路器为合位时，2 号进线即为 1 号进线的明备用，当 1 号进线电源点因故障丢失时，备自投装置跳开 1 号进线断路器，合上 2 号进线断路器，即为进线备投逻辑。

对备自投装置有如下要求：

（1）对于桥备投及进线备投方式均投入的备自投装置，当备自投动作一次后，装置未复归，应能重新充电。

（2）主变压器电量保护及非电量保护动作应只闭锁相关的备自投方式。

（3）110kV 主变压器为三绕组或低压侧双分支，过负荷联切电流应取自主变压器高压侧电流。

（4）备自投跳进线开关应接入对应开关操作箱的永跳回路，若操作箱不具备永跳功能，在接入保护跳闸同时，应另外设计闭锁重合闸回路；若接入手跳回路，应核对备自投 KKJ 或手跳逻辑是否能自适应。

（5）备自投联切小电源或过负荷联切馈线的跳闸回路应接入对应操作箱的永跳或手跳回路，实现闭锁线路重合闸功能。

（6）对于需要联切小电源的备自投，若实际接入小电源跳闸位置，回路中应设计跳位检修压板。当小电源跳闸取消或间隔检修时，应投入跳位检修压板。

（7）对于 110kV 备自投，当主变压器动作造成对应母线失压时，进线备自投应判断母联位置跳开后才允许投入备用电源。

（8）对于未提供手分/遥分重动继电器触点的操作箱，需设计外接重动继电器，继电器应能完全反映手分、遥分。

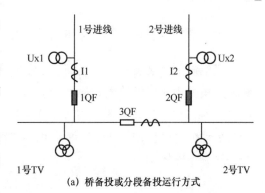

(a) 桥备投或分段备投运行方式

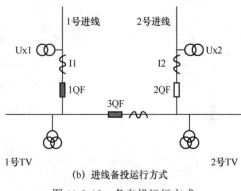

(b) 进线备投运行方式

图 11-3-13 备自投运行方式

（9）对于高低压侧均配置备自投的变电站，应确认上、下级备自投失压计时方式一致，保证高压侧进线故障时低压侧备自投不会抢动。

以常规变电站 110kV 母线为内桥接线方式为例（如图 11-3-13 所示），110kV 备自投常用控制回路如图 11-3-14 所示，备自投动作后其跳闸出口触点接入相应断路器的永跳回路，跳开断路器；合闸出口触点接入相应断路器的手合回路，合上断路器。

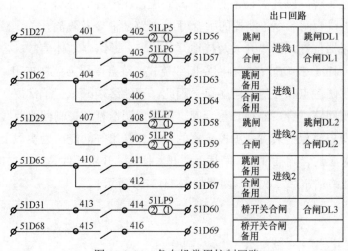

出口回路		
跳闸	进线1	跳闸DL1
合闸	进线1	合闸DL1
跳闸备用	进线1	
合闸备用	进线1	
跳闸	进线2	跳闸DL2
合闸	进线2	合闸DL2
跳闸备用	进线2	
合闸备用	进线2	
桥开关合闸		合闸DL3
桥开关合闸备用		

图 11-3-14 备自投常用控制回路

六、测控装置常用二次控制回路

变电站测控装置的作用简而言之是测量和控制，即采集变电站内电流、电压等的遥测，采集变电站内断路器、隔离开关位置等的遥信上送至调度主站，并通过主站实现变电站内断路器、隔离开关等的遥控分合闸操作或变电站内运行人员对断路器、隔离开关等的手动分合闸操作。测控装置常用二次控制回路如图 11-3-15 所示，实现断路器及隔离开关的分合闸控制。

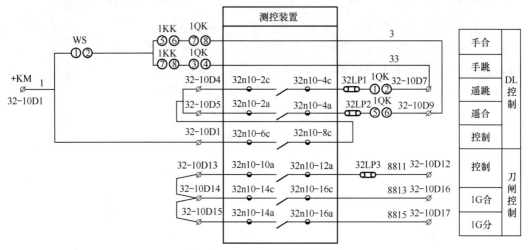

图 11-3-15　测控装置控制回路

七、智能终端常用二次控制回路

智能变电站智能终端与一次设备采用电缆连接，与保护、测控装置等二次设备采用光纤连接，就地实现高压开关设备的遥信、遥控、保护跳闸等功能。智能终端应具备功能有：接收保护跳合闸命令、测控的手合/手分断路器命令及隔离开关、接地开关等遥控命令；输入断路器位置、隔离开关及接地开关位置、断路器本体信号（含压力低闭锁重合闸等）；跳合闸自保持功能；控制回路断线监视、跳合闸压力监视与闭锁功能等；至少提供两组分相跳闸触点和一组合闸触点。因此，智能终端既承担了常规变电站操作箱功能，包含分合闸回路、合后监视、重合闸、操作电源监视和控制回路断线监视等功能，又承担了常规变电站保护装置和测控装置的开入、开出等功能。为实现上述功能，智能终端配置了相对应的合闸插件、跳闸插件、开入插件、开出插件等。以 110kV 线路为例，110kV 线路智能终端常用二次控制回路如图 11-3-16 所示。

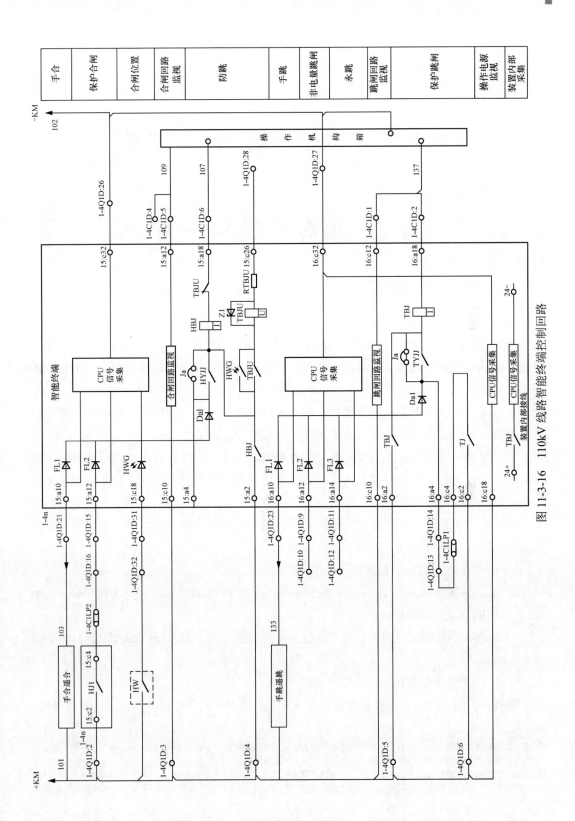

图 11-3-16 110kV 线路智能终端控制回路

283

第十二章　变电站一次设备的二次回路

第一节　隔离开关二次回路

一、隔离开关基础知识

（一）隔离开关的概述

隔离开关，又称刀闸，主要特点是无灭弧❶能力，当其处在关合位置时，能承载工作电流，但不能用来接通或切断负荷电流和短路电流，使用时应与断路器配合。主要作用如下：

（1）隔离电压：隔离开关分闸后，建立可靠的绝缘间隙，将需要检修的设备或线路与电源用一个明显断开点隔开，以保证检修人员和设备的安全。

（2）倒闸操作：投入备用母线或旁路母线以及改变运行方式时，利用隔离开关配合断路器来完成；在双母线接线方式中利用两条母线上的隔离开关位置的通断将连接元件在两条母线之间进行切换。

（3）接通和断开小电流回路：隔离开关具有一定的通、断小电感电流和电容电流的能力，在运行中可利用隔离开关进行下列操作：

1）接通和断开电压互感器和避雷器电路。

2）接通和断开电压为 10kV，长为 5km 以内的空载❷输电线路和电压为 35kV，长为 10km 以内的空载输电线路。

3）接通和断开励磁电流不超过 2A 的空载变压器（35kV 级小于 1000kVA，110kV 级小于 3200kVA）。

（二）隔离开关的分类

隔离开关的分类方式很多，可按以下方式进行分类：

---

❶ 灭弧：灭弧就是熄弧，是一个电力专业术语，就是熄灭电弧，电弧是一种气体放电现象，在有触点电气设备中，触头接通和分断电流的过程往往伴随着电弧的产生及熄灭。对电气设备具有一定的危害。

❷ 空载：空载就是不接负载。空载的意义既不是断路也不是短路。一个电路有输入有输出，一般空载的意义就是有输入而输出没有接负载，那么这个电路的输出相当于"断路"，但它还有输入，还有电流（空载电流），对这个电路来说并没有断路，更没有短路。

（1）按装设地点，可分为户内式、户外式。

（2）按支持绝缘子的数目，可分为单柱式、双柱式、三柱式。

（3）按运动方式，可分为水平旋转式、垂直旋转式、摆动式、插入式。

（4）按极数，可分为单极式、三极式。

（5）按操动机构，可分为手动式、电动式、气动式、液压式。

（6）按有无接地开关，可分为不带接地开关、单侧带接地开关、双侧带接地开关。

（三）隔离开关的辅助触点

隔离开关的位置状态通常是通过机械联动机构带动二次辅助触点的通断来实现，辅助触点可分为机械辅助触点和真空辅助触点两类。

传统机械辅助触点通过动静触头之间的摩擦接触/断开来实现触点的通断，由于触头暴露在空气中，产生的电弧易使触点表面氧化或烧黑，特别在潮湿腐蚀性环境中容易导致接触不良。真空辅助触点开关的核心部件被密封成为一个整体以增强可靠性，其运动部分转子依靠磁场的作用悬浮于定盘中，基本上不与定盘产生摩擦，所以转轴转动轻盈灵活，其触点工作于真空或惰性气体中，基本不产生电弧，确保良好的电接触可靠性。

当隔离开关的辅助触点用于其分合闸回路中时，均应带延时。如在合闸过程中，一次隔离开关合到位后其动合辅助触点才接通，动断辅助触点才断开，如此可确保隔离开关分合闸可靠到位。

辅助触点在接线安装时需注意，交流与直流之间或不同电压等级之间的二次回路，所用的两个触点之间必须有空触点隔开，也就是说不能用同一组触点，也不能用相邻的触点。

二、隔离开关常用二次回路介绍

（一）隔离开关机构箱内

图 12-1-1 为典型的隔离开关机构箱内二次回路原理图。

1. 电动机回路

最上面为电动机回路，三相交流电源经电源空气断路器 QF1 后，通过分闸接触器 KM2 或者合闸接触器 KM1 的动合触点，再经过电动机保护器 GDH 的触点后，接到电动机上控制电动机分合闸。在这里 KM1、KM2 触点的连接方式不同，借此完成相序变换，从而改变电动机的转动方向，实现分合闸功能。

2. 操作回路

中间为控制回路，隔离开关机构箱内就地操作不经过五防，故 45、46 端子需短接。

（1）就地合闸回路：控制电源~L 经电源空气断路器 QF2 后，至 63 端子，按下 SB1 按钮后到远方/就地切换开关 SA 的 3，若 SA 打在就地位置时 SA 的 3、4 引脚导通，控制电源到合闸接触器 KM1 的 A1 引脚，KM1 的 A2 引脚到控制电源~N 的回路若为导通则合闸接触器 KM1 得电，电动机回路中 KM1 的触点闭合，电动机得电从而带动隔离开关合闸。

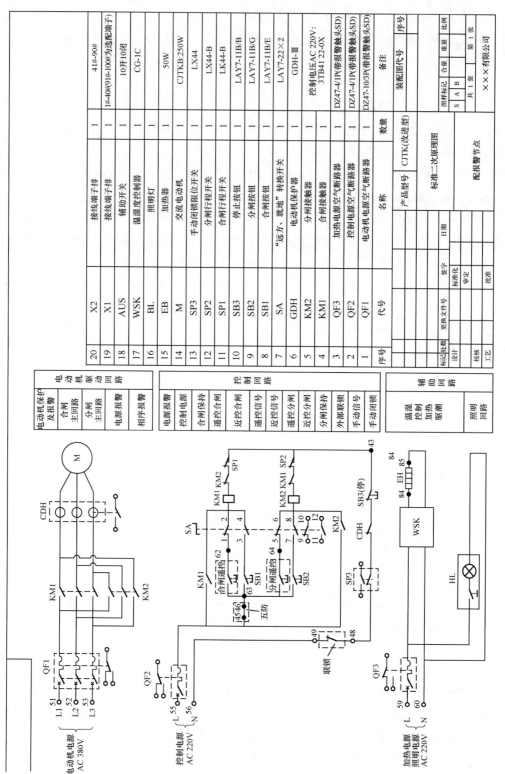

序号	代号	名称	数量	备注
20	X2	接线端子排	1	41#~90#
19	X1	接线端子排	1	1#~40#(91#~100#为选配端子)
18	AUS	辅助开关	1	10开10闭
17	WSK	温湿度控制器	1	CG-1C
16	BL	照明灯	1	
15	EB	加热器	1	50W
14	M	交流电动机	1	
13	SP3	手动闭锁限位开关	1	CJTKB·250W
12	SP2	分闸行程开关	1	LX44
11	SP1	合闸行程开关	1	LX44-B
10	SB3	停止按钮	1	LK44-B
9	SB2	分闸按钮	1	LAY7-11B/B
8	SB1	合闸按钮	1	LAY7-11B/G
7	SA	"远方、就地" 转换开关	1	LAY7-11B/E
6	GDH	电动机保护器	1	LAY7-22×2
5	KM2	分闸接触器	1	GDH-Ⅲ
4	KM1	合闸接触器	1	控制电压AC 220V：3TB41 22-0X
3	QF3	加热电源空气断路器	1	DZ47-4/1P(带报警触头SD)
2	QF2	控制电源空气断路器	1	DZ47-4/1P(带报警触头SD)
1	QF1	电动机电源空气断路器	1	DZ47-10/3P(带报警触头SD)
序号	代号	名称	数量	备注

产品型号	CJTK(改进型)		装配图代号				序号
	标准二次原理图					比例	
						重量	
						合量	
配报警节点			图样标记	S	A	B	第 1 张
				S	A	B	共 1 张
			×××有限公司				第 1 张

标记处数	更换文件号	签字	日期	鉴字	
设计				标准化	
校核				审定	
工艺				批准	

图 12-1-1 隔离开关机构箱内二次回路图

286

（2）远方合闸回路：控制电源~L 经电源空气断路器 QF2 后，至 63 端子，远方合闸的触点导通即 63、62 端子导通后到远方/就地切换开关 SA 的 1，若 SA 打在远方位置时 SA 的 1、2 引脚导通，控制电源到合闸接触器 KM1 的 A1 引脚，KM1 的 A2 引脚到控制电源~N 的回路若为导通则合闸接触器 KM1 得电，电动机回路中 KM1 的触点闭合，电动机得电从而带动隔离开关合闸。

（3）就地分闸回路：控制电源~L 经电源空气断路器 QF2 后，至 63 端子，按下 SB2 按钮后到远方/就地切换开关 SA 的 7，若 SA 打在就地位置时 SA 的 7、8 引脚导通，控制电源到分闸接触器 KM2 的 A1 引脚，KM2 的 A2 引脚到控制电源~N 的回路若为导通则分闸接触器 KM2 得电，电动机回路中 KM2 的触点闭合，电动机得电从而带动隔离开关分闸。

（4）远方分闸回路：控制电源~L 经电源空气断路器 QF2 后，至 63 端子，远方分闸的触点导通即 63、64 端子导通后到远方/就地切换开关 SA 的 5，若 SA 打在远方位置时 SA 的 5、6 引脚导通，控制电源到分闸接触器 KM2 的 A1 引脚，KM2 的 A2 引脚到控制电源~N 的回路若为导通则分闸接触器 KM2 得电，电动机回路中 KM2 的触点闭合，电动机得电从而带动隔离开关分闸。

（5）电气联锁回路：合闸接触器 KM1 的 A2 引脚到 43 端子的回路，先串了一个分闸接触器 KM2 的动断触点，避免合闸接触器 KM1、分闸接触器 KM2 同时动作，再串了一个行程开关 SP1，以保证合闸到位后断开合闸回路。

分闸接触器 KM2 的 A2 引脚到 43 端子的回路，先串了一个合闸接触器 KM1 的动断触点，避免合闸接触器 KM1、分闸接触器 KM2 同时动作，再串了一个行程开关 SP2，以保证分闸到位后断开分闸回路。

43 端子到控制电源~N 的回路，用于闭锁整个隔离开关控制回路。分别由机构箱内 SB3 急停按钮的触点，再经过电动机电源相序保护器 GDH 的触点，再经过机构箱内手动分合闸的操作孔挡板的触点，再经过 48、49 端子之间接入的外部设备电气闭锁的触点，就到达控制电源~N 了。

（6）自保持回路：因合闸按钮、分闸按钮、远方分合闸触点均仅短时按下就断开，此时隔离开关还未分合到位，控制回路就已断开，故需采取措施保证分合闸到位前分合闸接触器的持续得电。因此在分合闸接触器 KM1、KM2 至控制电源~L 经空气断路器 QF2 后之间接了一个自身的动合触点，当接触器自身得电后通过该触点持续得电，直到分合闸到位后行程开关 SP1、SP2 断开后断开分合闸回路。

（二）本间隔端子箱内

图 12-1-2 为典型的断路器端子箱内隔离开关就地操作二次回路原理图。

1. 端子箱内操作回路

对于隔离开关控制来说，端子箱内操作逻辑与机构箱内不完全一致，电源~A 经端子箱内的隔离开关交流总电源、隔离开关控制电源 1AK1 后变成 a881-1，端子箱就地操作时需由 a881-1 电源通过五防 1BS 变为 a882-1、然后经过分合闸按钮 1FA 分、1HA 合输出至 a883-1、a884-1 分别接到隔离开关机构箱内分、合闸接触器 KM1、KM2 来实现分、合闸功能；远方遥控操作时由 a881-1 通过测控装置内的远控投入触点 1YBJ 和分合闸触点 TJ、HJ 并接至 a883-1、a884-1 实现遥控功能。远控功能不经五防锁 1BS 闭锁。

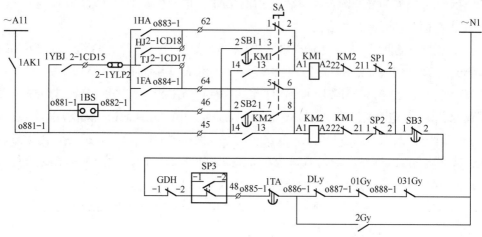

图 12-1-2　隔离开关就地操作二次回路原理图

2. 电气闭锁

对于电气闭锁部分来说，作为变电站内防误设计的重要组成部分，主要实现的五防功能为防止带接地开关操作隔离开关、防止带电操作接地开关、带负荷操作隔离开关。触点应直接使用断路器和隔离开关、接地开关等设备的辅助触点，严禁使用重动继电器。

（1）线路间隔电气闭锁回路。以图 12-1-3 中双母线接线方式的线路间隔为例介绍电气联锁相关逻辑，首先明确隔离开关 1G、2G、3G 可以作为一个可靠的断开点，断路器 QF 不行。

对于 1G 和 2G 来说，为防止带接地开关操作隔离开关，直接相连的 01G 和经过不可靠断开点 QF 相连的 031G 在合位时都需闭锁 1G、2G，但是经过可靠断开点 3G 后的 032G 不需闭锁 1G、2G，为防止带负荷操作隔离开关，断路器 QF 在合位时需闭锁 1G、2G。

对于 3G 来说，为防止带接地开关操作隔离开关，直接相连的 031G、032G 和经过不可靠断开点 QF 相连的 01G 在合位时都需闭锁 3G，为防止带负荷操作隔离开关，断路器 QF 在合位时需闭锁 3G。

对于 01G 来说，为防止带电操作接地开关，直接相连的 1G、2G 和经过不可靠断开点 QF 相连的 3G 在合位时都需闭锁 01G。

对于 031G 来说，为防止带电操作接地开关，直接相连的 3G 和经过不可靠断开点 QF 相连的 1G、2G 在合位时都需闭锁 031G。

对于 032G 来说，为防止带电操作接地开关，直接相连的 3G 在合位时需闭锁 032G，但是经过可靠断开点 3G 后的 1G、2G 不需闭锁 032G；对于 032G 来说还有一个特殊的地方，其作为线路上的接地开关，还要防止对侧变电站送电到线路上时带电操作接地开关，故需再串入一个带电显示器的闭锁触点或者低压检测回路，低压检测回路原理如图 12-1-4 所示。

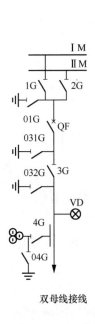

Ⅰ M
Ⅱ M

双母线接线

对象	单元电气闭锁逻辑	完整电气闭锁逻辑	备注
1G	01G 或 2G / QF 031G	01G 1G 2G 031G 或Ⅱ母 / 2G QF 1G 2G	停电 / 倒母
2G	QF 01G 或 1G / 031G	QF 1G 2G 04G 031G 或Ⅱ母 / 1G QF 1G 2G	停电 / 倒母
3G	QF 01G 032G	QF 01G 032G 031G	
01G	1G 2G 3G	1G 2G 3G	
031G	1G 3G	1G 2G 3G	
032G	3G VD / 3G ▢ J1	3G VD / 3G ▢ J1	带电显示闭锁 / 低电压检测闭锁
4G	04G	04G	
04G	4G	4G	
双母双分 Ⅰ M-Ⅱ M 1G	QF 01G 或 2G / 031G	QF 2G 01G 031G 或Ⅰ母 / 2G QF 1G 2G / 2G QF QF QF 2G	停电 / 本侧母联倒母 / 另一侧母联倒母
双母双分 Ⅰ M-Ⅱ M 2G	QF 01G 或 4G / 031G	QF 1G 01G 031G 或Ⅱ母 / 2G QF 1G 2G / 2G QF QF QF 1G 2G	停电 / 本侧母联倒母 / 另一侧母联倒母

图 12-1-3 双母线接线方式的线路间隔电气闭锁逻辑

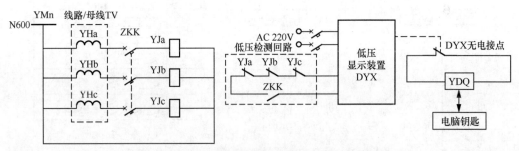

图 12-1-4 接地开关防误验电回路中的低压检测回路

YHa/b/c—TV 二次绕组；YJa/b/c—低电压继电器（取无压动断触点）；ZKK—低电压继电器 YJa/b/c 在 TV 二次侧的输入空气断路器（取动合辅助触点）；DYX—低压显示装置；YDQ 为无压检测锁具

（2）其他类型间隔电气闭锁回路。上述仅介绍了线路间隔内的电气闭锁相关逻辑，下面再介绍跨间隔的几个电气闭锁逻辑：

1）直接接在母线上的隔离开关与母线上的接地开关之间的相互闭锁，如图 12-1-3 中 1G、2G 和图 12-1-5 中 011G、021G 的闭锁逻辑。

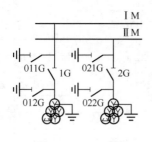

对象	单元电气闭锁逻辑	完整电气闭锁逻辑
1G	011G 012G	011G 012G
2G	021G 022G	021G 022G
011G	1G 注	1G 线路 母联 母分 主变压器
012G	1G	1G
021G	2G 注	2G 线路 母联 母分 主变压器
022G	2G	2G

虚线框为低压检测回路或DYX无电接点

图 12-1-5　母线设备电气闭锁逻辑图

2）母联断路器及两侧隔离开关与其他线路间隔 1G、2G 之间的闭锁，为满足倒母操作，如图 12-1-4 中 1G、2G 的完整电气闭锁逻辑，在母联断路器及两侧隔离开关且 1G 均在合位时能正常操作 2G，在母联断路器及两侧隔离开关且 2G 均在合位时能正常操作 1G。

3）如图 12-1-6 中 032Ge、032Gy 的电气闭锁逻辑，为防止电源从 35kV 侧或 10kV 侧母线倒送到主变压器 220kV 侧或 110kV 侧时误操作接地开关 032Ge、032Gy，在其操作回路中串入主变压器 35kV 侧或 10kV 侧手车试验位置的动断触点，仅在主变压器 35kV 侧或 10kV 侧手车均在试验位置时才能操作主变压器 220kV 侧或 110kV 侧靠主变压器本体侧的接地开关 032Ge、032Gy。

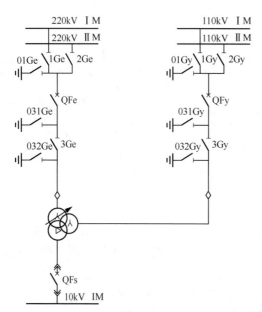

对象	主变压器三侧电气闭锁逻辑
3Ge	QFe 01Ge 031Ge 032Ge 032Gy
3Gy	QFy 01Gy 031Gy 032Gy 032Ge
032Ge	3Ge 3Gy QFs 手车试验
032Gy	3Gy 3Ge QFs 手车试验

图 12-1-6　主变压器三侧跨间隔电气闭锁逻辑图

三、二次回路调试

隔离开关在设备安装就位后除需进行各类特性试验外及交接试验外，对于二次安装专业来说，一般需进行绝缘测量、控制回路试验和辅助触点检查。

（一）绝缘测量

用绝缘电阻表 1000V 挡进行二次回路绝缘测试。要求二次回路之间绝缘应大于10MΩ，二次回路对地绝缘应大于10MΩ。在进行绝缘测量试验时，应注意交流电源的 N 端不应接入电源端，否则将因 N 端接地而出现大量对地绝缘不合格的情况。

（二）控制回路试验

需特别注意，若停电间隔中有部分隔离开关存在一侧带电的情况，当需在该间隔进行隔离开关相关工作时，需特别注意合理安排施工工序，检查核对接线是否图实一致，二次试验前需检查确认二次安全措施执行到位，以免出现误操作一侧带电的隔离开关，造成运行设备接地事故。

每个隔离开关进行控制回路试验时需确保各个空气断路器、按钮、把手、触点均需验证，前提是先保证所有空气断路器、按钮、把手、触点处于能正常分合闸的状态，按顺序一个一个验证，确认每个元件都是投入时正确工作，退出后不能工作。另外在进行电动操作前，需检查交流电动机电源相序正确性，避免分闸变为合闸，合闸变为分闸，可在电动操作前先将隔离开关用手动方式摇至中间位置后再进行分合闸，确认相序正确后再进行后续调试工作。在调试过程中需同步检查相关位置信号指示是否正确。

调试流程大体如下：

（1）电源回路检查，确认电动机电源、控制电源的一一对应性，确认满足电气闭锁条件后，再将电源空气断路器送上后开始下一步试验；

用手动方式将隔离开关摇至中间位置后，在机构箱内将远方就地把手切换至就地位置，在机构箱按下分闸按钮，确认隔离开关正在分闸且能正确分闸到位；再用手动方式将隔离开关摇至中间位置，在机构箱按下合闸按钮，确认隔离开关正在合闸且能正确合闸到位。

（2）机构箱内远方就地把手测试：切换至远方位置时，不能操作；切换至就地位置时，正常操作。

（3）机构箱内控制电源空气断路器测试：断开情况下，按下分合闸按钮，应不能看到接触器 KM1、KM2 动作，在合上控制电源空气断路器后，隔离开关也不会开始分合闸。

若存在单独的控制电源空气断路器时，电动机电源空气断路器断开情况下，按下分合闸按钮，应能看到接触器 KM1、KM2 动作，在合上电动机电源空气断路器后，应能开始分合闸。

（4）机构箱内急停按钮测试：在机构箱就地分合闸过程中，按下机构箱内急停按钮，隔离开关应立刻停止分合闸；在机构箱就地分合闸过程中，保持机构箱内远方就地操作把手在就地位置，按下端子箱内急停按钮，隔离开关应立刻停止分合闸。

（5）机构箱内就地操作五防测试：按早期设计机构箱内就地分合隔离开关需满足端

子箱内五防触点导通的要求，目前要求机构箱内就地分合隔离开关不受端子箱内五防触点的闭锁。故需检查确认，端子箱内五防触点不导通的情况下，机构箱内就地分合隔离开关应能正常操作。

（6）端子箱内分合闸测试：在机构箱内就地操作隔离开关至中间位置后，将机构箱内远方就地把手切换至远方位置，再在端子箱内确认远方就地把手在就地位置、五防触点已导通后，按下分闸按钮或合闸按钮后，能正确分合闸。

（7）端子箱内五防验证：五防触点不导通时，端子箱内按下分合闸按钮不能分合闸，五防触点导通时，端子箱内按下分合闸按钮能正常分合闸，分合闸过程中断开五防触点，不会停止分合闸，能分合闸到位。

（8）端子箱内急停按钮验证：在端子箱就地分合闸过程中，按下端子箱急停按钮后，隔离开关需立刻停止分合闸；在端子箱就地分合闸过程中，保持机构箱内远方就地操作把手在远方位置，保持端子箱内远方就地操作把手在就地位置，按下机构箱内急停按钮，隔离开关需立刻停止分合闸。

（9）端子箱内电动机电源、控制电源空气断路器测试：现象与机构箱内电动机电源、控制电源空气断路器测试现象一致，需注意确认端子箱内是否有总空气断路器和每个隔离开关对应的单独的空气断路器。

（10）测控屏的遥控触点验证：

1）检查测控屏、端子箱、机构箱的远方就地把手，均在远方时正常分合闸，任一远方就地把手在就地位置时不能分合闸。

2）检查出口压板，在其他无关压板均投入，遥控对象的压板均退出的情况下不动作，在其他无关压板均退出，相关投入均退出的情况下正确分合闸。

3）以上均在端子箱处五防触点未导通的情况下验证。

（11）闭锁回路验证。以下任一条件未满足时，机构箱内就地操作、端子箱内就地操作、远方遥控时均不能分合闸：

1）机构箱内手动操作的插孔挡板被打开时需闭锁电动分合闸。

2）按设计图纸中电气闭锁相关逻辑检查其他断路器、隔离开关、接地开关与被测试的隔离开关之间的闭锁关系。

（三）辅助触点检查

机构箱内的辅助触点需检查一次设备分合到位后，相关辅助触点是否正确导通或断开，不仅需验证有用的触点，备用的触点也需验证。

四、隔离开关二次回路常见故障及检查处理

（一）交流电动机电源回路故障及检查处理

1. 交流电动机缺相

（1）缺相故障现象。电动操作隔离开关时，发现按下按钮后隔离开关机构不会转动，

同时发出低沉的"嗡嗡"声响，也可能伴随空气断路器跳开的现象。

（2）检查处理方法。发现此现象，应立即断开操作电源空气断路器，防止电动机烧毁或机构损坏。参见图11-1-12，先使用万用表交流电压挡测量引入交流电动机电源的空气断路器上下端的电源电压是否缺相，如有缺相则查找端子线引入机构箱的电源电缆是否有虚接或接错现象；如无缺相，则按照合、分闸接触器 KM1、KM2 触点—热继电器 GDH—交流电动机接线盒的顺序测量交流电动机回路电源电压是否缺相，由此判断在何处有虚接或接错现象。

2. 交流电动机相序错误

（1）反序故障现象。电动操作隔离开关时，发现按下按钮隔离开关微转一下随后不动，同时发出低沉的"嗡嗡"声响，也可能伴随空气断路器跳开的现象。

（2）检查处理方法。发现此现象，应立即断开操作电源空气断路器，防止电动机烧毁或机构损坏。此现象多是电动机电源线相序接反，导致隔离开关反转。可手摇隔离开关至中间位置，再电动操作以判断电动机电源是否接反；若电动机相序接反，调节电源其中两相接线。

（二）隔离开关控制回路故障及检查处理

1. 远近控回路故障

（1）远近控制回路故障现象。远近控切换把手置远控状态时，在端子箱处按合、分闸操作按钮，但短接五防锁后，隔离开关仍然能够操作。切换把手置就地状态时，按合、分闸操作按钮就地无法操作，但可以远方遥控隔离开关。

（2）检查处理方法。根据故障现象，远近控切换把手状态与操作结果相反，故检查按钮端至远近控切换把手接线，核对切换把手动合动断触点处接线，判断该处远近控触点是否接反，重新调整接线。

2. 五防回路故障

（1）五防锁故障现象。

1）微机五防锁接线故障：隔离开关遥控操作时，未短接微机五防锁无法遥控，提示遥控超时，短接了微机五防锁之后才能遥控成功。

2）电气五防闭锁故障：合分隔离开关操作时无反应，SB3 处对～N 相能够测量到正常的电压，短接其后几个闭锁触点后，隔离开关能够操作。

（2）检查处理方法。

1）遥控操作时，需短接微机五防锁才能操作，说明遥控回路错接至五防锁具之后，如图11-1-13 中的 1BS 后端的 a882-1 处，调整接线，接至 1BS 前端的 a881-1 处。

2）短接为外部联锁回路后隔离开关才可操作，可能是外部触点引用错误，动断触点误接成动合触点，也可能是触点损坏或调节不到位，动断触点未能正动断合。在不断电源的时候可依次短接各触点直至能够操作，故障点在短接范围内；或者断开电源后，用万用表导通挡检查断开的触点。

3. 自保持回路故障

（1）保持回路故障现象。就地时操作隔离开关能够正常转动，把微机五防锁断开，电动机失电停止运行；在远控时，隔离开关在遥控触点闭合时运转，触点返回后立刻停止。

（2）检查处理方法。当隔离开关操作电动机点动时，说明自保持回路有问题，应检查交流接触器自保持触点是否接至电源侧，根据以上故障现象，自保持回路接至微机五防触点之后的 a882-1 处，调整接线，接至 a881-1 处。

4. GDH电动机保护器故障

（1）电动机保护器故障现象。隔离开关经先前调试已能正常电动操作，但在连续操作时突然发现无法动作，检查电动机电源正常。

（2）检查处理方法。由于之前已实现正常操作，说明接线正确。此时应考虑触点异常或元件损坏，用万用表测量外部电气联锁回路正常，电动机控制电源能够送至急停按钮 SB3 处，此时考虑 GDH 电动机保护器的问题，测量两侧发现触点不通，检查其面板灯发现异常，更换元件后故障消失。GDH 电动机保护还包含过载、欠电压、短路等保护功能，应综合考虑是否存在其他故障，另外实际应用中也常发现该保护存在安装时与底座接触不良的情况。

（三）隔离开关信号回路故障及检查处理

（1）辅助触点用错故障现象。隔离开关的分合位遥信指示错误、保护装置采用的隔离开关位置显示与实际状态不一致等，用万用表测量发现各隔离开关位置指示开入量无直流"+"电压。

（2）检查处理方法。使用万用表测量相关位置指示回路使用的隔离开关辅助触点的接线是否正确，是否有触点线虚接或动合/动断触点接反的现象，如有错误，则进行改接线。

第二节 断路器二次回路

一、断路器基础知识

（一）断路器的概述

断路器是变电站重要的控制和保护设备，它不仅可以切断与闭合高压电路的空载电流和负载电流，而且当系统发生故障时，能和保护装置、自动装置相配合，迅速地切断故障电流，以减小停电范围，防止事故扩大，保证系统的安全运行。

断路器按其使用范围可分为高压断路器和低压断路器，一般将 35kV 以上的称为高压电器。本节所讲断路器均为高压断路器。自 20 世纪 90 年代初开始，我国 35kV 以上电力系统中油断路器逐渐被 SF_6 断路器取代。

（二）断路器的分类

断路器的分类方式很多，如表 12-2-1 所示。

表 12-2-1　　　　　　　　　　　　**断路器分类与特点表**

分类依据	类别	特点
机构原理	弹簧机构断路器	适用于开关和过载保护电动机、光源以及小型变压器等设备，具有结构简单、操作方便、维护方便等优点
	气动机构断路器	结构比较简单，易损件少，不需要大功率的直流电源，适用于交流操作的变电站。但其需要配备空气压缩装置，体积和重量较大，操作时噪声大，对零部件加工的要求较高
	液压机构断路器	基于液压传动原理，通过控制液体的流动来实现断开或闭合电路。液压断路器主要由液压系统、控制系统和保护系统组成，具有高可靠性、快速动作和大容量的特点
工作（绝缘）介质	六氟化硫（SF_6）断路器	利用压缩的 SF_6 气体为灭弧和绝缘介质，利用电弧的能量，产生 SF_6 压缩气体，熄灭电弧。用以切断额定电流和故障电流、转换线路、实现对高压输变电线路和电气设备的控制和保护
	真空断路器	因其灭弧介质和灭弧后触头间隙的绝缘介质都是高真空而得名；其具有体积小、重量轻、适用于频繁操作、灭弧不用检修的优点，在配电网中应用较为普及
	油断路器	以密封的绝缘油为开断故障的灭弧介质的一种开关设备，有多油断路器和少油断路器两种形式
	空气断路器	利用预存的压缩空气来灭弧的断路器。灭弧能力强，分断能力大，动作迅速，但结构复杂，耗材多，还需加装压缩空气系统等辅助设备
	磁鼓风机断路器	利用流过自身的大电流产生的电磁力，使电弧迅速拉长，并将其吸入磁灭弧室，使其冷却熄灭。磁吹式断路器操作安全，维护方便，但与其他断路器相比，其结构复杂，体积大，成本高
使用场合	户外式断路器	安装在室外，不仅要受到自然环境的影响，还要承受在使用过程中遇到的各种异常情况，如雷击、火灾等
	户内式断路器	安装在室内，经常接触到室内的空气，温度和湿度比较稳定，不受太阳、风、雨等自然因素的影响

（三）断路器的基本原理

高压断路器都是带触头的电器，通过触头的分、合达到开断与关合电路的目的，因此必须依靠一定的机械操作系统才能完成。在断路器本体以外的机械操作装置称为操动机构，而操动机构与断路器动触头之间连接的传动部分称为传动机构和提升机构。

根据能量形式的不同，操动机构可分为手动操动机构（CS）、电磁操动机构（CD）、弹簧操动机构（CT）、电动机操动机构（CJ）。操动机构的合闸能源从根本上讲是来自人力或电力。这两种能源还可以转变为其他能量形式，如电磁能、弹簧位能、重力位能、气体或液体的压缩能等。

大部分断路器的跳闸操动可以依靠安装在断路器上的分断弹簧来提供能量，但有些气动操动机构与液压操动机构也可利用操动机构本身提供的能量来完成断路器的跳闸操作。操动机构一般为独立产品，一种型号的操动机构可以与几种不同型号的断路器相配装。同样，一种型号的断路器也可以与几种不同型号的操动机构相配装。也有操动机构与断路器组成一体的，还有部分断路器只装配其专用的操动机构。

提升机构是带动断断路器动触头运动的机构。它能使动触头按照一定的轨迹运动，通常为直线运动或近似直线运动。传动机构是连接操动机构和提升机构的中间环节。由于操动机构与提升机构之间常常相隔一定距离，而且它们的运动方向往往也不一致，因此需要增设传动机构。但有些情况下也可不要传动机构，提升机构与传动机构通常由连杆机构组成。

断路器操作时的速度很高。为了减少撞击，避免零部件的损坏，需要装置分、合闸缓冲器。缓冲器大多装在提升机构的近旁。操动机构按照分、合闸信号进行操作。根据运行与维护要求，操动机构除了应有分、合闸的电信号指示外，在操动机构及断路器上还应具有反映分、合闸位置的机械指示器。

（四）断路器的技术要求

操动机构的工作性能和质量的优劣，直接影响到断路器的工作性能和可靠性。高压断路器对操动机构的基本要求有：

（1）动作可靠、稳定，制动迅速。断路器操动机构在接到动作命令后，动作必须准确可靠，动作时间和分合闸速度满足断路器标称的技术指标。

（2）足够的操作能量，满足断路器开断、关合。在电网正常运行时，断路器接通和断开电路比较容易。但在关合有预伏短路故障的电路时，由于电动力过大，断路器有可能合不到位，从而引起触头严重烧伤，因此要求操动机构必须有足够大的操作能量来克服此电动力，以使断路器迅速、可靠完成合闸任务。

（3）保持合闸。由于合闸过程中，合闸命令的持续时间很短，而且操动机构的操作力也只在短时内提供，因此操动机构中必须有保持合闸的部分，以保证在合闸命令和操作力消失后，断路器仍保持在合闸位置。

（4）防跳跃功能。当断路器关合有故障电路时，断路器将自动跳闸。若此时合闸命令还未解除，断路器跳闸后将再次合闸，接着又会跳闸。这样，断路器可能多次关合和开断短路故障，这一现象称为跳跃。出现跳跃现象时，会使断路器触头严重烧伤，因此断路器必须具备防跳跃功能，一般有机械和电气两种方法。

（5）联锁功能。为保证操动机构的动作可靠，要求操动机构具有一定的联锁装置。常用的联锁装置有：

1）分合闸位置联锁。保证断路器在合闸位置时，操动机构不能进行合闸操作。断路器在跳闸位置时，操动机构不进行跳闸操作。

2）低气（液）压与高气（液）压联锁。当气体或液体压力低于或高于额定值时，操动机构不能进行分、合闸操作。

3）弹簧操动机构中的位置联锁。弹簧储能未达到规定要求时，操动机构不能进行分、闸操作。

4）断路器和手车隔离开关之间的联锁。利用断路器的辅助触点设立电磁联锁闭锁手车隔离开关操动机构，保证断路器只有在跳闸位置时才能操作手车隔离开关；同时利用手车隔离开关的工作位置闭锁断路器操作回路，保证手车隔离开关在工作位置时才能操作断路器进行合闸。

（6）缓冲功能。断路器的分合闸速度很快，在分、合闸操作时，要使高速运动的触头平稳停止下来，减少在制动时的巨大冲击力的破坏作用，需要在操动机构上装设缓冲装置。

（7）自由脱扣。自由脱扣指断路器合闸过程中，如操动机构又接到跳闸命令，则操动机构不应继续执行合闸命令而应立即跳闸。手动操动机构必须具有自由脱扣装置，才能保证及时开断短路故障，以保障操作人员的安全。断路器需要提供自由脱扣操作功能，是因为断路器关合预伏短路故障时，操动机构要提供能量使得断路器能开断这个短路故障。因此操动机构的合、分应是相互独立、互不干涉的。

（8）跳闸。断路器跳闸时，锁扣机构的脱扣力要小，动作要快而准确，不能有拒分现象。此外断路器在分过程中，动触头速度随开距变化要满足一定的规律。

（9）复位。断路器跳闸后，操动机构中各个部件应能自动地回复到准备合闸的位置。因此操动机构中还需装设一些复位用的零部件，如连杆或返回弹簧等。

此外，操动机构还要有足够的使用寿命，满足环境要求，具备防火、防小动物、驱潮等功能。

二、断路器常用二次回路

断路器是一切继电保护及自动装置二次回路逻辑的最终执行单位，或者说，变电站内所有的微机保护和自动装置动作的最终结果，不是使断路器跳闸，就是使断路器合闸。断路器在变电站中的作用是如此之大，以至于变电站的大部分二次回路都是围绕对断路器的控制展开的。

以下以采用弹簧操动机构、SF_6绝缘或真空绝缘的断路器二次回路为例。

（一）断路器的控制回路

断路器的控制回路主要包括断路器的跳、合闸操作回路以及相关闭锁回路。一个完整的断路器控制回路由微机保护（或自动装置）、微机测控、操作把手、切换把手、操作箱和断路器机构箱组成。

按照不同的分类方法，断路器的操作类型也分为两种：按照操作命令的来源不同分为手动操作和自动操作；按照操作地点的不同分为远方操作和就地操作。就地操作必然是手动操作，远方操作有可能是手动操作，也可能是自动操作。

在讨论断路器操作的时候经常会提到"远方/就地"这个概念。就地是一个相对的概念，它的基准点在远方/就地切换把手所安装的那个位置。在断路器的操作回路中，一般有两个切换把手，一个安装在微机测控屏，一个安装在断路器机构箱。对微机测控屏的切换把手 21QK 而言，使用微机测控屏上的操作把手 21KK 进行操作就属于就地，来自综合自动化后台软件或通过远动系统传来的操作命令都属于远方；对断路器机构箱内的切换把手 S4 而言，在机构箱使用操作按钮进行操作属于就地，一切来自主控室的操作命令都属于远方。简单来说，切换把手与操作把手（按钮）必然是结合使用的，某个切换把手配套的操作把手的操作就属于就地，在其他地点进行的操作都属于远方。例如，使用 21KK 进行操作时，对 21QK 而言就属于就地，对 S4 而言则属于远方。

（1）断路器的合闸操作。断路器的合闸操作分为手动合闸和自动合闸两种。手动合闸包括：利用综合自动化后台软件（或利用远动系统）合闸、在微机测控屏使用操作把手合闸、在断路器机构箱使用操作按钮合闸；自动合闸包括：线路重合闸和备自投装置合闸。

（2）断路器的跳闸操作。断路器的跳闸操作分为手动跳闸和自动跳闸两种。手动跳闸包括：利用综合自动化后台软件（或在利用远动系统）跳闸、在微机测控屏使用操作把手跳闸、在断路器机构箱使用操作按钮跳闸。自动跳闸包括：自身保护（该断路器所在间隔配置的微机保护）动作跳闸、外部保护（母线保护或外间隔配置的微机保护）动作跳闸、自动装置（备自投装置、低周减载装置等）动作跳闸、偷跳（由于某种原因断路器自己跳闸）。

（3）断路器操作的闭锁回路。断路器操作的闭锁回路，根据断路器电压等级和工作介质的不同也有不同，但是总的来讲也可以分为两类：操作动力闭锁和工作介质闭锁。

操作动力闭锁指的是断路器操作所需动能的来源发生异常，禁止断路器进行操作。例如，弹簧机构断路器的"弹簧未储能禁止合闸"，液压机构的"压力低禁止合闸"等。

工作介质闭锁指的是断路器操作所需绝缘介质浓度异常，为避免发生危险而禁止断路器操作。例如，SF_6 断路器的"SF_6 压力低禁止操作"等。

（二）断路器的机构箱操作回路

以下以 110kV 电压等级的 SF_6 断路器机构箱二次回路为例，来对断路器二次操作回路的运行原理进行基本的了解。

断路器操动机构箱的二次回路如图 12-2-1～图 12-2-4 所示。

1. 合闸回路

（1）就地合闸。S4 在就地状态（3、4 闭合）时，合闸回路由合闸按钮 S1、K3 防跳动断触点、K9 低气压动断触点、BW1 弹簧储能动合触点、BG1 断路器位置动断触点、Y3 合闸线圈组成。

（2）远方合闸。对断路器而言，远方合闸是指一切通过微机操作箱发来的合闸指令，它包括微机线路保护重合闸、自动装置合闸、使用微机测控屏上的操作把手合闸、使用综合自动化系统后台软件合闸、使用远动功能在集控中心合闸等，这些指令都是通过微机操作箱的合闸回路传送到断路器机构箱内的合闸回路的。这些合闸指令其实就是一个高电平的电信号（也可以简单地认为它就是直流正电源），当 S4（1、2 闭合）处于远方状态时，它通过 S4 以及断路器机构箱内的合闸回路与负电源形成回路，启动 Y3 完成合闸操作。断路器的远方合闸回路，除了 S4 在远方位置且无 S1 外，与就地合闸回路是一样的。

合闸回路处于准备状态（按下 S1 即可合闸）时，需要满足以下条件：

1）K3 防跳常闭触点闭合。K3 是防跳继电器。防跳是指防止在合闸断路器于故障线路且发生合闸开关触点（手合、遥合、保护合）粘连的情况下，由于"线路保护动作跳闸"与"合闸开关触点粘连"同时发生造成断路器在跳闸动作与合闸动作之间发生跳跃的情况（如需拆除机构防跳，只需解开 X1_530 和 X1_531 的短接片）。

从图 12-2-1 中可以看出，按下手合按钮 S1 合闸后，如果 S1 在合闸后（BG1 断路器位置动合触点 23、24 闭合）发生粘连，则 K3 通过 S1 的粘连触点、BG1 断路器位置动合触点启动，然后 K3 通过自身动合触点（21、24 闭合）、S1 的粘连触点实现自保持。同时，K3 动断触点（11、12 闭合）断开合闸回路。也就是说，在发生"合闸触点粘连"的情况下，K3 的防跳功能即由断路器的合闸操作启动，即合闸之后，断路器合闸回路已经被闭锁。这就是 LTB145D1/B 防跳回路的动作原理。

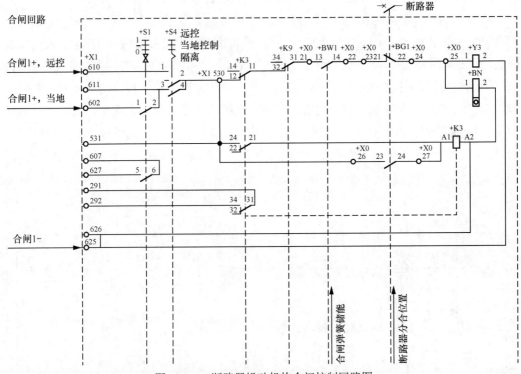

图 12-2-1　断路器操动机构合闸控制回路图

2）BW1 动断触点闭合。BW1 是合闸弹簧储能电动机的接触器，它是由合闸弹簧限位开关的动断触点启动的。断路器机构内有两条弹簧，分别是合闸弹簧与跳闸弹簧。合闸弹簧依靠电动机牵引进行储能（拉伸），跳闸弹簧依靠合闸弹簧释放（收缩）时的势能储能。断路器的合闸操作是通过合闸弹簧势能释放带动相关机械部件完成的。电动机转动将合闸弹簧拉伸到一定程度后（即储能完成），动合触点闭合使 BW1 得电，BW1 动断触点打开从而断开电动机电源使其停止运转，合闸弹簧由定位销卡死。同时，BW1 动合触点闭合，解除对合闸回路的闭锁。在合闸弹簧再次释放前，电动机均不再运转。BW1 动断触点打开表示电动机停止运转。在排除电动机故障的情况下，电动机停止运转在一定程度上表示合闸弹簧已储能。弹簧正在储能的那段时间内（此时弹簧尚未完全储能）

无法进行合闸操作。

　　断路器合闸动作结束后，合闸弹簧失去势能，即合闸弹簧处于未储能状态，合闸弹簧限位开关动合触点闭合。动合触点闭合后启动 BW1，BW1 动合触点闭合接通电动机电源使电动机运转给合闸弹簧储能。同时，BW1 动断触点打开从而断开合闸回路，实现闭锁功能。

　　3）断路器的动断辅助触点 BG1 闭合。断路器的动断辅助触点 BG1 闭合表示的是断路器处于跳闸状态。将断路器动断辅助触点 BG1 串入合闸回路的目的在于，保证断路器此时处于跳闸状态，更重要的是，BG1 用于在合闸操作完成后切断合闸回路。

　　4）K9 的动断触点闭合。K9 是一个中间继电器，如图 12-2-2 所示，它是由监视 SF_6 密度的气体继电器 BD1 的动断触点启动的。由于泄漏等原因都会造成断路器内 SF_6 的密度降低，无法满足灭弧的需要，这时就要禁止对断路器进行操作以免发生事故，通常称为 SF_6 低气压闭锁操作。K9 启动后，其动断触点打开，合闸回路及跳闸回路均被断开，断路器即被闭锁操作。K9 闭锁的不仅仅是合闸回路，从图 12-2-2 可以明显看出，这对触点闭锁的是合闸及跳闸两个回路，所以它的意义是闭锁操作。将 SF_6 的动断触点串入操作回路的目的在于，防止在 SF_6 密度降低不足以安全灭弧的情况下进行操作而造成断路器损毁。

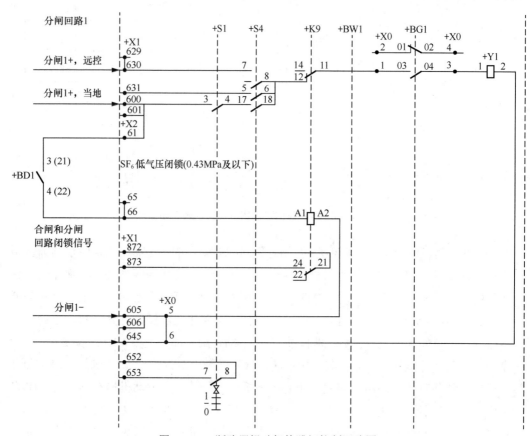

图 12-2-2　断路器操动机构跳闸控制回路图

在满足以上 4 个条件后，断路器的合闸回路即处于准备状态，可以在接到合闸指令后完成合闸操作。

2. 跳闸回路

（1）就地跳闸。S4 在就地状态（17、18 闭合）时，跳闸回路由跳闸按钮 S1、K9 动断触点、BG1 动合触点、Y1 跳闸线圈组成。

（2）远方跳闸。对断路器而言，远方跳闸是指一切通过微机操作箱发来的跳闸指令，包括微机保护跳闸、自动装置跳闸、使用微机测控屏上的操作把手跳闸、使用综合自动化系统后台软件跳闸、使用远动功能在集控中心跳闸等，这些指令都是通过微机操作箱的跳闸回路传送到断路器的。这些跳闸指令其实就是一个高电平的电信号，在 S4 处于远方状态时，它通过 S4 以及断路器机构箱内的跳闸回路与负电源形成回路，启动 Y1 完成跳闸操作。

跳闸回路处于准备状态（按下 S1 即可跳闸）时，断路器需要满足以下条件：

1）断路器的动合辅助触点 BG1 闭合。断路器的动合辅助触点 BG1 闭合表示的是"断路器处于合闸状态"。将断路器动合辅助触点 BG1 串入跳闸回路的目的在于，保证断路器处于合闸状态，更重要的是，BG1 用于在跳闸操作完成后切断跳闸回路。

2）K9 的动断触点闭合。同合闸回路中所述。

3. 辅助回路

辅助回路指的是除合闸回路、跳闸回路之外的其他电气回路，包括信号回路、电动机回路、加热器回路。

（1）信号回路。断路器机构箱的信号回路见图 12-2-3，信号回路实际均是无源触点，可接入光字牌报警系统或微机测控装置，主要包括：SF_6 压力降低报警、SF_6 压力降低闭锁操作、电动机故障、合闸弹簧未储能等。

（2）电动机回路。断路器机构箱的储能电动机见图 12-2-4，电动机回路包括电动机控制回路和电动机电源回路。电动机控制回路由合闸弹簧限位开关 Y7 的动合触点和电动机接触器 Q1 组成。合闸弹簧释放后，Y7 动合触点闭合启动 Q1 同时开放 M1 电动机，而后 Q1 动合触点闭合启动电动机开始运转给合闸弹簧储能。

电动机在断路器合闸后开始再次运转储能。储能完成后，在第二次合闸前，合闸弹簧一直处于已储能状态，与断路器在此期间是否跳闸无关。如此即可保证在断路器合闸后，即使断路器机构在再次储能完成后失去电动机电源，仍然可以在断路器跳闸后进行一次合闸操作。举例来说：110kV 线路在故障跳闸后的重合闸操作所需的能量，是在断路器第一次合闸后就开始储备并留存待用的，而不是在跳闸后才开始储备的。

至于断路器使用直流电动机还是交流电动机，不同地区的做法也不尽相同，目前尚无定论。

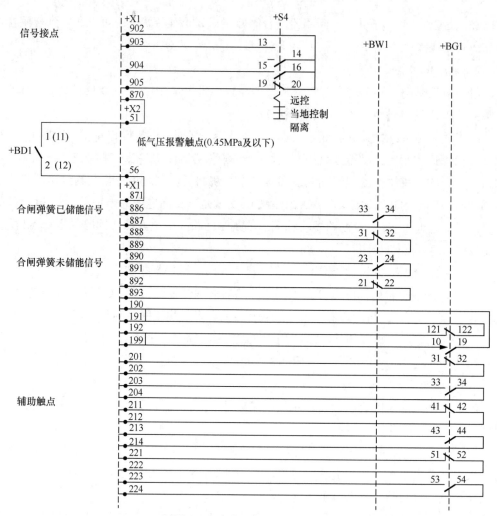

图 12-2-3 断路器信号回路图

（3）加热器回路。如图 12-2-4 所示，加热器回路由温湿度控制器 BT1 自动控制。当断路器机构箱内温度偏低、湿度偏高时，BT1 触点闭合启动加热器，对断路器机构箱进行加热、除潮，避免环境原因对断路器机构运行造成影响。

（三）微机保护操作箱二次回路

微机操作箱是和微机保护、微机测控配套使用的用于对断路器进行操作的装置。断路器二次元件注释表如图 12-2-5 所示。以往在电力工程中应用较广泛使用独立操作箱。目前对 110kV 以上电压等级的间隔断路器一般配置独立的操作箱；110kV 及以下电压等级间隔电气设备，厂家多将微机保护和操作箱整合为一台装置，不再设置独立的操作箱。操作箱二次回路原理接线如图 12-2-6 所示。

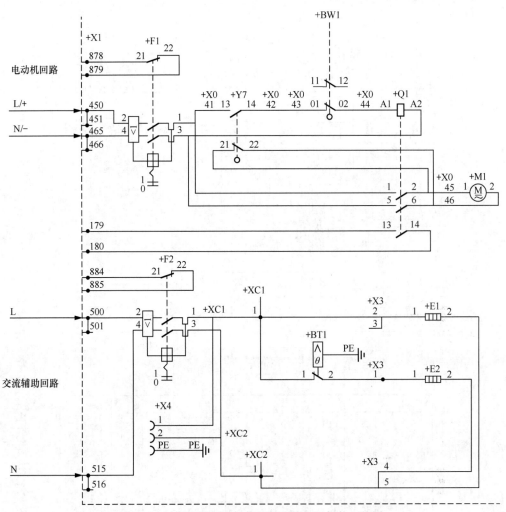

图 12-2-4　断路器操动机构储能电动机及加热回路图

项目	注释	项目	注释
BD1	带信号触点和闭锁触点的密度计1)/DENSITY SWITCH (触点容量: 20mA)	M1	电动机/MOTOR　　220V DC/900W 7.7A
		Q1	接触器/CONTACTOR
BG	开关辅助触点/BREAKER AUX.CONTACT (10A)	S1	就地控制开关 (分/合) CONTROL SWITCH (CLOSE/TRIP)
BN	计数器/COUNTER		
BT1	遥控器/THERMOSTAT	S4	位置选择开关 (操作) SELECTOR SWITCH (OPERATION)
BW1	储能限位开关/CHARGED LIMIT SWITCH		
E1	加热器 (持续) HEATER (CONTINUOUS) 70W	X0	接线端子 (内部)/TERMINAL BLOCK (INT.)
E2	加热器 (遥控开关控制)140W　220V AC HEATER (CONTROLLED)	X1	接线端子 (外部)/TERMINAL BLOCK (EXT)
		X2	接线端子 (气体监测)/TERMINAL BLOCK (CAS SUPER VISION)
F1	电动机启动器/Direct-on-line Motorstorter (M.C.B)	X3	接线端子/TERMINAL BLOCK
F2	微型断路器 (交流)/AC CIRCUIT MIN.BREAKER	X4	电源插座/SOCKET OUTLET
K3	防跳继电器 ANTIPUMPING RELAY	Y1	分闸线圈1/TRIP1 COIL
		Y2	合闸线圈2/TRIP2 COIL　220V DC 1A
K9	闭锁继电器 (气体监测 合&分1) INTERLOCKING RELAY (C&TR1)　220V DC	Y3	合闸线圈1/CLOSE COIL
K10	闭锁继电器 (气体监测 分2) INTERLOCKING RELAY (TR2)	Y7	手动/电动选择开关 BLOCKING CONTACTOR (HANDCRANK ADAPTED)

图 12-2-5　断路器二次元件注释表

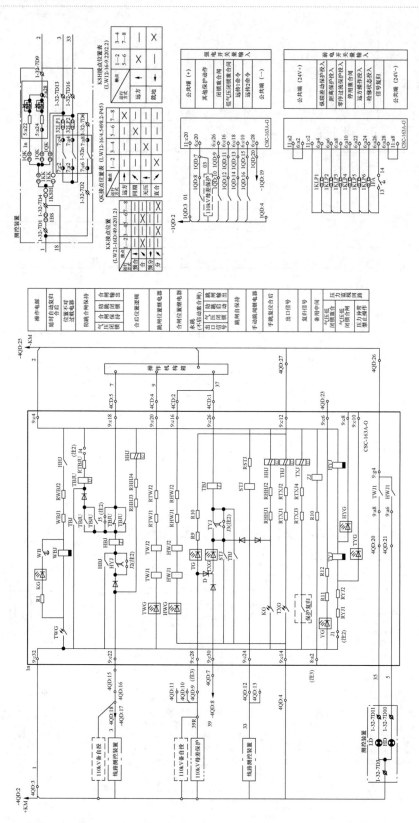

图 12-2-6　微机保护操作箱二次回路原理图

操作回路主要由合闸回路、跳闸回路、防跳回路、断路器操作闭锁回路、断路器位置监视回路等组成。可以看出，防跳回路与闭锁回路贯穿于合闸、跳闸回路之中，这也是它们起作用的必然要求。

1. 合闸回路

（1）合闸回路。合闸回路中的元件包括气压低禁止合闸继电器 HYJ 的动合触点（短接 J2 可取消压力低闭锁合闸）、合闸保持继电器 HBJ、防跳电压继电器 TBJU 的动断触点。这里有两个 TBJU 动断触点并联接入合闸回路，防跳继电器的动断触点和防跳继电器的状态在理论上是对应的，但在实际运行中，由于机件腐蚀等原因都可能造成辅助触点变位失败的情况，将两对辅助触点并联使用，可以减少辅助触点故障对断路器防跳的影响。

合闸回路的动作逻辑为：防跳电压继电器未形成自保持，同时气压低未禁止合闸且断路器机构箱远方合闸回路处于准备状态时，回路接收到一个高电平，合闸回路整体导通。同时，合闸保持继电器 HBJ 动作，其动合触点闭合形成自保持。外回路失去高电平后，合闸回路依靠 HBJ 的自保持回路导通。断路器合闸成功后，其动断辅助触点 BG1 断开合闸回路，HBJ 复归，其自保持触点随后断开。

1）禁止合闸继电器（HYJ）的动合触点。HYJ 的中文名称为合闸压力继电器，最初是和跳闸压力继电器配合使用来监测采用液压（或气动）机构的断路器的操作动力（即压力）是否满足断路器合闸、跳闸的要求。从操作箱中的回路来看，它可以反映一切应该禁止断路器合闸的情况，而且液压及气动机构逐渐退出运行，所以在这里 HYJ 称为禁止合闸继电器。弹簧机构断路器本身带有完善的操作动力闭锁及工作介质闭锁功能，所以，习惯上不再将断路器操作动力闭锁触点引至操作箱启动 HYJ 以及下文将要提到的 TYJ 进行重复闭锁。即 J2、J3 短连。

2）防跳电压继电器 TBJU 的动断触点。TBJU 的动断触点闭合，表示跳闸保持继电器 TBJ 未启动，允许断路器进行合闸操作。若跳闸保持继电器 TBJ 启动，TBJ 动合触点闭合，启动防跳电压继电器 TBJU，其动合触点闭合形成自保持，TBJU 的动断触点断开，断开合闸回路，禁止断路器进行合闸操作。若要取消保护防跳，则取消 J4 短连接。

3）合闸保持继电器 HBJ。在传统的断路器操作回路中，合闸回路里是没有合闸保持继电器 HBJ 的，为什么在微机操作箱中要增加它呢？要保证断路器合闸成功，必须使合闸回路中的电流持续一定的时间以启动合闸线圈。传统控制回路中采用操作把手进行手动操作，在有值班人员操作的情况下，可以通过人力保证足够的合闸电流持续时间。

微机型二次设备的发展思路是和变电站自动化系统紧密联系在一起的，也是和无人值班模式变电站的发展联系在一起的。遥控合闸指令是一个只有几十至几百毫秒的高电平脉冲，如果脉冲在合闸线圈启动之前消失，则合闸操作就会失败。所以，在微机型操作箱中引入了合闸保持继电器 HBJ，依靠 HBJ 的自保持回路，可以保证在断路器合闸操作完成之前，断路器的合闸回路一直保持导通状态，确保断路器能够完成合闸操作。同时，HBJ 的自保持回路还保证了一定是由断路器的动断触点 BG1 断开合闸回路，避免了由不具备足够开断容量的 21KK 手动合闸触点或遥合触点断开此回路造成粘连甚至烧毁的危险。具体分析如下：在 HBJ 启动以后，其动合触点闭合，在断路器合闸完成以前通过使合闸回路导通实现自保持。此时，21KK 的手动合闸触点或遥合触点断开都不会起到分断合闸电流的作用，只有在断路器合闸成功后，断路器动断触点 QF 打开才会切断合闸回路的电流。

在运行中，也出现过由于增加了 HBJ 造成合闸线圈 Y3 烧毁的情况。可能原因是，断路器在合闸成功后，由于机件锈蚀等原因造成其接于断路器机构箱合闸回路内的断路器辅助动断触点未能打开，导致合闸回路一直导通，使 Y3 长时间带电烧毁。增设 HBJ 继电器有一个弊端，发出合闸命令 HBJ 动作后，此时合闸回路的通断完全由辅助触点 BG1 决定，如果弹簧未储能，断路器无法正常合闸，BG1 动断触点一直闭合，合闸电流一直存在，易烧毁 HQ，所以要串入储能弹簧的行程触点 BW1。

（2）手动/遥控合闸。手动/遥控合闸通过微机测控装置上 21KK 操作把手就地合闸或者综合自动化远方遥控合闸启动合闸回路。同时合后继电器 HHJ 动作，表示人为操作合闸。

（3）自动合闸。自动合闸包括重合闸和自动装置合闸，重合闸是最常见的一种。从图 12-2-6 保护装置信号回路图中可以看出，重合闸回路是由重合闸继电器 HJ 的动合触点启动的，而 HJ 是由继电保护 CPU 驱动的。重合闸继电器 HJ 启动后，操作的正电从 1CD：1 经过 1CLP2 重合闸压板到合闸回路 4QD：18（3），进行重合闸。类似地，自动装置合闸通过其他保护装置（备自投保护装置）的合闸动合触点闭合启动合闸回路。

2. 跳闸回路

（1）跳闸回路。跳闸回路中的元件包括：TXG 跳闸信号继电器、气压低禁止跳闸继电器 TYJ 的动合触点（短接 J3 可取消压力低闭锁跳闸）、跳闸保持继电器 TBJ。

跳闸回路的动作逻辑为：气压低未禁止跳闸且断路器机构箱远方跳闸回路处于准备状态时，回路接收到一个高电平，跳闸回路整体导通。同时，跳闸保持继电器 TBJ 动作，其动合触点闭合形成自保持。同时，防跳电压继电器 TBJU 动作，其动合触点闭合，若合闸把手粘连，将形成自保持，断开合闸回路启动防跳。外回路失去高电平后，跳闸回路依靠 TBJ 的自保持回路导通。断路器跳闸成功后，其动合辅助触点 BG1 断开跳闸回路，TBJ 复归，其自保持触点随后断开。

（2）手动/遥控跳闸。手动/遥控跳闸通过微机测控装置上 21KK 操作把手就地跳闸或者综合自动化远方遥控跳闸启动手动跳闸继电器 STJ，其动合触点闭合启动跳闸回路。不同的是，此时，TXG 跳闸信号继电器不会动作，同时合后继电器 HHJ 复归，表示人为操作跳闸，非事故跳闸。

（3）自动跳闸。自动跳闸包括本间隔保护动作跳闸、外部保护跳闸和自动装置跳闸。

本间隔保护指的是操作这个操作箱的微机保护装置。图 12-2-6 中，保护跳闸继电器 CKJ2 动合触点闭合启动，而 CKJ2 是由继电保护 CPU 驱动的。此时，需要提到跳闸保持继电器 TBJ 自保持回路的重要作用：防止在自动跳闸时，保护出口继电器动合触点 CKJ2 先于断路器动合辅助触点 BG1 断开而起到切断跳闸电流的作用导致自身损毁。外部跳闸和自动装置跳闸指的是由操作箱配套的微机保护之外的其他微机保护或自动装置发出跳闸指令，例如母差保护动作、低周减载动作、备自投动作等。它们发出的跳闸指令与本间隔微机保护发出的跳闸指令的作用模式是类似的，即提供一个代表跳闸指令的无源动合触点，启动跳闸回路。此时，TXG 跳闸信号继电器动作，启动跳闸出口继电器 TXJ，保护装置跳闸灯亮。同时 TWJ 继电器动作，位置不对应继电 WBJ 动作，报事故总信号，KG 继电器动作，合后位置复归。

3. 断路器位置监视回路

控制回路应该能够反映断路器的位置状态以及跳合闸回路的完整性。回路中增加了 TWJ1、HWJ1 来监视跳闸回路、合闸回路的完整性。HWJ1 和 TWJ1 分别为合、跳闸监视继电器。

当开关在跳位时，合闸回路 BG1 动断触点闭合，TWJ1 继电器所在回路导通，TWJ1 动作，在图 12-2-6 下方的 TWJ1 动合触点闭合，跳位指示灯 LD 点亮，反映断路器在跳闸位置，合闸回路完好。同理合位指示灯亮时，指示断路器在合闸位置，跳闸回路完好。图中跳闸监视回路中串入一个防跳动断触点 K3 和断路器辅助动断触点+BG1，目的防止断路器在合位时监视回路 9 经过防跳 K3 继电器形成回路并自保持，误启动防跳继电器或跳位继电器。

在跳闸监视回路导通时，有电流流过合闸线圈 HQ，会不会引起断路器合闸误动作？答案是不会的，因为在跳闸监视回路中串入了限流电阻 RTWJ1、RTWJ2，回路中流经的电流会很小，低于合闸线圈 Y3 的启动电流值，因此断路器并不会合闸。

4. 防跳回路

在变电站的运行中，往往会存在断路器的多次跳跃现象，即在断路器手动或自动重合闸时控制开关触点、自动装置触点卡住，此时如果恰巧继电保护动作使断路器跳闸，跳闸后由于上述原因再次合闸，而故障又是永久性故障，会再次跳闸，然后再次合闸再次跳闸。这样发生的多次"跳—合"现象称之为跳跃。发生跳跃现象时，电力系统多次受到短路电流的冲击，很可能引起电力系统震荡，并且断路器在短时间内多次连续断开短路电流，工作条件非常恶劣，对其损坏很大。所谓防跳，就是利用操动机构本身的机械闭锁或在操作回路上采取措施以防止这种跳跃的发生。

微机保护防跳回路是利用跳闸电流启动，合闸电压保持实现防跳，图 12-2-6 操作回路的防跳功能是通过跳闸保持继电器 TBJ 和防跳继电器 TBJU 实现的。当自动跳闸或手动跳闸时，启动 TBJ 继电器，跳闸回路的 TBJ 自保持触点闭合，形成自保持。同时，接于 TBJU 继电器回路的 TBJ 动合触点闭合，TBJU 继电器动作，串接于防跳回路的 TBJU

动合触点合上，如果此时手合回路接通，将形成自保持。这样虽然开关跳开后 TBJ 会返回，但防跳回路仍然会起作用，直到合闸触点分开，TBJU 才会返回。同时，合闸回路的 TBJU 动断触点打开，切断合闸回路，无法合上，实现防跳功能。

按照反措规定，防跳回路只应投一套，微机操作箱中防跳回路的作用与断路器机构箱中防跳回路的作用是重复的，保留一套即可。一般情况下，选择拆除微机操作箱中防跳回路，保留机构箱中的防跳回路。使用微机保护防跳的缺点是当断路器机构箱至保护装置之间的合闸回路出线带正电故障时，如果出线系统故障，那么微机保护防跳就无能为力了。

表 12-2-2 总结了两套防跳回路的异同点。

表 12-2-2　　　　　　　　　　保护防跳和机构防跳回路的异同点

名称	相同点	不同点
操作箱防跳回路	都是针对合闸触点粘连，都能实现防跳功能	由跳闸动作启动，粘连而线路无故障时不启动
断路器机构箱防跳回路		由开关辅助触点启动，只要粘连就启动

在此，顺便提一下另外一个问题：用 TWJ1、HWJ1 的动合触点启动绿、红指示灯与用断路器的动断、动合辅助触点启动有区别吗？答案是肯定的。就"以指示灯的状态（绿灯亮还是红灯亮）区别断路器的状态（跳位还是合位）"而言，用两种启动指示灯都不会造成功能上的错误。但是，TWJ1、HWJ1 还有另一个作用：分别监视合闸回路与跳闸回路是否处于准备状态，即操作回路本身是否存在故障，因此，用其动合触点启动的指示灯不但可以显示断路器的状态，对应的也可以表示此监视功能。

在发生"控制回路断线"故障时，（这个信号由 TWJ2、HWJ2 的动断触点串联组成，如图 12-2-6 所示，TWJ2、HWJ2 同时失电触点闭合，在正常运行中，它们必然有一个带电），它代表的可能是操作电源消失这个故障，例如操作电源空气断路器跳闸，也可能是运行中（以断路器在合闸状态为例，此时 TWJ2 处于失电状态，HWJ2 处于带电状态）跳闸回路（操作箱与断路器机构箱的跳闸回路的串联）的某处发生了断线故障，导致 HWJ2 也处于失电状态，红、绿指示灯同时熄灭。此时，指示灯状态是无法正确代表断路器位置状态的。

所以，可以得出结论：以位置继电器触点或断路器辅助触点启动的指示灯都可以表示断路器的状态，但是，位置继电器能启动的指示灯还可以监视操作回路，断路器辅助触点启动的指示灯则无此功能。但是也必须注意到另外一个问题，在"控制回路断线"发生时，依靠位置继电器是无法得到断路器的正确状态的，而使用断路器辅助触点则可以得到正确的信号。

（四）微机测控操作回路

微机测控的主要功能是测量及控制，可以采集电流量、电压量及状态量并能发出针对断路器及其他电动机构的操作指令，取代的是常规变电站中的测量仪表（电流表、电压表、功率表）、就地及远传信号系统和控制回路。微机测控方式有以下两种方式：

（1）在综合自动化系统上使用监控软件对断路器进行操作时，操作指令通过网络触发微机测控里的控制回路，控制回路发出的对应指令通过控制电缆到达微机保护里的操作箱，操作箱对这些指令进行处理后通过控制电缆发送到断路器机构的控制回路，最终完成操作。动作流程为微机测控—操作箱—断路器。

（2）在测控屏上使用操作把手对断路器进行操作时，操作把手的控制触点与微机测控里的控制回路是并联的关系，操作把手发出的对应指令通过控制电缆到达微机保护里的操作箱，操作箱对这些指令进行处理后通过控制电缆发送到断路器机构的控制回路，最终完成操作。使用操作把手操作也称为强电手操，它的作用是防止监控系统发生故障时（如后台机"死机"等）无法操作断路器。所谓"强电"，是指操作的启动回路在直流220V电压下完成，而使用后台机操作时，启动回路在微机测控的弱电回路中。动作流程为操作把手—操作箱—断路器。

微机测控操作回路，如图12-2-7所示。

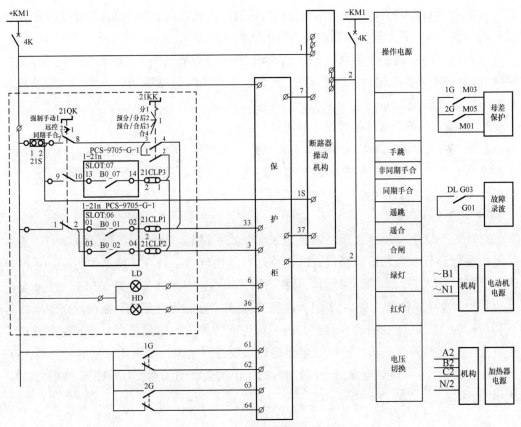

图 12-2-7　微机测控操作回路图

1. 合闸回路

合闸回路中的元件包括：21S 五防装置、远控/近控/同期切换把手 21QK、分合闸把手 21KK、B0-07 同期合闸动合触点（当同期条件满足时，B0-07 触点闭合）、21CLP3 同期合闸出口压板、B0-02 遥控合闸触点、21CLP2 遥控合闸出口压板。

（1）当 21QK 把手切换至就地时，经五防校验正确触点闭合，通过把手 21KK 切换至合闸位置，操作正电输入至微机操作合闸回路（3 处）。

（2）当 21QK 把手切换至同期时，经五防校验正确触点闭合，通过微机测控判同期条件满足，B0-07 同期合闸动合触点闭合，操作正电经 21CLP3 同期合闸出口压板输入至微机操作合闸回路（3 处）。

（3）当 21QK 把手切换至远方时，合闸回路不经五防校验，当综合自动化系统遥控合闸时，B0-02 遥控合闸触点闭合，操作正电经 21CLP2 遥控合闸出口压板输入至微机操作合闸回路（3 处）。

2. 跳闸回路

跳闸回路中的元件包括：21S 五防装置、远控/近控/同期切换把手 21QK、分合闸把手 21KK、B0-01 遥控跳闸触点、21CLP1 遥控跳闸出口压板。

（1）当 21QK 把手切换至就地时，经五防校验正确触点闭合，通过把手 21KK 切换至跳闸位置，操作正电输入至微机操作跳闸回路（33 处）。

（2）当 21QK 把手切换至远方时，跳闸回路不经五防校验，当综合自动化系统遥控跳闸时，B0-01 遥控跳闸触点闭合，操作正电经 21CLP1 遥控跳闸出口压板输入至微机操作跳闸回路（33 处）。

3. 断路器机构箱就地操作经五防闭锁回路

当图 12-2-1 中断路器机构箱就地合闸回路（602 处）正电取自测控 1S 时，合闸回路经测控屏五防校验闭锁。若将 602 与 610 短接，则断路器机构箱就地合闸操作不经过五防校验闭锁（跳闸回路类同）。

（五）非全相回路

220kV 及以上电压等级断路器普遍采用分相断路器，由于设备以及故障等因素，可能出现断路器非全相运行情况。非全相运行的电气量不对称，将产生负序、零序电流和过电压，危害电网与设备运行。系统通常采用断路器本体非全相保护来减少非全相运行时间。非全相保护主要由启动回路、延时回路、出口回路组成，启动回路由断路器三相动断触点并联、三相动合触点并联后再串联的方式，如此任何一相断路器变位，都将正电送至时间继电器，时间继电器通过压板进行投退，当到达设定的延时后，Q7 出口继电器动作，出口继电器闭合，启动回路正电送至跳闸线圈跳开断路器，如图 12-2-8 所示。

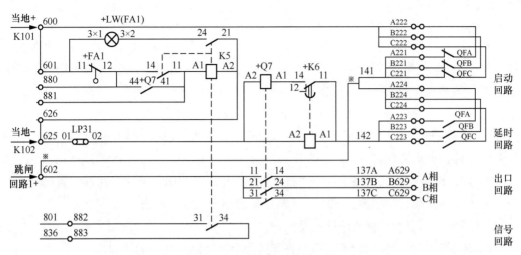

图 12-2-8 非全相回路原理图

三、断路器二次回路安装和调试

（一）断路器二次安装

断路器的二次安装应注意以下几点规范：

（1）断路器防跳功能应由断路器本体机构实现，断路器合闸位置监视回路应串接防跳继电器动断触点和断路器辅助动断触点。

（2）压力低禁止跳、合闸功能应由断路器本体实现，压力低闭锁重合闸功能在保护装置实现；220kV 及以上具备两组跳闸线圈的断路器，应具备双套回路独立的压力低禁止跳闸功能。

（3）双重化配置的每组操作回路独立配置一个专用直流空气断路器（配置在保护屏及智能控制柜），并分别接于不同直流母线上。若每套保护单独跳一个断路器线圈的，则保护电源应与所作用断路器的控制电源应挂接在同一段直流母线。

（4）电力系统重要设备的继电保护应采用双重化配置，两套保护装置的跳闸回路应与断路器的两个跳闸线圈分别一一对应。每一套保护均应能独立反映被保护设备的各种故障及异常状态，并能作用于跳闸或发出信号，当一套保护退出时不应影响另一套保护的运行。

（5）断路器安装后及保护检验后应对断路器防跳继电器进行传动，模拟手合于故障条件下断路器不发生跳跃。

（6）保护装置整组传动验收时，应在最大（动态）负荷下，测量电源引出端（含自保持线圈和触点）到断路器分、合闸线圈的电压降，不应超过额定电压的10%。

（7）保护装置整组传动验收时，应分别测量主保护和后备保护动作时间、操作箱或智能终端出口时间以及带断路器传动的整组动作时间。

（8）断路器应使用断路器本体的三相不一致保护，宜采用断路器本体的防止断路器跳跃功能。但对 220kV 及以上电压等级单元制接线的发电机-变压器组，应同时使用具有电气量判据的断路器三相不一致保护去跳闸及启动发电机-变压器组的断路器失灵保护。断路器无三相不一致保护或防止断路器跳跃功能的，应启用保护装置或操作箱的相应功能。断路器和操作箱的防止断路器跳跃功能不应同时投入。

（9）三相不一致保护、防止断路器跳跃功能应符合下列要求：

1）三相不一致保护的动作时间应可调，断路器本体三相不一致保护时间继电器应刻度清晰准确，调节方便。

2）防止断路器跳跃回路采用串联自保持时，接入跳合闸回路的自保持线圈自保持电流不应大于额定跳合闸电流的 50%，线圈压降应小于额定电压的 5%。

3）防止断路器跳跃回路应能自动复归。

4）应通过试验检验三相不一致保护和防止断路器跳跃功能的正确性。

（10）断路器气压、液压、SF_6 气体压力降低和弹簧未储能等禁止重合闸、禁止合闸及禁止分闸的回路接线、动作逻辑应正确。

（11）对分相断路器，保护单相出口动作时，保护选相、出口压板、操作箱指示、断路器实际动作情况应一致，其他两相不应动作。

（12）配置双跳闸线圈的断路器，应对两组跳闸线圈分别进行检验。

（二）断路器二次调试

1. 断路器分合闸线圈直流电阻测试

断路器分合闸线圈的直流电阻测量主要是为了检测线圈内部是否存在故障，例如绕组内短路、断路等。直流电阻测量的原理就是通过施加稳定电压后，测量流过被测物件后的电流大小，从而计算其直流电阻值。在实际操作中，应注意与其他线圈或设备的电气隔离。

用万用表一只测试笔接被测线圈的一端；另一只测试笔接另一端，完成电路接通。应注意，测试笔必须可靠接触被测物件表面，以保障电流的正常流动。

测量前应彻底检查电路，确认被测线圈是否已被隔离；测量时应保证测试笔与被测物件可靠接触，且不受外界干扰；操作时应注意相关安全措施，以避免电击等事故的发生。

2. 断路器防跳试验

上文说明了断路器防跳回路的重要性，因此有必要在断路器二次回路安装时，确认防跳回路的正确性，用以下方法进行验证。

（1）合位防跳。开关合位，正电短接合闸输入端且保持（模拟粘连）后，正电短接跳闸输入端（模拟故障），确认断路器断开后松开跳闸输入端，听断路器是否有储能声音。如果有储能声音，则说明断路器跳闸后又合闸动作了，断路器控制回路没有防跳回路；如果没有储能声音，则说明断路器控制回路有防跳回路，在断路器跳开后，断路器无法合闸。

（2）分位防跳。开关分位，正电短接跳闸输入端且保持（模拟故障）后，正电短接合闸输入端且保持（模拟粘连），确认断路器合闸-跳闸后松开跳闸输入端，等待断路器储能结束，看断路器是否再次合闸动作。如果合闸动作，则说明断路器合闸-跳闸后又合闸动作了，断路器控制回路没有防跳回路；如果没有再次合闸动作，则说明断路器控制回路有防跳回路，在断路器跳开后，断路器无法再次合闸。

（3）确认是否有保护防跳。当做防跳实验时，观察绿灯变化情况，若合闸输入端还未松开而测控装置处绿灯已亮，则说明使用了保护防跳，保护防跳回路中 TBJU 动断触点打开，断开了机构防跳继电器 K3 正电源，合闸回路导通，TWJ1 动作，绿灯亮。若手合松开后绿灯才亮说明未使保护防跳。合闸粘连时，机构箱防跳继电器 K3 动作，其合闸回路动断触点断开，切断合闸回路，TWJ1 继电器未得电，绿灯不亮。

四、断路器二次回路常见故障及检查处理

（一）控制回路常见故障及检查处理

1. 无防跳功能故障

故障现象：试验仪器模拟故障情况输出故障量至保护装置，保护投出口压板，此时断路器操作把手切换至合闸位置并保持一小会儿时间，由于线路存在故障，必然听到合闸与跳闸两个声音。正常情况下，防跳功能起作用，断路器未进行储能，则判断为断路器仅进行了一次合闸与一次跳闸；故障时，断路器进行储能，且第二个声音听起来稍大稍长，因为断路器跳闸后，在操作把手未返回的情况又再次合闸，释放了弹簧势能，且合闸于故障立刻跳闸（由于再次合闸与跳闸时间极短，听觉上仍然只觉得有两个声音），弹簧进行储能并准备下一次合闸跳闸，则判断为防跳功能缺失，断路器发生了"跳跃"。

2. 无防跳功能故障检查处理方法

增加保护防跳或机构防跳功能。

（1）检查图纸，确认设计图纸采用的是保护防跳还是机构防跳。

（2）如果图纸中采用开关机构防跳原理，检查安装情况，查看机构箱端子排安装时，是否有遗留或错误的短接片，使得防跳继电器无法取得负电或正电，如图 12-2-1 和图 12-2-9 中 530 与 531 应短接。

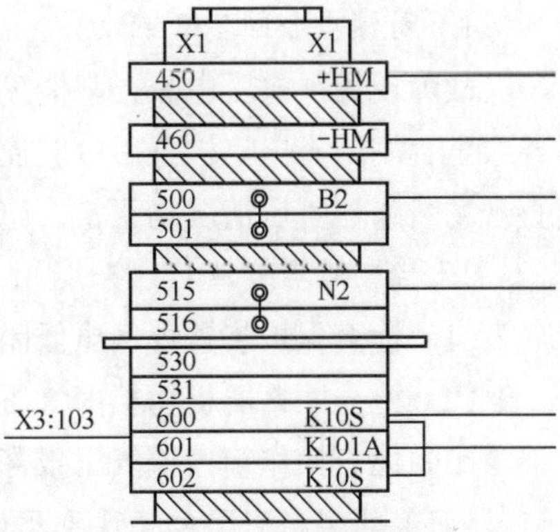

（3）如果图纸中采用保护装置防跳原理，先检查装置，查看装置背板是否有防跳取消与否的标志。在装置外观无法判断或咨询厂家无果后，做好防静电措施后，抽出操作箱相应板件，检查是否内部使用板卡跳线退出了防跳回路，如图 12-2-6 图里的 J4 和 J5 跳线。

图 12-2-9　机构箱端子排图

313

3. 双重防跳共存故障

当保护防跳与断路器防跳共存时，远方操作断路器合、分闸一次后，监控红绿灯全亮，且断路器无法操作。在拉开操作电源并重新送上后或断路器改为就地操作后，上述情况恢复，但再次操作断路器后上述故障再次出现。这是因为断路器机构箱内的防跳回路的自保持寄生回路，造成了操作箱内 TWJ、HWJ 同时带电。

4. 双重防跳共存故障检查处理方法

在操作箱跳位监视回路中串入断路器的动断辅助触点与机构箱防跳继电器的动断触点。

（1）检查保护屏端子排接线，是否有电气编号（9）接线，且电气编号（7）与（9）之间的短接片应解除。

（2）检查机构箱内是否有相应的配线，应串接断路器与防跳继电器的辅助触点。如图 12-2-6 端子 4CD:4 后是否有串接所示防跳继电器 K3 的辅助触点及断路器辅助触点 BG1。

（二）监视回路故障现象及处理方法

1. 监视回路故障

断路器由分位操作至合位时，合位灯亮，但是分位灯也亮，即监控红绿灯全亮，但断路器可正常操作。再拉开操作电源并重新送上后，红绿灯依然常亮。此时检查断路器机构防跳继电器，发现继电器保持动作，由此导致操作箱内 TWJ 在合位时仍然动作。

2. 检查处理方法

在断路器合位时，使用万用表直流电压挡分别测量电气编号为（7）与（9）回路对地电压，正常情况下，109 为正电+110V，107 为悬空电位。如果发现（7）为正电位但小于+110V，而（9）电位悬空。就可以推断，（7）与（9）接线反了，由于这两根线靠得比较近，在接线安装过程中，容易误接线而造成上述故障。对调这两根接线，故障就会消失。

（三）闭锁重合闸回路故障现象及处理方法

1. 闭锁重合闸不正确动作

故障现象：电压电流正常情况下，断路器在合位，但始终有低压气闭锁重合闸开入，导致重合闸未充电。检查后台监控主机未发断路器"低气压闭锁""控回断线"信号。检查现场断路器气压情况均正常。

2. 检查处理方法

（1）检查保护装置处气压低闭锁重合闸开入端子是否有接错线。

（2）检查断路器机构箱内气压低闭锁继电器是否动合、动断触点接反。

（3）检查操作箱内低气压报警继电器是否失去电源。

（四）非全相回路故障现象及处理方法

1. 非全相回路出口接线故障

当投入第一套非全相出口压板时，第二套非全相保护动作；当投入第二套非全相出口压板时，第一套非全相保护动作；且不管断路器在合位还是分位，图 12-2-8 中 602 处始终为正电位。

2. 检查处理方法

由于出口总是相反，因此首先查出口硬压板处接线是否与图纸一致，根据故障现象也比较容易推断出此处接线反了，这也是安装过程中比较常出现的错误。602 处为正电，可能直接与 601 短接，或跳线未按图纸接至 141 处，图 12-2-8 中标星号处。

第三节　电流互感器二次回路

一、电流互感器基础知识

（一）电流互感器的概述

电流互感器（current transformer，TA），作用是可以把数值较大的一次电流通过一定的变比转换为数值较小的二次电流，使保护、自动装置、测量仪表能够准确安全的获取一次回路的电流信息。电流互感器是电力系统中二次设备采集电流的唯一媒介，电流互感器的重要性不言而喻。

在电力系统中一次设备电流大小悬殊，从几安到几万安。为便于测量、保护和控制，需要转换为比较统一的电流，另外电力系统中一次设备的电压很高如直接测量是非常危险的，电流互感器就起到电流变换和电气隔离作用。

二次安装工作中正确地选择和配置电流互感器型号、参数，将继电保护、自动装置和测量仪表等接入合适的二次侧绕组，严格按技术规程与保护原理连接电流互感器二次回路，对继电保护、自动装置等二次设备的正常运行，确保电网安全意义重大。

（二）电流互感器的分类

电流互感器的分类方式很多，如表 12-3-1 所示。

表 12-3-1　　　　　　　　　　　电流互感器分类与特点表

分类依据	类别	特点
变换原理	电磁式电流互感器	根据电磁感应原理实现电流变换的电流互感器。具有精度较高、响应速度快、测量范围广、使用寿命长等特点
	电子式电流互感器	二次转换器的输出实质上正比于一次电流，且相位差在联结方向正确时接近于已知相位角的电子式互感器。具有绝缘优良、无饱和及铁磁谐振、抗电磁干扰、暂态、频率响应范围大、测量精度高等特点
使用范围	测量用电流互感器（测量绕组）	向测量、计量等装置提供电网的电流信息，工作在正常负载电流环境中。精度要求比较高，故障时容易饱和，限制电流输出
	保护用电流互感器（保护绕组）	在电网故障状态下，向继电保护等装置提供电网故障电流信息。精度要求低，故障时不容易饱和

续表

分类依据	类别	特点
绝缘介质	干式电流互感器	使用绝缘纸、玻璃丝带、聚酯薄膜等普通固体绝缘材料作为绝缘介质，并经浸渍绝缘漆烘干处理，其结构简单，但绝缘强度低
	浇注式电流互感器	使用环氧树脂或不饱和树脂混合材料做绝缘，将树脂、填料和固化剂等混合后，浇注到装有一、二次绕组及其他元件的模具内固化成型。具有绝缘性能好、机械强度高、防潮、防火等优点
	油浸式电流互感器	使用绝缘纸和绝缘油作为绝缘介质，大多为户外型
	气体绝缘电流互感器	使用性能优良的 SF_6 气体作为绝缘介质，具有防爆、阻燃、体积小、质量轻、制造简单、维护方便等特点
安装方式	贯穿式电流互感器	用来穿过屏板或墙壁的电流互感器
	支柱式电流互感器	安装在平面或支柱上，兼作一次电路导体支柱用的电流互感器
	套管式电流互感器	没有一次导体和一次绝缘，直接套装在绝缘的套管上的一种电流互感器
	母线式电流互感器	没有一次导体但有一次绝缘，直接套装在母线上使用的一种电流互感器

（三）电流互感器的基本原理

1. 电磁式电流互感器的基本原理

电磁式电流互感器分为普通和穿心式两种，其结构主要由一次绕组、铁芯和二次绕组组成，其变换电流的原理是电磁感应。如图 12-3-1 所示，当被测电流通过互感器的一次绕组时，会使铁芯中的磁通量❶发生变化。根据法拉第电磁感应定律，磁通量的变化会在二次绕组中产生感应电动势，感应电动势的大小与被测电流成正比，且与绕组匝数和铁芯的磁导率❷有关。感应电动势的大小如式（12-3-1）所示：

$$E = n\frac{\Delta\Phi}{\Delta t} \tag{12-3-1}$$

式中：n 为感应线圈的匝数；$\Delta\Phi/\Delta t$ 为磁通的变化率。

铁芯通常采用硅钢片制成，具有良好的磁导率和低磁滞❸损耗。一、二次绕组绕在铁芯上，根据磁动势平衡的原理，铁芯的一次与二次的磁通量相同，通过改变一、二次绕组的匝数比实现电流的变换。

电流互感器接被测一次电流的绕组（匝数为 N_1），称为一次绕组（或原边绕组、初级绕组）。一次绕组匝数很少，穿心式电流互感器甚至用一次导体直接作为一次绕组，故一次绕组中的电流完全取决于被测电路的负荷电流，而与二次电流大小无关。

接测量仪表的绕组（匝数为 N_2）称为二次绕组（或副边绕组、次级绕组）。二次绕组

---

❶ 磁通量（magnetic flux）：简称磁通，设在磁感应强度为 B 的匀强磁场中，有一个面积为 S 且与磁场方向垂直的平面，磁感应强度 B 与面积 S（有效面积，即垂直通过磁场线的面积）的乘积，叫做穿过这个平面的磁通量，磁通是标量，符号为 Φ。

❷ 磁导率（magnetic permeability）：表示在空间或在磁芯空间中的线圈流过电流后，产生磁通的阻力或是其在磁场中导通磁力线的能力。其公式 $\mu=B/H$，其中 H=磁场强度、B=磁感应强度，常用符号 μ 表示，μ 为介质的磁导率，或称绝对磁导率。

❸ 磁滞现象（magnetic hysteresis）：简称磁滞，磁性体的磁化存在着明显的不可逆性，当铁磁体被磁化到饱和状态后，若将磁场强度（H）由最大值逐渐减小时，其磁感应强度（符号为 B）不是循原来的途径返回，而是沿着比原来的途径稍高的一段曲线而减小，当 H=0 时，B 并不等于零，即磁性体中 B 的变化滞后于 H 的变化，这种现象称磁滞现象。

匝数比较多，电流互感器在工作时，二次绕组回路始终是闭合的，所接的负载如测量仪表和保护回路串联线圈的阻抗很小，所以电流互感器二次绕组的工作状态接近短路。

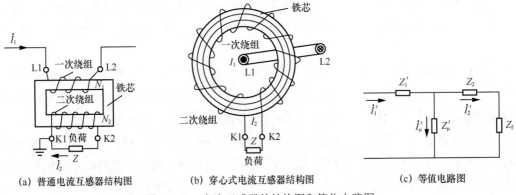

(a) 普通电流互感器结构图　　(b) 穿心式电流互感器结构图　　(c) 等值电路图

图 12-3-1　电流互感器的结构图和简化电路图

从图 12-3-1 的电流互感器等值电路可以看出，$\dot{I}'_1 - \dot{I}'_\mu = \dot{I}_2$，由于电流互感器二次负载阻抗 Z_f 远小于励磁阻抗 Z'_μ，所以电流互感器二次侧工作在接近短路状态下，同时励磁电流一般很小，在计算时电流互感器二次电流时，通常会忽略励磁电流，此时 $\dot{I}'_1 = \dot{I}_2$。

根据磁平衡的原理，可得

$$\because \quad \dot{I}'_1 = \dot{I}_2 = \frac{\dot{I}_1}{n_{TA}} \qquad \dot{I}_1 N_1 = \dot{I}_2 N_2$$

$$\therefore \quad n_{TA} = \frac{N_2}{N_1} \tag{12-3-2}$$

式中：n_{TA} 为电流互感器变比；N_1、N_2 分别为电流互感器一、二次绕组匝数。

电流互感器的生产厂家一般将一次绕组的始端和末端分别标记为 L1、L2，使用 K1、K2（或 S1、S2）来标记二次绕组的始端和末端，如图 12-3-2（a）所示。一次绕组的始端 L1 与二次绕组始端 K1 为同极性端，同理一次绕组的末端 L2 与二次绕组末端 K2 为同极性端，通常用*标记同极性端，如图 12-3-2（b）所示。保护用电流互感器的正方向如图 11-3-2（b）所示，一、二次电流的相量关系如图 12-3-2（c）所示。

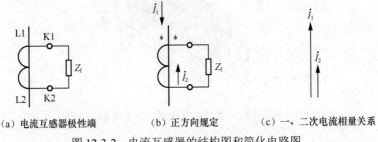

（a）电流互感器极性端　　（b）正方向规定　　（c）一、二次电流相量关系

图 12-3-2　电流互感器的结构图和简化电路图

电磁式电流互感器是目前电力系统中最常见的电流互感器，广泛应用于电力系统中

的测量和保护控制领域，具有精度较高、响应速度快、测量范围广、使用寿命长等特点。

但随着电网电压等级的提高和传输容量的增大，电磁式电流互感器呈现出以下缺点：

（1）绝缘结构复杂、尺寸大、造价高。电磁式电流互感器采用了油纸绝缘和气体绝缘的方式，在超高压下，又采用了串级绝缘的方法。电压等级越高，其绝缘结构与制造工艺越复杂，造价也越高。

（2）测量准确度无法满足。由于一次绕组与二次绕组靠铁芯联系。随着电压等级的提高，高、低压之间的绝缘距离也相应地提高。这时只能依靠增大磁路来加强一、二次绕组的联系。因为测量误差与互感器的平均磁路长度成正比，磁路增大也造成测量误差的增大。

（3）设备安装、维护工作量大。由于电磁式电流互感器的体积和重量较大，运输安装极为不便；正常运行时对于油浸式电流互感器还要定期对绝缘油进行试验和解决渗漏油等问题，维修也不方便。

（4）存在潜在的危险。电磁式电流互感器的一、二次绕组之间靠电磁联系。如果二次侧绕组出现了开路，一次侧的大电流变为励磁电流，就会在二次绕组侧感应出高电压，危及人身、设备的安全。

2. 电子式电流互感器的基本原理

目前在实际的工程应用使用较多的电子式互感器主要分为两类，无源电子式电流互感器（OCT）和有源电子式电流互感器（ECT）。

（1）无源电子式电流互感器。无源式电子互感器主要指采用光学器件作被测电流传感器的电流互感器，又称光学电流互感器（OCT），其特点是无需向互感器高压部分提供电源。

OCT 变换电流的原理是法拉第磁光效应，又称光波磁致圆双折射效应，如图 12-3-3 所示，当偏振光❶在介质中传播时，若在平行于光的传播方向上加一强磁场，则光振动方向将发生偏转。

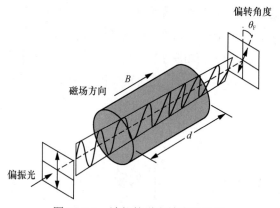

图 12-3-3　法拉第磁光效应原理图

---

❶ 偏振光（polarized light）：光学名词。光是一种电磁波，电磁波是横波。而振动方向和光波前进方向构成的平面叫做振动面，光的振动面只限于某一固定方向的，叫做平面偏振光或线偏振光。

光线偏转角度 θ_F 与磁感应强度 B 和光穿越介质的长度 d 的乘积成正比，即

$$\theta_\mathrm{F} = V \int_L B d \qquad (12\text{-}3\text{-}3)$$

式中：B 为磁场强度；V 为介质范德尔（Verdet）常数；L 为光纤长度。

OCT 按照传感元件的不同又分为磁光玻璃型电流互感器和全光纤型电流互感器，其结构如图 12-3-4 所示。

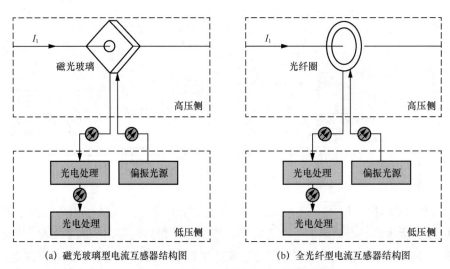

(a) 磁光玻璃型电流互感器结构图　　　　(b) 全光纤型电流互感器结构图

图 12-3-4　无源电子式电流互感器结构图

OCT 具有以下优点：具有与电流大小和波形无关的线性化动态响应能力。不仅可以测量各种交流谐波，而且可以测量直流量以及高频暂态量和衰减直流信号。传感头由绝缘材料制成，实现电气隔离，绝缘性能天然优良。高低压侧通过光纤连接，完全实现了电气隔离，抗电磁干扰能力强。不存在磁饱和❶、铁磁谐振❷等问题，无二次开路产生高压危险，频带宽，高达 1MHz。数字化接口，可直接用于智能化的二次设备。

OCT 也存在一些难以突破的技术问题，例如磁光效应会随环境因素变化，测量精度受温度、振动等环境因素的影响、长期运行稳定性差等问题。

（2）有源电子式电流互感器。有源电子式互感器（ECT）主要是指由罗戈夫斯基（Rogowski）线圈（简称罗氏线圈）与低功耗线圈（LPCT）组成的互感器，其特点是需要向一次设备转换部分提供电源。

ECT 的结构如图 12-3-5 所示，一次传感器位于高压侧，由罗氏线圈、低功耗线圈和取能线圈套在被测电流导体上构成，罗氏线圈往往由导线均匀绕制在截面均匀的非磁性

---

❶ 磁饱和：磁饱和是磁性材料的一种物理特性，指的是导磁材料由于物理结构的限制，所通过的磁通量无法无限增大，从而保持在一定数量的状态。

❷ 铁磁谐振（ferromagnetic resonance）：是电力系统自激振荡的一种形式，是由于变压器、电压互感器等铁磁电感的饱和作用引起的持续性、高幅值谐振过电压现象。

材料环形骨架上构成，并在线圈两端并接上采样电阻。如图 12-3-6 所示。由于罗氏线圈骨架采用非磁性材料制造，其相对磁导率与空气的相对磁导率相同，大大降低了磁饱和度，所以测量范围大，线性度好，通过大电流或直流分量时也不易饱和。罗氏线圈在 ECT 中用于传感保护级的电流。

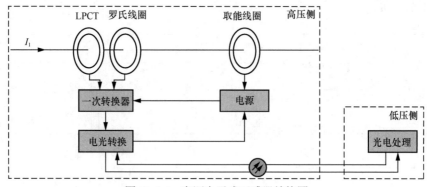

图 12-3-5　有源电子式互感器结构图

低功耗线圈（LPCT）是传统电磁式电流互感器的一种发展。其按照高阻抗电阻设计，如图 12-3-7 所示。在非常高的一次电流下，饱和特性得到改善，扩大了测量范围，降低了功率消耗，可以无饱和地高准确度测量高达短路电流的过电流、全偏移短路电流。低功耗线圈在 ECT 中用于传感测量级的电流。

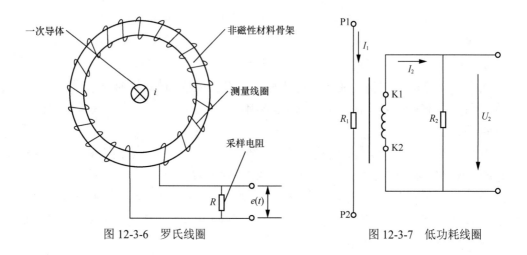

图 12-3-6　罗氏线圈　　　　　　　　图 12-3-7　低功耗线圈

取能线圈作用是将从一次侧电流感应的电能输送给一次转换器作用工作电源，当一次侧电流过小无法提供电源时，一次转换器还可以将合并电源内发射的激光能量转换为工作电源。

一次转换器将接收的低功耗线圈和罗氏线圈的输出信号进行处理，将信号转换为数字光信号，然后通过光纤将数字光信号送至低压侧合并单元内，由现场的合并单元输出数字信号供二次设备使用。

有源电子式互感器的关键技术在于电源供电技术、远端电子模块的可靠性、采集单元的可维护性。

与常规电磁式电流互感器相比，有源式电流互感器具有绝缘优良、无饱和及铁磁谐振、抗电磁干扰、暂态响应范围大、测量精度高、无磁饱和、铁磁谐振、抗电磁干扰能力强、无低压侧开路风险等优点。

但由于有源电子式电流互感器需要稳定的电源，在高压环境中的电源及一次转换器长期工作在高低温频繁交替的恶劣环境中，其使用寿命远不如安装在主控室或保护小室的保护测控装置，还需要积累实际工程经验；另外，当电源或远端模块发生异常、需要维护或更换时，需要一次系统停电处理。

（四）电流互感器主要技术指标

（1）额定容量：额定容量是指在额定二次电流的情况下，在保证标称的准确级的情况下，二次回路能承受的最大负载值，一般使用所消耗的视在功率表示，单位为伏安（VA）。电流互感器的容量 S_L 计算为

$$S_L = I_e^2 \left(\sum K_1 Z_L + K_2 Z_1 + Z_{jc} \right) \tag{12-3-4}$$

式中：I_e 为电流互感器二次额定电流；Z_L 为二次设备阻抗；Z_1 为二次回路连接导线的阻抗；Z_{jc} 为二次回路连触点的接触阻抗；K_1 为二次设备的接线系数；K_2 为二次回路连接导线接线系数。

（2）一次额定电流：允许通过电流互感器一次绕组的用电负荷电流。电流互感器可在一次额定电流下长期运行负荷电流超过额定电流值时叫做过负荷，电流互感器长期过负荷运行，会烧坏绕组或减少使用寿命。

（3）二次额定电流：允许通过电流互感器二次绕组的一次感应电流。

（4）额定电流比（变比）：电流互感器一次绕组电流 I_1 与二次绕组 I_2 的电流比，叫实际电流比 K。电流互感器在额定电流下工作时的电流比叫电流互感器额定电流比 K_n，也叫变比，计算为

$$K_n = \frac{I_{1n}}{I_{2n}} \tag{12-3-5}$$

式中：I_{1n} 为一次绕组额定电流；I_{2n} 为二次绕组额定电流。

（5）额定电压：一次绕组长期对地能够承受的最大电压（有效值以 kV 为单位），应不低于所接线路的额定相电压。

（6）误差倍数：在指定的二次负荷和任意功率因数下，电流互感器的电流误差为额定准确等级时，一次电流对其额定值的倍数。一般用 εPM 表示，其中 ε 是准确度等级，M 为标称准确限值电流倍数，例如 5P10 的含义是在 10 倍互感器额定电流情况下，其误差满足 5%的要求。

（7）准确度等级：表示互感器本身误差（比差和角差）的等级。电流互感器的准确度等级分为多种级别，在 GB/T 20840《互感器》系列标准中，规定用于测量用电流互感器准确度等级为 0.1、0.2、0.5、1、3、5 等六个等级，通常变电站测量回路采用 0.5 级，计量回路采用 0.2 级，用于设备、线路的继电保护一般采用普通保护级电流互感器，在国家标准 GB/T 20840 中规定了 5P、10P 两个准确级。

（8）误差：从图 11-3-1 的等值电路图可以看出，由于励磁电流的存在，电流互感器的一、二次电流大小、相位均会存在误差，包括比值误差和相角误差。

比值误差简称比差，它等于实际的二次电流与折算到二次侧的一次电流的差值，与折算到二次侧的一次电流的比值，以百分比表示为

$$\Delta I = \frac{\dot{I}_2 - \dot{I}'_1}{\dot{I}'_1} \times 100\% \qquad (12\text{-}3\text{-}6)$$

相角误差简称角差，它是旋转 180° 后的二次电流相量与一次电流相量之间的相位差。如式（11-3-6）所示，规定二次电流相量超前于一次电流相量为正值，反之为负值，常用分（min）为计算单位。

$$\Delta \varphi = \arg \frac{\dot{I}_2}{\dot{I}'_1} \qquad (12\text{-}3\text{-}7)$$

在部分情况下，电流不是标准的正弦函数，不能准确地用比值误差和相位误差来表示误差值。所以，常说的电流互感器误差是复合误差，其公式为

$$\varepsilon_c = \frac{100}{I_p} \sqrt{\frac{1}{T} \int_0^T \left(K_n i_s - i_p \right)^2 d_t} \qquad (12\text{-}3\text{-}8)$$

式中：K_n 为电流变比额定值；I_p 为实际一次电流；i_p 为一次电流瞬时值；i_s 为二次电流瞬时值；T 为一个周波的时间。

（9）热稳定及动稳定倍数：电力系统故障时，电流互感器受到由于短路电流引起的巨大电流的热效应和电动力作用，电流互感器应该有能够承受而不致受到破坏的能力，这种承受的能力用热稳定和动稳定倍数表示。热稳定倍数是指热稳定电流 1s 内不致使电流互感器的发热超过允许限度的电流与电流互感器的额定电流之比。动稳定倍数是电流互感器所能承受的最大电流瞬时值与其额定电流之比。

二、电流互感器常用二次回路介绍

在发电厂、变电站中，电流互感器的一次绕组与主电气回路串联，二次绕组串接各类的二次负载。为了满足不同测量、计量及保护和自动装置的要求，电流互感器有多种的配置方式。

（一）电流互感器的配置

图 12-3-8 是常规 110kV 变电站内各典型间隔的电流互感器的配置。其中包括主变压器间隔、110kV 线路间隔、10kV 线路间隔。

从图 12-3-8 中可以看出，110kV 线路间隔的电流互感器配置一组三相电流互感器，串接于本间隔断路器与母线隔离开关之间，每相电流互感器二次配置有六个绕组，沿线路至母线方向顺序配置为计量、测量、备用 2、备用 1、母线保护、线路保护。

主变压器 110kV 侧开关间隔的电流互感器配置同样一组三相电流互感器，本间隔断路器与母线隔离开关之间，每相电流互感器二次配置有六个绕组，沿主变压器至母线方向顺序配置为计量、测量、备用 2、备用 1、母线保护、主变压器保护。

主变压器本体各电压等级的各相套管电流互感器的二次绕组除了高压侧的某个绕组中的单相电流会接入绕组温度表的变送器负载外，其余的绕组一般作为备用绕组，高压侧和中性点接地侧的零序套管电流互感器配置给主变压器零序保护使用。

对于主变压器高压侧中性点连接有放电间隙的情况，一般在放电间隙与地之间串接一组单相电流互感器，互感器配置有一至二组绕组，供给主变压器的间隙保护使用。

主变压器低压侧一般配置一至二组三相电流互感器，电流互感器多为穿心式电流互感器，套在主变压器低压侧开关柜的引线排上，每个电流互感器一般配置二组绕组，沿主变压器至母线方向顺序配置为计量、测量、备用、主变压器保护。

10kV 线路、电容器、接地变压器等各类间隔都配置一组三相电流互感器。一般为支柱式电流互感器，串接于开关柜线路侧静触头与一次负载之间的引线排上。互感器配置一般有三个组绕组。由于低电压等级母线通常不配置母线保护，所以二次绕组沿母线至负载方向的配置顺序没有要求，一般以安装的电流互感器实际顺序为准。

各类保护及自动装置需要根据各自的保护原理与保护范围来确定其接入绕组的位置，确保一次设备的保护范围没有死区。线路保护的保护范围指向线路，母差保护的保护范围指向母线。各自接入的绕组就必须交叉避免死区，防止故障发生在两个绕组之间，保护装置拒动。

因此，由图 12-3-8 中可以看出，线路保护所接的绕组接近母线侧，母线保护所接的绕组接近线路侧，两者之间存在保护范围的交叉。

同理，主变压器高压侧的电流互感器绕组配置也采用同样的交叉方式，母线保护所接的绕组接近主变压器侧，主变压器保护所接的绕组接近母线侧。

（二）电流互感器的二次回路接线方式

1. 电流互感器二次绕组的接线

图 12-3-9 为典型的 110kV 线路间隔电流互感器二次回路的接线方式。

从图 12-3-9 中可以看到，一般情况下，110kV 线路间隔的每相电流互感器二次配置有六个绕组，其中四组绕组接入二次负载，分别是线路保护装置、母线保护装置、测控装置、电能表，接法为完全星形接线方式。二次侧电流回路经过负载后，其尾端短接并分别接地。

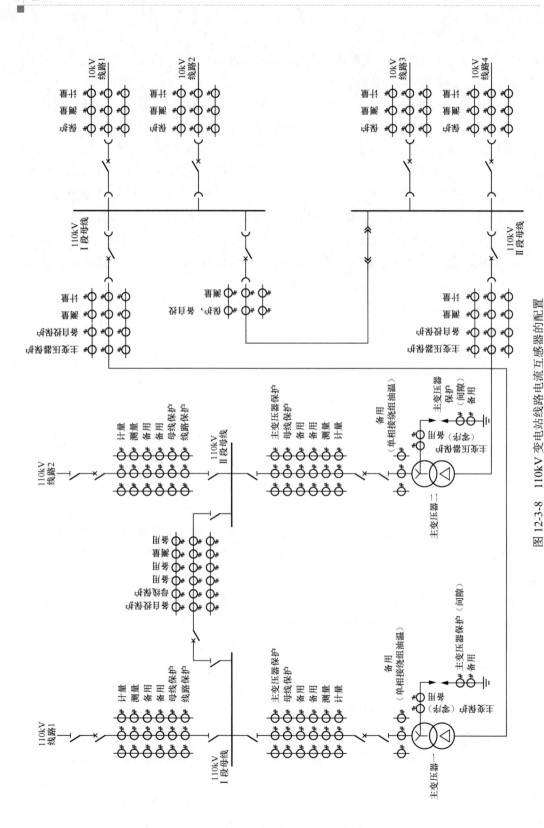

图 12-3-8 110kV 变电站线路电流互感器的配置

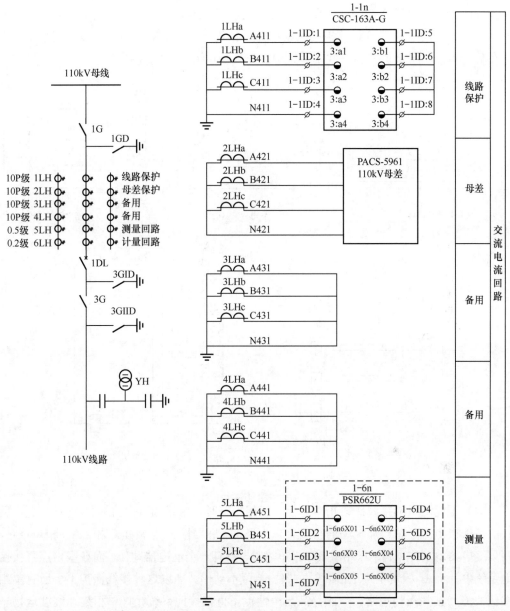

图 12-3-9　110kV 线路间隔电流互感器二次回路的接线方式

　　其余两组绕组为备用绕组。由于电流互感器二次回路不允许开路，所以备用绕组应短接并接地。

　　电流互感器二次绕组的接线方式常用的有五种：单相接线、完全星形接线、不完全星形接线、三角形接线及和电流接线方式。其接线形式及电流方向如图 12-3-10 所示。

　　（1）单相接线：电流线圈通过的电流，反映一次电路相应相的相电流，通常用于负荷平衡的三相电路如低压动力线路中，供测量电流或接过负荷保护装置之用。

　　完全星形接线：当故障电流相同时，对所有故障都同样灵敏，对相同短路动作可靠，至少有两个继电器动作，因此主要用于高压大电流接地系统以及大型变压器、电动机的差动保护、相间短路保护和单相接地短路保护和负荷一般不平衡的三相四线制系统，也用在负荷可能不平衡的三相三线制系统中，作三相电流、电能测量。

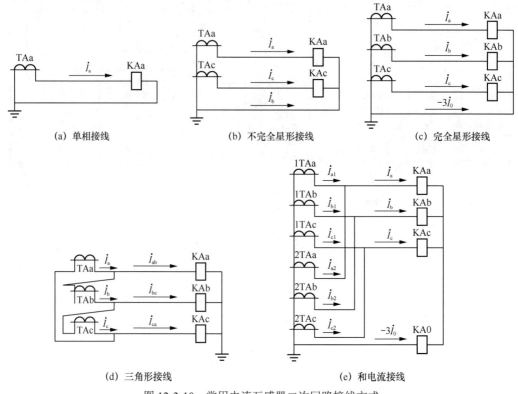

(a) 单相接线　　　　　(b) 不完全星形接线　　　　　(c) 完全星形接线

(d) 三角形接线　　　　　　　　　　(e) 和电流接线

图 12-3-10　常用电流互感器二次回路接线方式

（2）不完全星形接线：在正常运行及三相短路时，中线通过电流为 $I_0=I_a+I_c=-I_b$，反映的是未接电流互感器那一相的相电流。如两只互感器接于 A 相和 C 相，AC 相短路时，两只继电器均动作；当 AB 相或 BC 相短路时，只有一个继电器动作。而在中性点直接接地系统中，当 B 相发生接地故障时，保护装置不动作。所以这种接线保护不了所有单相接地故障和某些两相短路，但刚好满足中性点不直接接地系统允许单相接地继续运行一段时间的要求。因此，这种接线广泛应用在中性点不接地系统。

（3）三角形接线：将三相电流互感器二次绕组按极性首尾相接，像三角形，必须确保极性正确。这种接线主要用于保护二次回路的转角或滤除短路电流中的零序分量。在微机型差动保护中，经常将各侧电流互感器的二次回路均接为星形，在保护装置中通过软件计算进行电流转角与电流的零序分量滤除，这样就简化了接线。

（4）和电流接线方式：将两组星形接线并接，一般用于 3/2 断路器接线、角形接线、桥形接线的测量和保护回路，用以反映两只开关的电流之和。该接线一定要注意电流互感器二次回路三相极性的一致性及两组之间与一次接线的一致性，否则将不能精确反映一次电流。两组电流互感器的变比还要一致，否则和电流的数值就没有意义。在电流互感器的接线中，要特别注意其二次绕组的极性，特别是方向保护与差动保护回路。当电流互感器二次极性错误时，将会造成计量、测量错误，方向继电器指向错误，保护中有差流等，造成保护装置的误动或拒动。

2. 电流互感器二次绕组额定电流选择

电流互感器的变比一般为 X:5A。它的含义是：首先，X 不小于该设备可能出现的最大长期负荷电流，如此即可保证一般情况下 TA 二次侧电流不大于 5A；其次，被保护设备发生短路故障时，在短路电流不使 TA 的情况下，TA 二次侧电流依然可以按照此变比从一次电流进行折算。

在超高压发电厂和变电站中，一次配电装置距离控制室较远，为了增加电流互感器的二次允许负荷，减小连接电缆的导线截面及提高精确等级，多选用二次侧额定电流为 1A 的电流互感器。相应的，微机型二次设备也应选用额定交流电流为 1A 的产品。根据目前新建 110kV 变电站的规模及布局，绝大多数都是选用二次侧额定电流为 5A 的电流互感器。

3. 电流互感器二次绕组的精度选择

在变电站中，电流互感器用于三种回路：保护回路、测量回路和计量回路，而这三种回路对电流互感器的准确级要求是不同的。

简单地讲，测量、计量级二次绕组着重于精度，即误差要小，在发生短路故障时能迅速饱和，保护测量表计；保护级二次绕组着重于抗饱和能力，即在发生短路故障时，短路电流超过一次额定电流许多倍的情况下，电流互感器一次侧电流与二次侧电流的比值仍在一定允许误差范围内接近理论变比。

对于测量、计量级二次绕组而言，0.5 或 0.2 级的意义就是其比差比值差的最小值分别为 $\pm0.5\%$ 和 $\pm0.2\%$。需要注意的是，此类电流互感器不保证在短路条件下满足此比值差。

对于保护级（P）的电流互感器而言，准确级分为 5P 和 10P 两种，其额定一次电流下的比值误差是固定的，分别为 $\pm1\%$ 和 $\pm3\%$，复合误差分别为 5% 和 10%。5P20 级的电流互感器的含义可以简单理解为：电流互感器一次电流为 20 倍额定电流时，其二次电流误差为 5%。

一般来说，10P 级二次绕组已经能够满足 110kV 变电站内设备的继电保护需要，至于是 10 倍还是 20 倍过流，需要根据实际的潮流及短路电流计算而确定。

从图 11-3-9 中的准确级选择来看，线路保护装置、母差保护装置采用准确级为 10P 的绕组，测控装置准确级为 0.5 级的绕组，电能表回路准确级为 0.2 级的绕组。

4. 电流互感器二次绕组的接地方式

电流互感器的二次侧不允许开路，电流互感器二次侧中性点必须接地。反措规定：电流互感器的二次回路，必须且只能有一个接地点；独立的、与其他互感器二次回路没有电气联系的电流互感器二次回路可在开关场一点接地，但应考虑将开关场不同点地电位引至同一保护柜时对二次回路绝缘的影响。

用于元件差动保护的各电流互感器的二次侧必须在一点接地，例如主变压器差动保护、母线差动保护。高压线路差动保护是依靠光纤传输电流量（经过变换以后）进行比对实现的，不是直接由差电流启动保护元件，所以线路两端电流互感器二次侧各自单独接地。

三、电流互感器二次回路安装和调试

（一）电流互感器二次安装

由于前面章节详细叙述过屏柜与端子箱内的二次回路安装的内容，所以本章节着重叙述电流互感器本体处的二次安装。

（1）电流互感器的接线原则。

1）电流互感器的接线应遵守串联原则：即二次绕组侧与所有二次设备负载串联。

2）电流二次侧绝对不允许开路，因一旦开路，一次侧电流全部成为磁化电流，引起励磁电流骤增，造成铁芯过度饱和磁化，发热严重乃至烧毁线圈，同时磁路过度饱和磁化后，使误差增大。若突然使其开路则励磁电动势由数值很小的值骤变为很大的值，铁芯中的磁通呈现严重饱和的平顶波，因此二次侧绕组将在磁通过零时感应出很高的尖顶波，其值可达到数千甚至上万伏，危及工作人员的安全及仪表的绝缘性能。

此时二次感应电压公式为

$$U = 4.44fBWS \qquad (12\text{-}3\text{-}9)$$

式中：f 为电源频率；W 为二次线圈匝数；B 为铁芯中的磁密度；S 为铁芯的有效截面积。

3）电流互感器二次侧必须接地，否则，由于电流互感器一次绕组和二次绕组之间及二次绕组和地之间均存在分布电容，电容的分压会使不接地的二次绕组产生对地的高电压，另外，一、二次之间的绝缘一旦损坏，一次侧高压会窜入二次低压侧，危害人身安全、损坏二次设备。

4）电流互感器二次回路只能有一个接地点，不允许多点接地。在电流二次回路中，如果正好在继电器线圈的两侧都有接地点，一方面多个接地点和地所构成的回路，会电流互感器流入继电器的电流分流。此外，在变电站内发生接地故障时，地网通过故障电流而产生地电位差，将在电流回路中产生额外电流。这两种原因，将使通过电流互感器二次回路流过的电流与实际的故障电流有极大差异，会引起保护的不正确动作。

电流互感器的接地点，应在电流互感器所在间隔的端子箱处接地，对于几组电流互感器电气上互相连接时（例如采用和电流的差动保护），接地点应选在互感器的电气连接处（保护屏柜或和电流端子箱处）。

（2）电流互感器的接线工艺要求。

1）电流互感器二次回路导线或电缆，均应采用铜线，用于保护及测量电流互感器回路的导线截面积不应小于 2.5mm^2，现在普遍使用 4mm^2。对于计量回路，其电流互感器

回路导线截面积 A 应按式（12-3-10）进行选择，但不应小于 4mm^2，并满足电流互感器对负载的要求。

$$A = \frac{\rho L \times 10^6}{R_\text{L}} \tag{12-3-10}$$

式中：ρ 为铜导线的电阻率，$\rho=1.8\times10^{-8}\Omega\cdot\text{m}$；$L$ 为二次回路导线单根长度；R_L 为二次回路导线电阻。

其中 R_L 为

$$R_\text{L} \leqslant \frac{S_\text{2N} - I_\text{2N}^2\left(K_\text{jx2}Z_\text{m} + R_\text{K}\right)}{K_\text{jx}I_\text{2N}^2} \tag{12-3-11}$$

式中：K_jx 为二次回路导线接线系数，分相接法为 2，不完全星形接法为 $\sqrt{3}$，星形接法为 1；K_jx2 为串联线圈总阻抗接线系数，不完全星形接法时为 $\sqrt{3}$，其余均为 1；S_2N 为电流互感器二次额定负荷；I_2N 为电流互感器二次额定电流；Z_m 为计算相二次接入电流线圈总阻抗；R_K 为二次回路接头接触电阻。

所以对分相接法的二次回路导线截面积的计算为

$$A \leqslant 0.9L / \left(S_\text{2N} - 25Z_\text{m} - 2.5\right) \tag{12-3-12}$$

2）电流互感器本体处一般有接线盒供二次电缆接线，接线盒内一般使用铜质接线柱或接线端子引出电流互感器二次绕组。接线盒内接线应排列合理，避免芯线裸露带电金属接触其他接线柱，如图 12-3-11 所示。

(a) 电流互感器接线盒内接线　　　　(b) 低电压等级电流互感器接线

图 12-3-11　电流互感器接线应排列合理

3）电流互感器回路导线开剥的金属部分长度应合适，与电流互感器接线盒内的接线柱或端子有足够的接触面，同时减少裸露带电金属部分，确保接线柱上的螺母及平垫片、端子内部的卡箍均能牢靠压住铜芯且不外露，防止出现压接到导线绝缘层而金属部分没有完全接触会导致的导线虚接，以及金属裸露部分过长与接其他绕组的导线金属部分接

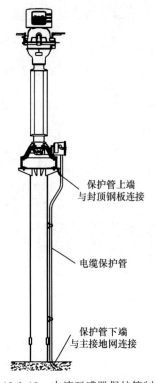

保护管上端
与封顶钢板连接

电缆保护管

保护管下端
与主接地网连接

图 12-3-12　电流互感器保护管制作

触造成的电流回路分流等情况。

4）电流互感器的电缆金属保护管从一次设备的接线盒引至电缆沟，电缆保护管应两端接地，一端将金属保护管的上端与设备的支架封顶钢板可靠焊接，另一端在地面以下就近与主接地网可靠焊接，如图 12-3-12 所示。

保护管宜直接伸入电流互感器接线盒底部的进线孔内，如因设备支架阻挡原因无法直接伸入接线盒，应使用金属软管进行连接，采用金属软管做电缆保护管接续时，其两端应使用固定卡具固定牢靠、密封良好。

保护管管口及与设备接线盒间的空隙应可靠封堵。

5）电流互感器二次回路中性点应分别一点接地，接地线截面积不应小于 $4mm^2$，不得其他电流回路的接地线串接，且不得与其他回路接地线压在同一接线端子内。

电流互感器出口第一端子排应选用专用电流端子，电流互感器的二次备用绕组不允许开路，需要用电缆引至端子箱内的端子排上短接并接地。

盘、柜内二次回路导线不应有接头，控制电缆或导线中间也不应有接头，如必须有接头时，应采用其所在的接线端子箱过渡连接。

电流互感器极性不能接反，相序、相别应符合设计及规程要求，对于差动保护用的互感器接线，在投入运行前必须测定电流相量图以检验接线的正确性。

（二）电流互感器二次试验

电流互感器在设备安装就位后除需进行绝缘油的各类特性试验外及交接试验外，对于二次安装专业来说，一般需进行绝缘测量、变比极性试验和伏安特性曲线试验。在设备送电时还需要进行带负荷测相量的试验。

1. 绝缘测量步骤

（1）首先拆除电流回路的接地，将电流回路至保护等二次设备的连接试验端子打开。

（2）选择 1000V 挡位，将表笔搭在需要测量的电流回路二次线与地之间，按下测试键，依次对所测电流回路进行相对地绝缘测试。读取表计的显示阻值，并记录，如果阻值大于 $10M\Omega$，即为合格。

（3）注意事项：每次绝缘测试结束，应待绝缘电阻表上的红灯不亮，代表充分放电，才可将绝缘电阻表拿出。

2. 互感器变比极性试验

检查互感器变比、极性是否与铭牌值相符很重要，因为极性判断错误会导致二次接线错误，进而使计量仪表指示错误，更为严重的是使带有方向性的继电保护误动作。测量变比可以检查电流互感器一、二次绕组变比关系的正确性，给保护定值正确计算及继电保护正确动作、提供依据。

（1）接线方法：测试线分为一次测试线和二次测试线，颜色一般都分为黑、红两色。一次测试线红色线一端为线夹，夹在电流互感器的一次极性端（P1）接线板上，一端接测试仪面板的一次插孔极性端；黑色线一端夹在一次非极性端（P2）接线板上，一端接测试仪面板的一次插孔非极性端。

同样二次测试线红色线一端夹在互感器接线盒内需测量变比的绕组极性端（K1）接线柱上，另一端接在测试仪面板的二次插孔的极性端；黑线接绕组非极性端（K2）接线柱上，另一端接在测试仪面板的二次插孔的非极性端。如图 12-3-13 所示。

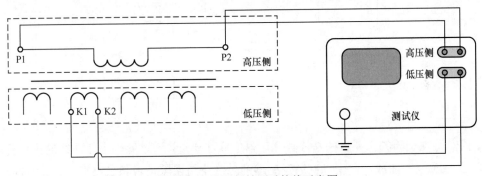

图 12-3-13　变比极性测试接线示意图

注意： 如果互感器是穿心式电流互感器，则红色线从一次极性端（P1）穿入，再与黑线短接即可。其余接线与普通型电磁式电流互感器一致。

（2）接好线后，插上电源（或用互感器变比极性测试仪内的直流电源），打开电源开关。按面板测量按键，等待大约 10s 后，面板上液晶屏即显示出测量的结果（显示变比值，如显示 100/5 或 20），同时极性显示互感器此时的接线方式减极性。

（3）如果要重复测量时，请按复位按键，之后再按测量按键即可进行再次测量。如果需要换一组绕组测试，则先断开试验仪电源开关后，将二次测试线改接至所需测量的绕组即可进行新绕组的测量。

（4）观察极性指示，如果试验接线对应一、二次极性无误，如果显示加极性说明电流互感器为加极性，如显示减极性，说明电流互感器为减极性。一般情况下，电流互感器为减极性，所以出现加极性的结果时，应检查试验接线极性是否正确。

（5）试验的结果需要与电流互感器的铭牌进行比对，保证铭牌标识与试验数据一致，为图纸核对、定值计算、相关的二次设备调试提供依据。

3. 伏安特性曲线试验

伏安特性中的"伏"就是电压，"安"就是电流，从字面解释，伏安特性就是电流互感器二次绕组的电压与电流之间的关系。如果从小到大调整电压，将所加电压对应的每一个电流画在一个坐标系中（电压为纵坐标，电流为横坐标）所组成的曲线就称为伏安特性曲线。

伏安特性曲线也叫互感器励磁曲线，它是指电流互感器一次侧开路，二次侧励磁电流与所加电压的关系曲线实际上就是铁芯的磁化曲线，它的纵轴是电压（单位 V），横轴是电流（单位 A），如图 12-3-14 所示。

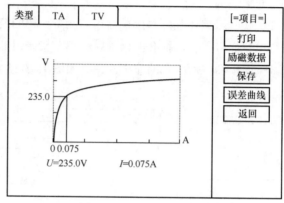

图 12-3-14　伏安特性曲线

伏安特性试验的主要目的是检查互感器的铁芯质量，通过鉴别磁化曲线的饱和程度，计算出 10%误差曲线，并用以判断互感器的二次绕组误差是否满足要求，有无匝间短路的故障。

伏安特性试验前应将电流互感器二次绕组引线和接地线均拆除，保证二次回路在开路状态。

（1）接线方法：如图 12-3-15 所示。测试线一端分别接在互感器接线盒内需测量绕组极接线柱上，另一端接在测试仪面板的插孔内。

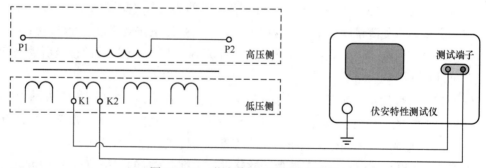

图 12-3-15　伏安特性测试接线示意图

（2）接好线后，打开电源开关。开始设置参数，通入的电流或电压以不超过制造厂技术条件的规定为准，主要是互感器变比、准确级及标称准确限值电流倍数 M（如正常铭牌中 5P10 的 10）。

（3）按要求设置好参数后，按面板测量按键，此时测试仪会向从电流互感器本体二次侧施加电压，同时会根据仪器预设的测试点，读取相应的励磁电流值，当电压稍微增加一点而电流增大很多时，说明铁芯已接近饱和。仪器会根据设置的参数自动进行试验。试验后，根据试验数据绘出伏安特性曲线。

（4）注意事项：

1）电流互感器的伏安特性试验，只对继电保护有要求的二次绕组进行。

2）测得的伏安特性曲线与历史或出厂的伏安特性曲线比较，电压不应有显著降低。若有显著降低，应检查二次绕组是否存在匝间短路。当有匝间短路时，其曲线开始部分电流较正常的略低，如图 12-3-16 中曲线 2、3 所示（曲线 2 为短路 1 匝，曲线 3 为短路 2 匝）。

4. 带负荷测相量试验

带负荷测相量是为了验证二次电流、电压回路接线正确，变电站实际运行时提供给保护装置的交流采样是正确的，使保护装置能够正确动作，如差动保护、距离、零序、带方向的电流保护等。因此在电流互感器及其二次回路发生变动后，都必须带负荷测相量。

带负荷测相量前需要了解线路 TA 的变比、极性（一般朝母线），相量测量正确前退出相应保护出口压板。开始测量前如果电流二次回路有涉及差动保护，可以先观察相关差动保护装置上差流数据是否正常。

（1）接线方法：带负荷测相量一般使用钳形相位表，图 12-3-17 为带负荷测相量时钳形表接线示意。测试线用一组电压二次测试线和一组电流钳形二次测试线。一般电压采用 U_a 相作为基准电压。电压测试线一端接入相位表 U_a 和 U_n 插孔，另一端接测待测负荷所属母线的保护电压 U_a 和 U_n 端子排。电流测试线一端接入相位表 I_a 插孔，另一端钳子夹住待测电流二次线。注意钳子上的箭头方向需与所钳电流二次线实际流向保持一致。

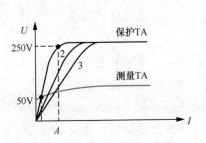

图 12-3-16 互感器匝间伏安特性曲线

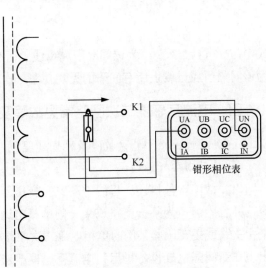

图 12-3-17 带负荷测相量接线示意图

（2）接好线后，打开电源开关，选择单相测试，待测试数据稳定后读取并记录液晶屏上显示出的测量结果（电流大小，U 与 I 的相角差、功率因数）。完成该相后，电压测试接线不变，电流测试钳子端依次钳待测电流回路二次线，并记录数据。表 12-3-2 为带负荷测相量记录表。其中 P、Q 计算为

$$\begin{cases} P = UI\cos\varphi \\ Q = UI\sin\varphi \end{cases} \tag{12-3-13}$$

式中：P 为该间隔有功功率一次值；Q 为该间隔无功功率一次值；φ 为功率因数角度；U 为线电压一次值；I 为线电流一次值。

表 12-3-2　　　　　　　　　　　　带负荷测相量记录表

电流互感器一次负荷

TV 变比	TA 变比	P（MVA）	Q（var）	I	U

电流互感器二次负荷基准电压：

二次绕组用途	测量项目	A 相	B 相	C 相	N 相
例：保护绕组（A411）	I（A）				
	φ（°）				

（3）将测量得到的数据与本间隔其他运行 TA 绕组进行幅值、相序比较。若无运行间隔可以比较，则打开后台机主接线图，计算该间隔所属母线上潮流是否平衡，按式（12-3-14）计算是否成立。

$$\begin{cases} P_1 + P_2 + \cdots + P_n \approx 0 \\ Q_1 + Q_2 + \cdots + Q_n \approx 0 \end{cases} \tag{12-3-14}$$

式中：P_n（n=1,2,3,…）为该间隔所属母线上所有间隔的有功功率一次值；Q_n（n=1,2,3,…）为该间隔所属母线上所有间隔的无功功率一次值。

四、电流互感器二次回路常见故障及检查处理

（一）极性、相序错误故障及检查处理

1. 差动回路极性错误

（1）故障现象描述：母线差动或主变压器差动回路中，一次设备无故障，而存在差流，并且差流值为某一支路或某一侧单相电流的两倍。正常运行时差流应接近于零，当某个支路或主变压器某侧的单相电流二次回路极性接反时 $I_d=I_1-(-I_2)=2I_1$。此类故障一般出现在新间隔电气设备投运、电流互感器改造、母线或主变压器保护更换及基建工程启动送电时。

（2）检查处理方法：

1）首先需要检查母线差动或主变压器差动保护装置内部的交流采样信息，如果是母线差动或主变压器间隔保护改造工程，需逐一判断是否有支路或主变压器各侧的电流单相电流流向与实际潮流方向相反。如果是单一新间隔接入、电流互感器改造，则检查本间隔电流互感器回路存在的极性接反故障。

2）申请退出差动保护，将问题电流互感器二次回路短接，解除电流回路二次接线，观察保护装置的差流是否降低为原先的一半。

3）对调极性异常相的二次接线，待接线确认可靠后，拆除短接片。观察差动保护装置的差流信息，确认差流正常后，重新投入保护装置。

2. 测量计量极性错误

（1）现象描述：三相电流互感器连接电能表时，如果电流互感器的单相电流回路极性接反，会造成电能表的计量混乱，计量不正确（偏差极大）。如果电流互感器的三相电流回路极性都接反，会造成计量电能表反向转动，电能计量不是累加，而是相减。

（2）检查处理方法：

1）在通知计量班组后，短接电能表的接线盒内电流回路。

2）使用相量表对计量电流回路重新测相量，和相量正确的电流绕组比对，确认问题发生的相别。

3）对调极性异常相的二次接线，待接线确认可靠后，拆除电能表接线盒内的短接片。再测一次带上电能表之后的电流回路相量，同时观察电能表显示的电流信息是否正确。

（二）变比错误故障及检查处理

1. 现象描述

在差动回路中，正常运行时仍然存在一定差流，一次设备发生故障时，有可能造成保护装置误动作；还有可能存在测控装置显示的电流值不正常、电能表计量错误等异常现象。

2. 检查处理方法

（1）检查图纸接线位置，有多个不同变比绕组的应检查所接绕组变比，电流互感器绕组有多个抽头时，检查所选抽头的变比是否正确。

（2）使用钳形电流表对异常设备的电流回路进行测量，根据设计变比将测得的二次电流进行折算，然后与电网的实际潮流进行对比，确认采用的变比与设计变比是否有出入。

（3）新安装电流互感器，还应该进行电流互感器一次通流试验，以验证变比、极性的正确性。

（4）确认变比错误后，如果电流互感器绕组抽头均接至端子箱处，可在端子箱处短接电流回路后，重新改接至新的绕组抽头。否则，应停用电流互感器所在间隔，做好安全措施后，在电流互感器本体接线盒处改接至正确变比的绕组。

（三）绕组组别错误故障及检查处理

1. 现象描述

第一种情况：保护绕组与计量绕组对调错误：正常运行时，很难发现该故障，因为负荷电流情况下保护绕组与计量绕组差别很小，往往会被忽略。但是发生一次故障产生大电流时，由于互感器伏安特性不同，二次电流表现不一样。当发生一次故障，保护装置误用了计量电流绕组，由于 TA 饱和，二次电流无法按变比反应一次电流，保护装置采集到的电流值偏小，将使保护装置拒动；另外测量装置误用了保护绕组，也可能因大电流而使设备产生不可逆的损坏。

第二种情况：保护绕组选择没有交叉，母线差动保护与线路保护二次电流绕组存在保护死区，在两个绕组之间的故障无法动作，严重时烧毁整个电流互感器。

2. 检查处理方法

图审时，应认真检查各保护、计量绕组是否正确合理；现场安装时，对接线位置进行核对，与图纸一一对应；在调试时，应对不同绕组进行伏安特性试验或误差特性曲线检查试验，及时发现绕组用错的情况。

（四）电流开路故障及检查处理

1. 现象描述

保护、测控、电能表无法采集到电流值，可能是某相缺失或整组电流为零，用万用表测量二次绕组对地电压，有几百伏甚至几千伏压差；电流开路会造成保护装置误动或拒动，使互感器铁芯饱和而发热，造成互感器损坏。

2. 检查处理方法

（1）发现故障时，应及时申请断开故障间隔开关，避免发生一、二次设备故障。

（2）检查各端子排接线端子是否都已接入，端子排中间连片都已恢复，重点应检查串接多个装置的回路，比如保护绕组串联备自投回路、串联故障录波回路。

（3）断开装置侧端子连片测量互感器侧二次回路的导通情况，不断向互感器侧排查，当二次回路由断开变为导通时，则断开点就在这点与前一测量点之间。

（4）备用绕组也必须进行短接和接地处理。

（五）多点接地故障及检查处理

1. 现象描述

当出现多点接地时，电流通过不同接地点回路，二次电流出现分流，电流值偏小，对于差动保护与零序保护将会误动，距离保护可能拒动。

2. 检查处理方法

检查电流变化情况，多点接地往往表现为某相电流降低或出现零序电流。检查端子箱与屏柜处是否重复接地，在停电的情况，断开端子箱接地线，测量接地情况，分段逐渐排查接地情况，确认接地位置。

（六）备用抽头误短接故障及检查处理

对于带抽头的电流互感器二次绕组，不用的抽头必须悬空，否则会影响电流互感器的变比，给保护和测量等设备造成影响，引起保护误动、拒动之类的问题。

如图 12-3-18 所示，正常情况下，电流互感器变比 $K=(N_2+N_3)/N_1$。当备用抽头被短接时电流互感器实际变比 $K_S=[N_2+N_3N_3/(nN_2)]N_1$。

1. 现象描述

三相电流均减小，且没有零序电流；计算变比与铭牌显示变比均不符，实际变比比额定变比大。

2. 检查处理方法

根据图纸，确认所用的变比与抽头，检查端子箱处短接片连接是否与实际一致。必要时进行一次通流试验进行验证。

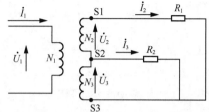

图 12-3-18 备用抽头被短接时等效电路图

第四节 电压互感器二次回路

一、电压互感器基础知识

（一）电压互感器的概述

电压互感器（potential transformer 或 voltage transformer，TV），和变压器类似，是用来变换电压的设备。

但是变压器变换电压的目的是方便输送电能，因此容量很大，一般都是以千伏安或兆伏安为计算单位；而电压互感器变换电压的目的，主要是用来给测量仪表和继电保护装置供电，用来测量线路的电压、功率和电能，或者用来在线路发生故障时保护线路中的贵重设备、电动机和变压器，因此电压互感器的容量很小，一般都只有几伏安、几十伏安。

电压互感器是一种特殊形式的变换器，不同于电流互感器的是，它的二次电压正比于一次电压。电压互感器的二次负载阻抗一般较大，其二次电流 $I=U/Z$，在二次电压一定的情况下，阻抗越小则电流越大，当电压互感器二次回路短路时，二次回路的阻抗接近于 0，二次电流 I 将变得非常大，如果没有保护措施，将会烧坏电压互感器。所以，电压互感器的二次回路不能短路，且除开口零序绕组外，电压互感器其他绕组的二次回路均需装设空气断路器。

正确地选择和配置电压互感器型号、参数，严格按技术规程与保护原理连接电压互感器二次回路，对降低计量误差，确保继电保护、自动装置等二次设备的正常运行，确保电网的安全运行具有重大意义。

（二）电压互感器的分类

电压互感器的分类方式很多，如表 12-4-1 所示。

表 12-4-1 电压互感器分类与特点表

分类依据	类别	特点
工作原理	电磁式电压互感器	根据电磁感应原理按比例变换电压的电压互感器
	电容式电压互感器	电容式电压互感器（CVT）是由串联电容器分压，再经电磁式互感器降压和隔离，作为表计、继电保护等的一种电压互感器，电容式电压互感器还可以将载波频率耦合到输电线用于长途通信、远方测量、选择性的线路高频保护、遥控、电传打字等
	光电式电压互感器	由连接到传输系统和二次转换器的一个或多个电压或电流传感器组成的一种装置，用以传输正比于被测量的量，供给测量仪器、仪表和继电保护或控制装置
绝缘介质	干式电压互感器	结构简单，无着火和爆炸危险，但绝缘强度较低，只适用于 6kV 以下的户内式装置
	浇注式电压互感器	结构紧凑、维护方便，适用于 3～35kV 户内式配电装置
	油浸式电压互感器	绝缘性能较好，可用于 10kV 以上的户外式配电装置
	充气式电压互感器	使用性能优良的 SF_6 气体作为绝缘介质，具有防爆、阻燃、体积小、质量轻、制造简单、维护方便等特点，用于 SF_6 全封闭电器中

（三）电压互感器主要技术指标

1. 一次参数

额定电压的选择主要是满足相应电网电压的要求，其绝缘水平能够承受电网电压长期运行，并承受可能出现的雷电过电压、操作过电压及异常运行方式下的电压，如小接地电流方式下的单相接地。

对于三相电压互感器和用于单相系统或三相系统间的单相互感器，其额定一次电压应符合 GB/T 156—2017《标准电压》所规定的某一标称电压，即 6、10、15、20、35、60、110、220、330、500、750、1000kV。对于接在三相系统相与地之间或中性点与地之间的单相电压互感器，其额定一次电压为上述额定电压的 $1/\sqrt{3}$。

2. 二次额定电压

电压互感器的二次电压标准值，对接于三相系统相间电压的单相电压互感器，二次额定电压为 100V。对接在三相系统相与地之间的单相电压互感器，当其额定一次电压为某一数值除以 $\sqrt{3}$ 时，其额定二次电压必须为 $100/\sqrt{3}$ V，以保持额定电压比的不变。

接成开口三角的剩余电压绕组额定电压与系统中性点接地方式有关。大电流接地系统的接地电压互感器额定二次电压为 100V，小电流接地系统的接地电压互感器额定二次电压为 100/3V。

电压互感器的变比也是一个重要参数，当一次额定电压与二次额定电压确定后，其变比即确定。电压互感器的变比等于一次额定电压比二次额定电压。

3. 额定输出容量

电压互感器额定的二次绕组及剩余电压绕组容量输出标准值是 10、15、25、30、50、75、100、150、200、250、300、400、500VA。对于三相式电压互感器，其额定输出容量是指每相的额定输出。当电压互感器二次承受负载功率因数为 0.8（滞后），负载容量不大于额定容量时，互感器能保证幅值与相位的精度。

除额定输出外，电压互感器还有一个极限输出值。其含义是在 1.2 倍一次额定电压下，互感器各部位温升不超过规定值，二次绕组能连续输出的实际功率值（此时互感器的误差通常超过限值）。

在选择电压互感器的二次输出时，首先要进行电压互感器所接的二次负荷统计。计算出各台电压互感器的实际负荷，然后再选出与之相近并大于实际负荷的标准的输出容量，并留有一定的裕度。

4. 误差

电磁式电压互感器由于励磁电流、绕组的电阻及电抗的存在，当电流流过一次及二次绕组时要产生电压降和相位偏移，使电压互感器产生电压比值误差（以下简称比误差）和相位误差（以下简称相位差）。

电容式电压互感器，由于电容分压器的分压误差以及电流流过中间变压器，补偿电抗器产生电压降等也会使电压互感器产生比误差和相位差。

电压互感器的比误差 ε_V 为

$$\varepsilon_V\% = \frac{K_n U_2 - U_1}{U_1} \times 100 \qquad (12\text{-}4\text{-}1)$$

式中：K_n 为额定电压比；U_1 为一次的实际电压，V；U_2 为在一次侧施加电压 U_1 时二次的实际测量电压，V。

电压互感器的相位差，是指一次电压与二次电压相量的相位之差。相量方向以理想电压互感器的相位差为零来确定。当二次电压相量超前一次电压相量时，相位差为正值。相位差用（′）或 crad 表示。

电压互感器电压的比误差和相位差的限值大小取决于电压互感器的准确度级，GB/T 20840《互感器》规定如下：

（1）对于测量用电压互感器的标准准确度级有 0.1、0.2、0.5、1.0、3.0 五个等级。

（2）满足测量用电压互感器电压误差和相位误差有一定的条件，即在额定频率下，其一次电压为 80%～120% 额定电压间的任一电压值，二次负载的功率因数为 0.8（滞后），二次负载的容量为 25%～100%。测量用电压互感器的误差限值如表 12-4-2 所示。

表 12-4-2　　　　　　　　　　　　　测量用电压互感器的误差限值

准确级	比误差（%）	相位差	
		（′）	（crad）
0.1	±0.1	±5	±0.15
0.2	±0.2	±10	±0.3
0.5	±0.5	±20	±0.6
1.0	±1.0	±40	±1.2
3.0	±3.0	不规定	不规定

（3）继电保护用电压互感器的标准准确度级有 3P 和 6P 两个等级。

（4）由于使用条件和目的不同，满足继电保护用电压互感器电压误差和相位误差的条件和测量的有所不同，要求其频率满足额定值，二次负载的功率因数为 0.8（滞后），二次负载的容量在 25%～100%外，其保证精度的一次电压范围为不小于 5%的额定电压，在 2%额定电压下的误差限值为 5%额定电压下的 2 倍。

（5）继电保护用电压互感器在 5%额定电压下的误差限值如表 12-4-3 所示。

表 12-4-3　　　　　　　　　　保护用电压互感器的误差限值

准确级	比误差（%）	相位差	
		（′）	（crad）
3P	±3.0	±120	±3.5
6P	±6.0	±240	±7.0

二、电压互感器常用二次回路介绍

在发电厂、变电站中，电压互感器的一次绕组与主电气回路串联，二次绕组串接各类的二次负载。为了满足不同测量、计量及保护和自动装置的要求，电压互感器有多种的配置方式。

（一）电压互感器的配置原则

（1）对于主接线为单母线、单母线分段、双母线等，在母线上安装三相式电压互感器；当其出线上有电源，需要重合闸检同期或检无压，需要同期并列时，应在线路侧安装单相或两相电压互感器。

（2）对于 3/2 主接线，常常在线路或变压器侧安装三相电压互感器，而在母线上安装单相互感器以供同期并联和重合闸检无压、检同期使用。

（3）内桥接线的电压互感器可以安装在线路侧，也可以安装在母线上，一般不同时安装。安装地点的不同对保护功能有所影响。

（4）各电压等级电压互感器应至少配置两组相同输出特性的继电保护用二次绕组。在 220kV 及以上变电站中，电压互感器一般配置有四组二次绕组，一组接为开口三相形，其他接为星形。在 110kV 及以下变电站中，电压互感器一般配置三组二次绕组，其中两组接为星形，一组接为开口三角形。

（5）当计量回路有特殊需要时，可增加专供计量的电压互感器次级或安装计量专用的电压互感器组。

（6）在小电流接地系统，需要检查线路电压或同期时，应在线路侧装设两相式电压互感器或装一台电压互感器接线间电压。在大电流接地系统中，线路有检查线路电压或同期要求时，应首先选用电压抽取装置。通过电流互感器或结合电容器抽取电压，尽量装设单独的电压互感器。500kV 线路一般都装设三只电容式线路电压互感器。

（二）电压互感器的二次回路接线方式

1. 电压互感器二次绕组的接线方式

图 12-4-1 为典型的双母线或单母线分段主接线时的电压互感器二次回路的接线原理图。图中可以看出，这里使用的是四组二次侧的电压互感器，其中三组二次侧三相接为星形，一组接为开口三角形。

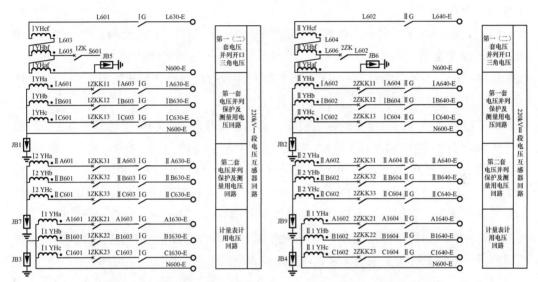

图 12-4-1　单母分段或双母线接线的电压互感器二次回路接线原理图

星形的三组二次侧经空气断路器、隔离开关辅助触点送至二次电压小母线，供保护装置、测量装置、计量装置使用。

开口三角形的二次侧经隔离开关辅助触点送至二次电压小母线，供需要零序电压的保护装置使用。因为开口三角的零序电压输出正常运行时等于 0，平时无法监视其回路是否有断线等情况，所以在该回路不安装空气断路器或熔断器。

电压互感器的二次接线要特别注意其绕组的极性，特别是开口三角回路，由于平时没有电压，在新投运时要认真检查其极性是否符合保护装置方向保护要求，否则在系统发生故障时，可能造成具有方向性的保护拒动或误动。图 12-4-1 的 1ZK、2ZK 就是为检查开口三角电压的极性及做零序方向保护的相量试验而设，通过测量该母线电压的极性，可以推断出 $3U_0$ 的极性。

电压互感器的二次绕组接线方式主要有单相接线、单线电压接线、V/V 接线、星形接线、三角形接线、中性点接有消谐电压互感器的星形接线。各接线的连接方式如图 12-4-2 所示。

（1）单相接线常用于大电流接地系统判线路无压或同期，可以接任何一相，但另一判据要用母线电压的对应相，如图 12-4-2（a）其变比一般为 $U/100/\sqrt{3}$，需要时也可以选择 $U/100$。

（2）接于两相电压间的一只电压互感器，主要用于小电流接地系统判线路无压或同期，因为小电流接地系统允许单相接地，如果只用一只单相接地的电压互感器，如果电压互感器正好在接地相时，该相测得的对地电压为零，则无法检定线路是否确已无压，如果错判则可能造成非同期合闸。具体接线如图 12-4-2（b）所示，该接线也可用于两只分别接于两相的单相电压互感器来代替，用两相间的线电压来判断无压或同期。其变比一般为 $U/100$。

（3）V/V 接线主要用于小电流接地系统的母线电压测量，它只要两只接于线电压的电压互感器就能完成三相电压的测量，节约了投资。但是该接线在二次回路无法测量系统的零序电压，当需要测量零序电压时，不能使用该接线。具体接线如图 12-4-2（c）所示，其变比一般为 $U/100$。

（4）星形接线与三角形接线应用最多，常用于母线测量三相电压及零序电压。接线如图 12-4-2（d）、图 12-4-2（e）所示，星形接线的变比一般为 $U/100/\sqrt{3}$，对三角形接线，在大电流接地系统中一般为 $U/100$，在小电流接地系统中一般为 $U/100/3$。对于三角形接线的电压互感器二次侧，因系统正常运行时无电压，所以其输出的引线上不能安装空气断路器或熔断器，否则空气断路器跳闸或熔断器熔断时无法检测，如果该回路使用中没有负载，开口三角处不能短接，否则在系统中发生接地故障时会影响其他二次侧电压的正确测量，出现长时间接地故障时，可能会造成电压互感器二次绕组烧坏。

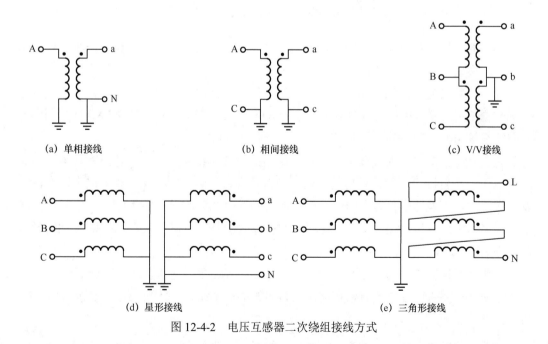

图 12-4-2　电压互感器二次绕组接线方式

2. 电压互感器二次绕组的接地方式

电压互感器二次回路必须且只能在一点接地，接地的目的主要是防止一次高压通过互感器绕组之间的电容耦合到二次侧，可能对人身及二次设备造成威胁；但如果有两点接地或多点接地，当系统发生接地故障时，地电网各点间有电压差时，将会有电流从两个接地点间流过，在电压互感器二次回路产生压降，该压降将使电压互感器二次电压的准确性受到影响，严重时将影响保护装置动作的准确性。其接地点与二次侧中性点接地方式、测量和保护电压回路供电方式以及电压互感器二次绕组的个数有关。

在 110～500kV 变电站中各电压等级的电压互感器应统一采用一种接地方式，一般使用零相接地。当电压互感器与其他互感器之间没有直接的电气联系时，其接地点既可选择在端子箱处直接接地，也可选择在共用测控屏等二次屏柜处接地。如果有直接的电气联系，如存在电压回路等，应在直接电气联系处接地。

当接地点离电压互感器本体较远时，在变电站一次系统发生单相接地故障时，接地点与电压互感器安装处的地电位差较大，为保证电压互感器的安全，应在端子箱处电压互感器二次绕组中性点加装带信号触点的接地保护器。

关于接地具体要求如下：

（1）每个绕组均要有且仅有一点接地（可与其他绕组共用同一个接地点）。

（2）有电气联系的不同绕组需在存在电气联系的点接地（故常见接地点多在对应电压等级的电压并列装置处）。

（3）若未在 TV 端子箱或 TV 手车柜处一点接地且对应接地点与 TV 端子箱或 TV 手车柜不在同一平面内的话，则需在 TV 端子箱处按绕组分别经过带信号触点的接地保护器接地（不在同一平面内的意思是不在同一个房间或者是同一个场地，比如说 10kV 开关室，电压并列装置一般就在 10kV 母分隔离开关柜，而 10kV 母分隔离开关柜和 TV 手车柜都在 10kV 开关室内，这就算同一平面内，而 35kV 保护室、35kV 开关室和 35kV 户外场地就算距离不远也不算同一场地）。

（4）需通过 2 根 4mm^2 的黄绿色地线接地，且在接地铜排处地线需单独占用一个接地螺栓，禁止与其他接地线共用同一个螺栓，且端子排处和接地铜排处均需挂标识牌，标识牌上内容如图 12-4-3 所示。

（5）常规变电站中线路电压不单独接地，而是通过测控屏或保护屏处与母线电压的 N600 短接至一起；智能变电站中因为线路电压与母线电压没有直接电气联系，故线路电压在对应线路间隔的汇控柜处直接接地。

图 12-4-3　母线电压二次永久接地标识牌

三、电压互感器二次回路调试

电压互感器在设备安装就位后除需进行绝缘油的各类特性试验外及交接试验外，对于二次安装专业来说，一般需进行绝缘测量、变比极性试验。在设备送电时还需要进行二次核相试验。

（一）绝缘测量

按试验报告要求 TV 二次回路对地绝缘应大于 10MΩ。

按要求 TV 二次回路有且仅有一点接地，在绝缘测量时需检查是否有接地、是否有多点接地的情况。

因在技改、扩建等工程中，TV 二次回路的永久接地点不可解除，故在测试过程中可通过先用绝缘电阻表 1000V 挡位确认各线芯对地绝缘合格、各线芯之间绝缘合格后，再在接火工作时将 TV 二次回路 N600 接入运行回路后，用万用表交流电压挡确认新电缆的 N600 线芯对地压差为零后，再用万用表电阻挡确认新电缆的 N600 线芯对地阻值为零。

在新建等工程中，因 TV 二次回路的永久接地点暂未投运，故可通过永久接地点的接入与退出两种情况，确认 TV 二次回路的接地点情况和绝缘情况。当永久接地点接入后，TV 二次回路对地绝缘应为零，当永久接地点退出后，TV 二次回路对地绝缘应大于 10MΩ。

（二）互感器变比极性试验

检查互感器变比、极性是否与铭牌值相符很重要，因为极性判断错误会导致二次接线错误，进而使计量仪表指示错误，更为严重的是使带有方向性的继电保护误动作。测量变比可以检查电压互感器一、二次绕组变比关系的正确性，给保护定值正确计算及继电保护正确动作、提供依据。

接线方法和试验方法可参照电流互感器章节相关目录。需注意的是一次试验线接电压互感器两端后，需确认两端未同时接地，否则会出现试验仪器电压加不到设定值的情况，一般加到将近 1V 时就停止试验。另外变比极性试验的正确结果应是变比正确、极性正确。

（三）电压二次回路核相试验

（1）电压二次回路核相的内容。电压二次回路核相以下统称二次核相，其主要目的是核实以下内容：

1）两条不同母线之间同名相的电压相位是否相同，幅值是否有问题。

2）三相电压之间的相序是否为正序。

3）开口零序电压在不同段母线之间接法是否一致。

（2）需要进行二次核相工作的情况：

1）新增投运设备，两个电源互为备用电源或者有并列运行要求时，投运前需进行电压核相工作。

2）电源系统和设备在维修或改变后，投入运行前需进行电压核相工作。

3）设备经过拆相大修或在大修中可能改变一次相序时，投运前需进行电压核相工作。

（3）同源核相和非同源核相。

同源核相：两段母线的母联开关在合位，由同一进线对这两段母线供电时，分别核对这两段母线 TV 的二次电压数值和相序正确，测量两段母线 TV 二次电压之间的关系。

非同源核相：两段母线的母联开关在分位，由两条进线分别对这两段母线供电时，分别核对这两段母线 TV 的二次电压数值和相序正确，测量两段母线 TV 二次电压之间的关系。

（4）核相方法。无论是同源核相或非同源核相都需要至少一个作为基准值的电压互感器二次绕组，在新站基建工程中，启动送电时无法先确定二次核相的基准，则需在待核相的互感器二次绕组中先确定一个相序正确的绕组作为基准电压。

1）先使用万用表测量待检测电压互感器除开口电压绕组外所有绕组相电压，电压值约为电压互感器额定二次相电压的 1.05 倍（大约 60V）。

2）用相序表测量待测电压互感器二次电压的相序，确认其中一个绕组的电压为正序。如果核相时无基准电压，可以将正序的互感器绕组作为本组电压互感器自身测量基准电压。

3）已确认为正序的绕组三相电压为基准，去测量与除开口电压绕组外其他绕组之间的线电压，要求同名相之间约为 0V，异名相之间约为额定二次线电压的值（大约 104V）。

4）两组待核相的电压互感器自身电压测量工作均正确后，在两组待核相的电压互感器各抽一个绕组，在这两个绕组之间核相，要求同名相之间约为 0V，异名相之间约为额定二次线电压值（大约 104V）。

5）测量两组电压互感器自身开口电压绕组与基准电压的差值，以确认开口电压的接法与图纸一致，具体方法如下：

一般来说，保护测量绕组、计量绕组的额定二次电压为 57.74V，对于 110kV 及以上电压等级来说，开口电压绕组的额定二次电压为 100V，对于 35kV 及以下电压等级来说，开口电压绕组的额定二次电压为 33.33V。

电压互感器三相的三个二次绕组的极性端每相别均标记为"da"，非极性端均标记为"dn"，开口三角就是把就是 A 相绕组的非极性端"dn"与 B 相绕组的极性端"da"相连，B 相绕组的非极性端"dn"与 C 相绕组的极性端"da"相连，从 A 相绕组的极性端"da"与 C 相绕组的非极性端"dn"引出电压；这个没有完全闭合的三角形就是开口三角形，从这开口三角形引出的电压 ΔU，就是开口三角电压。开口三角形端电压等于三相对地电压的相量和，当三相对地电压平衡时，相量和等于零。当发生单相接地故障时，三相对地电压不平衡，开口电压为 100V。

以开口电压绕组的额定二次电压为 100V 为例，开口三角电压的接线方式采取如图 12-4-4（a）所示，相量图如图 12-4-4（b）所示。

然后根据余弦定理，对于任意三角形，任何一边的平方等于其他两边平方的和减去这两边与它们夹角的余弦的积的两倍，即可算出 A、B、C 三相电压对 S602、S601、L603 的标准压差，并与实际压差值进行比较，一致则代表实际接线与所需接线一致。

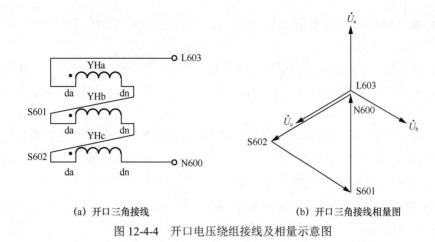

(a) 开口三角接线　　　　　　　　　(b) 开口三角接线相量图

图 12-4-4　开口电压绕组接线及相量示意图

四、电压互感器二次回路常见故障及检查处理

（一）极性错误故障及处理

1. 母线电压极性错误

（1）故障现象描述：一次设备带电时，保护装置、测控装置异常灯亮，装置报 TV 断线告警；检查模拟量采样，三相电压幅值正常，电压角度异常，某相与另外两相之间夹角变为 60°，出现 120V 零序电压和负序电压。

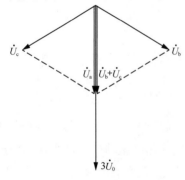

图 12-4-5　电压极性反示意图

（2）检查处理方法：使用相量表测量每相之间的夹角，出现某相与另外两相夹角相等且均为 60° 时，该组电压极性接反。电压相量如图 12-4-5 所示；或在表计的图形界面显示的相量图中也可直接看出是哪相电压极性接反。发现极性错误后，需及时将母线电压互感器间隔停运，然后检查线路电压互感器二次回路接线，确定故障点后将错误的接线对调，测量回路无短路后重新将间隔投入运行，并重新进行二次核相。

2. 线路电压极性错误

（1）现象描述：一次设备带电时，线路电压与母线电压对应相角度相差 180°，造成重合闸或同期手合失败，某种情况下一次送电时，线路 TV 空气断路器异常跳开。

（2）检查处理方法：线路电压极性接错时，其二次电压相位会与线路电压互感器所接的一次相别所对应母线单相电压在二次相位上相反，这种相位差在设备投运时可以通过线路电压互感器二次电压核相测试检测出来，所以在线路电压互感器投运时，需进行二次电压核相工作。发现极性错误后，需及时将线路电压互感器所在间隔停运，然后检查线路电压互感器二次回路接线，确定故障点后将错误的接线对调，然后测量回路无短路后重新将间隔投入运行，并重新进行二次核相。

线路电压极性端与母线电压 N600 短接在一起导致短路跳空气断路器这种情况，一般是由于对线或套头错误，造成线路电压互感器两端分别在保护屏和测控屏两处端子排上与全站电压公用接地点连接，造成接地短路。因此在故障发生后需断开线路电压互感器二次空气断路器，解除线路电压二次回路的接地点，对线路电压二次回路是否存在接地点进行排查，若接地存在，继续选择其他断开点测量，不断缩小范围直至找到接错线的位置；或者解除电缆两头接线，核对线芯及线号头。

（二）相序错误故障及检查处理

相序简介：三相电压相序的判断，以某相电量的相位超前排列在前面，而电量的相位滞后的相排列在后面，三相之间互差 120°，第二相滞后第一相 120°，最后的一相滞后第一相 240°，但是由于相差 360°相当于同相位，因此最后的一相又相当于超前第一相 120°。

正序的三种形式：ABC/BCA/CAB，负序三种形式：ACB/CBA/BAC。

1. 保护电压相序错误

（1）现象描述：保护装置发出电压异常告警，显示 TV 断线，退出电压保护，显示反序。

（2）检查处理方法：利用相序表测量相序是否正确，没有相序表的情况，可与正常间隔电压进行核相。对出现压差的相别进行调整。

2. 计量电压相序错误

（1）现象描述：电能表计量错误，可能转得快，也可能转得慢，正转，也可能反转。

（2）检查处理方法：计量电压相序的调整方法与保护电压相序错误的处理方法一致。

（三）开口三角连接错误故障及检查处理

（1）现象描述：若开口电压单相极性接反，在小电流接地系统中，小电流接地选线装置将会误报，不接地的线路报接地，甚至误报母线接地；在并列回路中，开口电压将存在压差，并列即为短路。在大接地系统中，开口电压作为主变压器零序过压保护判断依据，若接线错误，比如某一相极性接反，开口电压为 200V 将引起主变压器保护误动，如图 12-4-6 所示。若由于接线错位使开口电压未真正接入零序过压保护，故障时主变压器保护将拒动。

（2）检查处理方法：查看小电流接地选线装置说明书，确认选线开口电压极性端接入的位置，通过试验验证接地选线结果与实际一致，不一致时对调选线装置侧线芯接线位置。开口电压极性若错误，则在测量的开口三角处有大电压（实际正常运行时接近零），这时先断开开口电压三相短接片，分别测量开口电压与正常的三相电压 U_A、U_B、U_C 之间的电压差，当其中一相电压不一致时，为极性接反相。接线顺序不一致的情况，依然以三相电压 U_A、U_B、U_C 为参照，调整接线顺序。

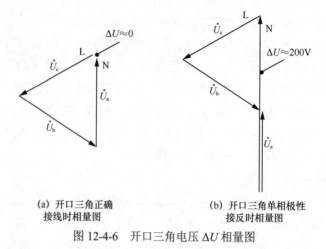

(a) 开口三角正确
接线时相量图

(b) 开口三角单相极性
接反时相量图

图 12-4-6 开口三角电压 ΔU 相量图

（四）多点接地故障及检查处理

当一次侧和二次侧的绝缘击穿时，会在二次侧造成高电压，在二次侧一点接地是出于设备与人身安全的考虑。只有一点接地是为了避免形成环路，多点接地会在回路中形成电流，各接地间存在压差，对电压测量造成影响，严重的会造成保护误动。

（1）现象描述：电压二次回路 N600 存在多点接地时，当发生大电流接地短路故障时，中性点上会产生电位差 ΔU，即中性点出现偏移，进入保护装置的各相电压叠加了电位差 ΔU，同时零序电压也叠加了 3ΔU，将引起电压相关的距离保护、零序保护继电保护装置误动作。

（2）检查处理方法：对照图纸进行接线与外观检查，重点检查公用测控与端子箱是否存在重复接地的情况，检查电压击穿熔断器是否损坏接地，检查屏柜穿孔处是否有电缆绝缘层破损导致接地。

当上述做法无法发现故障点后，可采取两种方式。

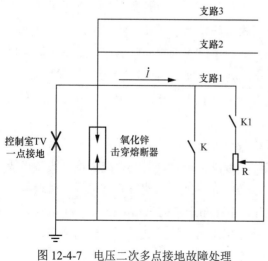

图 12-4-7 电压二次多点接地故障处理

1）停电处理法：将母线电压互感器间隔停运，将公用全站一点接地断开后，用万用表切换至导通挡位，表笔连接 N600 线与接地铜排，如果万用表导通说明存在多点接地，分别断开各个支路，分别测量是否导通，不断缩小范围直到找到接地点。

2）不停电处理法：母线电压互感器不停运，将公用全站一点接地断开，接线如图 12-4-7 所示，用高精度钳形电流表测量支路，分合隔离开关 K，对每个支路在隔离开关分合前后测出电流进行比较，电流没发生变化，该支路不存在接地点，电流发生变化，该支路存在接地点。

第五节　变压器本体二次回路

变压器的二次回路主要包括电量回路、非电量回路及辅助回路，电量回路主要是变压器各侧间隔保护、测量、计量回路，其主要一次设备的二次回路与前文介绍的隔离开关、断路器、电流互感器、电压互感器的二次回路基本一致，本章节不作赘述；本章节主要介绍变压器本体的二次回路，主要是非电量回路及主变压器本体的各类辅助回路。

一、非电量回路

（一）非电量回路原理

非电量保护，顾名思义就是指由非电气量反映的故障动作或发信的保护，一般是指保护的判据不是电量（电流、电压、频率、阻抗等），而是非电量（例如气体、压力、温度等）。表 12-5-1 为变压器非电量保护的种类。表 12-5-2 为变压器各种非电量保护的动作原理

表 12-5-1　　　　　　　　　　　变压器主要非电量保护种类

保护名称		反映的物理量	对应的变压器故障
气体保护	轻瓦斯保护	气体体积	内部放电、铁芯多点接地、内部过热、空气进入油箱等
	重瓦斯保护	流速、油面高度	严重的匝间短路、对地短路
压力保护	压力释放阀	压力	内部压力升高、严重的匝间短路及对地短路
	压力突变保护	压力	内部压力瞬时升高
温度保护	绕组温度	温度	冷却系统失效、绕组温度升高
	本体油温	温度	冷却系统失效、油温度升高
油位计		油位	油位过高、过低

表 12-5-2　　　　　　　　　　　变压器主要非电量保护动作原理

保护类型		动作原理	图例
气体保护	本体重瓦斯	当变压器油箱内发生严重故障时，故障电流及电弧使变压器油大量分解，产生大量气体，使变压器喷油，油流冲击气体继电器内挡板，带动磁铁使干簧继电器动作，作用于切除变压器	
	本体轻瓦斯	当变压器内部发生轻微故障或异常时，故障点局部过热，引起部分油膨胀，油内的气体被逐出，形成气泡，进入气体继电器内，使油面下降，开口杯转动，干簧继电器动作，发出信号，轻瓦斯保护不作用于跳闸	
	调压重瓦斯	与本体重瓦斯保护原理基本一致，作用于有载调压装置油箱内发生严重故障的主要保护，动作时切除变压器	
	调压轻瓦斯	与本体轻瓦斯保护原理基本一致，作用于有载调压装置油箱内发生轻微故障或异常时发出信号	

349

续表

保护类型		动作原理	图例
压力保护		压力保护安装于变压器本体油箱的上部，当变压器内部故障时，温度升高，油受热膨胀，压力增高，弹簧带动继电器动作，现在规程要求压力保护只发信号	
温度保护	绕组温度	用于测量变压器内部绕组温度的表计，通过负载电流流经电热元件，产生温度指示增量，叠加变压器顶层油温，模拟出被测变压器绕组的最热部分温度	
	本体油温	温度表主要由弹性元件、毛细管和温包组成，在这三个部分组成的密闭系统内充满了感温液体，当被测温度变化时，由于液体的"热胀冷缩"效应，温包内的感温液体的体积也随之线性变化，这一体积变化量通过毛细管远传至表内的弹性元件，使之发生相应位移，该位移经齿轮机构放大后便可指示该被测温度，同时触发微动开关，输出电信号驱动冷却系统、送出报警信号，达到控制变压器温升的目的	
	油位保护	油位保护是反应变压器油箱内油位异常的保护。运行时，因变压器漏油或其他原因使油位降低时动作，继电器动作发出报警信号	

非电量保护是通过回路和保护装置中的继电器实现的，不经过微机保护逻辑运算，采用的是电缆直跳方式，图 12-5-1 为某变电站主变压器非电量保护开入回路图，主变压器的本体重瓦斯、有载调压重瓦斯等辅助触点通过电缆直接开入给变压器保护屏的非电量保护装置。如果这些开入触点闭合，则应该启动相应的信号继电器以及中间继电器（CJ），继电器动合触点闭合，信号继电器必须开入高电位才能返回，所以非电量信号启动后必须按下信号复归按钮才能复归，不会自动复归，中间继电器（CJ）动合触点闭合接通出口中间继电器启动回路。

按照规程、规范非电量保护中所有要跳闸出口的保护（主要包括本体重瓦斯保护、调压重瓦斯保护），经压板直接作用于跳闸。其余如压力释放、绕组温度、轻瓦斯等保护只作用于发信。

（二）非电量保护功能要求

（1）智能变电站主变压器非电量保护应集成在主变压器本体智能终端中，并采用常规电缆就地跳闸方式，保护动作信号通过本体智能终端的 GOOSE 报文转发给测控装置上送至综合自动化系统。

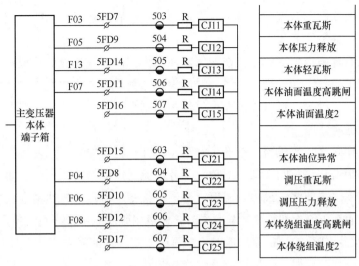

图 12-5-1　非电量保护开入回路图

（2）与本体智能终端集成的非电量保护宜配置独立电源空气断路器及其直流电源监视回路。

（3）非电量保护电源应在直流电源屏独立配置直流空气断路器。当主变压器中、低压侧开关为单跳圈配置时，非电量保护电源应与中、低压侧开关控制电源取自同一段直流母线。

（4）未采用就地跳闸方式的非电量保护应设置独立的电源回路（包括直流空气断路器及其直流电源监视回路）和出口跳闸回路，且必须与电量保护完全分开。

（5）非电量保护出口应跳高压侧开关的双组跳闸线圈。

（6）非电量保护信号应从源端模拟进行全面检查，并进行信号核对确认。

（7）变压器保护及母差失灵保护等不经附加判据直接启动跳闸的开入回路，采用大功率中间继电器时，启动功率应大于 5W，最小动作电压应在额定直流电源电压 55%～70% 范围内，额定直流电源电压下动作时间应为 10～35ms，应具有抗 220V 工频干扰电压的能力。

二、变压器冷却器系统

（一）冷却器系统

对于大型变压器均配置有各种的冷却系统，如油浸自冷（ONAN）、油浸风冷（ONAF）、强迫油循环风冷（OFAF）、强迫油循环水冷（OFWF）、强迫导向油循环风冷（ODAF）等。在运行时，若冷却系统全停，变压器的温度将升高，如不及时处理，可能导致变压器绕组绝缘损坏甚至爆炸的危险。变压器本体应具有冷却器全停延时回路，变压器保护也具备冷却器全停延时回路。根据需要运用本体延时或保护延时。

变压器按冷却方式可分为自然风冷变压器、强油导向冷却变压器、强油不导向冷却变压器。

（1）自然风冷变压器：变压器铁芯和绕组的损耗所产生的热量，使油受热，油温上升，热油沿油箱片向下对流的过程中，热量通过箱壁和散热器，向四周空气中散发，使变压器在正常油温条件下运行。

（2）强油不导向冷却变压器：在变压器油箱内部没有设置导向装置，进入油箱内的冷油在内部间隙随意流动，带走热量。一般设置这种冷却方式的变压器，冷却裕度比较大，不易发生局部过热，所以冷却器全停保护原则上只作用于信号。但在发出信号后，运行人员必须迅速处理。

（3）强油导向冷却变压器：在变压器油箱内部设置导向装置，使进入油箱内的冷油能有效地通过绕组和铁芯的内部，避免大部分油流通过油箱壁和绕组之间的空隙流走，以提高散热效率，降低绕组最热点温度。当油泵把变压器顶层高油温抽入冷却管内，几次折流后，热量就传给冷却管壁。与此同时，由风扇强制吹风，冷空气带走散出的热量，使油加速冷却，冷却后的油从冷却器的下端再进入变压器油箱内。

强油导向冷却变压器，一般应在开动冷却装置后，才允许带负载运行，即使空载运行也应该投入风冷却装置。这是因为这种变压器的散热面积比较小，外壳是平滑的，在空载运行时，也不能将空载损耗所产生的热量散发出去。因此，强迫油循环风冷却器变压器在完全停止冷却装置运行是很危险的，必须在冷却器全停后投入跳闸。

（二）冷控箱控制回路

变压器冷却器控制箱简称冷控箱，是变压器冷却系统的核心部件，它负责变压器冷却器的手动或自动控制，上送冷却系统的各类状态信号至变电站监控系统。其控制回路如图 12-5-2 所示。

（1）冷控箱电源回路：冷控箱从 380V 低压配电屏取 I、II 段电源，经过冷控箱控制后，电源送到各组风扇，当满足冷控启动条件后，分别启动各组冷却器。

当冷控箱故障后，信号经主变压器测控屏送到监控系统，如果发生冷却器全停（I、II 段电源消失），冷却器全停回路启动，经主变压器非电量保护出口跳开主变压器三侧。

（2）电源自动控制回路：变压器投入电网前，先将 SS 转换开关切至选定的"I 自动"或"II 自动"位置，如 I 段电源工作，II 段电源备用位置，当变压器投入时，其各侧断路器动断触点打开，由直流电源控制的 K 线圈断电，K 继电器动断触点闭合，使得 I 段电源投入接触器 KMS1 吸合、I 段电源投入工作；I 段电源投入接触器 KMS1 和 II 段电源投入接触器 KMS2 两者互锁形成了 I/II 段电源备自投回路，I 段电源故障时备用 II 段电源投入，反之亦然，冷却器自投回路如图 12-5-3 所示。

（3）冷却器控制回路：变压器投入时，先将 KK1~KKn 转换开关切至事先选定的"工作、辅助、备用"位置上，将所有的电源 QF1~QFn 快分开关合上，此时工作冷却器的控制油泵电动机、风扇电动机的 CB 线圈通过相应的 1JR~n2JR 热继电器动断触点和 KK1~KKn 开关触点励磁，CB 动合触点闭合，油泵电动机和风扇电动机投入运行。油泵投入运行后冷却器内油开始流动，当油流速达到一定值时，油流继电器动断触点断开，电源断开保护了电动机。

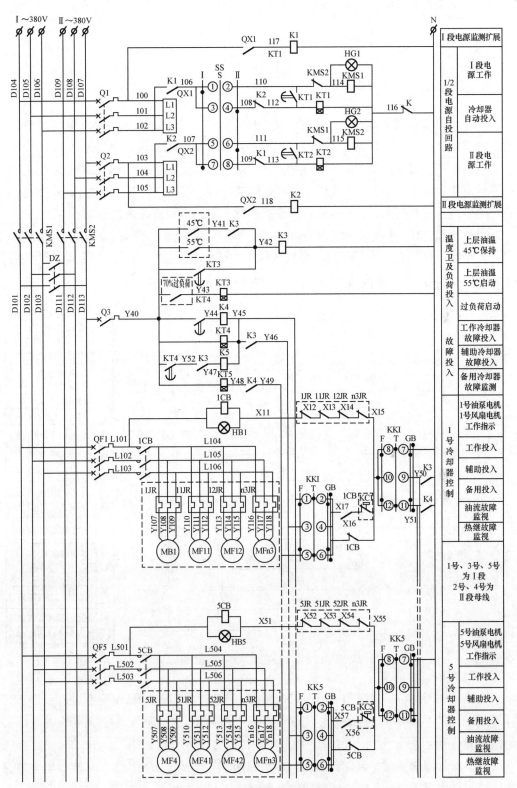

图 12-5-2 冷控箱控制回路原理图

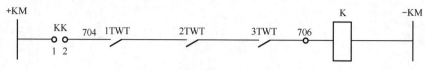

图 12-5-3　冷却器自投入回路

当变压器负荷增加或油面温度达到某一规定值时，温度触点闭合，K3 继电器励磁，动合触点闭合，辅助冷却器投入运行。温度触点通常是 55℃启动，45℃返回。

当油泵电动机和风扇电动机发生故障，1JR～n2JR 热继电器动作，CB 线圈失磁，其动断触点接通备用冷却器 K4 线圈，经一定的延时后，其触点闭合，通过 KK1～KKn 触点启动备用冷却器回路，另一触点接通信号回路，发出冷却器故障信号。

（4）冷控箱信号回路：如图 12-5-4 所示，为了便于现场和控制室知道冷却器的运行状况，控制箱内装有故障信号灯，分别指示"Ⅰ段电源故障""Ⅱ段电源故障""工作冷却器故障""辅助冷却器故障""备用冷却器故障""冷却器全停"。

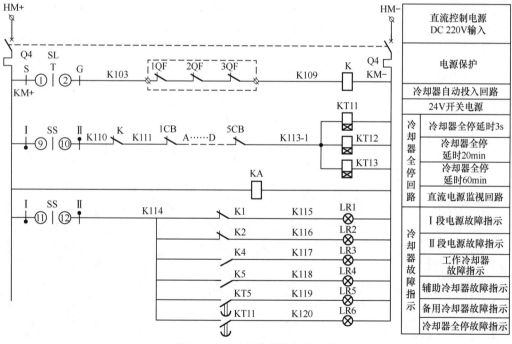

图 12-5-4　冷控箱就地信号回路

冷控箱还需要将信号送到变电站监控系统，通常有"Ⅰ段电源故障""Ⅱ段电源故障""冷却器故障""备用冷却器故障""冷却器全停""直流电源故障""加热照明电源故障"，如图 12-5-5 所示。

（5）冷却器全停保护回路：自然风冷和强油不导向冷却的变压器，其冷却器全停保护原则上只作用于信号，制造厂有特殊规定时按厂家要求执行。

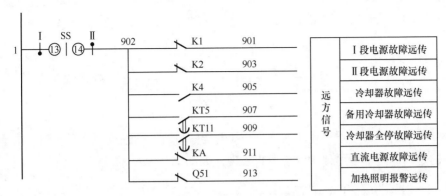

图 12-5-5　冷控箱监控信号回路

强油导向冷却的变压器，其冷却器全停后按如下要求执行：

1）冷却器全停后瞬时发信号，对于无人值班变电站冷却器全停宜投跳闸。

2）冷却器全停后允许带负载运行 20min，如 20min 后顶层油温尚未达到 75℃，则允许上升到 75℃，但在这种状态下运行的最长时间不得超过 1h。

3）取消变压器冷控箱所带的时间继电器，采用保护屏上的静态型时间继电器或者微机主变压器保护的非电量保护装置实现。

冷控箱Ⅰ、Ⅱ段电源消失，同时冷控回路处于投入位置，则启动冷却器全停。冷却器全停开入后，瞬时发信，启动跳闸回路如图 12-5-6 所示。

图 12-5-6　冷却器全停启动跳闸回路

如图 12-5-7 所示，冷却器全停开入后，启动延时继电器，其中延时 1 "20min" 与油温 75℃配合，如 20min 后顶层油温尚未达到 75℃，则允许上升到 75℃。延时 2 为 60min，保证冷却器全停最长时间不得超过 1h。

冷却器全停信号及出口触点回路如图 12-5-8 所示。

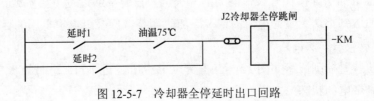

图 12-5-7　冷却器全停延时出口回路

355

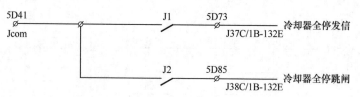

图 12-5-8 冷却器全停信号及出口触点回路

冷却器跳闸还可以通过逻辑实现，冷却器全停与油温高触点分别开入到非电量保护，两者与的逻辑通过非电量保护内部逻辑实现，如图 12-5-9 所示。

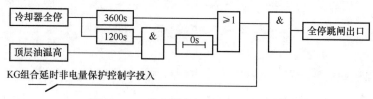

图 12-5-9 非电量保护冷却器全停逻辑

（6）其他注意事项：

1）对于现在部分变电站全停的回路或逻辑（冷却器全停，75℃高温触点同时动作后，再过 20min 动作跳闸）进行整改，确定冷却器全停 20min 后，如果 75℃高温触点动作，动作跳闸。

2）时间继电器 SJ 的检验周期同保护装置的检验周期。

3）冷却器全停保护只加装一块压板（长短延时共一块）。

三、变压器有载调压系统

（一）有载调压原理

变压器的高压绕组中引出若干个分接抽头，电源接在不同的抽头上，高压绕组的实际线匝数就不同，而低压绕组的线匝数是固定的，这样变化的高压绕组匝数和不变的低压绕组匝数就构成了不同的变比，根据变压器变压的原理，低压绕组就可以随高压绕组接不同的抽头而变出不同的电压。高压绕组的抽头可以在线圈的电源侧，也可以在中心点侧，这都不能改变其基本原理。所以 220kV 以下的变压器抽头一般设在电源侧，更高电压的变压器抽头就设在高压绕组的中心点侧；变压器一般都带抽头，以便现场根据实际电压来调整电压值。无载调压主要用在电压变化不频繁、幅度小的地区，可以不用时时调整；对于电压要求比较严、电压常常变化的地区，就得使用有载调压了。有载调压就是将上述绕组抽头都接在有灭弧能力的开关上，在外部通过远方控制或自动调节抽头的连接，从而达到不切断负荷电流的情况下随时调整低压绕组输出电压的目的。

（二）有载调压二次回路

有载调压装置控制回路如图 12-5-10 所示（书中所有元件为常态时的状态，即各继电器、开关都未带电的状态）。

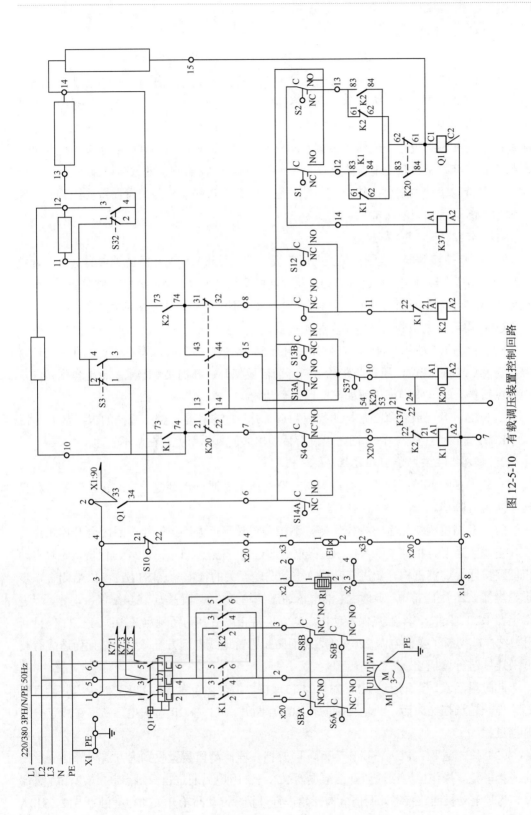

图 12-5-10 有载调压装置控制回路

1. 各主要原件介绍

S3：就地升、降挡操作把手触点；S32：远方、就地操作把手触点。

S14A、S13A、S13B、S12：凸轮开关的行程触点。有载调压开关挡位触头滑行时不能停留在两挡中间，这种情况称为滑挡不到位（滑挡运转中）。操作回路中通过凸轮开关的行程触点识别有载开关处于哪种状态，滑挡运转中或滑挡到位。调压开关允许由于某种原因（比如调挡过程中交流电源突然断电）暂时停留在滑挡不到位的状态，但当处于滑挡不到位有载调压开关重新获取电源时，电动机构将向着到位的方向自保持进行滑挡，这种自保持的驱动力来自凸轮开关的行程触点，是不依赖于电磁的自保持（因为升、降挡继电器断电后就无法保持）。

K1、K2：升、降挡接触器。

K20：步控接触器。控制挡位调节时需要一挡一挡进行，防止因就地或者远方升降挡的粘死而造成有载开关连续进行调挡，从而造成系统电压过调节或者电压欠调节，且此继电器还能防止调挡自保持电源和调挡控制电源来自不同电源时造成两路电源串在一起。

Q1：电动机电源开关及电动机脱扣线圈。

S37：滑挡接力启动触点。有载开关滑行至 9A 或者 9C 时，不希望有载开关挡位就停留在 9A 或 9C 挡位，所以凸轮触点断开前需要使升、降挡接触器重新带电自保持，从而继续滑挡。下文将详细讲解如何实现这个功能。

S4、S5：升挡或者降挡末挡的行程触点。升挡的末挡是 1 挡，降挡的末挡是 17 挡。

K37：制动继电器。在本回路中没有体现出它的具体用处，在此不叙述。

2. 回路各主要功能实现过程详解

有载调压装置控制回路：有载调压装置实质上是通过控制电动机的正反转来带动机构来实现升降挡。

（1）升挡过程：以远方操作为例，测控装置收到远方遥控升挡令后闭合升挡触点，操作电源接通至升挡继电器 K1，K1 得电后通过自身触点 K1：73、74 自保持，此时电动机回路接通，调挡机构开始进行升挡，带动凸轮开关的行程触点 S14A、S13A 闭合，步进继电器 K20 励磁带电，此时 K1 继电器通过凸轮开关的行程触点 S14A 保持动作，步进继电器 K20 通过 S13A 触点保持动作。K20 保持带电后其动断触点 K20：21、22 保持断开，这样就切断了操作电源 220V 端，从而防止因就地或者远方升降挡的粘死而造成有载开关连续进行调挡。

此时虽然 K1 没有通过 K1：73、74 自保持，但是这个触点因为 K1 的带电并没有断开。当一轮调挡结束后，凸轮开关的行程触点断开，K1、K20 都失电，从而完成了一次升挡过程。

（2）降挡过程：以远方操作为例，同升挡一样，测控装置收到远方遥控降挡令后闭合升挡触点，操作电源接通至升挡继电器 K2，K2 得电后通过自身触点 K2：73、74 自保持，此时电动机回路接通，调挡机构开始进行升挡，带动凸轮开关的行程触点 S12、S13A

闭合，步进继电器 K20 励磁带电，K2 继电器通过 S12 触点保持。其余过程与升挡过程类似，不再叙述。

（3）滑挡过程：以升挡为例，有载开关调挡时机构经过 9A 挡位或者 9C 挡位时不会停留在 9A 或者 9C 挡位，而是继续滑挡至 9B 挡位。上面讲到升挡过程中 K20 通过 S13A、S13B 保持带电后通过切断 K20：21、22 从而将操作电源 220V 端切断。

当挡位在 8 挡需要调挡到 9B 挡，机构在 8 挡到 9A 挡时断开滑挡接力启动触点 S37，此时 K20 在升挡过程中失电，从而闭合 K20：21、22 触点，挡位到达 9A 挡后，K1 通过 K1 的自保持触点 K1：73、74 进入启动了新一轮的调挡过程，当过了 9A 挡位后 S37 触点由断开转回闭合，从何使挡位到达 9B 后调挡过程才结束。降挡时由 10 挡调整到 9C 挡最终到达 9B 挡的过程也是一样的过程。

（4）末挡控制过程：有载调压装置调挡至 1 挡后不能再升挡或者调挡至 17 挡后不能再降挡。

图 12-5-10 中 S4、S5 触点，当调挡至 1 挡时到达升挡的末挡，此时末端行程触点 S4 断开，从而断开升挡操作回路；类似的当调挡至 17 挡时到达降挡的末挡，此时末端行程触点 S5 断开，从而断开降挡操作回路。

（5）调挡急停：图 12-5-10 中 Q1 线圈就是电源空气断路器 Q1 的制动线圈。测控装置的急停控令就是将正电源引入该空气断路器线圈 Q1，使其励磁从而断开调挡电动机电源及控制电源使调挡急停。此时电动机回路接通，调挡机构开始进行升挡，带动凸轮开关的行程触点 S12、S13A 闭合，步进继电器 K20 励磁带电，K2 继电器通过 S12 触点保持。其余过程与升挡过程类似，不再叙述。

四、变压器二次回路的安装

（一）气体继电器二次回路安装

气体继电器（瓦斯继电器）如图 12-5-11 所示。气体继电器接线时，首先将制作好的控制电缆由气体继电器接线盒的进线孔伸入接线盒，然后再依据接线盒翻盖背面预先压制好的接线图，将电缆内重瓦斯、轻瓦斯的二次回路芯线分别接到接线盒内的信号触点和动作触点上。

瓦斯接线盒内部位置狭小，接线时走线布置应美观整齐，弧度一致。电缆芯线剥除绝缘长度不宜太长，裸露铜线芯打圈方向为逆时针，孔径不宜过大或过小，电缆芯线与接线柱之间的金属裸露部分应尽可能小，防止接地或短路。

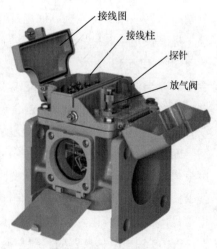

图 12-5-11 气体继电器

（二）压力释放继电器二次回路安装

如图 12-5-12 所示，该压力释放继电器内部有 2 组触点，其中一组作信号用，另一组作非电量动作跳闸用，触点闭合时动作于信号和跳闸。

图 12-5-12　压力释放阀

与气体继电器不同的是，压力释放继电器接线盒位置更加窄小，电缆基本不能伸入接线盒，只能将电缆芯线塞入接线盒。接线内芯线也不能打圈，只能使用螺栓压接的方式接线。

（三）油温表二次回路安装

温度计有两支指针，有实时温度测量的黑色指针，还有指示最高漂度的红色指针，红色指针在仪表透镜上与调节钮连接在一起。红色指针为黑色指针走过的历史最高温度。

当温度上升时，黑色指针会推动红色指针，并将其推到最高温度的指示位，当黑色指示针返回的时候红色指针不返回。可通过红色指针的读数，得知显示该温度计所达到的最高温度。

故主变压器投运前，对指针复位调节时，先旋动大调节钮使红色指针与黑色指针的右侧对齐。主变油面温度计大指针下方还会有小指针，一般有三个指针 K1、K2、K3，分别用于启动及停止风机、油温过高告警、超温跳闸等信号值。

标准设定点 K1 为 55℃、K2 为 65℃、K3 为 80℃。

如图 12-5-13 所示，油温高告警接在了 K3 的动合触点、油温高跳闸接在了 K4 的动合触点。当油温超过 K3 的设定温度（一般为 65℃），K3 动合触点闭合，启动告警继电器，从而发主变压器油温高告警信号。当油温超过 K4 的设定温度（一般为 80℃），K4 动合触点闭合，启动出口继电器，从而跳主变压器三侧开关。

为了将测量值传送到控制室作远程指示，温度表 Pt100 铂电阻传感器阻值的变化或温度变化产生的机械位移变为滑线变阻的阻值变化，图 12-5-14 表计内左侧端子上接的三根线 R1、R2、R3 即为滑线变阻的阻值输出，阻止输出后经过温度变送器转换为 4～20mA 电信号，在远方转化为数字或模拟显示。

Pt100 铂电阻传感器的阻值与温度成正比，在 0℃时阻值为 100Ω，在 100℃时阻值为 138.5Ω，图 12-5-14 为 Pt100 铂电阻阻值与温度的变化曲线。

图 12-5-13 变压器油温表接线图

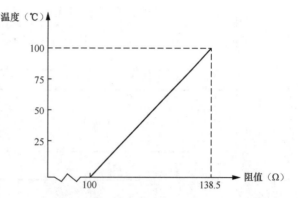

图 12-5-14 Pt100 铂电阻阻值与温度变化曲线

（四）绕组温度表二次回路安装

图 12-5-15 为绕组温度表的内部结构图。

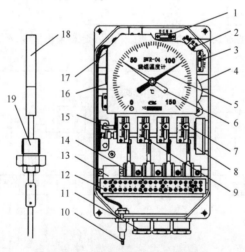

图 12-5-15 绕组温度计的内部结构

1—型号切换；2—电流调节；3—挡位切换；4—变流器；5—最高指示器；6—指示指针；7—设定指针；
8—位移变阻器；9—设定刻度盘；10—毛细管；11—引线接头；12—接线端子；13—电阻转换器；14—微动开关；
15—检验手柄；16—电热元件；17—弹性元件；18—温包；19—安装接头

绕组温度计可以直接输出 Pt100 铂电阻传感器的电阻值，也可以通过内部的变送器将电阻值转为 4～20mA 电流信号；与之对应绕组温度计有两种接法，如图 12-5-16 和图 12-5-17 所示，有一种是有内部变送器输出电流信号方式，一种是直接输出阻值。图中 1、2 端子接负载电流，一般取自变压器高压侧套管电流互感器的单相电流；5～12 端子为四组触点，与油温计的触点基本相同。可以单独设定温度值，到达温度后触点闭合，用于温度报警、控制及跳闸；13、14 端子为 4～20mA 电流信号输出端子；15、16 端子为外接交流电源；17～19 为 Pt100 铂电阻输出回路，使用这种接线方式需要外接变送器。

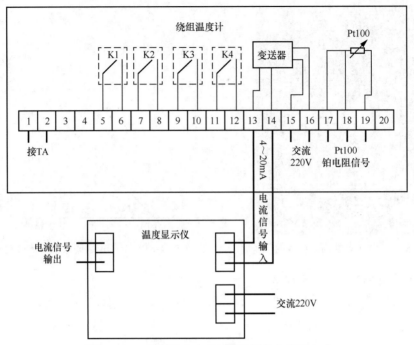

图 12-5-16 绕组温度表内部变送器输出接线方式

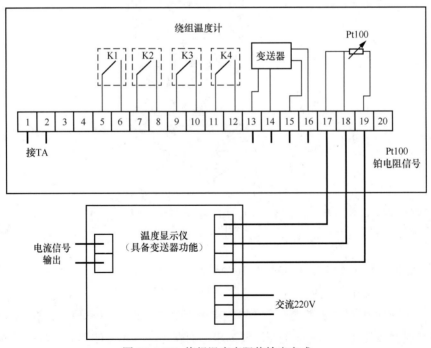

图 12-5-17 绕组温度表阻值输出方式

（五）变压器本体二次回路安装规范

变压器本体二次回路的安装除了需要满足第三～五章的安装规范外，还需要注意以下几点：

（1）非电量保护应防水、防振、防油渗漏，密封性好，气体继电器至保护柜的电缆应尽量减少中间转接环节（电缆由本体端子箱直接引入保护室，不经主变压器端子箱中转）。

（2）进入户外布置变压器的气体继电器、油流速动继电器、温度计、油位表等设备内部的二次电缆应采取防止雨水顺电缆倒灌的措施（如反水弯）和金属管排水措施（如反水弯底部打孔）。

（3）二次线缆由主变压器本体端子箱内引至非电量接线盒之间应使用金属槽盒或穿波纹管，金属槽盒或波纹管安装应美观整齐，并应固定牢固。如图 12-5-18 所示。

（4）非电量接线盒内部位置狭小，接线前应做好走线布置，走线应美观整齐，弧度一致。若二次线为硬线应打圈，打圈方向为螺栓紧固方向，防止紧固接线柱螺栓时越紧固越松；若

图 12-5-18　变压器本体二次电缆加装金属槽盒

为多股软铜线，则应压接对应的接线端子，并且应套绝缘套，接线端子大小应与软铜线和接线柱相匹配，孔径不宜过大或过小。二次线与接线柱之间的金属裸露部分应尽可能小，一般不超过 2mm，防止接地或短路。

（5）金属波纹管伸入接线盒的端口应进行封堵，防止潮气进入接线盒。

五、变压器二次回路的调试

（一）非电量装置的调试

1. 气体继电器整组试验

投运前，需要利用气体继电器进行开关传动试验及信号检验。

试验方法：

（1）确认变压器各侧断路器在合位，操作电源已投入，断路器现场已无人员施工。变压器本体或调压重瓦斯出口跳闸压板已投入。

（2）取下气体继电器防雨帽，打开继电器外壳，拧下继电器探针的防尘帽。

（3）缓慢地按下探针，直至发出轻瓦斯报警信号及跳开主变压器各侧断路器。如不能正确动作，需检查接线是否正确。

（4）为防止轻瓦斯报警触点与重瓦斯跳闸触点接反，使用探针试验无法区分，可使用短接线短接气体继电器接线盒内轻瓦斯触点的接线柱，使继电器只发出轻瓦斯信号的方法来单独试验轻瓦斯信号的正确性。

2. 压力释放阀整组试验

试验方法：

（1）确认变压器各侧断路器均在合位，操作电源已投入，断路器现场已无人员施工。变压器压力释放出口跳闸压板已投入。

（2）缓慢地拉起压力释放阀顶部的试验连杆，直至发出压力报警信号及跳开主变压器各侧断路器。如不能正确动作，需检查接线是否正确。

3. 油温表调试

油温表一般在安装至主变压器本体前已在计量部门做过温度精度的相关试验，不需在现场进行精度试验。安装现场只需做触点传动试验及上传温度数值准确性核对。

试验方法：

（1）确认油温表是否有精度效验报告，核对各组控制触点的动作值设定是否与定值一致。

（2）如图 12-5-13 所示，缓慢转动油温表上的黑色指针，依次启动不同温度值的触点，观察远方的报警信号是否与设计要求一致。如设计图中需要油温表触点出口跳闸。则需与气体继电器整组试验一样，试验到跳开主变压器各侧断路器。

（3）核对控制室温度表、后台机与调度主站处收到的温度值，并与现场的油温表表针指示核对，三者应基本保持一致，相差一般不超过 5℃。如果出现不一致情况，需根据油温表的电阻/温度变换曲线表测量温度变送器输出、输入端的值，判断输入的电阻值和输出的模拟量是否匹配，还需要检查后台机和远动机的温度遥测系数是否正确。

（二）冷却器系统的试验

冷却器系统试验主要有两部分，首先根据工作风扇油泵以及主变压器温度情况，自动投入备用风扇油泵的功能。其次是当冷却器全停时，应当发信或跳闸。

1. 发生冷却器全停时的注意事项

（1）检查故障变压器的负荷情况，密切注意变压器绕组温度、上层油温情况。

（2）立即检查工作电源是否缺相，若冷却装置仍运行在缺相的电源中，则应断开连接。

（3）立即检查冷却控制箱各负荷开关、接触器、熔断器、热继电器等工作状态是否正常，若有问题，立即处理。

（4）立即检查冷却控制箱内另一工作电源电压是否正常。若正常则迅速切换至该工作电源。

（5）若冷却控制箱电源部分已不正常，则应检查所用电屏负荷开关、接触器、熔断器，检查站用变压器高压熔断器等情况，对发现的问题做相应处理。

（6）检查变压器油位情况。

2. 试验方法

（1）分别检验各冷却器（风扇、油泵）独立工作情况，电源系统，各启动继电器工况是否正常。

（2）工作、备用、辅助冷却器启动。检验备用和辅助冷却系统功能是否正确，分别试验工作冷却器故障辅助冷却器故障备用冷却器投入情况。

（3）在低配室试验两路电源的投入情况，两路电源全部拉掉检验冷却器全停信号，特别是全停延时继电器动作情况。

（三）有载调压装置的试验

有载调压装置在投运前，除了需做各类交接试验外，还需要二次安装人员进行升降挡试验及挡位信号的核对。

试验方法：

（1）将有载调压控制器切换至就地位置，使用就地升降按钮进行全挡位的升降挡试验，每次升降挡时间隔一定的时间，升降挡过程中观察是否有滑挡现象，如果有需停止试验查明原因。试验中可使用就地急停按钮测试装置的急停功能。

（2）将有载调压控制器切换至远方位置，在主变压器端子箱或汇控柜处按远方升降按钮进行全挡位的升降挡试验。

（3）将有载调压控制器切换至远方位置，投入主变压器本体测控装置的远控压板，由调度对有载调压装置进行全挡位的升降挡试验。

（4）在每次升降挡过程中，均需核对有载调压控制器挡位显示、后台机与调度主站处收到的挡位值是否一致。

六、主变压器二次回路检查和故障处理

（一）非电量保护二次回路常见故障及检查处理

1. 非电量触点异常、绝缘故障

（1）故障现象描述：监控后台发出主变压器非电量保护动作，非电量保护装置上"非电量保护动作"指示灯亮，现场检查主变压器气体继电器气体压力突变、油位、油温等均正常，按复归按钮，信号依然无法复归。

（2）检查处理方法：拆除非电量接线，装置复归，采用 1000V 绝缘电阻表检查非电量触点绝缘电阻，若触点间绝缘降低或导通，将导致非电量误动；用绝缘电阻表检查触点对地绝缘电阻应大于 10MΩ，对地绝缘电阻过低也可能引起非电量继电器误动作。当发现触点或绝缘异常后，进一步检查主变压器本体非电量本体处接线，此处接线空间较小，容易出现线芯绝缘破损、多股软铜线头没有压接接线端子导致误碰、线芯裸露误碰外壳、外盖密封不严进水导致触点短路等情况。

2. 非电量触点接错故障

（1）故障现象描述：非电量保护在变压器发生轻微的油位异常、油温变化、压力异常等该发出告警信号的情况下，非电量保护动作跳闸。

（2）检查处理方法：非电量保护干簧触点有两种用途，一种是作用于发出告警信号，另一种作用于开关跳闸，两组触点容易混用。发现异常时，应打开主变压器本体处进行触点接线检查，并模拟各种非电量告警、故障情况查看非电量保护装置动作情况。

（二）测温系统故障及检查处理

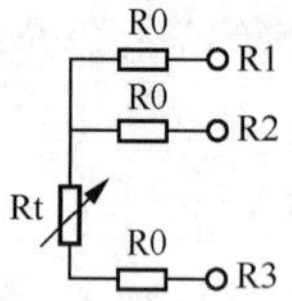

图 12-5-19　Pt100 铂电阻原理接线

Pt100 铂电阻基本原理是电阻随温度线性变化，温度在零度时其阻值正好为 100Ω。温包内嵌铂电阻，引出三根线 R1、R2、R3，其原理接线如图 12-5-19 所示。引入第三根输入线 R2 的目的是有效消除因导线内阻而产生的固有误差，Rt 是铂电阻，R0 为户外至保护室电缆芯线内阻，引用第三根线 R2 形成等臂电桥，消除了 R0 的影响。因此，只有三根芯线内阻 R0 完全相等时才能消除内阻对测量结果的影响。

测温系统故障举例：

（1）故障现象描述：综合自动化系统后台机温度显示异常，测量数据显示与实际有偏差，或为负值、0 及最大值。

（2）检查处理方法：检查端子排至数据采集装置螺栓是否紧固、是否有锈蚀现象导致接触电阻不一致。检查温度表、温度变送器和远程数显仪参数是否匹配。检查铂电阻至数据采集系统的二次线 R1、R2、R3 是否接反。二次线 R1、R2、R3 所带信号为弱电，所受电磁场干扰非常大，检查屏蔽层接地是否可靠或只有单侧接地。

（三）有载调压二次回路常见故障及检查处理

1. 调压遥控故障及检查处理

闭锁调压功能可通过主变压器后备保护装置过负荷闭锁调压触点输出触点闭锁，也可通过串联就地过电流继电器闭锁触点实现。

（1）无法遥控故障。

1）故障现象描述。

第一种情况：有载调压遥控无法进行遥控升挡、降挡或急停，能听到测控出口继电器动作的声音，能测量到出口触点闭合，有载调压机构电源正常，也无法进行就地调压操作。

第二种情况：有载调压能够遥控升降挡，但是不受过负荷闭锁。

2）检查处理方法。闭锁调压功能可通过主变压器后备保护装置过负荷闭锁调压触点输出触点闭锁，也可通过串联就地过电流继电器闭锁触点实现。

第一种情况：检查控制回路的电源回路，有载调压机构电源正常，那么故障点在于控制回路上；同时无法进行升挡、降挡或急停，极有可能出现在闭锁回路上，用万用表测量串接在回路中的闭锁触点是断开的，在正常情况下串接的闭锁调压触点应是动断触点。

第二种情况：由于不受过负荷闭锁，那么应该检查过负荷闭锁触点接线的正确性，是否将闭锁调挡触点两端的线接反，造成调压电源跳过闭锁触点直接进入遥控压板前端。导致调压不经过负荷闭锁。

（2）通信线错误。

1）故障现象描述：有载调压采用通过调压控制器与调压机构进行通信控制的方式，

无法进行遥控或时而可以遥控，时而不行，调压控制器上偶尔出现通信异常报警。

2）检查处理方法：检查接线是否正确，有载调压控制器通过 RS-485 串口方式与调压进行通信，RS-485 通信线的正确接线方式为双绞的两芯为 485A 与 485B，以及屏蔽接地，而现场接线往往将双绞的两芯当作 485A，将其他一对双绞芯当作 485B，并且未进行屏蔽接地。

2. 挡位错误故障及检查处理

变压器挡位信息通过电缆接入测控装置，由测控装置将挡位送至监控主机及远动主站。常见挡位采集方式有一对一遥信和 BCD 编码两种，一对一遥信即每个挡位接入遥信开入，该方式原理简单但缺点明显，信号线芯多，要求接入多个遥信点；BCD 编码为加权编码，从高位到低位的权值分别为 10、8、4、2、1，该方式可以减少电缆线芯，极大方便施工，例如 19 挡变压器，一对一采集方式至少要 20 芯的控制电缆，而采用 BCD 编码方式仅需 6 芯电缆即可。

挡位采集错误故障举例：

（1）现象描述：挡位采集异常，挡位变化不连续，出现跳变。

（2）检查处理方法：检查装置的挡位采集的方式，如果是一对一采集，则分别核对每个线芯的接线位置是否正确，检查测控装置以及后台数据库开入的定义是否正确；如果是采用 BCD 编码方式，检查 BCD 编码是否从小到大，是否接入装置专用预留的挡位采集端子。

（四）冷却器二次回路常见故障及检查处理

1. 风机电源故障及检查处理

（1）故障现象描述：见图 12-5-2，控制回路正常，风机电动机无法启动，检查Ⅰ、Ⅱ段电动机电源空气断路器两侧 L1/L2/L3 电压均正常，相序也正确，电源监测指示灯均不亮，电动机接线盒处测量不到交流。

（2）检查处理方法：由于Ⅰ、Ⅱ段电动机电源三相 L1/L2/L3 电压正常，而电动机接线盒处无电压，因此判断可能电源接触器 KMS1/KMS2 均未动作，由此进一步排查 KMS1/KMS2 的控制电源是否中断，可以通过Ⅰ、Ⅱ段电源投入指示灯是否点亮或使用万用表测量来判断控制电源是否到达接触器线圈，如果到达则检查接触器线圈另一端到交流 N 相回路是否中断，如果未到达则重点检查缺相继电器 QX1、QX2 是否损坏，以及Ⅰ、Ⅱ段电源监测继电器 K1、K2 是否正常动作，电源自动/手动投入把手是否投入正确等。

2. 油温启动风机故障

（1）现象描述：变压器油面温度上升后，风机频繁启动，油面温度始终在油温表的某一个数值附近波动。

（2）检查处理方法：正常运行时，油面温度过高启动冷却器风机，待油温降到一定温度后冷却器才停止运行，55℃时启动冷却器，温度降到 50℃停止冷却器。而冷却器风机频繁启动，油面温度却在某一个值附近变动，考虑由于继电器启动冷却器风机引起，即温度已达到某一值立刻启动冷却器，因此考虑油面温度表触点接反了，温度一旦达到50℃启动冷却器，温度低于该值时冷却器停止运行，因此造成频繁启动。

3. 过负荷启动风机故障

（1）现象描述：过负荷启动冷却器风机，有时候启动，有时候又无法动作。

（2）检查处理方法：过负荷启动风冷由保护装置通过过负荷继电器出口来启动冷却器风机，检查时首先确认继电器触点是否闭合，然后再检查出口触点与压板配合是否一致。由于过负荷继电器出口通常有两对触点，分别经压板后启动风冷与闭锁有载调压，由于两个触点通过同一个继电器驱动且接线端子相邻，用错触点，导致启动风冷必须投入有载调压硬压板，而闭锁有载调压必须投入启动风冷。当两块硬压板均投入时，无法发现异常。因此应该认真检查接线位置是否正确，其次要检查出口触点与压板的一致性。

第十三章　二次施工方案编制

第一节　二次施工前现场勘察

一、基础知识

（一）二次施工前现场勘察内容

二次施工前现场勘察指的是在电气二次工程施工前，相关人员到达施工现场，依据图纸对施工环境、安装位置、安装条件、安装所需安全措施、设备情况等方面进行全面、详细的勘察。

二次施工现场勘察主要有以下内容：

（1）施工环境勘察：对施工现场的环境进行勘察，主要内容包括设备安装区域的地理位置、设备运输路线、道路状况等。

（2）施工位置勘察：对电气二次设备的安装位置进行勘察，包括设备与带电设备间距、电缆路径、设备搬运通道及就位方式等。

（3）施工条件勘察：对现场的施工条件进行勘察，包括试验电源供电条件、现场安全接地情况、二次地网条件、灭火器材、安全警示标志、安全防护设备等安全设施的配置情况。

（4）设备情况勘察：了解电气二次回路情况及设备的配置情况，包括核对设计图纸，了解现场二次回路情况，核对二次设备类型、规格、数量、技术参数等。

（5）安全设施勘察：检查现场的安全设施，包括灭火器材、安全警示标志、安全防护设备等。

（二）二次施工前期勘察的目的

二次施工前期现场勘察是电气二次工程的重要环节，只有通过前期细致的勘察行为，技术人员才能确认设计图纸的正确性及适用性，评估施工合理工期，预先规划施工的正确方法和步骤，精准辨识施工现场存在的各类作业风险点，制定出有效隔离运行相关设备、保障施工电网、设备、人身安全的具体措施，从源头防范作业风险。并且为后期制定出具有针对性、符合现场实际、操作性强的施工方案，合理安排作业人员、机具、物料等工作，收集详尽的现场资料，以确保电气二次工程能够安全、可靠、高效施工，降低施工中的人员、设备风险，保证施工质量。

二次施工前期现场勘察工作中应遵循以下原则：

（1）现场勘察应遵循"先整体、后局部"的原则，全面了解现场情况。

（2）现场勘察应认真、细致，应与工程图纸、技术文件等相关资料相结合，确保勘察结果的准确性。

（3）现场勘察应做好记录，包括勘察时间、勘察人员、勘察结果等。

（4）现场勘察应及时与相关部门沟通，了解现场存在的问题和困难，制定相应的解决方案。

（三）二次施工组织前期勘察的规定

《国家电网有限公司关于进一步加强生产现场作业风险管控工作的通知》（国家电网设备〔2022〕89号）中按照设备电压等级、作业范围、作业内容对作业进行分类，将现场作业分为突出人身风险，综合考虑设备重要程度、运维操作风险、作业管控难度、工艺技术难度，确定各类作业的风险等级（Ⅰ～Ⅴ级，分别对应高风险、中高风险、中风险、中低风险、低风险），形成"作业风险分级表"，用于指导作业全流程差异化管控措施的制定。

二次施工前期现场勘察应按照国家电网有限公司的相关规定划分的二次作业风险等级及各省公司的实施细则组织执行。

1. 勘察原则

Ⅰ～Ⅲ级作业必须开展现场勘察，Ⅳ级、Ⅴ级作业根据作业内容必要时开展现场勘察。作业环境复杂、高风险、工序多的检修，还应在项目立项、检修计划申报前开展前期勘察，确保项目内容、停电范围和停电时间的准确性。因停电计划变更、设备突发故障或缺陷等原因导致停电区域、作业内容、作业环境发生变化时，根据实际情况重新组织现场勘察。

2. 勘察人员

Ⅰ级、Ⅱ级作业现场勘察由地市级单位设备管理部门组织开展，Ⅲ级检修现场勘察由县公司级单位组织开展，Ⅳ级、Ⅴ级作业由工作负责人或工作票签发人组织开展，运维单位和作业单位相关人员参加（邻近带电设备的起重作业，起重指挥和司机应一同参加）。省电科院、设备厂家、设计单位、监理单位（如有）相关人员必要时参加。

3. 勘察记录

现场勘察完成后，应采用文字、图片或影像等方式规范填写勘察记录，明确停电范围、保留带电设备、作业现场环境、危险点及预控措施等关键要素，为检修方案编制提供依据。

二、二次施工前期勘察的要点

（一）二次施工前现场勘察的准备工作

二次前期勘察主要的准备工作主要有搜集勘察中使用到的图纸及仪表、工器具的准备。

1. 图纸的准备

勘察前准备图纸主要有设计单位出的本次作业的二次图纸，如各类回路二次原理、接线图，通信网络原理、接线图，二次通道原理、接线图，以及线缆清册等。

如果二次作业涉及更换设备或扩建设备时，勘察前也需要收集被技改设备及扩建作业关联设备的原有二次图纸。

图纸准备时应注意以下要点：

（1）由于二次作业间隔涉及的设备之前可能进行过技改或更换设备工作，这些工作的图纸相对独立，如果原运维单位未进行相关图纸的整理及合并归档，则有可能造成设计单位按原归档图纸设计的图纸出现图实不符的情况。所以在勘察工作前，需要尽可能的收集原有设备或关联设备的图纸，保证工作中二次回路接线的正确性。

（2）二次作业涉及的图纸是否图实相符，需勘察人员在现场将图纸与实际接线进行核对，也可以将现场实际接线拍下照片，再与图纸中的接线进行比对（尤其对比新、旧设计中电压回路、切换回路、母差回路、故障录波回路、网络、通道等有可能在技改或基建过程中出现较大原理变动的回路）。

2. 仪器、工器具的准备

二次施工前期现场勘察并不是只需要到现场简单的看一下，而是可能需要对原有回路进行一些测量工作，也可能需要打开一些结构（例如电缆沟盖板）观察内部电缆走向。这就需要勘察人员携带一些测量仪器和工器具。

勘察人员应根据勘察工作的内容和涉及的一、二次设备选择合适的测量仪器和工器具。

（1）测量仪器：万用表、相序表、相量表、激光测距仪、皮卷尺等。

（2）工器具：螺钉旋具、撬棍等。

（二）二次施工前现场勘察的要点

二次施工前现场勘察主要的内容是对二次设备及回路的勘察，变电站内的二次设备及二次回路种类很多，下文仅介绍常见二次施工作业中常见设备的勘察中需要注意的内容。

1. 电缆敷设路径

二次施工作业基本需要进行电缆敷设工作，勘察人员宜对电缆敷设路径及长度进行下列勘察。

（1）路径规划：勘察人员应通过实际勘察作业场地内的电缆沟道来确定电缆敷设的

路径，同时了解电缆敷设中过程可能会碰到的问题。例如可以使用撬棍将电缆沟道盖板打开，了解电缆应敷设在支架的哪一层，通道中有多少防火墙，进入户内有没有可以利用的预埋护管，在电缆竖井内敷设在哪一层等问题。

（2）复核长度：勘察人员在确定路径的过程中可同时核对设计图纸中电缆的长度，现场可以使用步数估算的方式，估算出电缆的大致长度，并与电缆清册中的长度进行核对，发现存在较大偏差时，应先检查估算敷设路径是否正确，并与设计沟通，防止出现施工中电缆不够的情况。

2. 端子箱、汇控柜

作业任务中如果需要对端子箱、汇控柜二次回路进行改造或进行整体更换时，勘察人员宜进行下列勘察。

（1）作业范围及安全措施：勘察人员首先应确认作业范围，是仅对端子箱、汇控柜内部分二次回路进行改造，还是需更换整个端子箱、汇控柜。

如果是部分二次回路改造，勘察时需要了解这部分改造回路和哪些设备有二次回路的联系，例如端子箱背部经常有其他端子箱交流、直流电源的电缆转接端子排，应制定哪些安全措施才能保证工作中不会影响到这些设备的正常运行，需将这些安全措施写入施工方案。

如果需要更换端子箱，除了要勘察回路、制定拆除时的安全措施外，还需要考虑端子箱如何就位，重量较轻的端子箱可以考虑使用人工搬运的方式，如果是较重的汇控柜则需要考虑机械搬运的方式，使用吊车或叉车等机械搬运时应制定合理的路线，保证机械与带电设备的安全距离符合安规的规定。

（2）基础勘察：对于更换端子箱、汇控柜的工作，如果是利用旧基础安装，则应根据设计图纸核对旧基础的尺寸，发现尺寸与设计不符导致无法正常安装后，应与设计人员沟通，同时拍照并做好记录。

（3）电缆长度：对于更换端子箱、汇控柜的工作，部分电缆如需利旧，勘察中应估算利旧电缆在原箱体内的长度，同时依据设计图纸中箱体的结构变化（主要是高度变化），判断利旧电缆是否够长，发现利旧电缆长度尺寸不满足电缆正常安装要求后，应与设计人员沟通，同时拍照并做好记录。

（4）元器件勘察：端子箱、汇控柜内二次回路改造时经常会增加或更换二次元器件，例如端子排、空气断路器、转换开关等，勘察时需核对设计图纸中元器件的布置与现场实际是否相符，如果存在按设计图纸无法安装的情况，应与设计人员沟通，同时拍照并做好记录。

3. 隔离开关

作业任务中如果需要对隔离开关二次回路进行改造或进行整体更换时，勘察人员宜对隔离开关机构箱内的二次回路进行下列勘察。

（1）作业范围及安全措施：勘察人员首先应确认作业范围，是仅在隔离开关机构箱处还是需要在隔离开关构架处进行工作（例如更换隔离开关构架上安装的带电显示器），如需在构架上工作，周围带电设备与作业人员的距离是否满足安规的规定。

其次是需要勘察确认本次作业中传动试验时是否存在风险（例如隔离开关一侧带电、二次向一次倒送电等），并根据勘察的结果制定所需的安全措施。

（2）确定相序：勘察人员在进行隔离开关机构箱勘察时，应确定电动机电源的相序，使用相序表对待改造的隔离开关机构箱内的电动机电源相序进行测量，确定原先引入机构箱内的交流电动机电源是正相序还是反相序，并与设计图纸进行核对，发现与设计不符后应通知设计人员，同时拍照并做好记录，防止后续改造中发生电源相序反接的情况，造成隔离开关反转，损坏设备。

（3）触点核查：由于反措要求的变更，很多回路需要隔离开关采取双位置触点接入（如测控、母差、故障录波器、切换回路等），或是需要增加取用的隔离开关辅助触点数量（例如双电压切换回路），待改造的隔离开关辅助触点回路可能并不符合设计要求；因此，进行勘察时，需要根据设计图纸与原有二次图纸对机构箱内辅助触点回路进行核对，确认是否有足够的触点，引出位置触点的电缆是否有足够的备用芯线，发现与设计不符或不能满足设计需要后，应与设计人员沟通，同时拍照并做好记录。

反措条款：当保护采用双重化配置时，其电压切换箱（回路）隔离开关辅助触点应采用单位置触点输入方式。单套配置保护的电压切换箱（回路）隔离开关辅助触点应采用双位置触点输入方式。

4. 断路器

作业任务中如果需要对断路器进行整体更换时，勘察人员宜对断路器的二次回路进行下列勘察。

（1）电源回路：断路器二次回路中常见的电源有操作电源、储能电动机电源、加热照明电源，操作电源为直流电源，储能电动机电源一般为交流电源，但也有部分采用直流电源，加热照明电源为交流电源。

勘察人员应根据原有图纸核对原断路器二次回路取用电源的情况，并与设计图纸进行核对，确认设计图纸中内对于断路器电源回路设计是否正确，有没有直流电动机使用交流电源的情况，为断路器提供电源的端子箱内空气断路器的数量是否满足新断路器需求，是否要增加空气断路器。

（2）防跳回路：勘察人员应根据原有图纸核对原间隔内防跳的方式进行勘察，确认原回路是采用断路器防跳还是操作箱防跳方式。现有的设计均将防跳回路设置在断路器内部，如原回路采用的是操作箱防跳方式，勘察人员应记录，在后续施工中应及时解除操作箱防跳回路，防止两个防跳回路同时起作用时造成断路器动作异常。同时核查设计图纸中断路器防跳是否满足反措要求。

反措要求：断路器防跳功能应由断路器本体机构实现。断路器合闸位置监视回路应串接防跳继电器动断触点和断路器（QF）辅助动断触点。

（3）三相不一致保护：三相操动机构的断路器均安装有三相不一致保护，早期设计中使用的是保护装置与操作箱二次回路构成的三相不一致保护，现有的三相不一致保护均安装在断路器处，在更换断路器时需按图纸勘察新断路器三相不一致保护的安装位置，应按反措要求不得与断路器共用一个支架。其次核对设计图纸中三相不一致保护回路是否符合反措要求。

断路器三相不一致保护应满足以下反措要求：

1）220kV 及以上分相操作断路器本体应具备两组回路独立的三相不一致保护功能，一一对应跳每组跳闸线圈。

2）三相不一致保护时间继电器应采用数字式或刻度式继电器，或具有定值自锁功能的常规继电器。

3）断路器三相不一致保护的安装不得与断路器共用一个支架。

4）断路器三相不一致保护回路标准示意图见图 11-1-8。

5. 电流互感器

作业任务中如果需要对电流互感器二次回路进行改造或进行整体更换时，勘察人员宜对电流互感器的二次回路进行下列勘察。

（1）变比与极性：勘察人员应提前了解本次作业中电流互感器是否更换，如果更换，则需核实原有电流互感器的极性和变比；现场勘察时可通过观察电流互感器一次抽头接法、观察铭牌、查台账等方式确定原有电流互感器的极性和变比。

电流互感器二次回路如果涉及差动回路（例如母线差动、主变压器差动保护），尤其是低电压等级的主变压器间隔开关柜，由于开关柜观察窗位置无法观察到柜内穿心式电流互感器的一次极性与铭牌，此时勘察人员宜使用钳形相位表对电流互感器二次回路进行测量，确定电流互感器的极性和变比。

如果极性或变比发生变化，意味着保护定值（光纤保护还涉及对侧定值）、遥测、电能计量、后台数据库、母差定值、故障录波器定值等二次配置也要相应的改变。

（2）电流互感器串接：由于各间隔安装的电流互感器二次绕组的数量有限（110kV及以上一般为 6～7 组电流互感器），在间隔内电流互感器二次绕组需要提供给较多二次设备使用时，有可能无法做到一个二次绕组对应一个二次装置，所以保护装置的电流回路有可能与别的二次装置串联使用。

勘察时必须依据图纸进行核对，将这类的回路统计清楚，确认本次作业是否需要将其改接至备用电流互感器绕组（在有备用电流互感器绕组的情况下）。后期制定施工方案时将串接设备列入安全措施范围，方便项目管理人员上报设备停运计划。

（3）反措要求：勘察人员应核对图纸设计中电流互感器各保护绕组保护区是否有按要求进行交叉布置，是否满足反措要求。

（4）准确级：勘察人员应核对图纸设计中电流互感器各保护绕组准确级是否满足所接二次设备的要求。

反措要求：应充分考虑合理的电流互感器配置和二次绕组分配，消除主保护死区。

6. 电压互感器

电压互感器主要分为母线电压互感器和线路电压互感器，作业任务中如果需要对电压互感器二次回路进行改造或进行整体更换时，勘察人员宜对电压互感器的二次回路进行下列勘察。

（1）作业范围及安全措施：勘察人员首先应确认作业范围，是更换电压互感器本体还是改造部分电压互感器二次回路。如果更换电压互感器本体，需考虑施工人员在电压互感器本体接线盒处工作时与临近带电设备的安全距离，制定相应的安全措施；如果改造的是母线电压互感器的二次回路或二次回路上的设备，则需制定相应的安全措施，保证在电压互感器二次回路上工作时不会造成电压回路短路或接地。

由于母线电压互感器回路上并接的二次设备较多，勘察时还要确认本次作业中回路改造时会影响的二次设备，勘察中应将这类的设备统计清楚，后期制定施工方案时应考虑采用电压并列的方式尽量减少二次设备的停用范围。

（2）变比和极性：勘察人员应在勘察中核实原有电压互感器的极性和变比。

母线电压互感器各绕组原变比可以通过观察铭牌、查台账等方式确定原有电压互感器的变比，与设计图纸核对，确认变比满足设计要求；线路电压互感器各绕组的变比需先使用万用表测量线路电压互感器二次侧的电压，然后通过原测控装置的同期定值与图纸的核对来确认。

母线电压互感器的极性勘察主要是确认电压互感器二次开口三角电压的极性，两段母线的开口三角电压的极性应一致。勘察时可使用万用表测量开口三角接线各抽头与三相母线电压之间的差值来确定开口三角电压极性的正确性。

（3）反措要求：勘察原来的电压互感器二次回路是否符合反措要求，是否需在本次作业中完善回路。

（4）准确级：勘察人员应核对图纸设计中电压互感器各二次绕组准确级是否满足所接二次设备的要求。

反措要求：来自电压互感器二次的四根引入线和电压互感器开口三角绕组的两根引入线均应使用各自独立的电缆。

反措要求：未在开关场接地的电压互感器二次回路，宜在电压互感器端子箱处将每组二次回路中性点分别经放电间隙或氧化锌阀片接地，其击穿电压峰值应大于 $30I_{max}$ V（I_{max} 为电网接地故障时通过变电站的可能最大接地电流有效值，单位为 kA）。应定期检查放电间隙或氧化锌阀片，防止造成电压二次回路出现多点接地。为保证接地可靠，各电压互感器的中性线不得接有可能断开的开关或熔断器等。

反措条款：当保护采用双重化配置时，其电压切换箱（回路）隔离开关辅助触点应采用单位置触点输入方式。单套配置保护的电压切换箱（回路）隔离开关辅助触点应采用双位置触点输入方式。

7. 线路保护装置

作业任务中如果需要对线路保护装置整体更换时，勘察人员宜对线路保护装置二次回路进行下列勘察。

（1）作业范围及安全措施：勘察人员首先应确认作业范围，根据作业内容确认一次设备配合停电的范围和安全措施；依据原图纸核对并记录线路保护装置与其他二次装置联系的回路（例如母线保护联跳回路、备自投联跳回路等），作为后期编写二次安全措施票的依据。

（2）电源回路：勘察人员在勘察原保护装置直流电源回路时，宜记录其直流电源接入的直流馈线柜中的空气断路器、电缆编号及接线端子号，并核查设计图纸对直流电源回路是否变更。如果增加直流电源回路，直流馈线柜是否有足够的备用空气断路器；还需要核查本次作业涉及的保护、操作、切换等直流电源配置是否满足规程及反措要求。

（3）母线电压回路：通常线路保护装置整体更换，需要连同屏柜一起更换，或者需重新连接母线电压回路。早期的二次屏柜，母线电压回路取自屏顶电压小母线，较新的设计通常将母线电压回路直接接至母线电压切换屏柜的端子排。

原有保护装置母线电压接至屏顶电压小母线时，勘察人员需将屏顶母线电压源头走向记录下来，制定出相应的屏顶母线电压转移方案，如涉及更换保护屏柜的，需将屏顶母线铜棒进行分割拆除时，需要在勘察时制定出相应的屏顶电压母线拆除方案及安全措施，后期编制在二次施工方案中。

（4）保护通道：在更换配置差动或纵联保护的线路保护装置过程中，需要拆除原有屏柜的保护通道光缆，对于采用复用通道的保护装置来说，还需要拆除原通道上连接的光电转换装置，所以勘察人员应根据原有图纸对改造涉及的保护装置通道进行核对，了解原有通道（光缆、2M同轴线缆、光纤熔接盒、配线架等）的接线方式并记录，方便施工方案的制订。

采用2M复用通道的保护装置，其通道内的光电转换装置通常与保护装置同一厂家，当保护装置需更换时同时需将光电转换装置一同更换，勘察人员需根据设计图纸确认新装置安装的位置、通信48V电源的取用方式、告警信号的引出方式等细节，方便施工方案的制定。

反措条款：对于220kV线路，两套保护装置的直流电源应取至不同蓄电池组连接的直流母线段。每套保护装置与其相关设备（电子互感器、合并单元、智能终端、网络设备、操作箱、跳闸线圈等）直流电源均应取至与同一蓄电池组相连的直流母线，避免因同一组站用直流电源异常对两套保护功能同时产生影响而导致的保护拒动。

反措条款：电压切换直流电源与对应保护的直流电源取至同一段直流母线且共用直流空气断路器。

8. 变压器保护装置

作业任务中如果需要对变压器保护装置整体更换时，勘察人员宜对变压器保护装置二次回路进行下列勘察。

（1）作业范围及安全措施：勘察人员首先应确认作业范围，根据作业内容确认变压器间隔一次设备配合停电的范围和安全措施；依据原图纸核对并记录主变压器保护装置与其他二次装置联系的回路（例如母线保护联跳回路、备自投联跳回路等），作为后期编写二次安全措施票的依据。

（2）电源回路：对于 220kV 等级以上的变压器，一般配置两套独立的主变压器保护，各自的直流电源配置取至不同蓄电池组连接的直流母线段。每套保护装置与其相关设备（母线保护、网络设备、操作箱、跳闸线圈等）直流电源均应取自与同一蓄电池组相连的直流母线。

勘察人员在勘察原主变压器保护装置直流电源回路时，宜记录其直流电源取自直流馈线柜的空气断路器、电缆编号及接线端子号，核查每套电量保护装置与其关联设备的一一对应关系，并核查设计图纸对直流电源回路是否变更，如果增加直流电源回路，直流馈线柜是否有足够的备用空气断路器；还需要依据图纸核查本次作业涉及的保护、操作、切换等直流电源配置是否满足规程及反措要求。

（3）电压回路：主变压器保护由于需要引入主变压器各侧各电压等级的母线电压，电压回路的数量较大，如果是采用屏顶电压小母线的主变压器保护屏在更换时，与线路保护屏一样会出现屏顶电压母线拆接火时发生短路、接地或人身伤害的危险。

对于这类如涉及更换带电压小母线的保护屏柜更换作业，勘察人员需将屏顶母线电压源头、走向记录下来，制定出相应的屏顶母线电压转移方案，需将屏顶母线铜棒进行分割拆除时，需要在勘察时制定出相应的屏顶电压母线拆除方案及安全措施，后期编制在二次施工方案中。

（4）电流回路：勘察人员应注意核对设计图纸，确认设计中主变压器保护各侧电流回路是否满足以下要求。

1）对于双套配置的主变压器保护，勘察人员不但要确认主变压器各侧开关间隔电流互感器、零序电流互感器、放电间隙电流互感器是否能为两套主变压器电量保护提供两个独立的绕组。

2）勘察人员需确认设计图中主变压器电量保护采用的绕组是否与相关保护（例如母差、进线保护、短引线保护等）采用的绕组保护范围应交叉重叠，避免死区。

3）由于主变压器差动保护由各侧和电流构成，各侧电流的极性和变比出错会造成差动电流的错误，勘察人员需确认主变压器间隔各侧开关间隔的电流互感器尤其是低电压等级的主变压器间隔开关柜内穿心式电流互感器的一次极性及变比，勘察人员宜使用钳形相位表对原主变压器二次电流回路（差动电流回路）进行测量，测量一相即可，通过表计读数计算出各电流互感器的极性和变比。同时核对图纸，确认计算结果与设计图纸中的极性、变比一致，为后期安装提供依据。

4）对于特殊接线方式的主变压器间隔（例如线路-变压器组、内桥接线方式等），勘察人员还需确认设计图纸中主变压器保护电流极性设计是否正确，例如线路-变压器组接线方式主变压器高压侧电流互感器极性就应选进线开关的线路侧，而同样使用进线开关电流互感器的进线开关线路保护，其极性应选在进线开关的母线侧；内桥作为两台变压器共用的开关间隔，只安装一组电流互感器时，提供给两台变压器保护的电流极性需相反。

对于这种需与其他保护共用一组电流互感器的主变压器保护，由于电流互感器一次极性只有一个方向，需要勘察人员认真核对图纸，确认电流互感器各绕组的二次极性，能满足所接保护装置的需要。

5）对于电流互感器回路勘察中发现的问题，勘察人员应及时与设计人员沟通。

（5）非电量回路：如主变压器的非电量保护装置需更换，勘察人员应根据设计图纸核对原主变压器保护接入的非电量回路数量，核实原非电量回路接入时是否使用了重动继电器，如使用重动继电器，继电器的动作功率是否满足反措要求，本次作业是否需要加装重动继电器，加装在什么位置。发现与设计图纸不一致的，及时与设计人员沟通。

反措条款：两套保护装置与其他保护、设备配合的回路应遵循相互独立的原则。

反措条款：两套保护装置的交流电流应分别取自电流互感器互相独立的绕组；交流电压宜分别取自电压互感器互相独立的绕组。其保护范围应交叉重叠，避免死区。

反措条款：外部开入直接启动，不经闭锁便可直接跳闸（如变压器和电抗器的非电量保护、不经就地判别的远方跳闸等），或虽经有限闭锁条件限制，但一旦跳闸影响较大（如失灵启动等）的重要回路，应在启动开入端采用动作电压在额定直流电源电压的55%～70%范围内的中间继电器，并要求其动作功率不低于5W。

9．母线保护装置

作业任务中如果需要对母线保护装置整体更换时，勘察人员宜对母线保护装置二次回路进行下列勘察。

（1）作业范围及安全措施：勘察人员首先应确认作业范围，新更换的母差保护在做传动试验或接入相关间隔的二次回路时，通常需要一次设备配合停电，勘察人员应依据设计图纸核对并记录与母差有回路联系的间隔二次回路，作为后期编写二次安全措施票的依据，并依据勘察结果确定需一次设备陪停的范围及采取的安全措施。

（2）电源回路：勘察人员在勘察原母线保护装置直流电源回路时，宜记录其直流电源取自直流馈线柜的空气断路器、电缆编号及接线端子号，并核查设计图纸对直流电源回路是否变更，如果增加直流电源回路，直流馈线柜是否有足够的备用空气断路器；对于高电压等级双套配置的母线保护，还需要母差保护装置电源的直流电源配置是否满足规程及反措要求。

尤其是要注意与一套母线保护出口跳闸对应的线路、主变压器保护装置直流电源及这些保护控制的断路器操作电源是否与这套母线保护取自相同蓄电池组连接的直流母线段，避免因一组站用直流电源异常对两套母线保护功能同时产生影响而导致的保护拒动。

（3）电流电压回路：勘察人员应注意核对设计图纸，确认设计中母线保护电流、电压回路满足反措要求；对于双套配置的母线保护，勘察人员不但要确认主变压器相关的各间隔电流互感器是否能提供两个独立的绕组，还需要确认设计图中母线保护采用的绕组是否与相关各间隔的保护采用的绕组保护范围应交叉重叠，避免死区。单套配置的母线保护一般只确认母线保护与相关各间隔保护范围应交叉重叠。

勘察电流回路时还应核对电流互感器的变比，发现与设计图纸中变比不一致，应与设计人员沟通，同时并做好记录，用于后期调试及核对母线保护定值时的依据。

对于电压回路，母线保护采用的电压一般取自电压并列装置切换后的母线电压回路，对于反措要求中的交流电压宜分别取自电压互感器互相独立的绕组，一般不在母线保护改造中执行。

（4）位置触点开入：勘察人员应核对原图纸及设计图纸中母线保护取用的关联间隔的隔离开关、母联断路器位置触点开入回路是否发生变化，是否需要增加位置触点，例如是否需要由单触点位置变更为双触点位置等。如果有发生位置触点开入回路的变化，勘察人员需确定相关设备的位置触点数量是否满足设计的需求，发现与设计不符或不能满足设计需要后，应与设计人员沟通，同时并做好记录。

10. 测控装置

作业任务中如果需要对测控装置整体更换时，勘察人员宜对测控装置二次回路进行下列勘察。

（1）作业范围及安全措施：由于各间隔的测控装置二次回路除母线电压和通信网络回路外与其他间隔没有联系，因此测控装置更换的作业范围基本位于本间隔内部，勘察人员主要是根据设计图纸确定本次作业的工作地点，一次设备的安全措施通常是本间隔转检修。

（2）安装位置：单个的测控装置更换的工作一般包含在全站综合自动化改造的工程中，且通常是几个间隔的测控装置组装在一个二次屏柜中，所以其安装位置需要在总体工程中统筹安排。

对于设计来说，可以简单的设计为原位置替换，但对于某些由于线路用户无法长时间停电的变电站来说，原有多间隔测控组屏的安装方式，给原位置改造工作造成了很大的难度，甚至无法通过同时停用测控屏内所有的线路方式来原位置替换安装新测控屏。所以勘察人员应事先了解更换测控装置所在间隔的停电时间以及同期安装的测控装置的安装顺序，然后核对图纸中的屏柜布置，确定是否能在原位置安装还是要另外找备用屏位安装。发现与设计不符或不能满足设计需要后，应与设计人员沟通，同时并做好记录。

（3）电缆长度：测控装置的电缆来自所在间隔的多种设备，测控装置安装位置如果不是原位置安装，到间隔内各设备的电缆长度就会发生变化。例如有可能离户外场地的设备距离会缩短，但到间隔内保护装置的电缆长度就会增加。因此勘察人员在确认安装非原位置后，需根据安装位置到各连接设备的电缆敷设路径来估算电缆敷设的大致长度，并与设计图纸进行核对，发现与设计长度不符的，应与设计人员沟通，同时并做好记录。

（4）母线电压回路：测控屏柜与常规保护装置相似，如果母线电压回路取自屏顶电压小母线，勘察人员需将屏顶母线电压源头走向记录下来，制定出相应的屏顶母线电压转移方案，如涉及更换保护屏柜的，需将屏顶母线铜棒进行分割拆除时，需要在勘察时制定出相应的屏顶电压母线拆除方案及安全措施，后期编制在二次施工方案中。

（5）不同类型间隔额差异：不同类型的间隔有不同类型的测控装置，例如有主变压器、线路、母联、公用等各类型的测控装置，各测控装置在勘察阶段有相同的勘察要点，也有一些不同之处。

1）线路测控装置：线路测控装置勘察时需要注意了解原测控装置接入的线路电压互感器电压额定值的大小，检查设计图纸中测控装置采用的线路电压互感器电压绕组额定值是否一致，并记录，用于后期调试及核对测控定值时的依据。

2）主变压器测控装置：主变压器各侧开关间隔的测控装置因不需考虑同期合闸的问题，所以勘察中不需要考虑线路电压互感器额定值的问题。但主变压器有一个单独的本体测控装置，接入的是主变压器本体非电量设备的信息，这部分非电量信息在主变压器二次回路中已介绍，本处不作赘述。

勘察主变压器本体测控相关的非电量回路需注意以下几点：

a. 原回路采用变送器上送直流模拟量的回路（例如本体油温、绕组温度、有载调压挡位等），其变送器的二次输出范围及量程是否与设计图纸一致，这些数据需要做好记录，作为调试中设置本体测控直流采样参数的依据。

b. 勘察人员应根据原主变压器图纸和设计图纸，核对主变压器有载调压二次回路，包括挡位上传的方式（采用变送器或无源空触点上传）；原有载调压控制器是否需要更换，如果不更换要如何安装于新测控屏上；原有载调压控制器至主变压器有载调压机构箱的专用控制电缆长度是否满足新位置安装，如果不满足如何处理等问题。发现与设计不符的，应与设计人员沟通，同时并做好记录。

3）母联（母分）测控装置：母联（母分）测控装置勘察要点基本与线路测控一致；但母联（母分）测控装置使用的同期电压是其联络的两段母线的二次电压，其中的一段母线一般只取单相电压，勘察人员应根据设计图纸核对原母联（母分）测控装置采用电压的方式与设计图纸是否相同，发现与设计不符的，应与设计人员沟通，同时并做好记录。

4）公用测控装置：公用测控装置主要接入的是遥信与遥测量，并且接入的设备涉及范围很广，不限于一个间隔内。勘察公用测控装置时应注意依据设计图纸核对原测控装置接入的遥信、遥测量的数量，如果发现设计图纸中接入的回路数量与原回路不一致，要及时通知设计人员并做好记录，防止部分设计图纸中未体现的回路未接入测控装置。

11. 备自投装置

作业任务中如果需要对备自投装置整体更换时，勘察人员宜对备自投装置二次回路进行下列勘察。

（1）作业范围及安全措施：由于备自投装置二次回路与主变压器、进线间隔均有联系。勘察人员首先应确认作业范围，新更换的备自投装置在做传动试验或接入相关间隔的二次回路时，通常需要一次设备配合停电，勘察人员应依据设计图纸核对并记录与备自投装置有回路联系的间隔二次回路，作为后期编写二次安全措施票的依据。并依据勘察结果确定需一次设备陪停的范围及采取的安全措施。

（2）开入回路：备自投装置依靠各关联设备的触点开入来判断各设备的位置及动作情况。因此勘察人员需要根据设计图纸核对与原备自投装置关联的设备的触点情况，例如用于判断备自投装置充电逻辑的进线开关合后触点等，确定备自投装置关联的设备能否提供新备自投装置需要的触点。发现与设计不符的，应与设计人员沟通，同时并做好记录。

（3）电流电压回路：通常勘察人员应注意核对设计图纸，确认设计中备自投装置电流、电压回路是否正确。

1）电流回路：对于电流回路，勘察人员需要确认作为备自投保护逻辑中有流判据的进线电流回路是否为独立的绕组，如果串接其他二次设备。发现与设计不符的，应与设计人员沟通，同时做好记录。

2）电压回路：对于电压回路，勘察人员需要确认作为备自投保护逻辑中进线线路有压的线路电压互感器回路原来的接线位置与设计图纸是否不一致，发现与设计不符的，应与设计人员沟通，同时并做好记录。

12. 故障录波装置

作业任务中如果需要对故障录波装置整体更换时，勘察人员宜对故障录波装置二次回路进行下列勘察。

（1）作业范围及安全措施：由于故障录波装置二次回路与变电站内大部分设备都存在联系，但其改造通常不停用关联设备，因此勘察人员主要是根据设计图纸确定本次作业的工作地点，并依据勘察结果确定作业点及附近带电设备应采取的安全措施。

（2）位置开入：早期的故障录波器取用的开关位置开入不一定是取自开关机构本身，而是取自间隔的操作箱位置继电器，现有的规程要求位置开入应使用开关的实际位置触点，对于这类的回路，需要将一次设备停用后通过传动试验的方式进行验证，当间隔因故无法停运时，只能使用短接电缆二次芯线的方式验证回路的正确性。

因此勘察人员应依据原有图纸及设计图纸核对故障录波器的开入回路，将这类的回路统计清楚，并依据勘察结果确定需一次设备陪停的范围及采取的安全措施。

13. 二次设备网络

在各类二次设备更换过程中，均存在更换后设备接入变电站通信网络的问题，因此在二次设备更换时，勘察人员宜对其网络回路进行下列勘察。

（1）需接入网络的范围及作业地点：二次设备在变电站侧接入的网络通常有综合自

动化系统网络、保护信息系统网络、自动抄表系统网络等。在接入网络及配置网络设备参数时可能会造成网络通信的短时中断。因此勘察人员需要了解二次设备在改造中需要接入哪种网络系统，在什么设备上接入，是否需要改变相关网络设备的参数或数据库（例如改变交换机的 VLAN 设置、在后台机替换保护装置数据库等），并依据勘察结果确定接入网络的范围及需要短时停用的网络设备与采取的安全措施，作为后期申请网络短时退出的依据。

（2）接入网络的方式：由于早期各二次设备厂家生产的产品使用的通信规约存在差异，各二次设备间信息互通性较差，部分二次设备不能直接接入变电站综合自动化系统网络及保护信息系统网络，需要经过专用的保护通信管理机转接。而新的二次设备大多使用相同的通信规约，能够直接互联互通；因此在二次设备更换时，其接入网络的方式也可能发生变化。

在二次设备更换的情况，勘察人员需根据原有网络图纸和设计图纸核对原有二次设备和更换后的二次设备接入变电站网络的方式，如果需要变更接入网络的方式，勘察人员需要核实更换的网络线缆的路径和长度，同时了解需接入的网络设备通信端口是否够用，需要如何配置参数。

由于采用串口通信的二次设备网络线缆多通过串接的方式接入变电站网络，勘察人员还需要了解原有二次设备在拆除原有网络接线时是否会造成其他二次设备通信中断的问题，并依据勘察结果确定应采取的安全措施。

勘察人员宜记录以上内容，后期作为施工和网络调试的依据。

14. 时间同步装置

大部分二次设备均需要接入时间同步装置，因此在更换时间同步装置更换时，勘察人员宜对其二次回路进行下列勘察。

（1）作业范围：由于大部分二次设备需要接入时间同步装置，因此在更换时间同步装置时，涉及的二次设备范围很广，作业地点较多，且时间同步装置更换时多数关联设备不会退出运行。

因此勘察人员主要是根据设计图纸确定本次作业的范围及工作地点。同时了解工作地点及附近有哪些二次设备在运行，依据勘察的结果确定临近二次设备运行时应采取的安全措施。

（2）安装位置：由于时间同步装置的卫星接收天线不能被建筑物或墙体遮挡，因此一般将卫星接收天线安装于变电站时间同步装置设备所在楼顶，设计图纸中如果标明天线的安装位置。因此需要勘察人员在现场确定安装位置，勘察需要首先确定天线同轴线缆的敷设通道，了解人员上到楼顶安装的途径；再者需要了解安装地点是否有防止人员高坠的安全防护措施，以及安装点是否能有足够的结构强度支持天线及其安装构件的重量；最后还需要考虑在安装天线支撑构件时会对建筑物结构产生什么影响，会不会破坏建筑物的防水层。

（3）对时方式：二次设备有多种接收时钟同步信号的方式，如空触点方式、B 码方式、脉冲方式、串口报文方式、网络报文方式等。在更换时间同步装置时，勘察人员需要依据设计图纸核对每台接入同步时钟的二次设备采用的同步方式，是否与设计图纸一致，会不会出现同步时钟输出与二次设备的同步方式无法兼容的情况，同时并做好记录，并及时与设计人员沟通。

第二节　二次施工方案的编写

一、基础知识

施工方案是根据一个施工项目制定的实施方案。其中包括组织机构方案（各职能机构的构成、各自职责、相互关系等）、人员组成方案（项目负责人、各机构负责人、各专业负责人等）、技术方案（进度安排、关键技术预案、重大施工步骤预案等）、安全方案（安全总体要求、施工危险因素分析、安全措施、重大施工步骤安全预案等）、材料供应方案[材料供应流程、接保检流程、临时（急发）材料采购流程等]；此外，根据项目大小还有现场保卫方案、后勤保障方案等。

电气作业施工方案一般包括工程概况、编制依据、原则、适用范围、总体布置及工期安排、施工技术方案、工期保证措施、质量目标、保证体系及保证措施、安全生产目标及保证措施、应急救援预案、环境保护措施、文明施工要求等内容。

对于二次施工作业来说，施工的范围通常较小，对于环境的影响不大，工期也相对容易控制，所以前文所述的部分内容可以精简归并。

一般情况下，二次施工方案主要由工程概况、组织措施、安全措施、技术措施、其他部分及附录等部分组成。

对于需要编制施工方案的二次作业，施工单位根据现场勘察结果、作业现场风险辨识情况，按各单位的统一模板编制施工方案，明确工序质量安全要求、合理优化施工流程。

编制施工方案时，应同时确定工作票开票方式，包括工作票份数、工作计划时间、工作内容、需要配合停电的安全措施，明确是否双签发、双负责人、多班组作业、分阶段作业等。

施工方案应与标准作业卡、二次安全措施票等标准的票、卡、单紧密结合，强化技术标准落实，规范人员作业行为和作业步骤，细化作业工序流程，量化工艺要求，突出风险点辨识及预控，提升现场管控质量，确保关键工序、关键环节工艺措施有效落实。

二、二次施工方案的编写

下面用一个保护改造的工程为例来分别介绍施工方案的主要内容编写时的一些注意事项，由于各地区编写施工方案均有自己的标准和模板，本章只涉及一些常用的施工方案中的内容，仅作为施工人员编写二次施工方案的参考，并不作为标准文本执行。

（一）工程概况

电气工程施工方案中的工程概况主要是指工程项目的基本情况。其内容主要包括工程内容、编制目的、实施单位。

1. 工程内容

工程内容是工程概况中主要的部分，其内容主要包括工程名称、新旧设备的概况、实施工程的原因、主要的作业内容、作业地点等。

工程名称宜使用设计图中的工程项目的全称。

新旧设备的概况主要简单介绍原有设备的接线方式、新旧设备型号等内容。

实施工程的原因宜使用设计图纸中说明的相关内容。

主要的作业内容、作业地点是工程内容的主要部分，应简要介绍本次工程的主要作业的具体内容和实施地点，如旧二次设备屏柜的拆除、新二次设备屏柜的就位安装、装置调试、"三遥"核对、传动试验等。

由于二次设备改造中牵涉的设备较多，且设备之间的联系比较隐蔽，尤其是智能化变电站二次设备，彼此之间的联系多通过虚连线的方式，需要根据继电保护和安全装置（含合并单元、智能终端等附属智能设备）之间的具体联系、回路的变动情况以及影响范围，明确改扩建、直流关联设备、间接关联设备。方便提出针对性的安全措施及编制二次安全措施票，所以宜在作业内容中宜加入二次设备分析表，如表 13-2-1 所示。

表 13-2-1　　　　　　　　　　二 次 设 备 分 析 表

序号	设备名称	作业内容	备注
改扩建设备			
1	×××kV××线路保护装置	1)在继保室××J屏位安装新保护屏柜及相应二次回路安装、调试。 2)在继保室××J屏位拆除原有×××kV××线路保护屏及二次回路	
…	…	…	
直接关联设备			
1	变电站监控系统	1）更新监控后台机及远动主机配置。 2）核对×××kV××线路间隔保护装置（新）"三遥"功能、保信功能。 3）按设计要求更换×××kV××线路间隔保护站控层网络电缆	更新监控后台机及远动主机配置工作由监控设备厂家执行
2	×××kV 母差保护屏	1）按设计要求更换×××kV××线路间隔母差联跳回路控制电缆。 2）核对×××kV××线路保护母差联跳功能	
…	…	…	
间接关联设备			
1	网络屏	进行×××kV××线路间隔保护站控层网络功能测试	
…	…	…	

表中改扩建设备是改造间隔或扩建间隔的继电保护和安全自动装置；直接关联设备是与改扩建设备有直接回路联系、在作业中需重新接线或重新下装配置文件的继电保护和安全自动装置；间接关联设备是与直接关联设备有回路联系、在作业中无需重新接线或下装配置文件的继电保护和安全自动装置。

2. 编制目的

本工程涉及二次设备改造的工作，改造工程中保护室内临近二次设备屏柜带电，110kV 场地内各间隔设备在施工过程中带电，存在发生人身触电、火灾、继电保护"三误"、通信接口中断、误分合一侧带电开关等风险点，特此编制施工方案，合理规划安排各作业工序，同时针对各高风险作业工序提出具体措施。

3. 实施单位

实施单位主要包括施工单位、设计单位、监理单位、验收单位，可以用表格的方式进行介绍，如表 13-2-2 所示。

表 13-2-2　　　　　　　　　　　工 程 实 施 单 位 表

序号	组织机构	责任单位
1	施工单位	×××工程建设有限公司
2	监理单位	×××建设监理有限公司
3	验收单位	×××供电公司
4	设计单位	×××勘察设计院

（二）组织措施

电气工程的组织措施是保证工程顺利进行的重要措施之一，包括制定设置施工的组织体系，制定详细的施工计划、技术方案、进度表、建立工程的质量和安全管理体系，建立完善的应急预案及现场管理制度。

一般二次施工方案中的组织措施一般包括施工组织机构设置情况和施工综合进度计划，较为重要工程的施工方案中可以添加质量和安全管理体系以及应急预案和现场管理制度。

1. 施工组织机构设置

施工组织机构的设置主要是按施工中各子项目的作业范围、责任及各专业的分工，明确参与单位具体负责人及主要职责。

组织机构的设置宜使用表格形式来表示，如表 13-2-3 所示。

表 13-2-3　　　　　　　　　　　工 程 组 织 机 构 设 置

组织机构	责任单位	分工	负责人	联系电话	主要职责
项目责任单位	××供电公司变电检修中心	项目负责人	×××	××××××××	协调工程设备物资、厂家人员
		现场安全管理人员	×××	××××××××	负责现场安全到岗到位

续表

组织机构	责任单位	分工	负责人	联系电话	主要职责
设备运维单位	××供电公司变电运维中心	运维责任人	×××	××××××××	负责现场停送电倒闸操作
施工班组	保护中心	项目负责人	×××	××××××××	负责现场工作,安装调试等
		设备调试组	×××	××××××××	协助现场调试,信号核对
设计单位	××勘察设计院	卷册负责人	×××	××××××××	图纸编辑及出具点表
监理单位					

2. 施工综合进度计划

施工综合进度计划的内容主要是详细的施工计划和进度表,方案编制人员按关键工程时间节点分解施工进度安排,工期较长的需分级分片停电的作业项目可按阶段进行说明。

每个作业阶段需明确计划时间、安全措施、保留带电部位、作业风险等级、工作内容及进度安排、施工力量安排、现场布置等关键要素,如果需要使用施工机械的作业还需要编制车辆停放位置及邻近带电设备安全距离图及施工行车路线图。

(1)计划时间:计划时间按工程时间节点安排编写,注意如果施工时间因各种因素发生变更时,施工方案中的时间应及时更改。

(2)安全措施:施工综合进度计划中安全措施主要是停电措施,包括本阶段作业需退出的二次设备和一次设备的陪停措施。例如:×××kV××线路转检修、×××kV备自投装置退出。

安全措施除文字说明外,宜使用颜色区别的一次系统图来表示一次设备的停电范围,如图13-2-1所示,使用黑色(图中框内部分)为停电设备,红色(图中框外部分)为带电设备。

(3)保留带电部位:保留带电包括本阶段作业场地带电的一次设备及临近的二次设备屏柜。例如:×××kVⅠ、Ⅱ段母线及母线带电,临近×××kV××间隔在运行,临近×××保护屏在运行等。

(4)作业风险等级:二次作业风险等级应根据各地区风险定级文件规定填写,宜同时填写一次设备陪停时的电网风险等级。例如:作业风险等级Ⅳ级;电网风险等级六级。

(5)工作内容及进度安排:工作内容应详细描述本阶段作业的主要内容,写出如何执行作业的具体步骤或主要工序。宜使用文字描述,必要时附图说明。例如:执行二次安全措施票 NO.×××号内安全措施;原×××kV 线路保护屏(××J)内×××kV××线路保护二次回路拆除;新×××kV××线路保护屏安装;新×××kV××线路保护装置二次安装调试等。

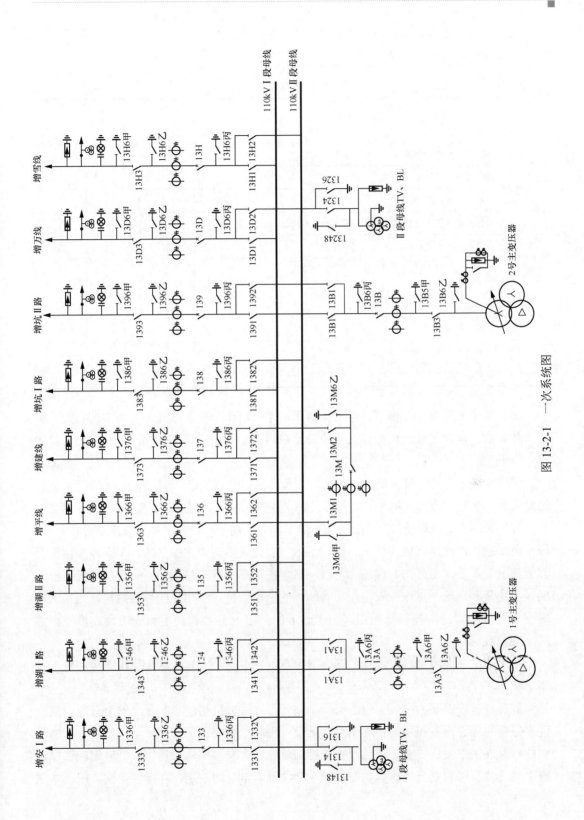

图 13-2-1 一次系统图

进度安排表应根据本阶段作业的主要工序编制时间进度，宜使用表格或甘特图表的方式进行编制，如表 13-2-4 所示。

表 13-2-4　　　　　　　　　　施 工 进 度 安 排 表

序号	工作内容	××××年××月						
		1	2	3	4	5	6	7
1	执行二次安全措施票							
2	退役二次屏拆除及新增保护屏就位							
3	二次电缆、网络线接线							
4	外围关联屏柜相关二次回路接线安装							
5	保护装置二次调试							
6	保护装置与关联屏柜联调试验及出口传动试验							
7	后台监控系统数据库及配置更新、新增装置"三遥"功能检验及与远动系统联调试验							
8	验收及消缺工作							
9	恢复二次安全措施及二次接火工作							
10	启动送电							

（6）施工力量安排：施工力量安排需写明本阶段作业时各专业、各分工的施工人员及具体人数，辅助工及机械操作人员应计算在内。如有使用施工机械，宜在施工力量安排中写出。

例如，施工人员安排：二次设备调试人员 4 人、二次安装人员 4 人、电焊工 1 名、辅助人员 3 名等，吊装司机 1 人，吊车指挥员 1 人。施工机械安排：8T 随车吊 1 辆。

（7）现场布置：对于二次施工方案，除了同时伴随一次设备更换工程或基建工程外，较少出现施工时使用机械的情况，所以不太需要通过编制"三图"的（车辆停放位置及邻近带电设备安全距离图、现场安全围网布置图、车辆行车路线图）来管控特种作业车辆作业安全和现场人员作业安全，明确临近的带电部位等和相应的预控措施。通常的情况下，可以编制二次施工平面图来明确临近的带电设备等和制定相应的预控措施，如图 13-2-2 所示。

二次施工平面图宜截取设计图纸中屏位布置图中部分内容，后期使用图片编辑工具添加标注。

最后，比较重要的电气工程的组织措施还可以添加包括建立质量、安全管理制度，建立完善的应急预案和现场管理制度。质量管理制度能够保证工程质量，安全管理制度则能够保证施工现场安全。应急预案能够应对各种突发事件，现场管理制度则能够保证施工现场的有序和安全。这些制度由于各单位都有自己的规定，通用性不高，所以本文未做详细的说明。

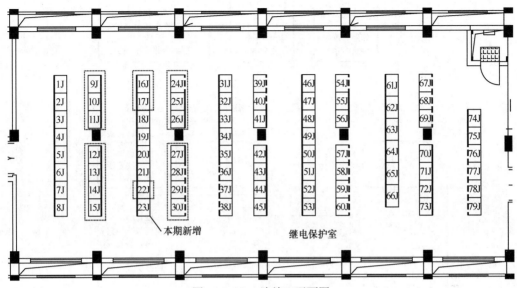

图 13-2-2　二次施工平面图

（三）安全措施

安全措施是施工方案的重要环节，主要是通过对二次施工作业的各工序中可能出现的风险进行辨识，并制定出有效隔离运行相关设备，保障施工电网、设备、人身安全的具体管控措施，降低施工中的电网、设备、人身风险，保证施工安全质量目标的实施。

二次施工方案的安全措施主要分为关键工序风险辨识及管控措施、重点工作风险辨识及管控措施、通用施工风险辨识及管控措施三部分组成。

1. 关键工序风险辨识及管控措施

关键工序是作业人员针对二次作业整个流程提炼出的关键施工节点，对于每个关键工序节点，作业人员都要对本工序内的作业风险进行辨识，找出工序中容易造成电网、设备、人身事故的危险点，并提出相应的控制措施。

二次作业整个工序宜使用流程图的方式表现，对于关键工序及其风险点宜在流程图中标识出来，如图 13-2-3 为保护改造的关键工序风险点。

对于每个关键工序中的风险点，宜使用表格的形式将风险点辨识与相应的管控措施对应起来。编写管控措施时具体且有可执行性。例如对应图 13-2-3 中体现的关键工序"执行已审核的二次安全措施票"，在表 13-2-5 中可体现其对应的管控措施。

2. 重点工作风险辨识及管控措施

对于二次施工中一些容易出现危险且与同类型二次作业的相同工序中存在明显不同的具体工作，例如更换保护屏柜时拆除小母线、保护联跳回路传动等工作，宜专门编写风险辨识及管控措施。

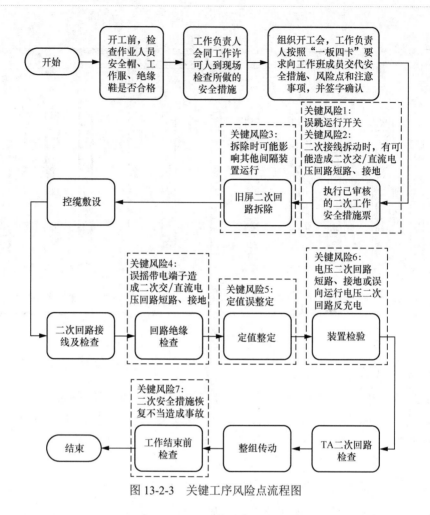

图 13-2-3　关键工序风险点流程图

表 13-2-5　　　　　　二次作业关键工序风险辨识与管控表

序号	关键工序	风险点辨识	风险等级	管控措施
1	执行已审核的二次安全措施票	误跳运行开关	高	1）工作前确认保护装置联跳、联切压板已退出。 2）在线路保护联切其他间隔的操作箱处将线路保护联跳回路拆除，同时在本屏柜处测量联跳回路对地电位，确认操作电压消失后将拆除的线芯用红色绝缘胶布包扎
		二次接线拆动时，可能造成二次交、直流回路短路、接地	中	1）在×××kV线路保护屏二次电压回路电源侧解线，同时在本屏柜处电压回路测量对地电压，确认交流电压消失后将拆除的线芯用红色绝缘胶布包扎。 2）执行二次安全措施时应使用绝缘工器具，戴绝缘手套。 3）执行二次安措的监护人应由较高技术水平和经验的人担任，执行人、恢复人由工作班成员担任。执行时严格按二次安全措施票上的顺序逐项唱票并执行。 4）红色绝缘胶布只作为执行二次安全措施票的标识，未得工作负责人同意前不得拆除。对于非二次安全措施票内容的其他线缆芯线应使用其他颜色绝缘胶布包扎

重点工作风险辨识应比前文中关键工序风险辨识更加具体，应将容易出现危险的具体设备和风险点描述清楚。管控措施也应描述清楚，必要时可以将管控措施的实施步骤也进行文字交代。例如拆除保护屏顶小母线的工作，可以使用文字表示，也可以使用表 13-2-6 来表示。

表 13-2-6　　　　　　　　　　　二次作业拆除保护屏顶小母线风险管控表

工作名称	拆除保护屏顶小母线
工作内容	涉及的拆除的保护屏顶小母线为×××kVⅠ、Ⅱ段母线电压小母线，位于（××J）×××kV××线路保护屏顶，一共9根小母线，分别为A630、B630、C630、L630、A640、B640、C640、L640、N600，两侧分别连接×××保护屏顶、×××保护屏顶电压小母线，连接方式为二次线连接。 拆除小母线会造成×××保护屏内二次设备失去二次电压，需重新敷设控缆进行各母线电压的调整。
风险点辨识	1）拆除电压小母线时容易造成电压回路短路或接地。 2）拆除电压小母线时容易造成临近屏柜失去电压。 3）拆除电压小母线时需登高，容易发生高坠
管控措施	1）拆除电压小母线应使用绝缘工具，戴绝缘手套。 2）拆除小母线时应使用绝缘凳或绝缘人字梯，并需要专人扶持。 3）拆除电压小母线的屏间连线时，应使用绝缘器具将临近小母线线夹处金属裸露部分包裹起来，拆除时先拆电源侧，拆除一端后，需测量连线的对地电位，确认交流电压消失后将拆除的线芯用绝缘胶布包扎后再拆除另一端。对于两侧都带电的连接线，拆除一端后直接绝缘胶布包扎后直接拆除另一端。 4）拆除电压小母线前需确认屏顶两侧小母线连线均已拆除，并测量每根小母线交流电压均消失后方可拆除小母线。 5）具体实施步骤详见屏顶小母线拆除专项技术方案

3. 通用施工风险辨识及管控措施

通用施工风险辨识及管控措施是对于二次作业中一般的施工工序中存在的风险点进行辨识及提出管控措施，例如通常二次施工都存在的二次接线环节，可以用表 13-2-7 来表示其风险点与管控措施。

表 13-2-7　　　　　　　　　　　二次作业通用施工风险辨识与管控表

序号	工序内容	风险点辨识	管控措施
1	二次接线	误接线	1）现场工作应以图纸为依据，工作中若发现图纸与实际接线不符，应查线核对。如涉及修改图纸，应在图纸上标明修改原因和修改日期，修改人和审核人应在图纸上签字。 2）改变二次回路接线时，事先应经过设计单位同意，拆动接线前要与原图核对，改变接线后要与新图核对，及时对施工图纸进行修改。 3）二次接线工作结束后，施工人员及验收人员应依据设计图纸对现场二次接线进行核对，确保图实相符

通用施工风险辨识及管控措施可以在施工方案的安全措施环节单独体现，也可以通过施工方案附录中各单位编制的标准作业卡里的相关内容代替。

（四）技术措施

技术措施是指施工单位在进行电气作业中为减轻劳动强度，提高生产效率，保证施工安全所采取的合理化措施。技术措施在处理问题的对象、手段等方面都是从纯技术角度着眼，这是它区别于其他措施的最鲜明的特点。

二次作业计划措施一般分为一般工序技术措施和特殊工序技术措施。

一般的二次作业由较多工序组成，在技术措施的开始应将各个工序按流程图的方式表示出来，并在流程图里注明每个工序的负责人员，如图 13-2-4 所示。

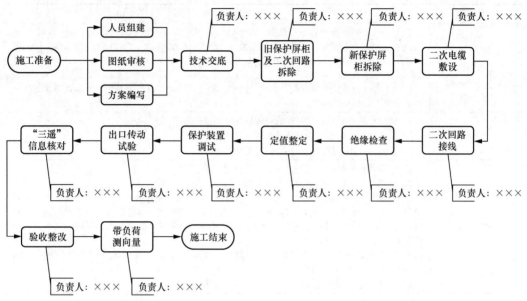

图 13-2-4 施工工序流程图

1. 一般工序技术措施

一般工序技术措施主要是二次施工作业中必要的，且其规范具有普遍性、通用性的工序技术措施。例如安装保护屏柜作业中必须进行的屏柜就位、电缆敷设、二次回路接线工序、装置调试等工序。

以二次回路接线工序为例，其技术措施主要由以下几部分组成：

（1）适用范围：主要描述技术措施的适用范围和环境，如各种盘、柜、端子箱内二次接线施工。

（2）施工流程：宜使用流程图的形式来表示单相工序内的施工流程，如图 13-2-5 所示。

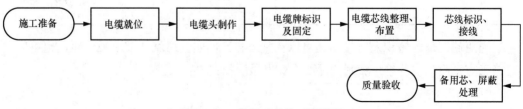

图 13-2-5 单相工序施工流程图

（3）主要质量控制目标及措施：主要是对单项工序流程中的各个环节的工艺要求和质量控制措施进行说明，可以采用文字说明或列表说明方式，以施工准备为例，如图 13-2-6 所示。

（1）施工准备

1）技术准备：熟悉二次接线图和原理图，核对接线图的准确性；熟悉二次接线有关规范，根据电缆清册统计各类二次设备的电缆根数，根据电缆的根数、电缆型号、设备接线空间的大小等因素进行二次接线工艺的策划。

2）人员组织：

① 人员组织情况详见本章 2.1 施工组织机构设置。

② 各专业工种人员应配置充足、齐全。

3）材料机具准备：

① 施工材料机具详见本章 5.1 主要装备配置。

② 根据施工方案要求准备材料、机具，存放符合要求，机具相关试验资料齐全，主要材料合格证齐全。

图 13-2-6　施工准备环节说明示例

以工序流程中的电缆头制作为例，将工序中的主要质量控制目标与采取的控制措施在表 13-2-8 内一一对应地表示出来。

表 13-2-8　　　　　　　　　　　　　　电缆头制作工序质量控制表

工序	质量控制目标（工艺要求）	控制措施
电缆头制作	电缆头制作规范、外形美观	1）电缆头制作时缠绕的聚氯乙烯带要求颜色统一，缠绕密实、牢固。 2）制作电缆头应采用统一长度热缩管加热收缩而成，电缆的直径应在所用热缩管的热缩范围之内。 3）电缆头制作结束后要求顶部平整、密实
	电缆屏蔽层应接地良好、制作规范	1）户外至一次设备短电缆屏蔽层在端子箱、汇控柜处使用 $4mm^2$ 黄绿线接地。其余屏蔽电缆使用 $4mm^2$ 黄绿线接地两端接地。 2）在剥除电缆外层护套时，屏蔽层应留有一定的长度（或屏蔽线），以便与屏蔽接地线进行连接。 3）屏蔽接地线与屏蔽层的连接采用铰接的方式，确保连接可靠。 4）电缆头屏蔽线、钢带屏蔽线应在电缆的统一的方向引出
	铠装电缆的钢带接地良好、制作规范	1）铠装电缆的钢带应一点接地，接地点可选在端子箱或汇控柜专用接地铜排上。 2）钢带应在电缆进入端子箱（汇控柜）后进行剥除并接地。钢带接地应采用单独的接地线引出，其引出位置宜在电缆头下部的某一统一高度，不宜和电缆的屏蔽层在同一位置引出。 3）在钢带接地处，剥除一定长度的电缆外层护套（2～5cm），将屏蔽接地线与钢带用铰接的方式连接，同时采用聚氯乙烯带进行缠绕，确保连接可靠。用热缩管烘缩钢带露出部位

2. 特殊工序技术措施

特殊工序主要是指二次施工作业中流程中处于同一触点但实际采用的技术方案不完全相同的部分工序。例如保护更换作业中的二次回路拆接火工作，需要特定的技术措施来保证工序的质量控制目标。

特殊工序技术措施的结构与一般工序技术措施基本相同，所不同的是特殊工序技术措施需要详细叙述特殊工序的作业内容和步骤及各工序的不同之处，并宜使用图解的方式进行说明。

以拆接屏顶电压小母线为例，由于带电拆除电压小母线容易造成电压短路或接地，需要经验较丰富的工作人员执行操作，而且需要专人进行监护。所以在人员组织时需要明确操作人员名单及个人的分工，如表 13-2-9 所示。

表 13-2-9　　　　　　　　　　拆 接 火 人 员 组 织 表

工种	数量	姓名	电话	职责
拆接火负责人	1	×××	××××××××	负责现场工作部署和协调
安全监护负责人	1	×××	××××××××	负责现场拆接火工作安全监护及验收工作

同时需要用图示的方法对施工步骤进行详细说明，如图 13-3-7 所示。

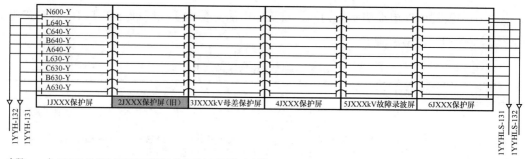

步骤一：由 110kV 母线电压切换屏子排处引出两根临时电缆 1YYHLS-131、1YYHLS-132 至 6JXXX 保护屏屏顶电压小母线线夹处，由专人监护，接入时电缆线芯两端均先用绝缘胶布包扎，先接电压切换屏端子侧，后再 6J 屏顶母线线夹处测量电压差，确定接入的电压相别无误后方可将线芯接入母线线夹。

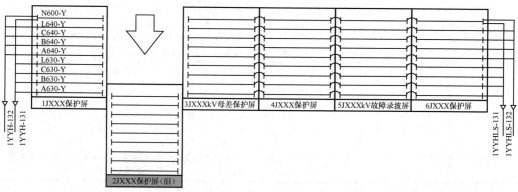

步骤二：将 2JXXX 保护屏至 1JXXX 保护屏及 3JXXXkV 母差保护屏屏顶电压小母线之间的连线拆除，拆除时应派专人监护，拆除时先拆电源端，两侧两线拆除后需测量小母线对地电压，确认无电后方可拆除下一根小母线的连线，待所有小母线连线拆除完毕后方可拆除小母线。小母线及屏内二次接线全部拆除、屏柜固定螺杆拆除后，沿屏正面方向推出 2JXXX 保护屏旧屏柜。

图 13-3-7　施工步骤图

（五）其他部分

二次施工方案还包括主要装备配置、编制依据、文明施工措施等，均可使用文字或表格的形式编写。

1. 主要装备配置

主要装备配置可用表 13-2-10 的方式表示。

表 13-2-10　　　　　　　主 要 装 备 配 置 表

序号	名称	规格/型号	单位	数量	备注
主要工器具、辅材配置					
1	工具箱	—	个	按需	
2	绝缘胶布	—	卷	按需	
3	自粘胶带	—	卷	按需	
4	清洁布	—	条	按需	
5	酒精棉	—	瓶	按需	
6	口罩	—	个	按需	
7	绝缘手套	—	支	按需	
8	记号笔	—	支	按需	
主要仪器配置					
1	继电保护综合试验仪	PL661	台	1	
2	试验导线	—	根	按需	
3	万用表	FLUK-17B	台	1	
4	数字绝缘电阻表	FLUK-1508	台	1	
5	数字钳形相位表	SMG2000E	只	1	

2. 编制依据

编制依据包括设计图纸、安全管理规程及技术规程，可以使用文字或表格的形式编写，见表 13-2-11。

表 13-2-11　　　　　　　方 案 主 要 依 据 列 表

序号	文件名称	标准编号
施工图纸		
1	《国网×××公司×××kV××变电站×××kV××线路保护等设备改造工程图纸》	—
安全管理规程		
1	《国家电网公司电力安全工作规程（电网建设部分）》	国家电网安质〔2016〕212 号
2	《国家电网公司电力安全工作规程（变电部分）》	Q/GDW 1799.1—2013
3	《国家电网有限公司十八项电网重大反事故措施（修订版）》	国家电网设备〔2018〕979 号
4	《继电保护和电网安全自动装置现场工作保安规定》	Q/GDW 267—2009
技术规程		
1	《继电保护及电网安全自动装置检验规程》	DL/T 995—2016
2	《继电保护和安全自动装置技术规程》	GB/T 14285—2023
3	《电气装置安装工程　电缆线路施工及验收规范》	GB 50168—2018
4	《电气装置安装工程　盘、柜及二次回路接线施工及验收规范》	GB 50171—2012

3. 文明施工措施

文明施工措施是指在施工过程中，采取一系列措施，保障施工的同时，尽量减少对环境和社会的影响，提高施工的文明程度和社会责任感。由于各单位关于文明施工的规定不同及各类方案的现场环境不同，很难有一个统一的文本模板。

一般来说各种二次施工方案的文明施工措施大致包括人员的精神面貌检查、作业现场的规范定置、作业的行为规范等内容。

人员精神面貌检查：

（1）所有现场人员应按规定统一穿着工作服，并佩戴相应颜色的安全帽。

（2）工作负责人应在作业开始前检查工作班成员的精神状态，现场所有作业人员应精神饱满、精力充沛，不得松松垮垮、疲疲沓沓。

（六）附录

附录中的内容大多为二次作业时用到的一些票、卡、单。例如二次现场勘察单、二次安全措施票、各关键工序标准作业卡及各类拆、接火票。其中比较重要的二次现场勘察单与二次安全措施票在后面章节详细介绍。

第三节 工作票的编制

一、基础知识

（一）工作票制度

工作票制度是在电气设备上工作，保证安全的组织措施之一。在电气设备上的工作，应填用工作票或事故紧急抢修单，其方式有以下 6 种：

（1）填用变电站（发电厂）第一种工作票。

（2）填用电力电缆第一种工作票。

（3）填用变电站（发电厂）第二种工作票。

（4）填用电力电缆第二种工作票。

（5）填用变电站（发电厂）带电作业工作票。

（6）填用变电站（发电厂）事故紧急抢修单。

（二）工作票在二次系统上工作的应用

（1）下列情况应填用变电站（发电厂）第一种工作票：

1）在高压室遮栏内或与导电部分小于变电安规中规定的设备不停电的安全距离进行继电保护、安全自动装置和仪表等及其二次回路的检查试验时，需将高压设备停电者。

2）在高压设备继电保护、安全自动装置和仪表、自动化监控系统等及其二次回路上工作需将高压设备停电或做安全措施者。

3）通信系统同继电保护、安全自动装置等复用通道（包括载波、微波、光纤通道等）的检修、联动试验需将高压设备停电或做安全措施者。

4）在经继电保护出口跳闸的发电机组热工保护、水车保护及其相关回路上工作需将高压设备停电或做安全措施者。

（2）下列情况应填用变电站（发电厂）第二种工作票：

1）继电保护装置、安全自动装置、自动化监控系统在运行中改变装置原有定值时不影响一次设备正常运行的工作。

2）对于连接电流互感器或电压互感器二次绕组并装在屏柜上的继电保护、安全自动装置上的工作，可以不停用所保护的高压设备或不需做安全措施者。

3）在继电保护、安全自动装置、自动化监控系统等及其二次回路，以及在通信复用通道设备上检修及试验工作，可以不停用高压设备或不需做安全措施者。

4）在经继电保护出口的发电机组热工保护、水车保护及其相关回路上工作，可以不停用高压设备的或不需做安全措施者。

（三）工作票的使用

（1）一个工作负责人不能同时执行多张工作票，工作票上所列的工作地点，以一个电气连接部分为限。

1）所谓一个电气连接部分是指：电气装置中，可以用隔离开关（刀闸）同其他电气装置分开的部分。

2）直流双极停用，换流变压器及所有高压直流设备均可视为一个电气连接部分。

3）直流单极运行，停用极的换流变压器，阀厅，直流场设备、水冷系统可视为一个电气连接部分。双极公共区域为运行设备。

（2）一张工作票上所列的检修设备应同时停、送电，开工前工作票内的全部安全措施应一次完成。若至预定时间，一部分工作尚未完成，需继续工作而不妨碍送电者，在送电前，应按照送电后现场设备带电情况，办理新的工作票，布置好安全措施后，方可继续工作。

（3）若以下设备同时停、送电，可使用同一张工作票：

1）属于同一电压等级、位于同一平面场所，工作中不会触及带电导体的几个电气连接部分。

2）一台变压器停电检修，其断路器（开关）也配合检修。

3）全站停电。

（4）同一变电站内在几个电气连接部分上依次进行不停电的同一类型的工作，可以使用一张第二种工作票。

（5）在同一变电站内，依次进行的同一类型的带电作业可以使用一张带电作业工作票。

（6）持线路或电缆工作票进入变电站或发电厂升压站进行架空线路、电缆等工作，应增填工作票份数，由变电站或发电厂工作许可人许可，并留存。上述单位的工作票签发人和工作负责人名单应事先送有关运维单位备案。

（7）需要变更工作班成员时，应经工作负责人同意，在对新的作业人员进行安全交底手续后，方可进行工作。非特殊情况不得变更工作负责人，如确需变更工作负责人应由工作票签发人同意并通知工作许可人，工作许可人将变动情况记录在工作票上。工作负责人允许变更一次。原、现工作负责人应对工作任务和安全措施进行交接。

（8）在原工作票的停电及安全措施范围内增加工作任务时，应由工作负责人征得工作票签发人和工作许可人同意，并在工作票上增填工作项目。若需变更或增设安全措施者应填用新的工作票，并重新履行签发许可手续。

（9）变更工作负责人或增加工作任务，如工作票签发人无法当面办理，应通过电话联系，并在工作票登记簿和工作票上注明。

（10）第一种工作票应在工作前一日送达运维人员，可直接送达或通过传真、局域网传送，但传真传送的工作票许可应待正式工作票到达后履行。临时工作可在工作开始前直接交给工作许可人。第二种工作票和带电作业工作票可在进行工作的当天预先交给工作许可人。

（11）工作票有破损不能继续使用时，应补填新的工作票，并重新履行签发许可手续。

（12）工作票的有效期与延期。

1）第一、二种工作票的有效时间，以批准的检修期为限。

2）第一、二种工作票需办理延期手续，应在工期尚未结束以前由工作负责人向运维负责人提出申请（属于调控中心管辖、许可的检修设备，还应通过值班调控人员批准），由运维负责人通知工作许可人给予办理。第一、二种工作票只能延期一次。

二、工作票的编写方法简介

（一）工作票的填写与签发

（1）工作票应使用黑色或蓝色的钢（水）笔或圆珠笔填写与签发，一式两份，内容应正确，填写应清楚，不得任意涂改。如有个别错、漏字需要修改，应使用规范的符号，字迹应清楚。

（2）用计算机生成或打印的工作票应使用统一的票面格式，由工作票签发人审核无误，手工或电子签名后方可执行。工作票一份应保存在工作地点，由工作负责人收执；另一份由工作许可人收执，按值移交。工作许可人应将工作票的编号、工作任务、许可及终结时间记入登记簿。

（3）一张工作票中，工作许可人与工作负责人不得互相兼任。若工作票签发人兼任工作许可人或工作负责人，应具备相应的资质，并履行相应的安全责任。

（4）工作票由工作负责人填写，也可以由工作票签发人填写。

（5）工作票由设备运维管理单位（部门）签发，也可由经设备运维管理单位（部门）

审核合格且经批准的检修及基建单位签发。检修及基建单位的工作票签发人及工作负责人名单应事先送有关设备运维管理单位（部门）备案。

（6）承发包工程中，工作票可实行"双签发"形式。签发工作票时，双方工作票签发人在工作票上分别签名，各自承担本部分工作票签发人相应的安全责任。

（7）第一种工作票所列工作地点超过两个，或有两个及以上不同的工作单位（班组）在一起工作时，可采用总工作票和分工作票。总、分工作票应由同一个工作票签发人签发。总工作票上所列的安全措施应包括所有分工作票上所列的安全措施。几个班同时进行工作时，总工作票的工作班成员栏内，只填明各分工作票的负责人，不必填写全部工作班人员姓名。分工作票上要填写工作班人员姓名。总、分工作票在格式上与第一种工作票一致。分工作票应一式两份，由总工作票负责人和分工作票负责人分别收执。分工作票的许可和终结，由分工作票负责人与总工作票负责人办理。分工作票应在总工作票许可后才可许可；总工作票应在所有分工作票终结后才可终结。

（8）供电单位或施工单位到用户变电站内施工时，工作票应由有权签发工作票的供电单位、施工单位或用户单位签发。

（二）变电站（发电厂）第一种工作票的格式及编写方法

1. 变电站（发电厂）第一种工作票格式

变电站（发电厂）第一种工作票格式如图13-3-1所示。

2. 变电站（发电厂）第一种工作票的编写方法

（1）单位：填写工作负责人所属单位，名称应规范统一。

1）本公司所属各部门名称应规范。示例：国网××供电公司变电运维中心、国网××供电公司变电检修中心、国网××供电公司××供电服务中心、国网××供电公司信息通信分公司、国网××县供电公司××乡供电所。

2）外来单位到本公司进行的工作，填写施工单位名称。示例：××高科技公司、××建设工程有限公司。

（2）编号：

1）工作票的编号，同一单位（部门）同一类型的工作票应统一编号，不得重号。

2）在系统开票时，编号由系统自动生成。

3）当工作票打印有续页时，在每张续页右上方有工作票编号。

例如：××-BB-B1-220kV TCB-2022-1053，表示××-本部-第一种工作票-220kV桐城变-2022年-1053号工作票。

（3）工作负责人（监护人）：填写身份证上全名，工作负责人应是安规考试合格，具备相应资质的人员。

（4）班组：应填写工作负责人所在班组名称。示例：变电运检班、变电大一次检修一班、高压配电一班、数字通信运检一班、外勤一班、电缆综合一班、变电作业层班组、配电施工一班、项目实施中心等。

220kV桐城变电站第一种工作票

单位：国网XX供电公司变电运检中心 编 号：XX-BB-B1-220kVTCB-2022-1053

1. 工作负责人（监护人）：张三 班 组：变电二次运检一班

2. 工作班成员（不包括工作负责人）
李四、王五
共 2 人

3. 工作的变、配电站名称及设备双重名称
桐城220kV变电站220kV树桐I路243间隔

4. 工作任务

工作地点及设备双重名称	工作内容
桐城220kV变电站220kV保护小室：220kV树桐Ⅰ路243线路603线路保护屏、220kV树桐Ⅰ路243线路931线路保护屏；	220kV树桐Ⅰ路243间隔保护改造、二次设备安装

补充工作任务（根据工作需要填写）	
工作地点及设备双重名称	工作内容
桐城220kV变电站220kV设备区：220kV树桐I路243开关机构箱、220kV树桐I路243开关端子箱	220kV树桐I路243开关防跳回路异常处理

补充工作任务确认：

工作票签发人签名：赵六 工作许可人签名：吴九

工作负责人签名：郑十 补充工作任务时间：2022年11月21日14时30分

5. 计划工作时间：自 2022年11月21日09时30分 至 2022年11月23日21时00分

6. 安全措施（必要时可附页检图说明）
220kV桐城变220kV树桐I路243开关及线路转检修

应断开的断路器（开关）、隔离开关（刀闸），应取下的熔丝，应解除的继电保护压板等（包括填写常前已断开、取下、解除的）注明编号	已执行
应断开 243 开关；	
应断开 243 开关控制电源；	
应断开 2431、2432、2433 刀闸；	
应断开 2431、2432、2433 刀闸操作电源及电机电源；	

应断开 243线路 PT 二次侧空开；	
应断开 243 开关储能电源；	

应装接地线、应合接地刀闸（注明确实地点、名称及接地线编号）	已执行
应合上 220kV树桐I路2436 甲接地刀闸；	
应合上 220kV树桐I路2436 乙接地刀闸；	
应合上 220kV树桐I路2436 丙接地刀闸；	

应设遮栏、应挂标示牌及防止二次回路误碰等措施	已执行
在树桐I路243开关、2431、2432刀闸操作把手处各悬挂一块"禁止合闸，有人工作"标示牌，在树桐I路2433刀闸操作把手上悬挂一块"禁止合闸，线路有人工作"标示牌	
在树桐I路243线路PT二次消电压空气开关上悬挂一块"禁止合闸，线路有人工作"标示牌	
在220kV保护小室：220kV树桐I路243线路603线路保护屏、220kV树桐I路243线931线路保护屏前后各设置一块"在此工作"标示牌	
在220kV设备区：220kV树桐I路243开关机构箱、220kV树桐I路243开关端子箱前后各设置一块"在此工作"标示牌	
在220kV保护小室：220kV母联、线路控制屏前后各设置一块"运行中"标示牌	
在树桐I路243线路903线、931线路保护屏围墙设置一组安全围栏，向内悬挂"设备运行中"标示牌，出口围至220kV保护小室门口，并悬挂一块"从此出入"标示牌	
在220kV设备区：220kV树桐I路243开关机构箱、220kV树桐I路243开关端子箱、220kV树桐I路243线路PT端子箱围围装设一组安全围栏，"止步，高压危险"标示牌，出口围至临近道路旁，并悬挂一块"从此进出"标示牌	

* 已执行栏目及接地线编号由工作许可人填写。

工作地点保留带电部分或注意事项（由工作票签发人填写）	补充工作地点保留带电部分和安全措施（由工作许可人填写）
220kV Ⅲ、Ⅳ段母线在运行中	相邻 220kV 桐杨 I 路244间隔在运行中

二次工作安全措施票（票号）： 无

工作票签发人签名（设备运维单位）：赵六 签发日期：2022年11月20日16时30分

工作票签发人签名（施工单位）：孙七 签发日期：2022年11月20日15时50分

7. 收到工作票时间：2022年11月20日17时00分

运维人员签名：周八 工作负责人签名：张三

8. 确认本工作票1-7项

工作负责人签名：张三 工作许可人签名：吴九

许可开始工作时间：2022年11月21日09时40分

9. 确认工作负责人布置的工作任务和安全措施
工作班组人员签名：
李四、王五、王小明、王大明

10. 工作负责人变动：
原工作负责人 张三 离去，变更 郑十 为工作负责人

工作票签发人（设备运维单位）：赵六

工作票签发人（施工单位）：孙七

工作票许可人：吴九

变动时间：2022年11月21日12时00分

11. 作业人员变动情况（变动人员姓名、日期及时间）

增添人员姓名	日 时 分	工作负责人	离去人员姓名	日 时 分	工作负责人
王小明	21 日 09 时 30 分	张三	王五	21 日 16时 30 分	郑十
王大明	21 日 09 时 30 分	张三			

12. 工作票延期
有效期延长到2022年11月25日15时00分

工作负责人签名：郑十 2022年11月23日20时00分

工作许可人签名：吴九 2022年11月23日20时00分

13. 每日开工和收工时间（使用一天的工作不必填写）

收工时间		工作许可人	工作许可人	开工时间		工作负责人	工作许可人
月 日 时 分				月 日 时 分			
11 日 21 日 20 时 05 分		郑十	吴九	11 月 22 日 09 时 00 分		郑十	吴九

11 月 22 日 19 时 30 分	郑十	吴九	11 月 23 日 09 时 30 分	郑十	吴九
11 月 23 日 20 时 30 分	郑十	吴九	11 月 24 日 08 时 30 分	郑十	吴九
11 月 24 日 21 时 30 分	郑十	吴九	11 月 25 日 08 时 30 分	郑十	吴九

14. 工作终结：
全部工作于2022年11月25日14时05分结束，设备及安全措施已恢复至开工前状态，工作人员已全部撤离，材料工具已清理完毕，工作已终结。

工作负责人签名：郑十 工作许可人签名：吴九

15. 工作票终结：
临时遮栏、标示牌已拆除，常设遮栏已恢复，未拆除或未拉开的接地线编号 无 等共0组、接地刀闸（小车） 0 副（台），

已汇报值班调度人员。

工作许可人签名：吴九 2022年11月25日16时10分

16. 备注：
(1) 检修工作中允许试分合的设备

(2) 指定专职监护人：
第一组 王大明 负责监护

工作地点及工作内容： 在220kV设备区：220kV树桐I路243开关机构箱、220kV树桐I路243开关端子箱进行220kV树桐I路243开关防跳回路异常处理

工作地点及工作内容：

第四组 负责监护

工作地点及工作内容：

(3) 其他事项：
无

17. 评价情况：该工作票为 合格 票，存在 问题，已向 指出。

检查人：张三 时间： 2022 年11月26日

图 13-3-1 变电站（发电厂）第一种工作票格式

（5）工作班人员（不包括工作负责人）：填写身份证上全名，应是安规考试合格，具备相应资质的人员。

1）单、多班组工作，每个班组工作人员应填写全部工作人员姓名（不含工作负责人），然后注明"共×人"。

2）参与该项工作的设备厂家协作人员、临时工等其他人员也应包括在"工作班人员"中，应写清每个人员的名字。

3）使用总分票的，总工作票的工作班人员只填明各分工作票的负责人等×人，分工作票上要填写全部工作班人员姓名。

（6）工作的变、配电站名称及设备双重名称。

1）填写变电站电压等级及名称。

2）填写检修设备的名称和编号。

格式：电压等级+变电站名称：设备名称编号，如"220kV ××变电站主变压器设备区：220kV 1 号主变压器"。

（7）工作任务。

1）工作地点及设备双重名称。逐项填写本次工作的地点及检修设备的名称编号。工作地点是指工作的区域和设备双重名称（名称和编号），设备名称编号应与设备现场标识名称、编号一致，工作地点描述应具体到设备单元及主设备，如"220kV ××变电站 110kV 设备区：110kV 后三蓝线 133 开关端子箱""220kV ××变电站 220kV 保护室：220kV 城星Ⅰ路 275 线路 931 线路保护屏"。

2）工作内容。

a. 工作内容要与工作地点一一对应。

b. 工作内容应填写具体明确、术语规范。

工作内容不得超出向调度提出停电申请的工作内容。所有工作内容必须完整，不得省略。如检修类工作：工作性质描述应规范，如××开关例检、××避雷器试验、××保护全检等。如技改、大修类工作：工作内容描述应清楚，如××隔离开关大修，更换 1 号主变压器套管等。如消缺类工作：不得简单填写"缺陷处理"，应将缺陷的具体内容描述清楚，如××主变压器渗油检查处理，不能填写为"××主变压器缺陷处理"。

c. 补充工作内容参照上述要求填写，并履行签名确认手续，记录时间。

3）补充工作任务参照上述要求填写，并履行签名确认手续，记录时间，使用 24 小时制，具体到分钟，月、日、小时和分钟均使用两位数字，以下时间填写要求相同，示例：2022 年 05 月 08 日 16 时 06 分。

（8）计划工作时间为批准的计划检修或施工时间，使用 24 小时制，具体到分钟，使用两位数字。

（9）安全措施（必要时可附页绘图说明）写明工作所需的停电安全措施，如"220kV ××变电站 110kV 后三蓝线 133 开关及线路转检修"。

（10）应断开的断路器（开关）、隔离开关（刀闸），应取下的熔丝，应解除的继电保护压板等（包括填写前已断开、取下、解除的）注明编号。

1）根据工作内容，填写应断开（包括当时运方已在断开状态）的断路器、隔离开关、熔断器、低压空气断路器，相关断路器、隔离开关的交直流操作电源空气断路器、电压等回路空气断路器（熔丝）等。

2）手车开关必须拉至试验或检修位置，使各方面有一个明确的断开点（对于有些无法观察到明显断开点的设备除外）；与停电设备有关的变压器、电压互感器，必须将设备各侧断开。

3）应解除的继电保护压板是指检修时可能引起运行设备联跳的电量或非电量保护（如瓦斯保护等）压板。

4）以上内容应按类别分行填写。

（11）应装接地线、应合接地开关（注明接地线具体位置，并由许可人注明接地线编号）。

1）接地开关应填写接地开关的名称编号。

2）接地线应写明装设的具体地点，如"在 110kV 后三蓝线 1333 隔离开关靠线路侧挂一组（#×）三相短路接地线"，括号内内容（接地线编号）由工作许可人在工作票许可前手动填写，填写的接地线编号应与接地线实际号牌上的编号一致。

（12）应设遮栏、应挂标示牌及防止二次回路误碰的措施。

1）填写应装设的安全遮栏以及悬挂的标示牌等，包括具体位置名称。

2）以上内容应按类别分行填写。

（13）工作地点保留带电部分或注意事项（工作票签发人填写）。

1）填写与检修设备距离邻近或对面带电部位，以及保护工作地点相邻的其他保护（装置）运行情况。

2）相关设备要明确名称编号，位置要准确。例如对面××、相邻××。

3）其他需要向检修人员交代的注意事项。

（14）补充工作地点保留带电部分和安全措施（许可人填写）。根据现场的实际情况，工作许可人对工作地点保留的带电部分予以补充，应注明所采取的安全措施或提醒检修人员必须注意的事项。若没有则填"无"，不得空白。

（15）二次工作安全措施票（票号）。填写该工作票对应的二次安全措施票票号。

（16）工作票签发人签名和签发日期。工作票签发人确认工作票中 1～5 项无误后，在签名栏内签名，并在时间栏内填写签发时间，确认后提交给运维人员。时间使用 24 小时制，具体到分钟、月、日、小时和分钟均使用两位数字。

（17）收到工作票时间。运维人员收到工作票后，对工作票审核无误后，填写收票时间并签名，若票面填写不规范可选择回退并写明具体原因。第一种工作票签发和收到时间应为工作前一天（紧急抢修、消缺除外）。时间使用 24 小时制，具体到分钟，月、日、小时和分钟均使用两位数字。

（18）确认工作票 1～7 项。运维人员完成工作票所列的安全措施，并经现场核实后，在相应的已执行栏内手工打"√"。填写内容应按类别分行填写，若出现跨行填写的，仅在末行的"已执行"栏打"√"即可。工作票许可开始时间应在计划或延期时间范围内。时间使用 24 小时制，具体到分钟，月、日、小时和分钟均使用两位数字。

（19）确认工作负责人布置的工作任务和安全措施。开工前，工作负责人向全体工作班成员详细交代工作任务和安全措施后，全体工作班成员在工作负责人所持的工作票确认签名。变动后新工作班成员也应在该栏签名。

（20）工作负责人变动。经工作票原签发人同意（如果是双签发的工作票，应同时经两个签发人的同意），在工作票上填写离去和变更的工作负责人姓名及变动时间，同时通知工作许可人。工作负责人的变更应告知全体工作班成员。变更的工作负责人应做好交接手续。工作负责人变动时间可为许可时间之前，也可为许可时间之后，视现场情况而定。

（21）作业人员变动情况（变动人员姓名、变动日期及时间）。经工作负责人同意签名，并在工作票上写明变动人员姓名、变动日期及时间。新增加的工作人员在明确了工作内容、人员分工、带电部位、现场安全措施和工作的危险点及防范措施，在工作负责人所持工作票上第 9 项确认栏签名后方可参加工作。

（22）工作票延期。应在工期尚未结束以前由工作负责人向运维负责人提出申请（属于调控中心管辖、许可的检修设备，还应通过值班调控人员批准），由运维负责人通知工作许可人给予办理。第一种工作票只能延期一次。

（23）每日开工和收工时间。

1）当工作票的有效期超过一天时，工作负责人每日应与工作许可人办理开工和收工手续，并分别在各自所持工作票相应栏内填写时间、姓名。首日开工和工作终结手续不在本栏目中办理，表格不够时可增附页。

2）每日收工，工作负责人应得到小组负责人或全部工作班成员当日工作结束的报告，开好收工会并全部撤离工作现场后，向许可人汇报。次日复工时，工作负责人应经许可人同意并重新复核安全措施无误后方可工作。收工时将工作地点所装的接地线拆除的，次日恢复工作前应重新验电挂接地线。

（24）工作终结。

1）工作结束后，工作负责人应会同工作许可人进行验收，验收合格后双方确认后签名并填上时间。

2）工作结束时间不应超出计划工作时间或经批准的延期时间。

（25）工作票终结。

1）待工作结束后，工作许可人方可执行拆除临时遮栏、标示牌，恢复常设遮栏的工作。

2）工作许可人应在确认现场设备已恢复至调度许可的状态后，将未拆除接地线、未拉开接地开关的编号及数量填写至工作票上，若无未拆除接地线（未拉开接地开关），应在接地线编号栏填"无"，在数量栏填"0"组（副），不得空白。

3）若因工作需要未拆除接地线（未拉开接地开关），则应在工作票备注栏注明，方可办理工作票终结手续。具体填写要求详见备注栏填写部分。

4）待工作票上安全措施均已拆除，汇报调度后，工作许可人方可进行"工作票终结"手续，并在所持工作票"工作票终结"栏工作许可人签名时间。

5）工作票终结时间应在计划工作时间或延期时间范围内。

（26）备注。

1）检修工作中允许试分合的设备。试分合的设备由工作票签发人或工作负责人填写，应明确需要试分合操作的断路器、隔离开关名称和编号，提出申请。解锁执行人由设备运行管理单位值班负责人指定值班人员，在解锁完毕后签名并填写执行时间。工作班在对解锁设备操作前，工作负责人应指明监护人、操作人并填入本栏。

2）指定专职监护人。多个作业面进行分组工作时，工作负责人应指定各小组监护人，并填明小组监护人姓名和具体工作地点、内容。

（27）其他事项。有其他需要交代的事项时，工作票签发人、工作负责人、值班负责人、工作许可人填写并签名。如开关检修时工作票签发人应将释放开关操作能量的措施填入该栏内，由工作班执行；高压试验、继电保护及安全自动装置试验临时短接线的装拆；工作班自装、拆的接地线等情况。

（28）评价情况。定期收集工作票并开展评价，对于发现的问题要及时指出和改正。

（三）变电站（发电厂）第二种工作票的格式及编写方法

1. 变电站（发电厂）第二种工作票格式

变电站（发电厂）第二种工作票格式如图13-3-2所示。

2. 变电站（发电厂）第二种工作票的编写方法

（1）单位：填写工作负责人所属单位，名称应规范统一。

1）本公司所属各部门名称应规范。示例：国网××供电公司变电运维中心、国网××供电公司变电检修中心、国网××供电公司××供电服务中心、国网××供电公司信息通信分公司、国网××县供电公司××乡供电所。

2）外来单位到本公司进行的工作，填写施工单位名称。示例：××高科技公司、××建设工程有限公司、××工程有限公司。

（2）编号：

1）工作票的编号，同一单位（部门）同一类型的工作票应统一编号，不得重号。

2）在系统开票时，编号由系统自动生成。

3）当工作票打印有续页时，在每张续页右上方有工作票编号。

220kV桐城变电站第二种工作票

单位：国网XX供电公司变电运检中心　　编号：XX-BB-B2-220kVTCB-2023-1172

1. 工作负责人（监护人）：张三　　　班组：变电二次运检一班

2. 工作班成员（不包括工作负责人）

李四、王五

_____共 2 人

3. 工作的变、配电站名称及设备双重名称

桐城220kV变电站主控继保室：10kV母联640备自投间隔

4. 工作任务

工作地点或地段	工作内容
桐城220kV变电站主控继保室：10kV微机防误屏、10kV公用屏、10kV电压并列屏、10kV母线分段保护屏；10kV配电室所有开关柜前上柜	10kV母联640备自投改造屏柜安装

补充工作任务（根据工作需要填写）	
工作地点或地段	工作内容

补充工作任务确认：

工作票签发人签名：　　　　　工作许可人签名：

工作负责人签名：　　　补充工作任务时间：　　年 月 日 时 分

5. 计划工作时间：自2022年11月28日08时00分至2022年11月28日21时00分

6. 工作条件（停电或不停电、或邻近带电设备及保留带电设备名称）：

不停电

7. 注意事项（安全措施）：

1、在10kV微机防误屏、10kV公用屏、10kV电压并列屏、10kV母线分段保护屏前后各设置一块"在此工作"标示牌

2、在10kV配电室所有开关柜前上柜临时工作地点设置一块"在此工作"标示牌；由工作负责人随工作地点转移设置

3、在主变微机防误屏、继保室网络通讯屏前后各设置一块"运行中"标示牌

4、工作人员与10kV配电室带电设备保持0.7m及以上安全距离

5、工作中严禁误碰运行中设备

二次工作安全措施票（票号）：　　　无

工作票签发人签名（设备运维单位）：赵六 签发日期：2022年11月28日07时30分

工作票签发人签名（施工单位）：　　　签发日期：　年 月 日 时 分

8. 补充安全措施（工作许可人填写）：

无

9. 确认本工作票 1～8 项

工作负责人签名：张三　工作许可人签名：孙七

许可开始时间：2022年11月28日09时30分

10. 确认工作负责人布置的工作任务和安全措施。

工作班组人员签名：

李四、王五、王明

11. 工作负责人变动：

原工作负责人 张三 离去，变更 周八 为工作负责人

工作票签发人（设备运维单位）：赵六

工作票签发人（施工单位）：赵七

工作许可人：孙七

变动时间：11月28日12时00分

12. 工作人员变动：

增添人员姓名	月 日 时 分	工作负责人姓名	离去人员姓名	月 日 时 分	工作负责人姓名
王明	11月28日09时30分	张三	王五	11月28日12时30分	周八

13. 工作票延期：

有效期延长到：2022 年 11 月 28 日 22 时 00 分

工作负责人签名：周八 2022 年 11 月 28 日 20 时 00 分

工作许可人签名：孙七 2022 年 11 月 28 日 20 时 00 分

14. 每日开工和收工时间（使用一天的工作票不必填写）

收工时间			工作负责人	工作许可人	开工时间			工作负责人	工作许可人
月	日	时 分			月	日	时 分		

15. 工作票终结：

全部工作于 2022 年 11 月 28 日 21 时 40 分 结束，作业人员已全部撤离，材料工具已清理完毕。

工作负责人签名：周八 2022 年 11 月 28 日 21 时 40 分

工作许可人签名：孙七 2022 年 11 月 28 日 21 时 40 分

16. 备注：

_____

_____

17. 评价情况：经检查本票为　　　票，存在　　　问题，已向　　　指出。

检查人：　　　　　检查时间：　　年 月 日

图 13-3-2　变电站（发电厂）第二种工作票格式

例如：××-BB-B2-220kV TCB-2023-1172，表示××-本部-第二种工作票-220kV 桐城变-2022 年-1172 号工作票。

（3）工作负责人（监护人）：填写身份证上全名，工作负责人应是安规考试合格，具

备相应资质的人员。

（4）班组：应填写工作负责人所在班组名称，示例：变电运检班、变电大一次检修一班、高压配电一班、数字通信运检一班、外勤一班、电缆综合一班、变电作业层班组、配电施工一班、项目实施中心等。

（5）工作班人员（不包括工作负责人）。

1）单、多班组工作，每个班组工作人员应填写全部工作人员姓名（不含工作负责人），然后注明"共×人"。

2）参与该项工作的设备厂家协作人员、临时工等其他人员也应包括在"工作班人员"中，应写清每个人员的名字。

3）使用总分票的，总工作票的工作班人员只填明各分工作票的负责人等×人，分工作票上要填写全部工作班人员姓名。

（6）工作的变、配电站名称及设备双重名称。

1）填写变电站电压等级及名称。

2）填写检修设备的名称和编号。

格式：电压等级+变电站名称：设备名称编号，如"220kV ××变电站主变压器设备区：220kV 1 号主变压器"。

（7）工作任务。

1）工作地点及设备双重名称。逐项填写本次工作的地点及检修设备的名称编号。工作地点是指工作的区域和设备双重名称（名称和编号），设备名称编号应与设备现场标识名称、编号一致，工作地点描述应具体到设备单元及主设备，如"220kV ××变电站 110kV 设备区： 110kV 后三蓝线 133 开关""220kV ××变电站 220kV 保护室：220kV 城星Ⅰ路 275 线路 931 线路保护屏"。

2）工作内容。

a. 工作内容要与工作地点一一对应。

b. 工作内容应填写具体明确、术语规范。所有工作内容必须完整，不得省略。

c. 补充工作内容参照上述要求填写，并履行签名确认手续，记录时间。

3）补充工作任务参照上述要求填写，并履行签名确认手续，记录时间，使用 24 小时制，具体到分钟，月、日、小时和分钟均使用两位数字，以下时间填写要求相同，示例：2022 年 05 月 08 日 16 时 06 分。

（8）计划工作时间。为批准的计划检修或施工时间，使用 24 小时制，具体到分钟，使用两位数字。

（9）工作条件。该栏是指在检修设备上工作应具备的条件。停电或不停电系指被检修或试验的低压设备（如站用电低压屏检修、主变压器冷却系统维护，开关操动机构清扫、直流系统维护等）是停电状态还是不停电状态，对工作条件为停电的，工作票中"工作条件"栏应填明需断开的电源名称。同时该栏还应填写邻近带电及保留带电设备名称编号。

（10）注意事项（安全措施）。应写具体安全措施，应考虑防止触电、机械伤害、高处坠落等人身安全要求以及设备安全的措施，如应退出的保护（重合闸）压板；应断开低压电源开关；应挂地线、标示牌及应设的遮拦、绝缘挡板、红布帘等；安全距离要用数字表示。

1）二次工作安全措施票（票号）。填写该工作票对应的二次安全措施票票号，若无填"无"。

2）工作票签发人签名和签发日期。工作票签发人确认工作票中 1～6 项无误后，在签名栏内签名，并在时间栏内填写签发时间，确认后提交给设备运维人员。

（11）补充安全措施（工作许可人填写）。该栏由工作许可人根据现场实际情况，对工作票填写人事先未考虑的安全措施进行补充，提出相应的预控措施，如无需补充，可填"无"。

（12）确认工作票 1～8 项。工作许可前，工作许可人还应与工作负责人逐条核查工作票所列安全措施的布置情况，经双方确认工作票 1～8 项正确完备、执行无误后，由工作许可人填写许可开始工作时间，工作许可人和工作负责人分别在双方工作票上签字。采取电话方式许可的，工作所需安全措施可由工作人员自行布置，工作许可后，双方分别在各自所持工作票相应栏内代为签名。

（13）交任务、交安全措施确认。开工前，工作负责人向工作班成员详细交代工作任务和安全措施后，工作班成员在工作负责人所持的工作票的"交任务、交安全措施确认"栏确认签名。变动后新工作班成员也应在该栏签名。

（14）工作负责人变动情况。经工作票原签发人同意（如是双签发的工作票，应同时经两个签发的同意），在工作票上填写离去和变更的工作负责人姓名及变动时间，同时通知工作许可人。工作负责人的变更应告知全体工作班成员。变更的工作负责人应做好交接手续。

（15）工作人员变动情况。经工作负责人同意签名，并在工作票上写明变动人员姓名、变动日期及时间。新增加的工作人员在明确了工作内容、人员分工、带电部位、现场安全措施和工作的危险点及防范措施，在工作负责人所持工作票上第 10 项确认栏签名后方可参加工作。

（16）工作票延期。需办理延期手续，应在工期尚未结束以前由工作负责人向运维负责人提出申请（属于调控中心管辖、许可的检修设备，还应通过值班调控人员批准），由运维负责人通知工作许可人给予办理。第二种工作票只能延期一次。

（17）每日开工和收工时间（使用一天的工作票不必填写）。

1）当工作票的有效期超过一天时，工作负责人每日应与工作许可人办理开工和收工手续，并分别在各自所持工作票相应栏内填写时间、姓名。首日开工和工作终结手续不在本栏目中办理，表格不够时可增附页。

2）每日收工，工作负责人应得到小组负责人或全部工作班成员当日工作结束的报告，开好收工会并全部撤离工作现场后，向许可人汇报。次日复工时，工作负责人应经许可人同意并重新复核安全措施无误后方可工作。

（18）工作票终结。

1）工作结束后，工作负责人应会同工作许可人进行验收，验收合格后双方确认后签名并填上时间。

2）工作结束时间不应超出计划工作时间或经批准的延期时间。

（19）备注。有其他需要交代的事项时，工作票签发人、工作负责人、值班负责人、工作许可人填写并签名。

（20）评价情况。定期收集工作票并开展评价，对于发现的问题要及时指出和改正。

第四节　二次工作安全措施的编制

一、基础知识

（一）二次工作安全措施票

二次工作安全措施票是在二次设备检修时实现检修设备同运行设备有效隔离的安全措施票。在二次设备上的工作，遇有下列情况的应填用二次工作安全措施票：

（1）在运行的二次系统回路上进行拆、接线的工作。

（2）对检修设备执行隔离措施时，需要拆断、短接和恢复同运行设备有联系的二次回路的工作。

（3）在电流互感器与短路端子之间进行的其他工作。

（4）对于不经过压板的调整回路（包括远跳回路）、合闸回路和与运行设备安全有关的连线，应列入二次工作安全措施票。

（5）在与运行设备存在 GOOSE、SV 虚回路连接的试验设备上工作。

（二）二次工作安全措施票执行。

（1）办理工作票时，应同步办理好二次工作安全措施票。

（2）二次工作安全措施票应由工作负责人填写，检修部门保护专责审核，工作票签发人签发。

（3）根据二次工作安全措施票进行"执行"和"恢复"安全措施操作时，应至少由两人进行：一人负责操作，一人担任监护。监护人应由技术水平高和经验丰富的人担任，逐项确认并记录操作内容。二次工作安全措施票"执行"人和"恢复"人原则上应为同一人。

（4）外委工程二次工作安全措施票的执行、恢复均应在业主单位监督负责人的监督下进行并签字确认，业主单位监督负责人应由检修部门保护专业人员担任。

（5）二次工作安全措施票执行时，应按照顺序逐项进行。恢复时应按照"先执行的措施后恢复"的原则进行操作。

（6）在执行完二次工作安全措施票后，方可开工。

（7）确因工作需要短时恢复安全措施的，或临时拆除、短接二次回路的，或拔出尾纤的，应确保不影响运行设备的正常运行，并经工作负责人同意，在其监护下操作及做好记录，相关工作完成后应立即恢复原安全措施或恢复临时拆接线。

（8）二次接火票应按照二次工作安全措施票的要求执行接火措施。二次接火票"执行"人与二次工作安全措施票"执行"人原则上应为同一人。

（9）二次工作安全措施票应随工作票归档保存 1 年。

二、二次工作安全措施票的编写方法简介

（一）二次工作安全措施票的格式

二次安全措施票样票如表 13-4-1 所示。

表 13-4-1　　　　　　　　　　　二次工作安全措施票

编号：　　　　　　　　　　　　　　　　对应工作票编号：

被试设备名称：220kV××变电站 220kV××225 线路 103 线路保护、902 线路保护

工作负责人		工作时间		年　月　日　时　分
审核人		签发人		

工作内容：220kV ××变电站 220kV ×× 225 线路保护改造

工作条件

1.一次设备 2.运行情况	220kV ××变电站 220kV ×× 225 开关转冷备用
3.二次设备 4.运行情况	220kV ××变电站 220kV××225 线路 103 线路保护、902 线路保护、测控装置退出运行

安全措施：包括应投入和退出出口和接收软压板、出口硬压板、检修硬压板，解开及恢复直流线、交流线、信号线、联锁线，断开或合上空气断路器，插入和拔出光纤等，按工作顺序填写安全措施。已执行，在执行栏上打"√"，已恢复，恢复栏上打"√"

序号	执行	安全措施内容	恢复
★1-3：检修挂牌、网安告警屏蔽及保信系统屏蔽（本说明不体现在具体二次工作安全措施票）			
		电话通知省调自动化值班台/地调监控台，确认 220kV××225 间隔已挂牌，已屏蔽 220kV××225 间隔相关信息	
		电话通知地调自动化值班台，屏蔽网络安全监控平台 220kV××225 间隔相关信息	
		电话联系故障信息主站将 220kV ×× 225 线路 103 线路保护、902 线路保护置于调试状态，屏蔽其至故障信息系统的信号	
★4-5：线路保护与过程层交换机光纤回路隔离（本说明不体现在具体二次工作安全措施票）			
		在（××J）220kV××225 线路保护测控屏，拔出过程层 A 网交换机上至（××J）220kV 第一套 BP2C 母差保护屏，光纤编号 AGAJLT/RX1、AGAJLR/TX1 的尾纤，并盖好防尘帽	
		在（××J）220kV××225 线路保护测控屏，拔出过程层 B 网交换机上至（××J）220kV 第二套 BP2C 母差保护屏，编号为 BGAJLT/RX1、BGAJLR/TX1 的尾纤，并盖好防尘罩	

★6-8：线路 A 套智能终端、A 套合并单元与母差保护、母线合并单元光纤回路隔离（本说明不体现在具体二次工作安全措施票）

		在 220kV××225 间隔智能控制柜，拔出智能终端 A 上编号分别为 AMBZTT/1-A-3/1-4n1-3-R、AMBZTR/1-A-4/1-4n1-3-T 用于 220kV 第一套 BP2C 母差保护直跳的尾纤，并盖好防尘罩	
		在 220kV××225 间隔智能控制柜，拔出合并单元 A 上编号为 AMUCT（MB）/1-A-5/1-13n2-2-T 用于 220kV 第一套 BP2C 母差保护直采的尾纤，并盖好防尘罩	
		在 220kV××225 间隔智能控制柜，拔出合并单元 A 上编号为 AMUPT/1-C-1/1-13n1-3-R 用于 220kV Ⅰ、ⅢM 母线 TV 电压采集的尾纤，并盖好防尘罩	

★9-11：线路 B 套智能终端、B 套合并单元与母差保护、母线合并单元光纤回路隔离（本说明不体现在具体二次工作安全措施票）

		在 220kV××225 间隔智能控制柜，拔出智能终端 B 上编号分别为 BMBZTT/2-A-3/B01-TX4、BMBZTR/2-A-4/B01-TX4 用于 220kV 第二套 BP2C 母差保护直跳的尾纤，并盖好防尘罩	
		在 220kV××225 间隔智能控制柜，拔出合并单元 B 上编号为 BMUCT（MB）/2-A-5/B01-TX4 用于 220kV 第二套 BP2C 母差保护直采的尾纤，并盖好防尘罩	
		在 220kV××225 间隔智能控制柜，拔出合并单元 B 上编号为 BMUPT/2-C-1/B01-RX7 的尾纤用于 220kV Ⅰ、ⅢM 母线 TV 电压采集，并盖好防尘罩	

★12-13：间隔智能控制柜 A 套、B 套合并单元线路电压回路隔离（本说明不体现在具体二次工作安全措施票）

| | | 打开 220kV××225 间隔智能控制柜上接入合并单元 A 的线路电压回路端子中间连接片并锁定：A603（1-13UD1）、N600（1-13UD4），并用红色绝缘胶布封住外侧端子排及中间连接片 | |
| | | 打开 220kV××225 间隔智能控制柜上接入合并单元 B 的线路电压回路端子中间连接片并锁定：A2603（2UD1）、N600（2UD4），并用红色绝缘胶布封住外侧端子排及中间连接片 | |

★14：线路保护对时回路隔离（本说明不体现在具体二次工作安全措施票）

| | | 解除（××J）时间同步主时钟屏上电缆编号 1EGPS-131 的二次线 GPS+（1-46D:80）、GPS-（1-46D:81），确认对侧（××J）220kV××225 线路保护测控屏上 GPS+（TD:1）、GPS-（TD:5）线芯正确后，将电缆两侧拆除，并用红色绝缘胶布逐根包扎（无需恢复） | |

★15-22：线路保护及智能组件电源回路隔离（本说明不体现在具体二次工作安全措施票）

		在（××J）#1 直流分屏断开 220kV××225 线路保护测控屏电源 1 空气断路器 QC116，并用红色绝缘胶布封住	
		解除（××J）#1 直流分屏上 220kV××225 线路保护测控屏电源 1 回路二次线：+BM1（X3:6）、-BM1（X3:13），确认对侧（××J）220kV××225 线路保护测控屏上+BM1（ZD1）、-BM1（ZD10）线芯正确后，将电缆两侧拆除，并用红色绝缘胶布逐根包扎（无需恢复）	
		在（××J）#2 直流分屏断开 220kV××225 线路保护测控屏电源 2 空气断路器 QC116，并用红色绝缘胶布封住	
		解除（××J）#2 直流分屏上 220kV××225 线路保护测控屏电源 2 回路二次线：+BM2（X3:6）、-BM2（X4:13），确认对侧（××J）220kV××225 线路保护测控屏上+BM2（ZD6）、-BM2（ZD15）线芯正确后，将电缆两侧拆除，并用红色绝缘胶布逐根包扎（无需恢复）	
		在（××J）#1 直流分屏断开 220kV××225 智能控制柜智能组件电源 1 空气断路器 QC104，并用红色绝缘胶布封住	

续表

	解除（××J）#1 直流分屏上 220kV ×× 225 智能控制柜智能组件电源 1 回路二次线：+KM1（X3:4）、-KM1（X3:11），确认对侧 220kV××225 智能控制柜上+KM1（1-ZD1）、-KM1（1-ZD8）线芯正确后，将电缆两侧拆除，并用红色绝缘胶布逐根包扎（无需恢复）	
	在（××J）#2 直流分屏断开 220kV ×× 225 智能控制柜智能组件电源 2 空气断路器 QC104，并用红色绝缘胶布封住	
	解除（××J）#2 直流分屏上 220kV ×× 225 智能控制柜智能组件电源 2 回路二次线：+KM2（X3:4）、-KM2（X3:11），确认对侧 220kV××225 智能控制柜上+KM2（2ZD1）、-KM2（2ZD6）线芯正确后，将电缆两侧拆除，并用红色绝缘胶布逐根包扎（无需恢复）	
★23-26：线路保护接口装置电源回路隔离（本说明不体现在具体二次工作安全措施票）		
	在（××J）通信 48V 直流电源柜 1 断开 220kV××225 线路 103 线路保护 2M 接口装置电源空气断路器 DK1，并用红色绝缘胶布封住	
	解除（××J）通信 48V 直流电源柜 1 上 220kV××225 线路 103 线路保护 2M 接口装置电源回路二次线：+BM1（X3:6）、-BM1（X3:13），确认对侧（××J）220kV 线路保护通信接口柜 1 上+BM1（3D1）、-BM1（3D3）线芯正确后，将电缆两侧拆除，并用红色绝缘胶布逐根包扎（无需恢复）	
	在（××J）通信 48V 直流电源柜 2 断开 220kV××225 线路 902 线路保护 2M 接口装置电源空气断路器 DK1，并用红色绝缘胶布封住	
	解除（××J）通信 48V 直流电源柜 2 上 220kV ×× 225 线路 902 线路保护 2M 接口装置电源回路二次线：+BM2（X3:6）、-BM2（X3:13），确认对侧（××J）220kV 线路保护通信接口柜 1 上+BM2（7D1）、-BM2（7D3）线芯正确后，将电缆两侧拆除，并用红色绝缘胶布逐根包扎（无需恢复）	

执行			恢复		
操作人	监护人	时间	操作人	监护人	时间
业主单位监督负责人			业主单位监督负责人		

（二）二次工作安全措施票的编制：

（1）二次工作安全措施票的"被试设备名称""工作内容""工作条件"等应与作票相应二次工作内容一致。

1）"被试设备名称"采用规范继电保护设备名称，明确所属变电站。

2）"工作负责人""签发人"与工作票的工作负责人、签发人相一致，"工作时间"为工作票起始时间。

3）"工作条件"中一次设备运行情况与工作票中安全措施要求的一次设备状态相一致，二次设备运行情况说明"被试设备"及关联的二次设备运行情况。

（2）二次工作安全措施票的"安全措施内容"应只填写二次安全隔离措施且填写规范避免与工作票内容重复或冲突。

1）保护软硬压板投退等已列入工作票的二次工作安全措施应在工作票许可时，由工作负责人与工作票许可人现场核对确认，不再列入二次工作安全措施票。

2）二次设备的空气断路器、把手、定值区号、压板等原始状态的记录不列入二次工作安全措施票，应填入设备原始状态记录表。

3）安全措施内容写明保护、测控等被试设备及其二次回路与运行二次设备（含保信子站、故障录波器）的隔离措施，以及与监控主站等信息系统的隔离措施。

4）安全措施按实施的先后顺序逐项填写，宜按照跳合闸、启失灵、交流电流、交流电压、遥信、录波、直流电源、交流电源等二次回路的隔离措施依次填写。

5）智能变电站虚回路隔离应至少采取双重安全措施。

（3）二次工作安全措施票的"安全措施内容"应准确描述，将"保护柜（屏）（或端子箱）名称、电缆编号、端子号、回路号、功能和安全措施"等信息填写完整。

1）解线的操作描述为"解除……回路二次线，并用红色绝缘胶布逐根包扎"，接线的操作描述为"接入……回路二次线"。如"解除（8J）110千伏母联100保护屏上电缆编号为1BYMLB-141的1号主变压器978电量保护跳110千伏母联100开关回路二次线：YML:1（1D:30）、YML:31（1D:40），并用红色绝缘胶布逐根包扎"。

2）退出压板的操作描述为"解除……压板"，投入压板的操作描述为"投入……压板"。

3）隔离电流、电压回路的操作描述为"打开……电流（电压）回路端子中间连接片并锁定"。

（4）改扩建工程的二次工作安全措施票，对于执行后无需恢复的安全措施项目，应在"恢复"栏填写"/"，"安全措施内容"注明"无需恢复"。

（5）改扩建工程等应用的二次接火票应严格按照二次工作安全措施票的格式及相关要求编制，其中在"恢复"栏填写"/"。

（6）改扩建工程分阶段开展接火侧设备联调工作时，应分阶段编制二次工作安全措施票。

（7）已完成安措恢复或二次接火（包括阶段性接火）的设备应视同运行设备，如需继续开展调试工作，应重新编制二次工作安全措施票。

引用规范

[1] GB 23864—2009《防火封堵材料》

[2] GB/T 33779.2—2017《光纤特性测试导则 第 2 部分：OTDR 后向散射曲线解析》

[3] GB 50093—2013《自动化仪表工程施工及质量验收规范》

[4] GB 50168—2018《电气装置安装工程 电缆线路施工及验收标准》

[5] GB 50169—2016《电气装置安装工程 接地装置施工及验收规范》

[6] GB 50171—2012《电气装置安装工程 盘、柜及二次回路接线施工及验收规范》

[7] GB 50229—2019《火力发电厂与变电站设计防火标准》

[8] GB/T 50312—2016《综合布线系统工程验收规范》

[9] GB/T 50976—2014《继电保护及二次回路安装及验收规范》

[10] XF 478—2004《电缆用阻燃包带》

[11] DL/T 720—2013《电力系统继电保护及安全自动装置柜（屏）通用技术条件》

[12] DL/T 1777—2017《智能变电站二次设备屏柜光纤回路技术规范》

[13] DL 5027—2015 《电力设备典型消防规程》

[14] DL/T 5044—2014《电力工程直流电源系统设计技术规程》

[15] DL/T 5707—2014《电力工程电缆防火封堵施工工艺导则》

[16] Q/GDW 1799.1—2013《电力安全工作规程 变电部分》

[17] Q/GDW 10759—2018《电力系统通信站安装工艺规范》

[18] Q/GDW 11310—2014《变电站直流电源系统技术标准》

[19] Q/GDW 11356—2022《电网安全自动装置标准化设计规范》

[20] Q/GDW 11486—2022《继电保护和安全自动装置验收规范》

[21] Q/GDW 12209—2022《高压设备二次回路标准化设计规范》

[22] 国家电网设备〔2018〕979 号《国家电网有限公司十八项电网重大反事故措施（2018 年修订版）》

参考文献

[1] 廖延彪. 光纤光学[M]. 北京：清华大学出版社，2000.

[2] （日）末松安晴 伊贺健一. 光纤通信[M]. 金轮裕，译. 北京：科学出版社，2004.

[3] 谷水清，李凤荣，梁国艳，等. 电力系统继电保护[M]. 北京：中国电力出版社，2005.

[4] 江苏省电力公司. 电力系统继电保护原理与实用技术[M]. 北京：中国电力出版社，2006.

[5] 国家电力调度通信中心. 国家电网继电保护培训教材（上下册）[M]. 北京：中国电力出版社，2009.

[6] 刘晓辉，张东明. 网络硬件安装与管理（第二版）[M]. 北京：电子工业出版社，2009.

[7] 冯军，马苏龙，孟庆强，等. 智能变电站原理及测试技术[M]. 北京：中国电力出版社，2011.

[8] 白玉岷，刘洋，宋宏江，等. 电气工程安装及调试技术手册（上下册）第三版[M]. 北京：机械工
     业出版社，2013.

[9] （美）William.A.Thue. 电力电缆工程（第三版）[M]. 北京：机械工业出版社，2014.

[10] 郭红霞. 电线电缆材料-结构、性能、应用[M]. 北京：机械工业出版社，2015.

[11] （保）巴普洛夫 Pavlov.D. 铅酸蓄电池科学与技术[M]. 段喜春，译. 北京：机械工业出版社，2015.

[12] 陈炳炎. 光纤光缆的设计和制造（第三版）[M]. 杭州：浙江大学出版社，2016.

[13] 国家电力调度通信中心. 继电保护反措汇编[M]. 北京：中国电力出版社，2016.

[14] 国网湖南省电力公司星沙培训分中心. 变电二次回路解析及施工验收[M]. 北京：中国电力出版社，
     2017.

[15] 国网新疆电力有限公司乌鲁木齐供电公司. 变电站直流系统维护[M]. 北京：中国电力出版社，2020.

[16] 徐靖劼，郭劲松. 通信电源实用运维检修技术[M]. 北京：中国水利水电出版社，2022.

[17] 国家电网有限公司基建部. 国家电网有限公司输变电工程标准工艺 变电工程电气分册[M]. 北京：
     中国电力出版社，2022.

[18] 王璐，杨贵恒，强生泽，等. 现代通信电源技术[M]. 北京：化学工业出版社，2023.